AF547307

EUL VERLAG

PLANUNG, ORGANISATION UND UNTERNEHMUNGSFÜHRUNG

Herausgegeben von Prof. Dr. Dr. h. c. Norbert Szyperski, Köln, Prof. Dr. Winfried Matthes, Wuppertal, Prof. Dr. Udo Winand, Kassel, Prof. (em.) Dr. Joachim Griese, Bern, PD Dr. Harald F. O. von Kortzfleisch, Kassel, PD Dr. Ludwig Theuvsen, Göttingen, und Prof. Dr. Andreas Al-Laham, Stuttgart

Band 86
Beate Degen
Responsible Care© in Investments
Lohmar – Köln 2003 • 314 S. • € 48,- (D) • ISBN 3-89936-087-7

Band 87
Harald Wüllenweber
Mehr Kundenbindung durch Organisationales Lernen – Konzept – Modellierung – empirische Befunde
Lohmar – Köln 2003 • 354 S. • € 52,- (D) • ISBN 3-89936-106-7

Band 88
Carolina Catrin Schnitzler
Unternehmenskultur in Internet-Unternehmen – Gestaltungsmöglichkeiten durch Gründer und Führungskräfte
Lohmar – Köln 2003 • 284 S. • € 48,- (D) • ISBN 3-89936-111-3

Band 89
Jens Kiefel
Unternehmenssteuerung im Informationszeitalter – Gestaltung zwischen systemischer Machbarkeit und ökonomischer Rationalität
Lohmar – Köln 2003 • 360 S. • € 53,- (D) • ISBN 3-89936-134-2

Band 90
Matthias Kern
Lean Information System – Problemorientierte Gestaltung von Informationssystemen unter besonderer Berücksichtigung von Lean Management
Lohmar – Köln 2003 • 372 S. • € 54,- (D) • ISBN 3-89936-141-5

JOSEF EUL VERLAG

Reihe: Planung, Organisation und Unternehmungsführung · Band 90

Herausgegeben von Prof. Dr. Dr. h. c. Norbert Szyperski, Köln, Prof. Dr. Winfried Matthes, Wuppertal, Prof. Dr. Udo Winand, Kassel, Prof. (em.) Dr. Joachim Griese, Bern, PD Dr. Harald F. O. von Kortzfleisch, Kassel, PD Dr. Ludwig Theuvsen, Göttingen, und Prof. Dr. Andreas Al-Laham, Stuttgart

Dr. Matthias Kern

Lean Information System

Problemorientierte Gestaltung von Informationssystemen unter besonderer Berücksichtigung von Lean Management

Bibliographische Information der Deutschen Bibliothek

Die Deutsche Bibliothek verzeichnet diese Publikation in der Deutschen Nationalbibliographie; detaillierte bibliographische Daten sind im Internet über <http://dnb.ddb.de> abrufbar.

Dissertation, Universität Münster (Westfalen), 2003 unter dem Titel: Problemorientierte Gestaltung von Informationssystemen und Untersuchung der Verwendbarkeit von Lean Management als Gestaltungskonzeption
D 6 (2003)

ISBN 3-89936-141-5
1. Auflage August 2003

Printed in Germany
Druck: RSP Köln

JOSEF EUL VERLAG GmbH
Brandsberg 6
53797 Lohmar
Tel.: 0 22 05 / 90 10 6-6
Fax: 0 22 05 / 90 10 6-88
E-Mail: info@eul-verlag.de
http://www.eul-verlag.de

Bei der Herstellung unserer Bücher möchten wir die Umwelt schonen. Dieses Buch ist daher auf säurefreiem, 100% chlorfrei gebleichtem, alterungsbeständigem Papier nach DIN 6738 gedruckt.

Vorwort

Die vorliegende Arbeit wurde im Juli 2003 von der Wirtschaftswissenschaftlichen Fakultät der Westfälischen Wilhelms-Universität Münster als Dissertation angenommen. Sie entstand während meiner Tätigkeit als wissenschaftlicher Mitarbeiter am Lehrstuhl für Betriebswirtschaftslehre, insbesondere Unternehmensforschung. Ein besonderer Dank gilt an dieser Stelle meinem verehrten akademischen Lehrer und Doktorvater, Prof. Dr. Wolfgang von Zwehl. Er gewährte mir während der gesamten Assistentenzeit großzügig diejenigen Freiräume, die für das Gelingen der Arbeit notwendig waren. Darüber hinaus trugen seine stete Diskussionsbereitschaft und konstruktiven Anregungen maßgeblich zum Gelingen der Arbeit bei. Bedanken möchte ich mich zudem auch bei Herrn Prof. Dr. Wolfgang Berens für die unproblematische Übernahme des Zweitgutachtens.

Meinen ehemaligen und derzeitigen Kollegen am Lehrstuhl sei für die angenehme Arbeitsatmosphäre und ihre Hilfsbereitschaft gedankt. Hervorheben möchte ich Herrn Dipl.-Kfm. Michael Nerger, zu dem ich bei fachlichen Problemen immer gehen konnte. Darüber hinaus danke ich Herrn Dr. Marco Kulosa, Herrn Dipl.-Kfm. Andreas Rohleder, Frau Dr. Kerstin Bayer, Frau Dipl.-Kffr. Rita Schoppmann und – nicht zuletzt – Frau Sonja Heinrich im Lehrstuhlsekretariat.

Neben der Unterstützung aus dem Umfeld des Lehrstuhls empfand ich aber die Hilfe und den Rückhalt aus dem privaten Umfeld von mindestens ebenso großer Bedeutung. So möchte ich mich zunächst bei meinen Freunden vom „Mensaessenstammtisch" (Daniel Renger, Tim Schubert, Stephan Thewes) und vom abendlichen „Aasee-Lauftreff" (Jan Philipp Daun, Frietjof Lemân) dafür bedanken, daß sie mir über manches Stimmungstief hinweg geholfen haben. Ferner gilt mein Dank Tim Stübinger, Sebastian Kleist, Ulrich Temme, Michael Möck, Dennis Weltermann und Benedict Wilmes, bei denen ich immer ein offenes Ohr bei etwaigen Problemen und allen anderen Angelegenheiten fand. Ganz besonderen Dank schulde ich allerdings drei Personen bzw. Personengruppen: Herrn Dr. Andree Engelmann, Frau Stefanie Franz und meinen Eltern. Dir, lieber Andree, möchte ich dafür danken, daß du meine Dissertation kurz vor Abgabe in kürzester Zeit so gewissenhaft Korrektur gelesen hast. Dies ist angesichts deiner eigenen angespannten beruflichen Situation alles andere als selbstverständlich. Ich stehe daher in deiner Schuld. Bei Dir, meiner lieben Stefanie, möchte ich mich dafür bedanken, daß du stets ein Ruhepol für mich warst und mir so das Fertigstellen der Dissertation erheblich erleichtert hast. Nie werde ich deine besänftigenden und zugleich aufmunternden Worte vergessen und bedanke mich ferner dafür, daß du am Ende meiner Promotionszeit meine – zugegebenermaßen – häufig schlechten Launen sowie oftmals alles andere als beredselige Art so tapfer ertragen hast. Die Arbeit widmen möchte ich aber zwei ganz besonderen Menschen, meinen lieben Eltern Hans-Georg und Brigitte Kern. Ohne die großzügige Unterstützung, die ihr mir Zeit meines Lebens habt bedingungslos zukommen lassen, hätte ich dies alles nicht schaffen können. Aus diesem Grund möchte ich an dieser Stelle die Chance nutzen und eins sagen: Danke für alles!

Münster, im August 2003 Matthias Kern

Inhaltsübersicht

Seite

Inhaltsverzeichnis

Seite

Abbildungsverzeichnis

Seite

Abkürzungsverzeichnis

Abb.	Abbildung
Abs.	Absatz
Aufl.	Auflage
BB	Betriebs-Berater (Zeitschrift)
BBK	Buchführung, Bilanz, Kostenrechnung
Bd.	Band
bearb.	bearbeitete
BFuP	Betriebswirtschaftliche Forschung und Praxis (Zeitschrift)
BIS	Betriebliches Informationssystem
Bsp.	Beispiel(e)
bzw.	beziehungsweise
ca.	circa
CAPM	Capital Asset Pricing Model
CASE	Computer Aided Systems Engineering
CD	Compact Disc
CIM	Computer Integrated Manufacturing
CIS	Computergestütztes Informationssystem
CPU	Central Processing Unit
DB	Der Betrieb (Zeitschrift)
DBW	Die Betriebswirtschaft (Zeitschrift)
Diss.	Dissertation
DStZ	Deutsche Steuerzeitschrift
Dt.	Deutsche(r)
durchges.	durchgesehene
e. V.	eingetragener Verein
EDV	Elektronische Datenverarbeitung
erw.	erweiterte
EStG	Einkommensteuergesetz
et. al.	et alii
etc.	et cetera
EU	Europäische Union
EVA	Economic Value Added

f.	folgende
FASB	Financial Accounting Standards Board
FB	Fachbereich(e)
ff.	fortfolgende
Fn.	Fußnote
ggf.	gegebenenfalls
GuV	Gewinn- und Verlustrechnung
H.	Heft
HGB	Handelsgesetzbuch
hrsg.	herausgegeben
Hrsg.	Herausgeber
HWB	Handwörterbuch der Betriebswirtschaft
HWO	Handwörterbuch der Organisation
IAS	International Accounting Standards
IB	Informationsbereitschaft
IC	Information Center
i.d.R.	in der Regel
IDV	Individuelle Datenverarbeitung
IF	Informationsfähigkeit
IFRS	International Financial Reporting Standards
IKS	Informations- und Kommunikationssystem(e)
IM	Informationsmanagement
IP	Informationspotential
IRM	Information Ressource Management
IS	Informationssystem(e)
ISS	Informationsstrategie
IT	Informationstechnik(en)
IuK	Information(s)- und Kommunikation(s)
IMVP	International Motor Vehicle Program
IV	Informationsverarbeitung
IVB	Informationsverarbeitungsbereich
i. V. m.	in Verbindung mit
Jg.	Jahrgang
JIT	Just in Time

KAG	Kommunalabgabengesetz
krp	Kostenrechnungspraxis (Zeitschrift)
LM	Lean Management
LSP	Preisermittlung von Selbstkosten
M & A	Merger & Akquisition
MIT	Massachusetts Institute of Technology
m. w. N.	mit weiteren Nennungen
NW	Nordrhein-Westfalen
NYSE	New York Stock Exchange
O. V.	Ohne Verfasser
PIMS	Profit Impact of Market Strategies
PPS	Produktionsplanung und Steuerung
QFD	Quality Function Deployment
S.	Seite
SFAS	Statement of Financial Accounting Standards
SG-DGfB e. V.	Schmalenbach-Gesellschaft – Deutsche Gesellschaft für Betriebswirtschaft e. V.
SGE	Strategische Geschäftseinheit(en)
SLA	Service Level Agreements
Sp.	Spalte
TKA	Transaktionskostenansatz
TQM	Total Quality Management
u. a.	und andere
u. ä.	und ähnliche
UKV	Umsatzkostenverfahren
Univ.	Universität
US-GAAP	US-amerikanische Generally Accepted Accounting Principles
usw.	und so weiter

Verl.	Verlag
vgl.	vergleiche
Vol.	Volume
VO PR	Verordnungen über die Preise bei öffentlichen Aufträgen
vollst.	vollständig
WHU	Wissenschaftliche Hochschule für Unternehmensführung
WI	Wirtschaftsinformatik
WiSt	Wirtschaftswissenschaftliches Studium (Zeitschrift)
WISU	Wissenschaft und Studium (Zeitschrift)
WPg	Die Wirtschaftsprüfung (Zeitschrift)
z. B.	zum Beispiel
ZfB	Zeitschrift für Betriebswirtschaft
ZfbF	Zeitschrift für betriebswirtschaftliche Forschung
ZfhF	Zeitschrift für handelswissenschaftliche Forschung
ZFO	Zeitschrift Führung und Organisation
z. T.	zum Teil
zugl.	zugleich

A Einführung

1. Ausgangssituation und Problemstellung

Das Leben eines jeden Menschen ist von Informationen geprägt. Informationen werden empfangen und beurteilt; diese Prozesse der persönlichen Informationsverarbeitung (IV) erfolgen ständig.[1]

Einen ähnlich hohen Wert besitzen Informationen auch in Unternehmen. Informationen gelten als wesentliche Voraussetzung unternehmerischen Handelns und dessen Erfolg. So führen Informationen zu neuen Produkten und Dienstleistungen sowie veränderten Marktregeln und Branchengrenzen. Des weiteren sind Informationen erforderlich für den Verkauf und Service, für die Kommunikation mit Lieferanten und Kunden, und sie beeinflussen zudem die Qualität und Flexibilität von Management-Entscheidungen.[2] Insofern gilt: Ohne adäquate Informationsversorgung ist ein Unternehmen auf Dauer nicht überlebensfähig, weil Informationen sämtliche Güter- und Geldströme innerhalb der Unternehmung sowie zwischen der Unternehmung und ihrer Umwelt initialisieren, lenken und unterbrechen.[3]

Trotz der immensen Fortentwicklungen bei Informationstechniken und ungeachtet immer neuer in den Unternehmen implementierter Informationsinstrumente und -methoden, sind die Informationsadressaten vielfach nicht zufrieden mit den Informationen, die das Informationssystem (IS) anbietet. Hierfür sind u. a. folgende Gründe ursächlich:

1. Die Nutzer der IS bemängeln regelmäßig, daß das IS zwar viele und detaillierte Informationen offeriert, diese Informationen jedoch aufgrund mangelnder Zweckorientierung, minderwertiger Qualität sowie unzureichender Aktualität nur bedingt nutzbar sind. In der Literatur wird diese Situation mit dem Schlagwort „Informati-

---

1 Vgl. Fank, M. (1996), S. 15.

2 Vgl. Jaeger, F. K. (1999), S. 365; Porter, M. E./Millar, V. E. (1986), S. 26; Meyersiek, D./Jung, M. (1989), S. 152.

3 Vgl. Wall, F. (1996), S. 8.

onsmangel im Informationsüberfluß"[4] umschrieben und gefordert, diesem Zustand durch sachgerechte Anpassungen im IS entgegenzuwirken.

2. Ein weiterer Kritikpunkt ist die häufige Technikzentriertheit der IS-Gestaltung.[5] Es wird von Seiten der IS-Nutzer beklagt, daß die IS-Entwickler oft der Faszination erliegen, jede technische Idee in ein funktionierendes technisches Verfahren oder Gerät umzusetzen, ohne dabei betriebswirtschaftlichen Fragestellungen bzw. anderen – ebenso wichtigen – Aspekten der IS-Gestaltung ausreichend Aufmerksamkeit zu schenken.[6] Diese Problematik wird dadurch verschärft, daß es den technikorientierten IS-Entwicklern oft nicht gelingt, den in der Regel kaufmännisch vorgebildeten Anwendern die betriebswirtschaftliche Relevanz der implementierten IS nahe zu bringen.[7]

3. Um heutzutage im Wettbewerb bestehen zu können, sind die Unternehmen angehalten, ihre Abläufe und Strukturen immer weiter zu rationalisieren. In der Vergangenheit hat dies zum Abbau der mittleren Managementebene, zum Entstehen flacher Unternehmensorganisationen sowie zur Gestaltung prozeßorientierter, schlanker Geschäftsabläufe geführt. Insgesamt konnte so die unternehmensinterne Komplexität[8] in weiten Teilen reduziert werden. Letzteres gilt jedoch nicht für die in den Unternehmen implementierten IS. Deren inhärente Technologie-, Organisations- und Methodenkomplexität hat vielmehr kontinuierlich zugenommen, was zunehmend mißbilligt wird. Es wird gefordert, auch bei der IS-Gestaltung und -Pflege nach Möglichkeiten der Komplexitätsreduktion zu suchen, da die IS-Komplexität z. T. kaum beherrschbar sei und dies bei den Informationsadressaten zu deutlichen Irritationen und Mißverständnissen im Umgang mit dem IS führe.[9]

---

4 Vgl. Weber, J. (1992), S. 959; Rüttler, M. (1991), S. 123 und 126; Scheer, A. W./Bold, M./Hagemeyer, J./Kraemer, W. (1997), S. 24; Dorn, B. (1994), S. 13f.

5 Zur Kritik der einseitigen Technikorientierung bei der IS-Gestaltung vgl. z. B. Schneider, U. (1990), S. 113; Streubel, F. (1996), 13f.; Beier, D./Gabriel, R./Streubel, F. (1997), S. 1; Picot, A./Franck, E. (1988b), S. 613; Lullies, V./Bolinger, H./Weltz, F. (1990), S. 33-37; Schmidt, G. (1990), S. 243; Dekena, R. (1994), S. 31.

6 Ähnlich Bullinger, H.-J. (1994), S. 85.

7 Vgl. Streubel, F. (1996), S. 6. Ähnlich auch Laßmann, G. (1995), S. 1049 sowie Martiny, L./Klotz, M. (1989), S. 52.

8 Unter Komplexität eines Systems wird die Vielzahl seiner Elemente sowie die Vielfältigkeit der Beziehungen zwischen den Elementen verstanden. Vgl. Wall, F. (1996), S. 1 m. w. N.

9 Ähnlich vgl. Brunner, J./Dönni, B. (1997), S. 326.

4. In der jüngsten Vergangenheit haben einige Unternehmen Maßnahmen im Rechnungswesen mit dem Ziel initiiert, die historisch gewachsene Divergenz zwischen in- und externem Rechnungswesen zu reduzieren.[10] Diese Entwicklungen, die als eine Art praxisorientierter Gestaltungsansatz für ein einfacheres, „schlankeres" Informationssystem gewertet werden können, sind vom Schrifttum aufgegriffen worden. Unter dem Schlagwort „Konvergenz", „Lean Accounting"[11] oder „Lean Controlling"[12] wird diskutiert, ob bzw. inwiefern es sinnvoll ist, die Komplexität des Rechnungswesens durch Zusammenlegung oder Annäherung einzelner Rechnungswesensysteme und -methoden zu reduzieren.

Faßt man die vier aufgeführten Argumente zusammen, zeigt sich, daß (a) die IS-Nutzer, vorsichtig ausgedrückt, oft nicht vollends zufrieden sind mit der Konzeption des IS sowie mit den vom IS bereitgestellten Informationen und hieraus die Notwendigkeit resultiert, Veränderungen im IS vorzunehmen. Ein Managementansatz, der zu diesem Zweck eingesetzt wird, muß (b) sachgerechte Instrumente und Methoden zur Lösung dieser IS-Probleme besitzen. Der Ansatz muß insbesondere sicherstellen, daß einerseits die informationssystemische Komplexität reduziert wird, d. h. IS-Strukturen, -Abläufe sowie -Instrumente vereinfacht werden, anderseits das IS aus einer ganzheitlichen Perspektive gestaltet wird, so daß nicht nur der IS-Technik bei der Gestaltung eines IS Aufmerksamkeit geschenkt wird, sondern auch allen weiteren relevanten IS-Aspekten.[13]

Die Themenstellung der Arbeit impliziert, daß Lean Management (LM) als ein potentieller Ansatz angesehen wird, mit dem die zuvor aufgeführten IS-Probleme behoben werden können. Diese Einschätzung mag verwundern, da erstens LM seinen Ursprung in der Produktionswirtschaft hat und – möglicherweise deshalb – noch nie der Versuch

---

[10] Vorreiter dieser Entwicklung war die *Siemens AG*, die bereits im Geschäftsjahr 1992/93 das interne Rechnungswesen an das handelsrechtliche externe Rechnungswesen angenähert hat [vgl. Ziegler (1994), S. 177ff.; Sill, H. (1995), S. 16f.]. Des weiteren berichten folgende Unternehmen über eine zunehmende Konvergenz zwischen in- und externen Rechnungswesen bei der Steuerung der Unternehmensaktivitäten: *Bayer* [vgl. Menn, B.-J. (1995), S. 227; Menn, B.-J. (1996), S. 127; Loehr, H. (1997), S. 163ff.]; *Degussa* [vgl. Ehrt, R. (1995), S. 158f.]; *Daimler Benz* [vgl. Daimler-Benz AG (1997), S. 44f.]; *Volkswagen* [vgl. Melching, H.-G. (1997), S. 246ff.]; *RWE* [vgl. RWE (1998), S. 26ff.]; *Thyssen* [vgl. Stein, H.-G. (1993), S. 11ff.] sowie *Ciba-Geigy* [vgl. Jakobi, M. (1994), S. 47ff.].

[11] Vgl. Mensch, G. (1998a), S. 366ff.; Mensch, G. (1998b), S. 401ff.

[12] Vgl. Schockenhoff, J. (1998), S. 243ff.

[13] Um welche Aspekte es sich hierbei handelt, wird sich im Rahmen der definitorischen Abgrenzung des Begriffs Informationssystem in Kapitel B 1.3.1. zeigen.

unternommen wurde, diesen Ansatz bei der Gestaltung von IS konsequent zu nutzen[14]. Zweitens existieren bereits zahlreiche wissenschaftliche Beiträge zum Themengebiet LM[15], so daß der Gedanke nahe liegt, LM als ein aus theoretischer Sicht vollständig bearbeitetes Gebiet anzusehen. Gleichwohl existiert folgende *Analogie der Probleme in den Bereichen Informationswirtschaft und Produktionswirtschaft*, die die Idee der Anwendung von LM bei der Gestaltung des IS-Bereichs prüfenswert erscheinen läßt:

Noch zu Beginn der 90er Jahre beherrschten die Japaner in nahezu allen Branchen die Weltmärkte. Die japanischen Produkte waren verglichen mit denen der amerikanischen und europäischen Konkurrenten nicht nur oft erheblich günstiger, sondern auch qualitativ besser.[16] Wesentlicher Grund für die schlechte Situation amerikanischer und europäischer Produzenten war die *hohe Komplexität*[17] *bei der Leistungserstellung*. Die Produktionsabläufe und -strukturen im Fertigungsbereich waren aufgrund immer neuer Produktvarianten äußerst komplex, der Verwaltungsbereich wuchs wegen der Zunahme administrativer Tätigkeiten stetig weiter an, und die Aufgaben und Prozesse im Vertriebsbereich wurden aufgrund zunehmender Individualisierung der Kundenwünsche immer komplizierter. Die steigende Komplexität führte zum einen zu einer für die Unternehmen bedrohlichen Kosten- und Erlössituation, zum anderen hatte die Komplexität negative Auswirkungen auf qualitative und zeitliche Aspekte der Leistungserstellung. Vor diesem Hintergrund setzte sich bei den Unternehmen mehr und mehr die Erkenntnis durch, daß der bis dato oft präferierte Weg, die extern induzierte Unternehmenskomplexität durch eine entsprechende interne Unternehmenskomplexität zu „bekämpfen", nicht zielführend war. Es galt stattdessen, Methoden und Techniken

---

14 Bei Sedran [vgl. Sedran, T. (1994)] sowie Schulze-Wischeler [vgl. Schulze-Wischeler, B. (1995)] wird der Zusammenhang LM und Informationssystem zwar hergestellt, indes verfolgen beide Autoren ein anderes Ziel als die vorliegende Arbeit. So beabsichtigen sowohl Sedran als auch Schulze-Wischeler, die Konzeption eines IS darzustellen, welches den speziellen Anforderungen schlanker, d. h. LM gestalteter Unternehmen genügt; hingegen wird nicht der Frage nachgegangen, ob LM bei der Gestaltung von IS konzeptionell sinnvoll einsetzbar ist. Gerade aber dieser letzte Aspekt ist in der vorliegenden Schrift von Interesse. Dabei spielt es im Gegensatz zu den Arbeiten der beiden anderen Autoren keine Rolle, ob das betrachtete IS in einem „schlanken" oder in einem „konventionellen" Unternehmen implementiert ist oder implementiert werden soll.

15 Ohne Anspruch auf Vollständigkeit sind zu nennen Womack, J. P./Jones, D. T./Roos, D. (1994); Pfeiffer, W./Weiss, E. (1994); Keidel, S. (1995); Rollberg, R. (1996); Wildemann, H. (1993a); Bösenberg, D./Metzen, H. (1995); Mählck, H./Panskus, G. (1995); Stürzl, W. (1992); Metzen, H. (1993), S. 142ff.

16 Vgl. hierzu die Ergebnisse der Studie des Massachusetts Institute of Technology (MIT) zu den Leistungsunterschieden in der internationalen Automobilbranche in Womack, J. P./Jones, D. T./Roos, D. (1990). Ähnlich auch Rollberg, R. (1996), S. 103.

17 Vgl. bezüglich des Begriffs, der Entstehungsgründe sowie der Folgen von Komplexität Adam, D. (1997), S. 30ff.

einzusetzen, mit denen die Komplexität zunächst sinnvoll reduziert werden konnte, um anschließend die verbleibende Restkomplexität souverän beherrschen zu können. Ein bei der Vereinfachung von Unternehmensstrukturen und -abläufen sehr erfolgreich eingesetzter Ansatz war bzw. ist die japanische *LM-Konzeption.* Vereinfacht ausgedrückt wird mit der Anwendung von LM das Ziel verfolgt, bestehende Unternehmensstrukturen und -abläufe aus einer gesamtheitlichen Perspektive einfacher zu gestalten, um so dem Komplexitätsproblem und den hieraus resultierenden negativen Konsequenzen zu begegnen.

Vergleicht man nun die eingangs beschriebene Situation im IS mit der Situation, in der sich zahlreiche europäische und amerikanische Unternehmen vor Anwendung von LM befanden, so zeigt sich eine wesentliche Gemeinsamkeit: Sowohl in der industriellen Produktion der 90er Jahre als auch in den heutzutage implementierten IS existierten bzw. existieren Mißstände, deren Ursache eine zu hohe Komplexität der Abläufe und Strukturen ist. Aufgrund dieser Analogie[18] und ferner beachtend, daß LM ein ganzheitlicher[19] Managementansatz ist, mit dem das Problem der zu großen Technikzentriertheit bei der IS-Gestaltung (möglicherweise) behoben werden kann, erscheint ein Anwenden von LM bei der Konzeption von IS erfolgversprechend.

Im Sinne einer ganzheitlichen Betrachtung werden mit der vorliegenden Arbeit drei Ziele verfolgt: Erstens sollen die *Ursachen der IS-Probleme* systematisch aufgezeigt sowie die verschiedenen *IS-Defizite näher beschrieben* werden[20]; zweitens gilt es, *Ansätze und Methoden der IS-Gestaltung* aufzuzeigen, mit denen die IS-Probleme behoben werden können; drittens soll geprüft werden, *ob LM eine effektive und zugleich effiziente IS-Gestaltung* gewährleisten kann. Ist letzteres der Fall, so kann die LM-Konzeption künftig nicht nur in der Produktionswirtschaft, sondern auch in der Informationswirtschaft genutzt werden. Weil LM bereits seit Beginn der 90er Jahre in der Unternehmenspraxis angewendet wird, ist davon auszugehen, daß bei einer Verwendung dieses Managementansatzes im IS-Bereich kostensenkende Übungseffekte auftreten werden.

---

18 Pfeiffer/Weiss sprechen von einer Isomorphie der Probleme in den Bereichen Produktion und Informationswirtschaft. Sie erachten LM daher als prädestiniert für die IS-Gestaltung, und fordern explizit eine Anwendung von LM bei der IS-Gestaltung. Vgl. Pfeiffer, W./Weiss, E. (1994), S. 240-255, insbesondere 242-245.

19 Ähnlich z. B. Rollberg, R. (1998), S. 26; Bogaschewsky, R./Rollberg, R. (1998), S. 100; Scholz, C. (1994), S. 182.

20 Es sei angemerkt, daß es sich bei den auf den Seiten 1-3 dargestellten IS-Problemen nur um einen Auszug der realiter existenten Probleme handelt.

Bei der Überprüfung, ob LM im IS-Bereich tatsächlich anwendbar ist, sind zwei unterschiedliche Vorgehensweisen denkbar: Die erste Möglichkeit besteht darin, ein IS zu gestalten und dabei ausschließlich solche Instrumente, Methoden und Denkansätze anzuwenden, die zum LM-Konzept im engeren Sinne gehören.[21] Anschließend ist zu untersuchen, inwieweit es mittels dieser Gestaltungsmaßnahmen gelungen ist, die Defizite eines IS zu beheben. Diese (erste) Vorgehensweise besitzt jedoch ein Problem: Die IS-Defizite werden bei diesem Vorgehen nur dann behoben, wenn LM tatsächlich ein geeigneter Gestaltungsansatz im IS-Bereich ist; letzteres ist jedoch gerade zu prüfen und steht folglich (noch) nicht fest. Weil die erstgenannte Vorgehensweise damit nicht sicherstellen kann, daß sämtliche IS-Defizite behoben werden und damit das zweite Ziels dieser Arbeit erreicht wird, soll in der vorliegenden Schrift die folgende (zweite) Vorgehensmöglichkeit zur Anwendung kommen:

In einem ersten Schritt sind solche Maßnahmen der IS-Gestaltung auszuwählen und umzusetzen, mit denen die IS-Defizite behoben werden können. Dabei spielt es keine Rolle, woher die eingesetzten Instrumente und Methoden stammen. Erst im zweiten Schritt ist dann zu analysieren, inwieweit die gewählten Optimierungsansätze mit den Ideen des LM-Ansatzes kompatibel sind bzw. aus diesen abgeleitet werden können. Ist eine hohe Kompatibilität zwischen dem LM-Gedankengut und den Gestaltungsmaßnahmen erkennbar, deutet dies auf die Anwendbarkeit von LM im IS-Bereich hin und vice versa.

Weil die Gestaltung eines IS – ausgehend von dem Verständnis eines IS als soziotechnisches System[22] – eine interdisziplinäre Problemstellung darstellt, sind unterschiedliche Wissenschaftsdisziplinen wie z. B die Betriebswirtschaftslehre mit ihren Teildisziplinen Organisationslehre und Personallehre, die Informatik sowie die Wirtschaftsinformatik einzubeziehen. Im Zentrum der folgenden Überlegungen stehen vornehmlich solche Fragestellungen der IS-Gestaltung, wie sie eine an kontextuellen Zusammenhängen interessierte Betriebswirtschaftslehre verfolgt. Technologische Aspekte spielen nur dann eine Rolle, wenn sie im Zusammenhang mit der Planung der Informationsstrategie bzw. des IS-Konzepts stehen. Hingegen beschäftigt sich die Arbeit nicht mit der technologisch-operativen Umsetzung des (betriebswirtschaftlichen) Pla-

---

21 Hierbei handelt es sich um solche Methoden, Techniken etc., die bei der Anwendung von LM im Bereich Produktionswirtschaft üblicherweise zum Einsatz kommen.

22 Vgl. Krcmar, H. (1997), S. 29 sowie Streubel, F. (1996), S. 14 und ferner auch die Ausführungen zur definitorischen Abgrenzung des Begriffs Informationssystem auf Seite 30ff.

nungskonzepts, da derartige Aufgaben eher in den Aufgabenbereich der Informatik und Wirtschaftsinformatik fallen.[23]

2. Gang der Untersuchung

Die vorliegende Schrift ist in sechs Teile untergliedert. Abb. 1 verdeutlicht den Aufbau der Arbeit sowie die Beziehungen der einzelnen Teile zueinander.

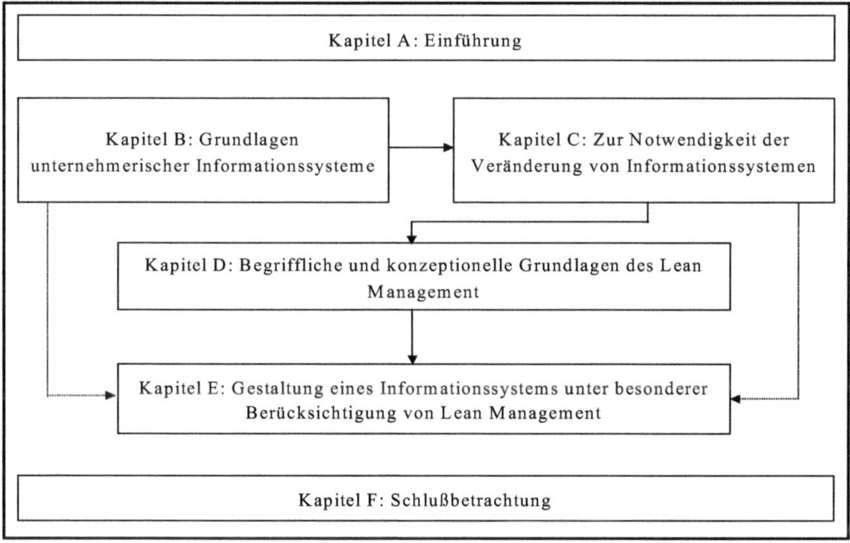

Abb. 1: Gang der Untersuchung

Nach der Einführung werden in Kapitel B Grundlagen unternehmerischer Informationssysteme dargestellt. Dabei werden zunächst die für das weitere Verständnis grundlegenden Begriffe Information, Informationsangebot und -bedarf, Informationssystem sowie Informationsmanagement (IM) erörtert. Auf diesen Erkenntnissen aufbauend, werden Einflußfaktoren und Wechselwirkungen dargestellt, die den Informationsbe-

---

23 Zudem sei angemerkt, daß die im Schrifttum häufig geäußerte Kritik an einer zu hohen Technikzentriertheit der IS-Gestaltungsansätze [vgl. z. B. Streubel, F. (1996) S. 1; Picot, A./Franck, E. (1988b), S. 613; Lullies, V./Bolinger, H./Weltz, F. (1990), S. 33-37; Schmidt, G. (1990), S. 243; Dekena, R. (1994), S. 31] implizit bedeutet, daß betriebswirtschaftliche Aspekte der IS-Gestaltung bis dato vergleichsweise weniger intensiv behandelt wurden und daher gerade diesbezüglich Forschungsbedarf existiert.

darf sowie das Informationsangebot maßgeblich beeinflussen und deshalb zwingend bei der IS-Konzeption zu berücksichtigen sind.

In Kapitel C soll die Notwendigkeit der Veränderung heutzutage implementierter IS systematisch begründet werden. Hierzu werden zunächst wesentliche Veränderungen im unternehmensrelevanten Kontext sowie hieraus resultierende Anforderungen an den Faktor Information bzw. an das IS („IS-Ansprüche“) beschrieben. Daraufhin werden mittels einer umfangreichen Auswertung des einschlägigen Schrifttums spezielle Problemfelder und Mängel bestehender IS („IS-Defizite“) aufgezeigt. Anschließend sollen durch die Synthese der zuvor dargestellten „IS-Ansprüche“ und „IS-Defizite“ Kriterien für einen „geeigneten“, d. h. „idealtypischen“[24] IM-Ansatz hergeleitet werden. Die Ausführungen in Kapitel C dienen zugleich als Grundlage der Untersuchungen in Kapitel E.

Kapitel D befaßt sich mit der LM-Konzeption. Zunächst werden Ursprung, Rahmenbedingungen sowie Erfolgsbilanz von LM beschrieben. Hierauf aufbauend werden die konzeptionellen Grundlagen des der Arbeit zugrundeliegenden LM-Verständnisses dargestellt und dabei das Zielsystem, die Meta-Kriterien sowie die konstitutiven Merkmale und Kerninstrumente schlanker Unternehmen erörtert. Anschließend soll geprüft werden, inwieweit LM als IS-Gestaltungskonzeption „grundsätzlich“[25] verwendet werden kann. Dabei werden die wesentlichen Merkmale[26] der LM-Konzeption mit den in Kapitel C aufgezeigten Anforderungen an einen „geeigneten“ IM-Ansatz verglichen. Sofern hohe Übereinstimmung zwischen den gegenübergestellten Merkmalsgruppen besteht, ist von einer tendenziellen Eignung von LM auszugehen und vice versa.

Anknüpfend an diese Ausführungen erfolgt in Kapitel E der Transfer zwischen LM und der Gestaltung eines IS. Zunächst werden die Ziele und Rahmenbedingungen einer LM orientierten IS-Gestaltung formuliert. Daraufhin werden Maßnahmen und Me-

---

24 „Geeigneter“ bzw. „idealtypischer“ IM-Ansatz bedeutet, daß es unter Zuhilfenahme eines derart ausgestalteten IM-Ansatzes gelingen soll, ein IS zu konzipieren, welches sowohl den aus dem Wandel im Unternehmenskontext resultieren Ansprüchen an das IS als auch den lokalisierten IS-Defiziten hinreichend Rechnung trägt.

25 Dabei handelt es sich nicht um eine abschließende Würdigung von LM als IS-Gestaltungskonzeption. Vielmehr soll auf einer hohen Abstraktionsebene die Sinnhaftigkeit der Idee – Anwendung von LM bei der IS-Gestaltung – verifiziert werden.

26 Diese Merkmale werden aus dem Zielsystem und den Meta-Kriterien der LM-Konzeption abgeleitet.

thoden der IS-Optimierung in den IM-Bereichen Informationsstrategie, Informationspotential sowie Informationsbereitschaft aufgezeigt.[27] Am Ende der jeweiligen Ausführungen soll dann geprüft werden, inwieweit die zuvor dargestellten Optimierungsansätze mit den Ideen des LM-Ansatzes kompatibel sind. Die dabei erzielten Einzelergebnisse werden abschließend zusammengetragen, um so die Eignung von LM als IS-Gestaltungskonzeption aus einer Gesamtsicht würdigen zu können.

Die Arbeit endet in einer Schlußbetrachtung in Kapitel F.

---

[27] Diese drei IM-Bereiche werden in Kapitel B 1.4. ausführlich beschrieben.

B Grundlagen unternehmerischer Informationssysteme

1. Inhalt und Abgrenzung wesentlicher Begriffe

1.1. Information

1.1.1. Zur Bedeutung von Informationen

Bereits in der Einleitung wurde auf die hohe Bedeutung von Informationen für die Existenz eines Unternehmens hingewiesen.[28] Um die betriebswirtschaftliche Bedeutung von Informationen zu verdeutlichen[29], werden im Schrifttum die folgenden drei Aspekte hervorgehoben: Erstens wird auf die Zugehörigkeit von Informationen zu den betrieblichen *Produktionsfaktoren (1)* hingewiesen, zweitens die außerordentliche Relevanz von Informationen für *Entscheidungen (2)* betont und drittens die große Bedeutung von Informationen für das *Funktionieren des Gesamtsystems Unternehmung (3)* herausgestellt.

(ad 1): Produktionsfaktoren sind die zur Produktion verwendeten materiellen und immateriellen Güter, deren Einsatz für das Erstellen anderer wirtschaftlicher Güter aus technischer oder wirtschaftlicher Sicht notwendig ist.[30] Da die Voraussetzungen, die ein Produktionsfaktor per definitionem erfüllen muß – es handelt sich hierbei um die Merkmale Reale Existenz, Zweckeignung, Verfügbarkeit sowie Einsatzfähigkeit[31] – bei Informationen existent sind, erscheint die Bezeichnung von Informationen als vierten Produktionsfaktor neben Kapital, Boden und Arbeit gerechtfertigt.[32]

(ad 2): Unter einer Entscheidung versteht man die zielgerichtete Auswahl einer Handlungsmöglichkeit aus mehreren potentiellen Alternativen. Notwendige Voraussetzung für die Auswahl ist die Existenz eines Ziels. Häufig verfolgen Unternehmen nicht nur

---

[28] Vgl. Seite 1.

[29] Dies geht so weit, daß Informationen als wesentlicher Faktor im Wettbewerb, regelmäßig sogar als der kritische Erfolgsfaktor angesehen werden. Vgl. z. B. Wiseman, C./MacMillan, I. C. (1984), S. 42ff.; Harris, C. L. (1985), S. 48ff.; Porter, M. E./Millar, V. E. (1986); Fank, M. (1996) S. 3 und 15; Schlange, T. (1992), S. 70. Ähnlich auch Rüttler, M. (1991), S. 192, der aus der im Zeitablauf gestiegenen Bedeutung von Informationen bzw. von IS einen veränderten Kompetenzbedarf des Informationsmanagement ableitet.

[30] Vgl. Corsten, H./Reiß, M. (1994), S. 743 sowie O. V. (1993), Stichwort „Produktionsfaktor".

[31] Vgl. Kern, W. (1990), S. 15f.

[32] Vgl. Schulze-Wischeler, B. (1995), S. 42; Schwarze, J. (1998), S. 29-31; Fank, M. (1996), S. 25; Nawatzki, J. (1994), S. 3f.; Picot, A./Franck, E. (1988a). Kritischer hingegen Wall, F. (1996), S. 10-12.

ein Ziel, sondern mehrere Ziele gleichzeitig. Dabei können die Ziele in einem konkurrierenden, komplementären oder indifferenten Verhältnis zueinander stehen.[33]

Versteht man Informationen als Inputfaktor für Entscheidungsprozesse, sind Entscheidungen letztlich nichts anderes als eine Transformation von Informationen in Aktionen. Im Rahmen dieses Transformationsprozesses besitzt die Qualität der Informationen eine herausragende Bedeutung, da durch sie die Entscheidungsgüte und damit das Erreichen der Unternehmensziele maßgeblich beeinflußt wird.[34] Die Bedeutung sowie die Art benötigter Informationen im Entscheidungsprozess illustriert das folgende Phasenmodell (Abb. 2).

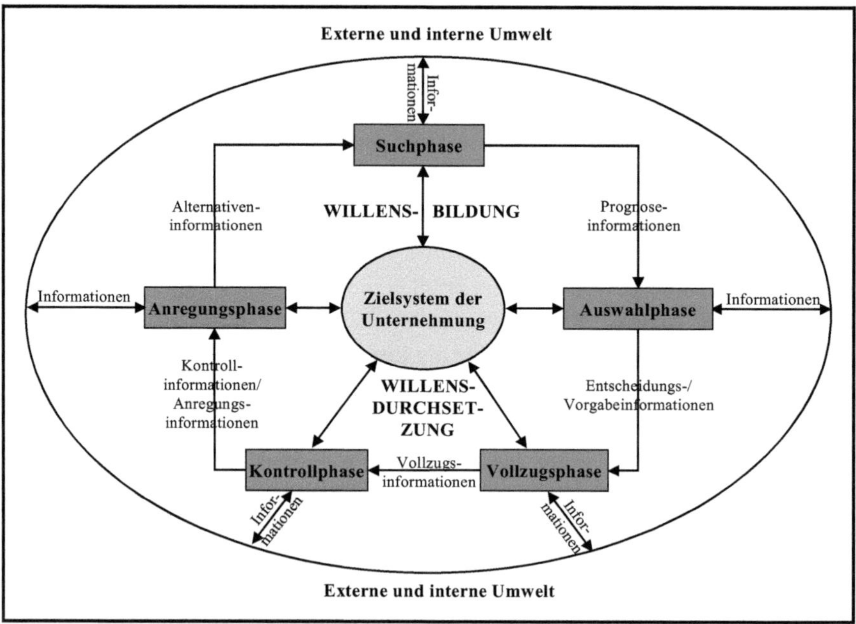

Abb. 2: Phasenmodell des betriebswirtschaftlichen Entscheidungsprozesses[35]

---

[33] Vgl. Heinen, E. (1966), S. 94ff.; Biethahn, J./Mucksch, H./Ruf, W. (1994), S. 10; Picot, A./Franck, E. (1988a), S. 544.

[34] Vgl. Picot, A./Franck, E. (1992), Sp. 890; Mag, W. (1977), S. 1 und 127ff.

[35] In Anlehnung an Meffert, H. (1975), S. 10.

Der betriebswirtschaftliche Entscheidungsprozess erstreckt sich vom Erkennen eines Problems bis zum Durchsetzen eines gefundenen Lösungsvorschlags. Gemäß Abb. 2 können dabei einerseits die *Willensbildung* mit den Phasen der Anregung, Suche und Auswahl, andererseits die *Willensdurchsetzung* mit den Phasen des Vollzugs und der Kontrolle unterschieden werden.[36]

Ausgangspunkt jedes Entscheidungsprozesses ist die *Anregungsphase*. Hier werden Informationen verarbeitet, welche die Analyse und Bewertung eines Zustandes ermöglichen. In der *Suchphase* werden Informationen über potentielle Handlungsalternativen und deren Ergebnisse sowie Informationen über Restriktionen gesammelt. Informationen über Ziele, Variablen, Zusammenhänge sowie mögliche Umweltzustände und deren Eintrittswahrscheinlichkeiten werden in der *Auswahlphase* benötigt. Die Entscheidungsrealisation in der *Vollzugsphase* verlangt bei personeller Trennung von ausführenden und entscheidenden Aufgabenträgern, daß Letztere an die Erstgenannten entsprechende Informationen zur Entscheidungsumsetzung übermitteln. In der anschließenden *Kontrollphase* wird mittels Kontrollinformationen eruiert, ob das erreichte Ergebnis mit dem angestrebten Ergebnis korrespondiert. Sofern Anpassungsmaßnahmen notwendig werden, fungieren Kontrollinformationen zugleich auch als Anregungsinformationen.

(ad 3): Aus systemtheoretischer Sicht ist eine Unternehmung ein System, welches von Menschen erschaffen, künstlich, offen und real ist. Hauptbestandteile des Systems Unternehmung sind Menschen und Maschinen. Beide üben Aktivitäten aus und stehen miteinander derart in Beziehung, daß ein dynamisches, produktives Leistungsgefüge entsteht.[37]

---

[36] Zu beachten ist aber, daß die Abgrenzung der einzelnen Phasen nicht immer eindeutig ist. Des weiteren verlaufen die Phasen nicht immer strikt nacheinander, sondern regelmäßig mit Rückkopplungen. Auf diese Weise lassen sich die im Verlauf der Entscheidungsfindung gewonnenen Erkenntnisse im Problemlösungsprozeß berücksichtigen.

[37] Vgl. Hettich, G. (1981), S. 26. Unter einem *System* wird eine Menge von Elementen verstanden, die miteinander in wechselseitiger Beziehung stehen und gegenüber der Umwelt gedanklich abgegrenzt sind. Folgende definitorische Bestandteile sind charakteristisch: *Elemente* sind die Bausteine eines Systems, die nicht weiter aufgeteilt werden können. Sie sind die kleinsten interessierenden Einheiten, wobei die Zerlegung eine Frage der Zweckmäßigkeit ist. Da keine Einschränkung bezüglich der Art der Elemente gemacht wird – rein formal können beliebige Gegenstände und Sachverhalte als Elemente eines Systems definiert werden – kann ein System auch ein Element eines übergeordneten Systems und vice versa sein. Folglich kann folgende, aufsteigende Systemhierarchie unterschieden werden: Subsystem – System – Supersystem. *Beziehungen* stellen dauerhafte Verbindungen dar, die zwischen den Elementen bestehen. Durch das Beziehungsgefü-

Gemäß Systemtheorie besteht ein Unternehmen aus einem Führungs- und einem Leistungssystem (vgl. Abb. 4).[38] Im *Leistungssystem* werden alle realen Sach- und Dienstleistungsprozesse vollzogen, die zur Erstellung der betrieblichen Gesamt- bzw. Marktleistung notwendig sind. Tatsächlich erstellt wird die Leistung in den verschiedenen Teilsystemen des Leistungssystems wie z. B. Beschaffung, Produktion, Vertrieb, Logistik und Verwaltung. Das *Führungssystem* umfaßt sämtliche Regeln, Instrumente, Institutionen und Prozesse, mit deren Hilfe die Führungsaufgaben im Unternehmen vollzogen werden. Aufgabe des Führungssystems ist das Sicherstellen einer zielorientierten Unternehmensführung unter expliziter Berücksichtigung der Unternehmensphilosophie, -kultur und -politik. Als Teilsysteme des Führungssystem können das Ziel-, Organisations-, Informations-, Personal- sowie Planungs- und Kontrollsystem unterschieden werden. Die Koordination[39] zwischen den einzelnen Teilsystemen im Führungssystem übernimmt das *Controllingsystem*. Diese Art der Koordination wird im Schrifttum als Sekundärkoordination bezeichnet. Sie ist zu unterscheiden von der sogenannten Primärkoordination, die auf die Koordination zwischen Führungssystem und Leistungssystem abzielt.[40.]

---

ge der Systemelemente wird die Ordnung eines Systems festgelegt. Je nach Fließrichtung der Strömungsgrößen wird zwischen Input und Output unterschieden. Elemente, die außerhalb der Grenzen des betrachteten Systems liegen, bezeichnet man als *Umwelt des Systems*. Für die Abgrenzung des Systems gegenüber der Umwelt ist die Intensität der Beziehungen zwischen den Elementen ausschlaggebend. Kennzeichnend ist, daß innerhalb des Systems das Maß der Interaktionen und Beziehungen größer ist als außerhalb. Vgl. Meffert, H. (1975), S. 2; Krauch, H. (1994), S. 338; Nater, P. (1977), S. 2f.; Teubner, R. A. (1999), S. 9ff.

38 Vgl. Tyrell, B. (2000), S. 194.

39 Allgemein bedeutet Koordination Abstimmung einzelner Entscheidungen auf ein gemeinsames Ziel. Als Koordinationsformen können die vertikale und horizontale Koordination unterschieden werden. Vgl. diesbezüglich Horváth, P. (1998), S. 114ff.

40 Vgl. Huch, B./Schimmelpfeng, K. (1994), S. 3; Tyrell, B. (2000), S. 195f. m. w. N.

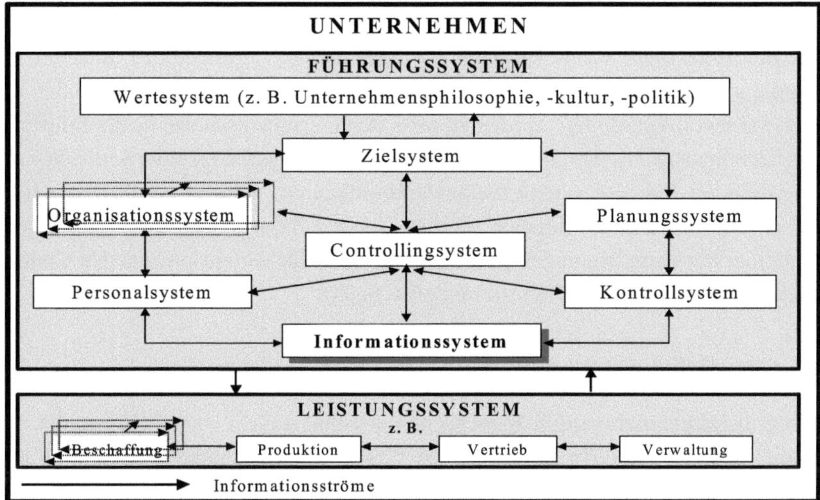

Abb. 3: Informationsflüsse innerhalb des Systems Unternehmung[41]

Das *Informationssystem* ist für das Funktionieren bzw. für den reibungslosen Ablauf des Gesamtsystems Unternehmung in hohem Maße verantwortlich. Ihm kommt die Aufgabe zu, die für die Koordination, Steuerung und Regelung[42] der Unternehmensaktivitäten notwendigen Informationen bereitzustellen. Welche Teilsysteme dabei Informationen vom IS bekommen und welche Informationsflüsse innerhalb des Gesamtsystems Unternehmung vom IS aufrecht erhalten werden müssen, zeigen die Pfeile in

41 In Anlehnung an Weber, J. (1998), S. 27; Küpper, H.-U. (1997a), S. 15; Horváth, P. (1998), S. 111.

42 Die Begriffe Steuerung und Regelung entstammen der Kybernetik. Die Kybernetik ist eine formale, interdisziplinäre Wissenschaft von Steuerungsmechanismen informationsgewinnender und -verarbeitender Systeme, welche Aussagen über Anpassungsverhalten und Stabilität von Systemen entwickelt. Der Sachverhalt der *Steuerung* umschreibt das Einstellen von Systemzuständen durch externes Festlegen einer oder mehrerer, das Verhalten des Systems bestimmender Stellgrößen. Dabei wird ein Input zu einem Output verarbeitet, ohne daß das Ergebnis der Transformation für den weiteren Verlauf der Steuerung von Bedeutung wäre. Das Steuern eines Systems reicht aus, sofern einerseits vollständige Informationen über mögliche Störungen und deren Auswirkungen auf das System vorliegen, andererseits die Ursache-Wirkungszusammenhänge zwischen der Störung und potentiellen Abwehrmaßnahmen ex ante bekannt sind. Da diese Voraussetzungen jedoch in der Realität kaum existieren, bedarf es der *Regelung* der im System ablaufenden Prozesse. Hierbei kommt es zu einer Rückkopplung, indem die im System zu regelnde Größe (Regelgröße) permanent erfaßt und mit einer Vorgabe (Führungsgröße) verglichen wird. Liegt eine Abweichung zwischen Regel- und Führungsgröße vor, wird die Regelgröße im Sinne eines Angleichs beider Größen beeinflußt. Vgl. Teubner, R. A. (1999), S. 12f.; Nater, P. (1977), S. 10f.; Meffert, H. (1968), S. 55; Meffert, H. (1975), S. 15.

Abb. 4 an. So ist das Informationssystem einerseits für die Informationsflüsse *innerhalb eines Teilsystems* verantwortlich.[43] Es muß hierbei Informationen anbieten, mit denen die verschiedenen, innerhalb eines Teilsystems auszuführenden Aktivitäten und Prozesse sinnvoll koordiniert werden können. Andererseits muß das IS die Informationsverflechtungen *zwischen den Teilsystemen im Leistungssystem* sowie *zwischen den Teilsystemen im Führungssystem* (Sekundärkoordination) aufrecht erhalten. Auch die zuvor erwähnte Primärkoordination zwischen dem Führungs- und dem Leistungssystem gelingt nur dann, wenn das Informationssystem für die entsprechenden Controllingaktivitäten zweckorientierte Informationen liefert.

1.1.2. Definitorische Abgrenzung des Begriffs Information

Der Begriff Information wird in Wissenschaft und Praxis nicht einheitlich benutzt. Das Spektrum dessen, was unter Informationen verstanden wird, ist beträchtlich.[44] Vielen Definitionsversuchen ist gemein, daß sie bei der Abgrenzung des Begriffs Information die Betrachtungsebenen der Semiotik hinzuziehen.

Die *Semiotik* ist „die Lehre von den Zeichensystemen, den Beziehungen der Zeichen untereinander, zu den bezeichneten Objekten der Realität und der Vorstellungswelt des Menschen sowie zwischen dem Sender und dem Empfänger von Zeichen."[45] In Abb. 4 werden die verschiedenen Teilgebiete der Semiotik sowie der zwischen den Teilgebieten existierende Zusammenhang aufgezeigt.

---

43 In der Abb. 3 wird dies am Beispiel der Teilsysteme Beschaffung und Organisation durch die gestrichelte, mehrdimensionale Darstellung angedeutet.

44 Vgl. Fank, M. (1996), S. 28.

45 Heinrich, L. J./Roithmayr, F. (1995), S. 464.

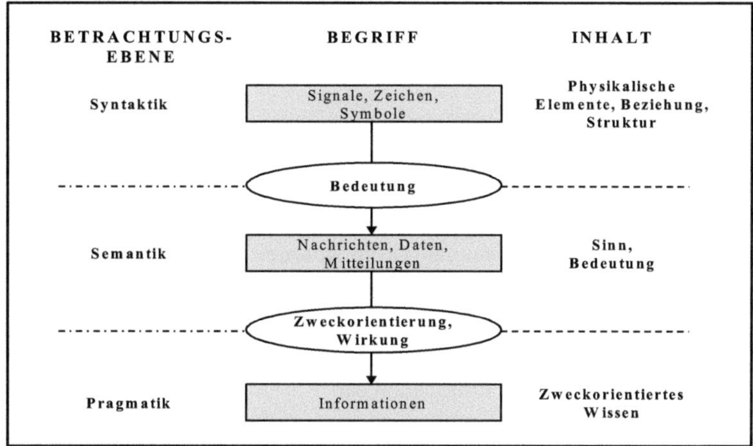

Abb. 4: Teilgebiete und Beziehungszusammenhang in der Semiotik[46]

Auf der Ebene der *Syntaktik*[47] geht es um die Darstellung und Übertragung von Zeichen, Signalen und Symbolen. Die Tatbestände (Objekte) bzw. Personen (Subjekte), die mit Hilfe der Zeichen beschrieben werden bzw. die sich der Zeichen bedienen, interessieren auf dieser Ebene nicht.[48] Vielmehr sind die Zusammenhänge zwischen den Zeichen von Bedeutung. Betrachtet man auf der syntaktischen Ebene z. B. den Satz „der Pullover ist blau", so gilt es, die einzelnen Worte als Folge von erlaubten Zeichen auf orthographische Korrektheit zu überprüfen.

Demgegenüber beschäftigt sich die *Semantik* mit den Bedeutungsinhalten von Signalen. Es werden formale Regeln vorgegeben, mit deren Hilfe einzelne Signale zu einer Signalfolge mit Bedeutungsinhalt geformt werden. Für diese mit Bedeutung versehenen Zeichen wird häufig der Begriff der Nachricht, Daten oder Mitteilungen verwendet.[49] Betrachtet man erneut den Satz „der Pullover ist blau", so ist auf semantischer

46 In Anlehnung an Biethahn, J./Mucksch, H./Ruf, W. (1994), S. 3; Krcmar, H. (1997), S. 20; Rüttler, M. (1991), S. 28.

47 Die Ebene der Syntaktik beschäftigt mit der Syntax, d. h. mit der Lehre vom Bau des Satzes. Als Teilgebiet der Grammatik untersucht die Syntax die in einer Sprache zulässigen Verbindungen von Wörtern zu Wortgruppen und Sätzen bezüglich ihrer äußeren Form, ihrer inneren Struktur und ihrer Funktion bzw. Bedeutung. Vgl. O. V. (2000), Stichwort „Syntax (1)".

48 Vgl. Biethahn, J./Mucksch, H./Ruf, W. (1994), S. 3; Wall, F. (1996), S. 6.

49 Vgl. Biethahn, J./Mucksch, H./Ruf, W. (1994), S. 4; Fank, M. (1996), S. 29.

Ebene zu prüfen, ob der Pullover tatsächlich blau und damit die Aussage inhaltlich korrekt ist.

Erst im Rahmen der *Pragmatik* werden der Empfänger und der Zweckbezug von Daten mit in die Betrachtung gezogen.[50] Das Augenmerk liegt dabei auf der Fragestellung, ob die verwendeten Zeichen die Handlungen des Empfängers beeinflussen. Untersucht man den Satz „der Pullover ist blau" auf der pragmatischen Ebene, und geht davon aus, daß der Nachrichtenempfänger ein Konsument ist, der sich einzig und allein für die Farbe, nicht jedoch für die Verarbeitung, den Schnitt oder den Stoff des Pullovers interessiert, so ist der Satz für die Kaufentscheidung relevant und besitzt damit für den Konsumenten einen Zweckbezug. Aus Sicht des Käufers stellt damit der Satz „der Pullover ist blau" eine Information dar.

In der Betriebswirtschaftslehre dominiert die Sichtweise der Pragmatik.[51] In der Regel wird dabei die Informationsdefinition von Wittmann genutzt, der den Begriff Information wie folgt abgrenzt: „Information ist zweckorientiertes Wissen, also solches Wissen, das zur Erreichung eines Zweckes, nämlich einer möglichst vollkommenen Disposition eingesetzt wird."[52]

Obgleich sich die Wittmansche Definition in der Betriebswirtschaftslehre weitgehend durchgesetzt hat, geben einzelne Aspekte dieser Informationsdefinition Anlaß zur Kritik.[53] So ist z. B. die Abgrenzung des Informationsbegriffs mittels der Kriterien „Zweck" bzw. „Zweckorientierung" sowie „Wissen" diffizil. Der Informationsbegriff bleibt weitgehend unbestimmt, da diese Kriterien in der Definition Wittmanns nicht weiter konkretisiert werden und zudem der Zweckbezug streng genommen nur subjektiv bestimmbar und daher nicht eindeutig ist.[54] Des weiteren ist die von Wittmann selbst vorgenommene Einschränkung auf die Handlungsvorbereitung[55] zu eng. Aus ei-

---

50 Vgl. Biethahn, J./Fischer, D. (1994), S. 26.

51 Vgl. Wall, F. (1996), S. 6.

52 Wittmann, W. (1959), S. 14.

53 Bezüglich des z. T. kontrovers geführten Literaturstreits, den diese Definition ausgelöst hat, vgl. z. B Wall, F. (1996), S. 5 Fn. 2 sowie Teubner, R. A. (1999), S. 16 Fn. 34. Dort findet man auch Hinweise auf weitere Autoren und deren Kritik an der Wittmannschen Definition.

54 Vgl. Teubner, R. A. (1999), S. 16.

55 Daß Wittmann eine Einschränkung auf die Handlungsvorbereitung vornimmt, zeigt sich einerseits in seiner Definition an der Verfolgung der Zwecks „Disposition"; andererseits betont er dies explizit in seinen erklärenden Ausführungen zur Abgrenzung des Informationsbegriffs. Vgl. hierzu Wittmann, W. (1959), S. 14.

nem derartigen Informationsverständnis folgt nämlich, daß Wissen, welches zur Durchführung von Aktionen notwendig ist oder als Input in den Produktionsprozeß eingeht, keine Information darstellt.[56]

Aufgrund der weiten Verbreitung im Schrifttum ist die Definition Wittmanns – ungeachtet der zuvor aufgezeigten Schwächen – Ausgangspunkt für das Informationsverständnis in der vorliegenden Arbeit. Die Defizite machen jedoch Modifikationen notwendig, die im Ergebnis zu folgender Definition führen:

> *Informationen sind bewußtes, zweckorientiertes Wissen, welches Menschen zur Erfüllung unternehmerischer Aufgaben nutzen oder welches für Menschen bereitgestellt wird.*

Mit dieser Definition kann zwar das oben beschriebene Problem eines nur subjektiv bestimmbaren Zweckbezugs nicht vollständig gelöst werden, jedoch wird der Zweckbezug durch die Ausrichtung auf die Erfüllung unternehmerischer Aufgaben konkretisiert. Zudem impliziert der Definitionsbestandteil „Erfüllung unternehmerischer Aufgaben", daß alle Phasen der Aufgabenerfüllung betroffen sind, und nicht, wie bei Wittmann, eine Einschränkung auf die Disposition bzw. Handlungsvorbereitung vorgenommen wird. Ferner gewährleistet die Einschränkung auf „bewußtes" Wissen, daß eine eindeutige Abgrenzung zwischen (bewußten) Informationen und unterbewußtem Wissen vollzogen wird. Dies ist insofern notwendig, als das unterbewußte Wissen einer Person sprachlich nicht zugänglich ist und somit nicht als Information an andere Personen weitergeben werden kann.

Die Ausführungen bezüglich der verschiedenen Ebenen der Semiotik[57] haben gezeigt, daß die Begriffe *Daten* und *Nachrichten* streng von dem Begriff Information zu unterscheiden sind. Bezüglich der Abgrenzung zwischen *Daten* und Informationen vertritt das Schrifttum überwiegend die Meinung, daß Daten im Gegensatz zu Informationen keinen Zweckbezug[58] aufweisen und deshalb Daten nicht der pragmatischen, sondern der semantischen Ebene zuzuordnen sind.[59] Die Differenzierung zwischen Informatio-

---

56 Vgl. Teubner, R. A. (1999), S. 14.

57 Vgl. insbesondere Abb. 4 auf Seite 17.

58 Zur grundsätzlichen Problematik der Abgrenzung von Informationen und Daten unter Zuhilfenahme des Zweckbezugs vgl. Seite 18.

59 Vgl. Nawatzki, J. (1994), S. 4. Des weiteren können Daten auch an Maschinen geknüpft sein. Dies ist, gemäß der in der Arbeit verwendeten Informationsdefinition, bei Informationen nicht

nen und *Nachrichten* besteht darin, daß der Nachrichtenbegriff der Ebene der Semantik zuzuordnen ist.[60] Daten und Nachrichten sind damit grundsätzlich gleich und unterscheiden sich – wenn überhaupt – nur darin, daß bei Nachrichten der Übertragungs- bzw. Weitergabeaspekt *(Kommunikation[61])* begrifflich im Vordergrund steht.[62]

1.1.3. Informationsarten und Informationseigenschaften

Informationen können sich auf eine Vielzahl von Sachverhalten beziehen. Eine mögliche Strukturierung[63] von Informationen zeigt Abb. 5. Gemäß dem linken Teil der Abbildung können Informationen nach dem Grad der Verdichtung, der Form sowie der Häufigkeit der Bereitstellung differenziert werden. Des weiteren ist eine Einteilung von Informationen nach dem Bereich der Abbildung, der Quelle sowie der Art der Verwendung möglich.

---

möglich, da Informationen zwingend an Menschen gebundenen sind. Diese Ansicht teilt auch Wall. Vgl. Wall, F. (1996), S. 7.

60 Vgl. Abb. 4.

61 Schwarze bezeichnet Kommunikation als Austausch von Nachrichten zwischen Menschen, zwischen Mensch und Maschine oder zwischen Maschinen. Vgl. Schwarze, J. (1998), S. 24. Eine sehr ausführliche Auseinandersetzung mit Begriff der Kommunikation findet sich bei Fank, M. (1996), S. 33-47.

62 Vgl. Wall, F. (1996), S. 7. Es sei an dieser Stelle angemerkt, daß nicht nur Nachrichten respektive Daten, sondern natürlich auch Informationen kommuniziert werden. Krcmar [Krcmar, H. (1997), S. 29] spricht den Begriffen Information und Kommunikation sogar einen „siamesischen Zwillingscharakter" zu. Er will damit zum Ausdruck bringen, daß Information und Kommunikation sich gegenseitig ergänzende Erscheinungen sind, da Informationen ohne Kommunikation wertlos bleiben und Kommunikation ohne Informationen inhaltslos ist. Diese Zusammengehörigkeit ist sicherlich auch der Hauptgrund dafür, daß in der Literatur häufig der Begriff des Informations- und Kommunikationssystems vorzufinden ist. Da die Begriffe „Informationssystem" und „Informations- und Kommunikationssystem" im Ergebnis inhaltlich gleich sind, werden sie in der vorliegenden Schrift synonym verwandt.

63 Inhaltlich andere Klassifikationen findet man z. B. bei Wild, J. (1982), S. 121ff. sowie Bierfelder, W. (1968), S. 56 f.

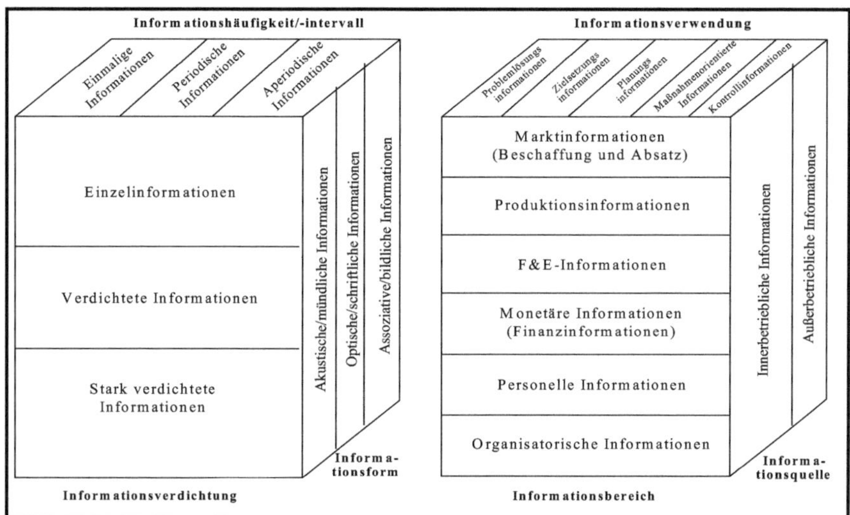

Abb. 5: Informationsarten[64]

Weit verbreitet ist überdies die Einteilung in strategische und operative Informationen. Strategische Informationen werden im Rahmen der strategischen Unternehmensführung, vornehmlich bei der Analyse, Prognose, Ideengenerierung sowie Bewertung herangezogen. Sie beziehen sich folglich auf den langfristigen Planungshorizont. Charakteristisch für strategische Informationen ist, daß sie regelmäßig fragmentarisch vorliegen, schlecht definiert sind und schlecht strukturierte Probleme beschreiben. Operative Informationen betreffen hingegen den kurzfristigen Planungshorizont. Im Vergleich zu strategischen Informationen sind sie besser beschaffbar, besser definiert und beziehen sich auf strukturiertere Problemstellungen.[65]

Neben dem Aspekt, daß Informationen sich auf eine Vielzahl von Sachverhalten beziehen können, besitzen Informationen spezielle Eigenschaften, mit denen sie sich deutlich von anderen Unternehmensressourcen unterscheiden[66]:

64 Vgl. Staerkle, T./Jaeger, F. (1968), S. 680 und 684.

65 Vgl. Rüttler, M. (1991), S. 34 m.w.N.

66 Vgl. im folgenden Streubel, F. (1996), S. 41-43; Schneider, U. (1990), S. 93ff.; Picot, A./Franck, E. (1988a), S. 545; Cleveland, H. (1983), S. 37f.

- Informationen sind ein *immaterielles* Gut; sie werden aber unter Einsatz materieller Hilfsmittel wie z. B. verschiedener Instrumente der Datenverarbeitung erstellt.
- Informationen sind kein freies sondern ein *knappes* Gut. Diese Tatsache ist jedoch häufig nicht im Bewußtsein der Informationsadressaten verankert, was einen verschwenderischen Umgang mit Informationen zur Folge hat.
- Der Prozeß der Informationsbereitstellung verursacht *Kosten*. Der *Nutzen* einer Information hängt von der Art der Verwendung ab und ist daher in der Regel nur subjektiv bestimmbar. Sowohl der Informationsnutzen als auch die -kosten können durch Selektieren, Aggregieren, Aufbereiten oder Hinzufügen weiterer Informationen beeinflußt werden.[67]
- Informationen können als *Ware* verstanden werden. Informationen werden dann gegen finanzielle oder sonstige Belohnungen gehandelt oder getauscht. Aufgrund der zuvor angesprochenen Problematik der Kosten-/Nutzenermittlung sowie Kosten-/Nutzenzurechnung ist eine Preisbildung jedoch äußerst schwierig.
- Bei der Wertermittlung von Informationen besteht das sogenannte *Arrowsche Bewertungsparadoxon*[68]. Es besagt, daß die Bewertung einer angebotenen Information i. d. R. erst nach genauer Untersuchung möglich ist, was jedoch den Besitz und damit den (käuflichen) Erwerb voraussetzt. Beim Abschluß von Informationslieferungsverträgen spielt daher *Vertrauen* eine herausragende Rolle.[69]
- Informationen sind eng an das *informationsverarbeitende Individuum gekoppelt.*
- Durch Informationen werden *Beziehungen*[70] angebahnt. Des weiteren werden Informationen für den *Auf- und Ausbau von Machtpositionen* im Unternehmen genutzt.[71]

---

67 Aufgrund der speziellen Charakteristika von Informationen ist es äußerst schwierig, die exakten Kosten und den genauen Nutzen von Informationen zu bestimmen. Vgl. diesbezüglich Huber, H. (1999), S. 109ff. sowie Sedran, T. (1994), S. 75f.

68 Vgl. Arrow, K. J. (1984).

69 Zu einem ähnlichen Ergebnis gelangt Weißenberger, die die Informationsleistung des Rechnungswesens als eine Vertrauensleistung ansieht. Vgl. Weißenberger, B. E. (1997), S. 160. Insbesondere die in der jüngsten Vergangenheit aufgedeckten Bilanzmanipulationen bei renommierten Unternehmen wie z. B. *Enron* und *Worldcom* dürften das Vertrauen der Bilanzadressaten in Informationen des externen Rechnungswesens deutlich erschüttert haben.

70 Z. B. zwischen Menschen, Institutionen und Unternehmen.

71 So kann das Innehaben und bewußte Ausnutzen beschränkt verfügbarer Informationen helfen, die Stellung im Unternehmen gegenüber dem Personenkreis zu sichern, der nicht über entsprechende Informationen verfügt.

- Selbst durch *mehrfache Nutzung* müssen Informationen sich nicht verbrauchen. Zudem sind Informationen fast beliebig *vervielfältigbar*, wobei die Vervielfältigungskosten i. d. R. gering ausfallen.
- Informationen werden mittels Medien konsumiert und transportiert. Darüber hinaus besitzen Informationen eine *Neigung zur Diffusion*[72]. Letzteres hat zur Folge, daß die Eigentums- und Besitzverhältnisse nur schwer zu bestimmen sind. Bei maschinenverarbeiteten Informationen resultieren hieraus Probleme der Datensicherheit.
- Eine exklusive Übertragung von Informationen, bei der der Empfänger das Original erhält, ist unmöglich. Vielmehr erhält der Empfänger nur eine *Kopie*. Aus diesem Grund sind nach dem Kauf- bzw. Übertragungsvorgang zumindest Empfänger und Lieferant im Besitz der Informationen.

Die Unterschiede zwischen dem Faktor Information und den klassischen Unternehmensressourcen Boden, Arbeit und Kapital werden besonders deutlich, wenn man die Ausprägungen der jeweiligen Eigenschaften tabellarisch gegenüberstellt (vgl. Abb. 6):

Produktionsfaktoren **Eigenschaften**	**„Klassische" Faktoren der VWL (Boden, Arbeit, Kapital)**	**„Neuer" Faktor (Information)**
• Greifbarkeit	Materiell	Immateriell
• Verfügbarkeit	Knappes Gut	Knappes Gut
• Angabe des Werts in Geldeinheiten möglich	JA	Bedingt (Arrowsches Bewertungsparadoxon; der Wert hängt vom informationsverarbeitenden Individuum ab)
• Mehrfache Nutzung	z. T. JA	i. d. R. JA
• Wertverzehr über Zeit	Hängt von der Art des Produktionsfaktors ab: Sachanlagen: JA Boden: NEIN	Hängt von der Art der Information ab: Spezialinformationen: JA Allgemeine Informationen: i. d. R. NEIN
• Vermehrung durch Gebrauch	NEIN	Möglich, sofern Auslösung von Assoziationen
• Neigung zur Diffusion	NEIN	JA
• Überflußsituation möglich	NEIN	JA (nicht zweckorientierte Informationen)
• Vertrauensempfindlichkeit	NEIN	JA
• Anbahnen von Beziehungen /Ausbau von Machtpositionen	NEIN	JA
• Eigentumswechsel bei Vertragsabschluß	JA	NEIN (Empfänger erhält nur eine Kopie)
• Transport mit Lichtgeschwindigkeit	NEIN	JA

Abb. 6: Vergleich der Eigenschaften klassischer Produktionsfaktoren mit den Eigenschaften des Produktionsfaktors Information[73]

Ferner wird im Schrifttum behauptet, daß Informationen eine *Dienstleistung* darstellen und daher das IS ein *interner Dienstleister* sei.[74] Hinterfragt man die Richtigkeit dieser

---

[72] Diffusion bedeutet (Zer-)Streuung.

[73] In Anlehnung an Wedekind, E. E. (1988), S. 16ff.

[74] Vgl. Martiny, L./Klotz, M. (1989), S. 50 sowie Bruhn, M. (1999), S. 545; Fischer, C.-D. (1999), S. 384; Becker, W. (1992), S. 8.

Aussage, indem man prüft, ob die Leistungen eines IS den wesentlichen Charakteristika einer Dienstleistung entsprechen, zeigt sich, daß dies weitgehend der Fall ist. So sind die Leistungen eines IS unzweifelhaft durch *Immaterialität*[75] gekennzeichnet, da sie im wesentlichen aus Informationen bestehen und letztere – wie soeben gezeigt – stets immaterieller Natur sind.[76] Ebenso unstrittig ist das Merkmal *Integration eines externen Faktors*[77], da die Leistungen eines IS im Regelfall ohne Mitwirken der IS-Nutzer nicht erbracht werden können. Ferner ist bei IS auch das Merkmal *Bereitstellung von Leistungspotentialen*[78] durch den Dienstleister gegeben. So werden im IS in Form spezieller Systeme und Tools beträchtliche technologische Ressourcen aufgebaut, die im Bedarfsfall genutzt werden können. Ferner werden auch personelle Ressourcen in Form der IS-Betreuer/IS-Entwickler bereitgehalten. Das vierte Merkmal – die *Untrennbarkeit von Produktion und Konsum*[79] – trifft hingegen für ein IS nur bedingt zu. Sofern die Ergebnisse des Leistungserstellungsprozesses im IS auf materielle Medien gespeichert werden können, ist das sogenannte „uno-actu-Prinzip“[80] nicht erfüllt, da die Nutzung der erbrachten Leistung auch zu einem späteren Zeitpunkt erfolgen kann. Ist hingegen die Leistung des IS eine spezielle Beratungsleistung, so sind Produktion und Konsum untrennbar, und damit ist auch dieses dienstleistungstypische Charakteristikum gegeben.

Insgesamt zeugen die vorangegangenen Ausführungen davon, daß Informationen im Management- und Führungsprozeß einer speziellen Behandlung bedürfen. Denn Informationen besitzen Eigenschaften, die mit einem „normalen“, auf die klassischen Produktionsfaktoren ausgerichteten Instrumentarium nicht oder nur bedingt handhabbar sind.[81] Um eine effektive und zugleich effiziente Informationsversorgung im Unternehmen gewährleisten zu können, bedarf es daher eines auf die speziellen Informa-

---

75 Vgl. Benkenstein, M. (1993), S. 1097f.

76 Vgl. Kleinaltenkamp, M. (1998), S. 39. Es sei hier nochmals angemerkt, daß materielle Trägermedien wie z. B. Disketten, CDs etc. lediglich die Basis für die Kommunikationsfähigkeit und Verbreitung von Informationen bilden.

77 Vgl. Haller, S. (1993), S. 21; Meyer, A./Mattmüller, R. (1987), S. 189.

78 Vgl. Kleinaltenkamp, M. (1998), S. 37; Benkenstein, M. (1993), S. 1098.

79 Vgl. Haller, S. (1993), S. 21.

80 Meyer, A./Mattmüller, R. (1987), S. 188.

81 Vgl. Rüttler, M. (1991), S. 37.

tionsmerkmale zugeschnittenen Managementansatzes, eines sogenannten IM-Ansatzes[82].

1.2. Informationsangebot und Informationsbedarf

Das Ziel der Informationswirtschaft besteht darin, ein informationswirtschaftliches Gleichgewicht herzustellen. Dieses liegt vor, wenn Informationsangebot und Informationsbedarf übereinstimmen.[83] Aus der Sicht des Informationsbereitstellungsprozesses[84] besteht die wesentliche Aufgabe darin, eine möglichst große Kongruenz von Informationsbedarf (1) und Informationsangebot (2) unter Beachtung des Wirtschaftlichkeitspostulats zu erreichen.[85]

(ad 1): Der *Informationsbedarf* wird in der Literatur als Summe aller Informationen verstanden, die auf die Erfüllung eines informatorischen Interesses oder Anliegens abzielen.[86] Szyperski definiert den Informationsbedarf als „Art, Menge und Qualität der Informationsgüter, die ein Informationssubjekt im gegebenen Informationskontext zur Erfüllung einer Aufgabe in einer bestimmten Zeit und innerhalb eines gegebenen Raumgebietes benötigt bzw. braucht."[87] Die folgenden Definitionsbestandteile determinieren demnach den Begriff Informationsbedarf:

- *Aufgabe:* Durch die Aufgabe kommt es zu der für Informationen notwendigen Zweckorientierung. Der Zusammenhang, der zwischen Aufgabe und Informationsbedarf besteht, ist vereinfacht ausgedrückt folgender: Je größer die Komplexität[88]

---

82 Eine ausführliche Abgrenzung des Begriff IM erfolgt in Kapitel B 1.4.

83 Vgl. Krcmar, H. (1997), S. 51f.

84 Bezüglich des Informationsbereitstellungsprozesses und seiner Teilprozesse vgl. Keller, T. (1995), S. 46ff.; Berthel, J. (1975), S. 56ff.; Coenenberg, A. G. (1966), S. 45ff.; Kramer, R. (1962), S. 93ff.; Kramer, R. (1965), S. 82ff.

85 Vgl. Schwarze, J. (1998), S. 89; Biethahn, J./Mucksch, H./Ruf, W. (1994), S. 36.

86 Vgl. Schneider, H.-J. (1991), S. 387f.; Wall, F. (1996), S. 12.

87 Szyperski, N. (1980a), Sp. 904.

88 Eine hohe Aufgabenkomplexität ist gegeben, wenn die Anzahl der für die Aufgabenstellung relevanten (Kontext-)Elemente, die Gesamtzahl verschiedenartiger Elemente, der Grad ihrer Verschiedenartigkeit sowie die zwischen ihnen existierenden Wechselwirkungen groß sind. Abzugrenzen ist die Aufgabenkomplexität von der Aufgabendynamik. Die Dynamik einer Aufgabe ist in Abhängigkeit von der Dimension Zeit und ist um so höher, je mehr sich die für die Aufgabe relevanten Einflußfaktoren im Zeitablauf verändern. Zwischen Aufgabenkomplexität und -dynamik besteht jedoch insofern eine enge Beziehung, als Umfang und Stärke der Aufgabenänderungen im Zeitablauf von der Anzahl, Verschiedenartigkeit und dem Interdependenzgrad der Aufgabenelemente und Einflußfaktoren abhängen. Vgl. hierzu Bahlmann, A. R. (1982), S. 83 und 87.

oder die Neuartigkeit der Aufgabenstellung ist, um so mehr Informationen werden für die Aufgabenbewältigung benötigt.[89] Im Gegensatz zu innovativen Tätigkeiten ist der Informationsbedarf bei repetitiven Tätigkeiten tendenziell zeitlich stabil.[90]

- *Informationssubjekt*: Das Informationssubjekt ist der Aufgabenträger, der Informationen für seine zielgerichtete Aufgabenerfüllung benötigt.[91] Auf den Informationsbedarf des Informationssubjekts nehmen verschiedene Faktoren Einfluß. Hierzu gehören u. a. das Wissen des Informationssubjekts, seine kognitiven Fähigkeiten, die Aufgabe selbst, die Erfahrung mit der Aufgabenerfüllung[92], sein Informationsverhalten, seine Informationsstrategie, sein risikopolitisches Verhalten sowie intra- und interindividuelle Problemlösungsprozesse.[93]

- *Informationskontext*: Der Informationskontext ist äußerst komplex und hinsichtlich seiner Wirkung auf den Informationsbedarf nur schwer operationalisierbar. Der Kontext beeinflußt maßgeblich die Aufgabe und die das Informationssubjekt beeinflussenden Bestimmungsfaktoren. Zum Informationskontext gehören alle unternehmensexternen und unternehmensinternen Faktoren, wie z. B. die Organisationsstruktur des Unternehmens, der Führungs- und Kommunikationsstil sowie das praktizierte Belohnungs- und Bestrafungssystem, die auf den Informationsbedarf im Unternehmen einwirken.[94]

- *Zeit und Raum*: Durch die zeitliche Ausprägung des Informationsbedarfs wird manifestiert, wie aktuell die Informationen sein müssen, um den Informationsbedarf zu decken, wie dringlich die Beschaffung von Informationen ist und wie häufig ein bestimmter Informationsbedarf auftritt. Die Dimension Raum beschreibt hingegen, wo der Informationsbedarf entsteht bzw. wo der Ort der Aufgabenerfüllung ist.[95]

- *Informationseigenschaften:* Hierdurch wird der Inhalt (Art, Menge sowie Qualität) der vom Aufgabenträger benötigten Informationen festgelegt. Insbesondere der In-

---

89 Ähnlich vgl. Gemünden, H. G. (1993), Sp. 1728.

90 Vgl. Szyperski, N. (1980a), Sp. 906.

91 Vgl. Keller, T. (1995), S. 26.

92 Vgl. Gemünden, H. G. (1993), S. 1728.

93 Vgl. Witte, E. (1975), Sp. 1916; Bahlmann, A. R. (1982), S. 94; Szyperski, N. (1980a), Sp. 907.

94 Vgl. Wall, F. (1996), S. 22; Bahlmann, A. R. (1982), S. 57; Keller, T. (1995), S. 26. Eine ausführliche Analyse der Beziehungen zwischen dem Informationskontext und dem Informationsbedarf findet sich bei Bahlmann, A. R. (1982), S. 65ff.

95 Vgl. Wall, F. (1996), S. 22.

formationsqualität und damit auch den die Qualität determinierenden Informationseigenschaften[96] kommt große Bedeutung zu.

Im Schrifttum wird der Begriff des Informationsbedarfs weiter unterteilt in objektiven und subjektiven Informationsbedarf. Der *objektive Informationsbedarf* resultiert allein aus der zu erfüllenden Aufgabenstellung und beruht auf sachlichen Gegebenheiten. Hingegen ist der *subjektive Informationsbedarf* von dem Problemlösungs- und Informationsverhalten des Aufgabenträgers geprägt und spiegelt folglich dessen Wissen sowie individuelle Vorlieben wider.[97]

In der Literatur findet man zudem den Begriff der *Informationsnachfrage*.[98] Bei der Informationsnachfrage handelt es sich um den Teil des subjektiven Informationsbedarfs, der von dem Individuum nicht nur als subjektiv notwendig erachtet, sondern auch tatsächlich nachgefragt bzw. geäußert wird.[99] Unterstellt man, daß der subjektive Informationsbedarf eines rational handelnden Individuums in der Regel zu einer entsprechenden Informationsnachfrage führt, sind die Begriffe „subjektiver Informationsbedarf" und „Informationsnachfrage" lediglich Synonyme ein und desselben Sachverhalts. Da eine Unterscheidung nicht möglich ist[100], wird der Begriff der Informationsnachfrage im folgenden nicht weiter beachtet.

(ad 2): Den Begriff *Informationsangebot* definiert Bahlmann als „Gesamtheit der Informationen, bestimmt nach der Art, Menge und Qualität ..., die von einem Informationssystem dem Benutzer auf einen geäußerten Bedarf hin zur Verfügung gestellt werden kann."[101] In Analogie zum Informationsbedarf kann auch hier zwischen einem *objektiven Informationsangebot*, als tatsächlich nutzbares Angebot von Informationen, und einem *subjektiven Informationsangebot*, als das von einem Subjekt wahrgenommene Angebot, unterschieden werden.[102] Des weiteren läßt die Verwendung des Hilfsverbs „kann" in der Definition Bahlmanns erkennen, daß auch ein *potentielles Infor-*

---

96 Bezüglich der Informationseigenschaften sowie der Anforderungen an Informationen vgl. Kapitel B 1.1.3.

97 Vgl. Schulze-Wischeler, B. (1995), S. 15; Szyperski, N. (1980a), Sp. 905.

98 Vgl. z. B. Biethahn, J./Mucksch, H./Ruf, W. (1994), S. 7; Fank, M. (1996), S. 31f.; Schulze-Wischeler, B. (1995), S. 9.

99 Vgl. Schneider, H.-J. (1991), S. 387. Demnach existiert auch ein latenter, subjektiver Informationsbedarf, der zu keiner wahrnehmbaren Informationsnachfrage führt.

100 Im Ergebnis ebenso Koreimann, D. S. (1976), S. 65f.

101 Bahlmann, A. R. (1982), S. 42f.

102 Vgl. Schneider, H.-J. (1991), S. 387.

mationsangebot existiert, welches das maximal mögliche Informationsangebot umschreibt.

Der Zusammenhang zwischen dem objektiven, subjektiven sowie potentiellen Informationsangebot wird in Abb. 7 gezeigt. Es wird deutlich, daß das objektive und das subjektive Informationsangebot lediglich Teilmengen des potentiellen Informationsangebots sind. Dies hängt u. a. damit zusammen, daß das Informationsangebot regelmäßig ein Politikum darstellt und daher Informationen bewußt zurückgehalten oder aber bestimmte im Unternehmen existente Informationsquellen nicht genutzt werden.[103]

Abb. 7: Potentielles, objektives und subjektives Informationsangebot[104]

Das Informationsangebot wird nur dann wirksam, wenn es auf einen (objektiven und/oder subjektiven) Informationsbedarf stößt. Den Zusammenhang sowie die hierbei bestehenden Beziehungen illustriert Abb. 8.

---

103 Vgl. Schulze-Wischeler, B. (1995), S. 13; Wall, F. (1996), S. 15 m .w. N.

104 Vgl. Wall, F. (1996), S. 16.

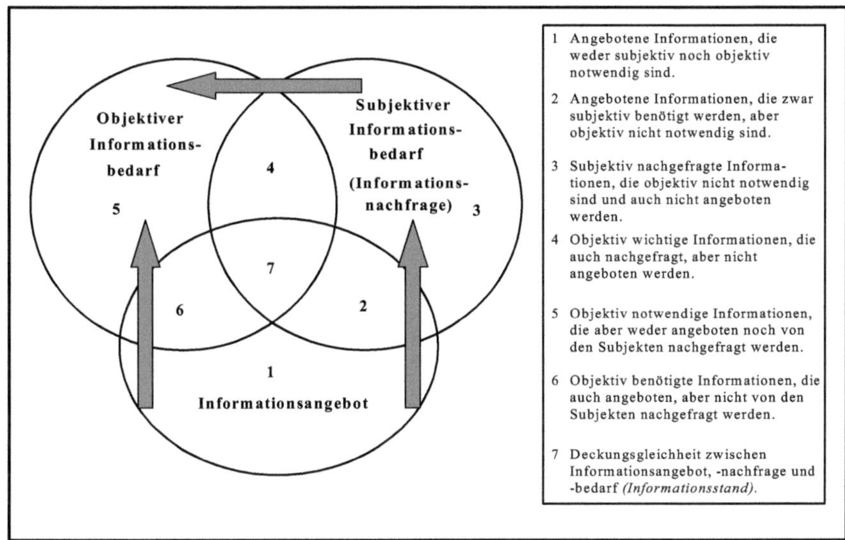

Abb. 8: Informationsbedarf, -angebot und -nachfrage[105]

Die grauen Pfeile deuten an, daß zum einen sich der subjektive Informationsbedarf an den objektiven Informationsbedarf annähern muß, zum anderen sich das Informationsangebot an dem Informationsbedarf auszurichten hat.[106] Das Ziel besteht darin, den *Informationsstand* als Schnittmenge von Informationsangebot, subjektiven Informationsbedarf und objektiven Informationsbedarf zu maximieren.[107]

Im Idealfall stimmen Informationsbedarf und -angebot überein. Dies ist jedoch eher die Ausnahme als die Regel.[108] Viel häufiger tritt der Fall der Inkongruenz von Informationsbedarf und -angebot ein. Zwei Fälle können dabei unterschieden werden. Erstens können die angebotenen Informationen quantitativ und/oder qualitativ über den Bedarf hinausgehen. Man spricht in diesem Fall von einer *Informationsüberversor-*

---

105 In Anlehnung an Fank, M. (1996), S. 33.

106 Vgl. Szyperski, N. (1980a), Sp. 905.

107 Vgl. Schulze-Wischeler, B. (1995), S. 9.

108 Vgl. Wall, F. (1996), S. 13; Schulze-Wischeler, B. (1995), S. 12f. Koreimann spricht in diesem Zusammenhang von dem „Paradoxon der unerfüllten Informationswünsche“. Vgl. Koreimann, D. S. (1976), S. 68.

gung[109]. Der Fall der Überversorgung tritt z. B. ein, wenn man aufgrund von Veränderungen im Informationskontext oder aufgrund neuartiger Aufgaben neue Teil-IS beschafft, die alten, nur noch bedingt geeigneten IS-Teilsysteme jedoch weiter bei der Informationsbereitstellung nutzt. Zweitens ist es auch möglich, daß das Informationsangebot den Informationsbedarf unzureichend abdeckt *(Informationsunterversorgung*[110]*)*. Dieser Fall resultiert beispielsweise aus einer defizitär gestalteten Informationstechnik, ungenügenden organisatorischen Regelungen, überzogenen Erwartungen der Informationsadressaten sowie zu kostspieligen und zu zeitintensiven Informationsbeschaffungswegen.[111]

Bezüglich der Anwendung der in diesem Abschnitt erläuterten Begrifflichkeiten wird folgendes vereinbart: Sofern in der Arbeit der Begriff des Informationsbedarfs zur Anwendung gelangt, wird das Begriffsverständnis des objektiven Informationsbedarfs zugrundegelegt. Dem (objektiven) Informationsbedarf gegenübergestellt wird das objektive Informationsangebot, im folgenden Informationsangebot genannt. Sofern im konkreten Einzelfall von diesen Konventionen abgewichen werden muß, wird dies ausreichend kenntlich gemacht.

1.3. Informationssystem

1.3.1. Ziel, Aufgabe und Begriff des Informationssystems

Mit der Konzeption eines IS wird das Ziel verfolgt, dem Nutzer die aus seiner Sicht relevanten Informationen bereitzustellen. Die bei der Verfolgung dieses Ziels vom IS zu bewältigende funktionale Aufgabe ist vielschichtig. Sie besteht z. B. im Erkennen des Informationsbedarfs, in der Beschaffung, Erfassung, Speicherung sowie Übermittlung

---

109 Vgl. Schwarze, J. (1998), S. 88. Ähnlich Schulze-Wischeler, B. (1995), S. 13. Kraege spricht von Informationsüberfrachtung sowie Informationsüberflutung. Vgl. Kraege, T. (1998), S. 3 und 8.

110 Vgl. Schwarze, J. (1998), S. 88. Ähnlich Schulze-Wischeler, B. (1995), S. 13.

111 Vgl. Koreimann, D. S. (1976), S. 67; Wall, F. (1996), S. 13. Eine weitere wesentliche Ursache für das Eintreten des Falls einer Informationsunterversorgung sind sogenannte Informationspathologien. Unter dem Begriff Informationspathologien werden alle Tatbestände subsumiert, die mit der unzulänglichen informationellen Fundierung wichtiger Entscheidungen in Organisationen zusammenhängen. Obwohl gemäß dieser definitorischen Abgrenzung Informationspathologien sowohl den Zustand der Über- als auch Unterversorgung umschreiben, ist der Fall der Unterversorgung deutlich praxisrelevanter. Eine nähere Beschreibung von Informationspathologien findet sich bei vgl. Scholl, W. (1992), Sp. 901ff.; Sorg, S. (1982), S. 6; Wilensky, H. L. (1967), S. 41; Heinrich, L. J./Roithmayr, F. (1995), S. 426; Schulze-Wischeler, B. (1995), S. 14; Berthel, J. (1975), S. 64.

von Informationen, in der Planung des Informationsflusses sowie in der Transformation von Daten in Informationen.[112]

Obwohl im Schrifttum Konsens hinsichtlich der herausragenden Bedeutung von IS für die Funktionsfähigkeit eines Unternehmens besteht, wird der Begriff „Informationssystem" nicht einheitlich definiert.[113] Der nachfolgende exemplarische Auszug von Literaturauffassungen illustriert diese Heterogenität in der Begriffsfindung:[114]

- IS sind Datenorganisationen auf Rechenanlagen, die bestimmte Vorgänge und Abläufe in Kommunikationsprozessen unterstützen.
- Ein IS ist ein nach organischen, technischen oder organisatorischen Prinzipien zusammengefaßtes Ganzes von Informationsbeziehungen zwischen Informationseinheiten.
- Bestehen die von den Elementen eines Systems durchgeführten Tätigkeiten in der Aufnahme, Verarbeitung und Weitergabe von Informationen, so liegt ein IS vor.
- Ein IS besteht aus einer Menge von Menschen und Maschinen, die Informationen erzeugen und/oder benutzen und die durch Kommunikationsbeziehungen miteinander verbunden sind.
- Ein IS ist ein System, das den Zwecken der Information und Kommunikation dient. Informationen liefern betrieblich relevante Kenntnisse über historische, gegenwärtige oder zukünftige Betrachtungsweisen der Realität.
- Durch die Abbildung von interessierenden Aspekten der Realität in Informationen und durch die Verknüpfung verschiedener Informationen schaffen IS ein Handlungspotential zur Bewältigung der betrieblichen Aufgabe.[115]

Trotz der Heterogenität wird jedoch allgemein anerkannt, daß es sich bei einem IS aus systemtheoretischer Sicht um ein offenes, dynamisches und komplexes System handelt.[116] Die *Offenheit* liegt darin, daß eine Interaktion der Subsysteme bzw. der Elemente des IS nicht nur untereinander, sondern auch mit der Systemumwelt stattfindet. IS sind *dynamisch*, weil es im Zeitablauf aufgrund von Interaktionen mit der Umwelt zu Veränderungen im IS kommt, und *komplex*, weil eine große Anzahl von Elementen vorliegt, zwischen denen zahlreiche Beziehungen existieren.

---

112 Vgl. Biethahn, J./Mucksch, H./Ruf, W. (1994), S. 9; Fank, M. (1996), S. 65.

113 Vgl. Schneider, H.-J. (1991), S. 393.

114 Vgl. im folgenden Schneider, H.-J. (1991), S. 393.

115 Vgl. Teubner, R. A. (1999), S. 19.

116 Vgl. Krcmar, H. (1997), S. 29; Fink, A. (2001), S. 812. Ähnlich Teubner, R. A. (1999), S. 26 sowie Hahn, D./Laßmann, G. (1996), S. 3. Keller beschreibt Informationssysteme zudem als probabilistisch, da nicht für alle Aktivitäten im IS präzise Voraussagen getroffen werden können, und des weiteren als künstlich, da ein Informationssystem kein aus der Natur stammendes Konstrukt ist. Vgl. Keller, T. (1995), S. 19.

Die konstitutiven Elemente eines IS sind hingegen nicht einheitlich determiniert. Das Meinungsspektrum reicht im Schrifttum von einem engen, rein technisch orientierten IS-Verständnis, welches insbesondere in der Informatik sowie Wirtschaftsinformatik genutzt wird, bis hin zu einer sehr weiten in der Betriebswirtschaftslehre verwandten sozio-technischen Sichtweise[117], bei der ein IS aus den Elementen Technik, Menschen, Aufgaben sowie Informationen besteht.

Im folgenden wird das der Arbeit zugrundeliegende Begriffsverständnis eines IS dargestellt. Zu diesem Zweck wird zunächst der Begriff des Informationssystems festgelegt (1), um diesen dann anschließend gegen die im Schrifttum häufig synonym verwandten Begriffe „Betriebliches Informationssystem“ (BIS) sowie „Computergestütztes Informationssystem“ (CIS) abzugrenzen (2).

(ad 1): Da der vorliegenden Arbeit eine primär betriebswirtschaftliche Sichtweise zugrunde liegt[118], wird eine eher weite definitorische Abgrenzung des Begriffs *Informationssystem* genutzt. Das IS wird dabei als ein sozio-technisches Mensch-Maschine-System verstanden, mit dessen Aufbau das Ziel verfolgt wird, den Informationsadressaten zweckorientiertes Wissen für die Planung, Steuerung und Kontrolle der unternehmerischen Prozesse und Aktivitäten bereitzustellen.[119] Abbildungsgegenstand des IS ist die *Sphäre Unternehmung*. Die Komponente *„Maschine“* umfaßt sämtliche technologischen und technischen[120] Einrichtungen. Dabei handelt es sich um hardwaretechnische Bauteile (z. B. Rechner, Drucker, Übertragungsleitungen), softwaretechnische Komponenten (z. B. Betriebssysteme, Anwendungsprogramme) sowie sonstige Verfahren und Methoden der computergestützten Informationsverarbeitung (z. B.

---

117 Vgl. Kirsch, W./Klein, H. K. (1977), S. 151ff.; Streubel, F. (1996), S. 14.

118 Vgl. Seite 6.

119 Vgl. Szyperski, N. (1980b), Sp. 921; Picot, A./Maier, M. (1992a), Sp. 923; Picot, A. (1989), S. 363f.

120 Bezüglich der definitorischen Abgrenzung der Begriffe Informationstechnologie und Informationstechnik vgl. z. B. Pfau, W. (1997), S. 9ff.; Nawatzki, J. (1994), S. 2f.; Rüttler, M. (1991), S. 48 m. w. N. in der Fn. 142. Teubner geht davon aus, daß Informationstechnik ein Unterbegriff der Informationstechnologie ist. Die Informationstechnik umfaßt dabei alle Geräte und Hilfsmittel, die im Bereitstellungsprozeß von Informationen hinzugezogen werden. Dabei handelt es sich z. B. um Computer, Drucker, Software sowie Netze. Die Informationstechnologie hingegen stellt das Wissen um eine produktive Anwendung der Informationstechnik dar. Sie beinhaltet die Gesamtheit der möglich und tatsächlich genutzten Arbeits-, Entwicklungs-, Produktions- und Implementierungsverfahren sowie Implementierungsprinzipien der Informationstechnik. Vgl. Teubner, R. A. (1999), S. 21-24.

relationale Datenbanken oder Methoden des Software Engineering).[121] Hinter der Komponente *„Mensch"* verbergen sich alle personellen Elemente des IS. Hierzu zählen einerseits die menschlichen Aufgabenträger, die für den Betrieb und die Konzeption des IS zuständig sind (IS-Betreuer bzw. IS-Entwickler), und andererseits der Personenkreis, der das IS bzw. seine Informationen nutzt (IS-Nutzer bzw. IS-Anwender).[122] Obwohl nicht explizit im Begriff „Mensch-Maschine-System" enthalten, stellt die *Organisation* einen impliziten Bestandteil des IS dar, da nur mittels adäquater aufbau- und ablauforganisatorischer Regelungen die für die Stabilität des IS notwendige Ordnung zwischen den verschiedenen Elementen gewährleistet werden kann.[123] Vor diesem Hintergrund wird der Begriff Informationssystem wie folgt definiert:

> Das *Informationssystem* ist ein aufeinander abgestimmtes Arrangement personeller, organisatorischer, instrumenteller sowie technischer Elemente, dessen Betrachtungs- bzw. Abbildungsgegenstand die Sphäre Unternehmung ist.

(ad 2): Ebenso wie das Informationssystem besitzt das *betriebliche Informationssystem* die konstitutiven Systemelemente *„Mensch" und „Maschine"*.[124] Der Ausdruck „betrieblich" zeigt, daß es sich um den Teil des Informationssystems handelt, der auf die informatorische Abbildung der *Sphäre Betrieb* bzw. des betrieblichen Leistungserstellungsprozesses abzielt. Zu diesem Zweck sammelt und speichert das betriebliche Informationssystem routinemäßig oder aus besonderem Anlaß Informationen über innerbetriebliche Bedingungen sowie über die betriebsrelevante Umwelt, um anschließend die gewonnenen Aufschreibungen sowie Auswertungen insbesondere für betriebsinterne Zwecke zur Verfügung zu stellen.[125] Der Begriff des betrieblichen Informationssystems wird daher wie folgt definiert:

---

121 Eine ausführliche Aufzählung der verschiedenen Elemente der Komponente Maschine findet sich bei Teubner, R. A. (1999), S. 22.

122 Vgl. Picot, A./Maier, M. (1992a), Sp. 924.

123 Vgl. Pfau, W. (1997), S. 17 Fn. 65; Streubel, F. (1996), S. 66. Diese Ordnung ist zwingend vorzunehmen, da im Informationssystem sowohl zwischen Elementen gleicher (z. B. zwischen zwei Aufgabenträgern) als auch unterschiedlicher Art (z. B. zwischen Informationstechnologie und Aufgabenträger oder zwischen Informationstechnologie und Organisation) Verflechtungen existieren.

124 Vgl. Dörfler, P. (1986), S. 48.

125 Vgl. Plinke, W. (1991), S. 4.

> Das *betriebliche Informationssystem* ist ein Subsystem des Informationssystems. Es besteht aus personellen, organisatorischen, instrumentellen sowie technischen Elementen. Im Gegensatz zum Informationssystem ist der Abbildungsgegenstand nicht die Sphäre Unternehmung sondern die Sphäre Betrieb.

Für einige im Unternehmen zu verrichtende Aufgaben ist eine Automatisierung bzw. Unterstützung durch die EDV unentbehrlich. Zu diesem Zweck werden ein bzw. mehrere *computergestützte Informationssysteme* eingesetzt. Bereits der Ausdruck „computergestützt" assoziiert, daß bei den CIS die informationstechnische Erfassung, Speicherung, Übertragung und Transformation von Informationen im Vordergrund steht. Das Schrifttum folgt in der Regel dieser begrifflichen Akzentuierung und schränkt den Begriff computergestütztes IS auf die maschinelle Komponente ein.[126] Infolgedessen wird in der vorliegenden Schrift von folgendem Verständnis eines CIS ausgegangen:

> Das *computergestützte Informationssystem* ist ein Subsystem des Informationssystems. Bei einem computergestützten Informationssystem wird ausschließlich die Komponente „Maschine" bzw. die verschiedenen technischen Elementen dieser Komponente betrachtet; die anderen Komponenten eines IS wie z. B. das Personal oder die Organisation interessieren somit nicht. Abbildungsgegenstand eines computergestützten Informationssystems sind die Tätigkeiten und Abläufe in der Sphäre Unternehmung.

Bis dato ist noch ungeklärt, welche *Stellung das Informationssystem im Gesamtsystem Unternehmung* besitzt. Auch diesbezüglich herrscht in der betriebswirtschaftlichen Literatur keine Einigkeit. Einerseits wird das Informationssystem als eigenständiges

---

[126] Vgl. Thome, R. (1990), S. 18; Teubner, R. A. (1999), S. 20f.; Pfau, W. (1997), S. 18. Eine andere Auffassung hat Dörfler [vgl. Dörfler, P. (1986), S. 49.], der nicht nur die Komponente „Maschine", sondern auch die Komponente „Mensch" als konstitutiven Bestandteil eines computergestützten Informationssystems betrachtet. Um Mißverständnissen vorzubeugen, sei an dieser Stelle angemerkt, daß das Fokussieren der maschinellen Komponente bei einem computergestützten IS nicht bedeutet, daß zwischen der Komponente Maschine und den anderen konstitutiven IS-Bestandteilen keine Beziehungen bestehen. So ist es z. B. der Mensch, der die Computer zur Informationsverarbeitung nutzt und die Computer mit Daten speist. Ferner spielt bei der Implementierung von Informationstechniken die Auswahl einer zielgerichteten Informationsarchitektur und damit sicherlich auch der Faktor Organisation eine Rolle.

Subsystem des Systems Unternehmung angesehen[127], andererseits werden die Elemente des Systems Unternehmung als Elemente des IS verstanden.[128]

Auf eine ausführliche Diskussion der verschiedenen Positionen wird an dieser Stelle verzichtet. Vielmehr wird pragmatisch vorgegangen und die Stellung des IS im Gesamtsystem Unternehmung aus der systemtheoretischen Betrachtung eines Unternehmens abgeleitet.[129] Hiernach ist das Informationssystem ein Teilsystem des Gesamtsystems Unternehmung, das gemeinsam mit anderen Teilsystemen wie z. B. Planungs-, Kontroll- Personal- sowie Organisationssystem das Führungssystem einer Unternehmung bildet.[130]

1.3.2. Darstellung wesentlicher Klassifizierungsansätze

In der Literatur sind zahlreiche Versuche unternommen worden, Informationssysteme zu klassifizieren[131], von denen hier nur einige wesentliche Klassifizierungsansätze dargestellt werden können. Die Vielfalt der dabei angewendeten Kriterien sowie der hieraus resultierenden Systematisierungsansätze ist deshalb so groß, weil mit der Entwicklung neuer Techniken oder aufgrund neuartiger Nutzung bekannter IS-Funktionen stets neue Begriffe kreiert werden müssen und dies ein Anpassen bereits existierender Systematisierungen nach sich zieht.[132]

Eine erste grobe Systematisierung von IS ist nach den *betrieblichen Funktionsbereichen* oder dem *Automatisierungsgrad* möglich. Während bei der Einteilung nach den betrieblichen Funktionsbereichen z. B. Beschaffungs-, Produktions-, Absatz-, Forschungs- und Entwicklungs-IS unterschieden werden können, wird bei Anwendung

---

127 Vgl. hierzu z. B. Heinen, E. (1966), S. 27; Ulrich, H. (1970), S. 240f.; Grochla, E. (1975), S. 12f.; Szyperski, N. (1980b), Sp. 921.

128 Vgl. Koreimann, D. S. (1976), S. 22f.

129 Vgl. bezüglich der systemtheoretischen Darstellung eines Unternehmens Abb. 3 auf Seite 15.

130 Ebenso Küpper, H.-U. (1997a), S. 15; Horváth, P. (1998), S. 111; Weber, J. (1998), S. 27.

131 Vgl. z. B. Luconi, F. L./Malone, T. W./Scott Morton, M. S. (1986), S. 12; Szyperski, N. (1982), S. 136; Sprague, R. H. (1980), S. 3; Wisemann, C. (1988), S. 93ff.; Alpar, P./Grob, H. L./Weimann, P./Winter, R. (2000), S. 31; Horváth, P. (1998), S. 676.

132 Eine gute Übersicht der im Schrifttum vorzufindenden Abgrenzungs- bzw. Klassifizierungsversuche eines IS findet sich bei Rüttler, M. (1991), S. 55.

des Klassifizierungskriterium „Automatisierungsgrad“ zwischen manuellen, teilautomatischen und automatisierten IS differenziert.[133]

Eine andere Klassifizierung nehmen Mertens/Griese[134] vor. Sie unterscheiden IS nach der *Art der zu bewältigenden Aufgabe* und differenzieren zwischen Administrations-, Dispositions-, Analyse- und Kontroll- sowie Planungs- und Entscheidungssystemen.

- *Administrationssysteme* sind in nahezu allen Unternehmensbereichen vorzufinden und dienen auf operativer Ebene der rationellen Verarbeitung von Massendaten. Insbesondere einfache Tätigkeiten wie z. B. das Schreiben von Adressen, das Verwalten von Lagerbeständen oder die Abwicklung von Aufträgen werden hiermit durchgeführt.

- *Dispositionssysteme* steuern einfache, gut strukturierte Arbeitsabläufe im Unternehmen. Sie unterstützen Routineentscheidungen und werden vornehmlich auf taktischer Ebene hinzugezogen. Typische Einsatzfelder von Dispositionssystemen sind z. B. Bestelldispositionen von Fremdgütern sowie die Maschinenbelegungs- und Losgrößenplanung in der Produktion.[135]

- *Analyse- und Kontrollsysteme* bauen auf den Administrations- und Dispositionssystemen auf und verdichten die aus diesen Systemen resultierenden Daten. Analyse- und Kontrollsysteme werden für die informatorische Entscheidungsfundierung auf der mittleren Managementebene hinzugezogen. Sie können einerseits nach Funktionsbereichen gegliedert werden und anderseits als übergreifende IS ausgestaltet sein. Wie bereits der Name andeutet, werden Analyse- und Kontrollsysteme für Überwachungs- und Steuerungsaufgaben im Unternehmen eingesetzt.[136] In Abhängigkeit von der Art der eingesetzten Informationstechnik besitzen sie die Form eines Berichts-, Abfrage- oder Dialogsystems.[137]

---

[133] Vgl. Fank, M. (1996), S. 68; Meffert, H. (1975), S. 37f.

[134] Vgl. Mertens, P. (2000), S. 1.

[135] Vgl. Biethahn, J./Mucksch, H./Ruf, W. (1994), S. 27 und 41.

[136] Vgl. Fank, M. (1996), S. 69; Biethahn, J./Mucksch, H./Ruf, W. (1994), S. 42.

[137] Berichtssysteme sind Systeme, die dem Benutzer periodisch oder zu einem vorher festgelegten Anlaß Informationen zur Verfügung stellen. Abfragesysteme stellen eine erste Stufe einer einfachen oder freien Form der Interaktion zwischen Mensch und Maschine dar; bei Dialogsystemen rückt die Interaktion in den Vordergrund. Vgl. Schinzer, H. (1996), S. 47.

- *Planungs- und Entscheidungssysteme* bilden die höchste Verdichtungsstufe und werden in der Regel bei schlecht strukturierten und komplexen Aufgabenstellungen wie z. B. der Gewinn-, Investitions- und Vertriebsplanung eingesetzt. Vorrangiges Ziel von Planungs- und Entscheidungssystemen ist die Unterstützung bei der Lösung mittel- bis langfristiger Planungs- und Entscheidungsaufgaben.[138]

Da im Rahmen der Unternehmenstätigkeit nicht nur ein spezieller Aufgabentyp anfällt, sondern verschiedenartige Tätigkeiten zu verrichten sind, existieren in den Unternehmen sämtliche der zuvor unterschiedenen Informationssystemtypen. Der Zusammenhang zwischen den verschiedenen Informationssystemtypen, deren Einsatzort in der Unternehmenshierarchie, die Art der von den einzelnen Informationssystemtypen bereitgestellten Informationen sowie die Struktur der von den Informationssystemtypen zu bewältigenden Aufgaben ist in der nachfolgenden Abb. 9 dargestellt.

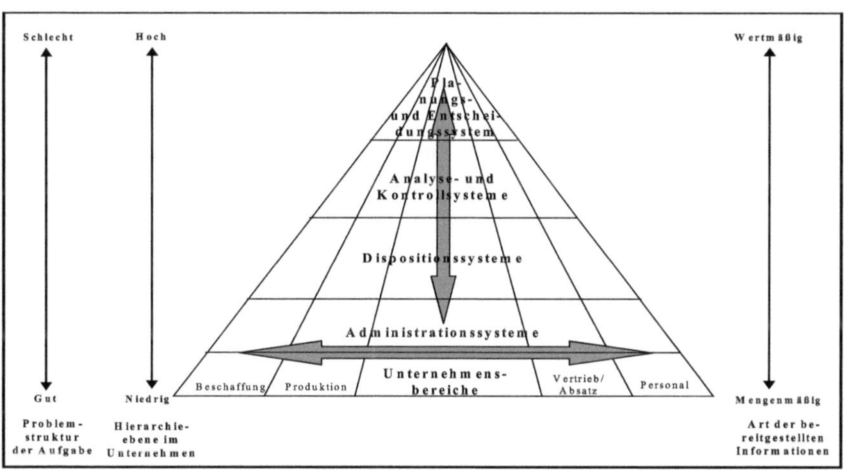

Abb. 9: Informationssystempyramide[139]

Die jeweils zuvor dargestellten Systematisierungsansätze haben gemein, daß bei der Einteilung jeweils nur eine spezielle Sichtweise eingenommen wird und hierdurch lediglich partielle, isolierte Informationsteilsysteme abgebildet werden. Von Theorie und Praxis werden heutzutage jedoch zunehmend *integrierte Informationssysteme* gefor-

---

138 Vgl. Biethahn, J./Mucksch, H./Ruf, W. (1994), S. 42; Schinzer, H. (1996), S. 47; Fank, M. (1996), S. 70.

139 In Anlehnung an Heinrich, L. J. (1993), S. 177 sowie Fink, A. (2001), S. 813.

dert. Hinter diesem Begriff verbirgt sich das Verständnis eines unternehmensweiten Informationssystems, welches die Integration unterschiedlicher Teilsysteme anstrebt.[140] Die grauen Pfeile in Abb. 9 deuten an, daß diese Integration sowohl auf gleicher Ebene *(horizontale Integration)* als auch zwischen verschiedenen Ebenen *(vertikale Integration)* vollzogen werden kann. Bei der Integration ist darauf Wert zu legen, daß die Daten- bzw. Informationsbestände im integrierten IS möglichst redundanzfrei sind, und daß bei der Abbildung der Unternehmensaktivitäten durch das integrierte IS den Unternehmensprozessen gefolgt wird.[141]

1.4. Informationsmanagement

Seit Beginn der 80er Jahre verbreitet sich zunehmend das Schlagwort Informationsmanagement. Die stark gestiegene Popularität des Begriffs geht jedoch nur bedingt mit einer theoretischen Klärung des Ausdrucks einher. Vielmehr ist die Diskussion auch hier von einem Nebeneinander unterschiedlicher Begriffsauffassungen sowie -abgrenzungen geprägt.[142]

Im folgenden wird der von Zahn/Rüttler entwickelte IM-Ansatz zugrundegelegt, da dieser Ansatz, im Gegensatz zu anderen im Schrifttum vorzufindenden IM-Ansätzen, nicht ausschließlich technikorientiert[143] ist, sondern einen erweiterten Bezugsrahmen für ein ganzheitliches IM wählt (vgl. Abb. 10).[144] Zwar ist hierdurch die Komplexität dieses IM-Ansatzes im Vergleich zu anderen, nur partiell ausgestalteten Konzeptionen ungemein höher, dafür korrespondiert der Ansatz mit dem in Kapitel B 1.3.1. darge-

---

140 Vgl. Meffert, H. (1975), S. 38. Meffert unterscheidet dabei zwischen isolierten, teil- und vollintegrierten IS.

141 Vgl. Schinzer, H. (1996), S. 47.

142 Vgl. Beier, D./Gabriel, R./Streubel, F. (1997), S. I; Pfau, W. (1997), S. 18f. Zahn/Rüttler [Zahn, E./Rüttler, M. (1990), S. 5] sprechen von einem „multi-paradigmatischen Stadium“ des IM, in dem zwar verschiedene IM-Ansätze und -Konzepte existieren, sich bis dato aber kein bestimmter Forschungsansatz durchsetzen konnte. Ein Überblick der zwischen 1980 und 1990 entstandenen IM-Definitionen findet sich bei Rüttler, M. (1991), S. 111-113.

143 Zur Kritik an der einseitigen Technikorientierung von IM-Ansätzen vgl. Schneider, U. (1990), S. 113; Streubel, F. (1996), 13f.; Beier, D./Gabriel, R./Streubel, F. (1997), S. 1.

144 Für eine detaillierte und systematische Darstellung der Ziele, Aufgaben, Methoden sowie Techniken der in der Literatur vorzufindenden IM-Ansätze vgl. exemplarisch Biethahn, J./Mucksch, H./Ruf, W. (1994); Krcmar, H. (1997) sowie Schwarze, J. (1998), S. 43f. m. w. N.

stellten weiten Begriffsverständnis eines IS und ermöglicht aus einer ganzheitlichen Betrachtungsweise eine effektive sowie effiziente IS-Gestaltung.[145]

Zahn/Rüttler verstehen ganzheitliches IM als „Ausdruck eines modernen Managementpragmatismus bzw. einer neuen Managementphilosophie, die die Verantwortung der Unternehmensleitung und Führungskräfte für die Ressource Information wieder in den Mittelpunkt rückt und verdeutlicht, daß der Umgang mit Informationen und Informationstechniken keine Angelegenheit ist, die auf Experten delegiert werden kann. Informationsmanagement erfordert die aktive Mitwirkung der Unternehmensleitung."[146]

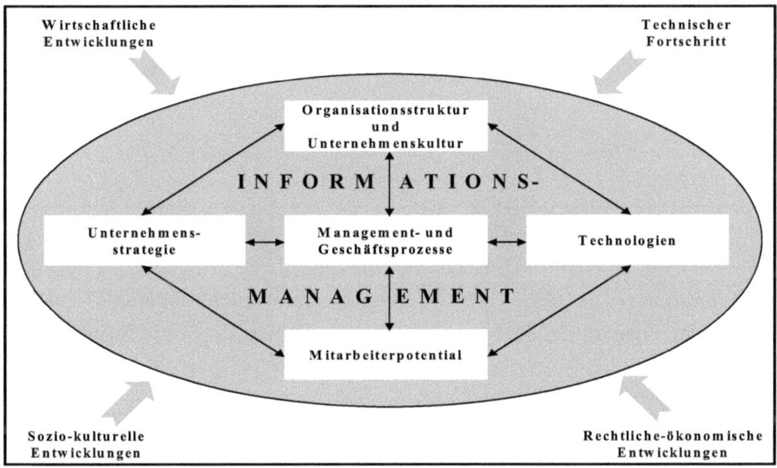

Abb. 10: Bezugsrahmen für ein ganzheitliches Informationsmanagement[147]

Wird IM als Instrument des Management verstanden[148], beinhaltet IM die systematische Planung, Gestaltung, Organisation, Koordination sowie Kontrolle aller unternehmerischen Informationsaktivitäten mit dem Ziel, den Unternehmenserfolg nachhaltig

---

145 Vgl. Beier, D./Gabriel, R./Streubel, F. (1997), S. 1.

146 Zahn, E./Rüttler, M. (1989), S. 35.

147 In Anlehnung an Zahn, E./Rüttler, M. (1990), S. 8.

148 Nach Zahn/Rüttler kann IM nicht nur als „Instrument des Management" interpretiert werden, sondern auch als „Prozeß des Management" sowie „integrierter Bestandteil der Unternehmensphilosophie und -strategie". Vgl. Zahn, E./Rüttler, M. (1989), S. 35f.

zu sichern bzw. zu steigern.[149] Charakteristisch für den von Zahn/Rüttler entwickelten ganzheitlichen IM-Ansatz ist der kombinierte Einsatz verschiedener Methoden und Instrumente innerhalb der in Abb. 11 dargestellten vier IM-Bereiche[150]. Inhaltlich beschreiben die verschiedenen Dimensionen folgendes:[151]

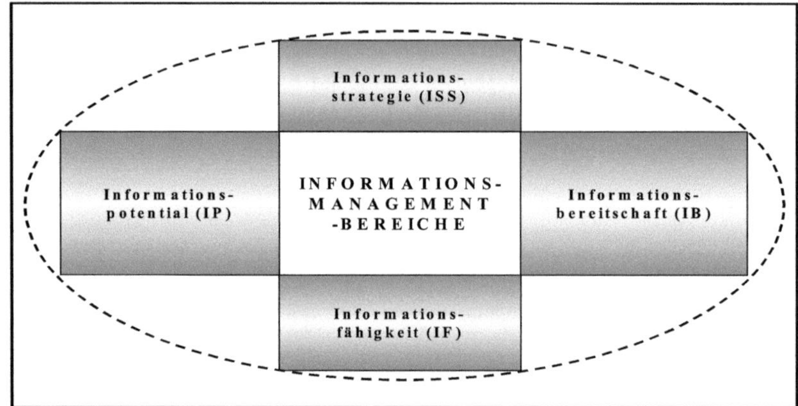

Abb. 11: Bereiche eines Informationsmanagement[152]

1. *Informationsstrategie (ISS)*: Der IM-Bereich „Informationsstrategie" beschäftigt sich mit der Planung der Informationsstrategie für ein IS.[153] Die Informationsstra-

149 Vgl. Zahn, E./Rüttler, M. (1990), S. 9; Zahn, E./Rüttler, M. (1989), S. 36. Die zentrale Frage der Gestaltung eines ganzheitlichen IM mit dem Ziel der Steigerung des Unternehmenserfolgs lautet nach Zahn, E./Rüttler, M. (1990), S. 13 wie folgt: „Mit welchen Informationen können bei Nutzung welcher Informationsressourcen (Informationspotential) mit welcher Hard- und Softwareausstattung und bei Nutzung welcher Methoden und Systeme der Informationsverarbeitung (Informationsfähigkeit) unter welchen infrastrukturellen, organisatorischen, kulturellen und personellen Voraussetzungen (Informationsbereitschaft) die Effizienz und Effektivität des Unternehmens gestärkt werden?"

150 Es sei angemerkt, daß Zahn/Rüttler zunächst einen dreidimensionalen Bezugsrahmen (Informationspotential, Informationsfähigkeit, Informationsbereitschaft) für das IM einführten, der erst später um die vierte Dimension „Informationsstrategie" erweitert wurde. Vgl. Zahn, E./Rüttler, M. (1989), S. 36; Zahn, E./Rüttler, M. (1990), S. 10.

151 Bezüglich der folgenden Ausführungen vgl. Rüttler, M. (1991), S. 114-116 und 128-141; Zahn, E./Rüttler, M. (1989), S. 36ff.; Zahn, E./Rüttler, M. (1990), S. 10ff.

152 In Anlehnung an Rüttler, M. (1991), S. 115.

153 Zur Klarstellung wird hier vereinbart, daß der Ausdruck „Informationsstrategie" sowohl den IM-Bereich „Informationsstrategie" als auch den Aspekt „Planung einer Informationsstrategie für das IS" umschreibt.

tegie[154] repräsentiert das langfristige und wettbewerbsorientierte Gesamtkonzept des IS. Sie umfaßt alle strategisch-konzeptionellen und wettbewerbsorientierten Informationsaspekte und ist stets Ausgangspunkt einer planvollen IS-Gestaltung. Beim Erarbeiten der Informationsstrategie ist darauf Wert zu legen, daß sie mit den unternehmensindividuellen Gegebenheiten und der existierenden Unternehmenskultur, -struktur und -strategie vereinbar ist.

2. *Informationspotential (IP)*: Diese Dimension zielt auf die Ressource Information im engeren Sinn ab. Das Informationspotential betrifft die Menge und Qualität aller verfügbaren in- und externen Informationen sowie Informationsressourcen des Unternehmens und beschreibt somit das Reservoir des entscheidungsrelevanten Wissens im Unternehmen. Hiermit eng verbunden ist die Auswahl, Gestaltung und Nutzung von Informationsressourcen. Entsprechend sind erstens die unternehmerischen Informationsbedarfe zu analysieren, zweitens die internen und externen Rechnungsweseninstrumente und -methoden, die bei der Informationsbedarfsdekkung bestimmter Aufgabenstellungen und Zwecke hinzugezogen werden, festzulegen und zu pflegen, sowie drittens die beschafften Informationen zielgerichtet bereitzustellen.

3. *Informationsbereitschaft (IB)*: Die Informationsbereitschaft schafft die notwendigen Voraussetzungen für das Funktionieren des IS im Unternehmen. Hier wird die grundlegende Fähigkeit einer effektiven sowie effizienten Nutzung des IS bzw. der Informationen festgelegt. Inhaltlich befaßt sich die Dimension Informationsbereitschaft mit mitarbeiterorientierten sowie organisatorischen Aufgaben. Im Fall der Mitarbeiterorientierung geht es hauptsächlich um Fragen des Personalmanagement, der Mitarbeiterführung sowie der Informationskultur. Beim Aspekt der Organisation steht die effektive und effiziente organisatorische Gestaltung der IV im Mittelpunkt des Interesses.

4. *Informationsfähigkeit (IF)*: Diese Dimension wird im Schrifttum traditionell am stärksten behandelt. Die Informationsfähigkeit bezieht sich auf den Aufbau und die Pflege der Netz-, Hard- und Software-Struktur des Unternehmens sowie auf die Entwicklung sowie Implementierung von Methoden, Instrumenten und Systemen

---

154 Neben dem in der Arbeit verwendeten Begriff Informationsstrategie findet man im Schrifttum auch Bezeichnungen wie z. B. Informatik-Strategie, Informationssystemstrategie, IuK-Strategie, Informationsverarbeitungsstrategie sowie IT-Strategie. Vgl. Beier, D./Gabriel, R. (1998), S. 10; Schwarze, J. (1998), S. 122.

der Informationsverarbeitung. Sie umfaßt damit sämtliche informationstechnologischen und informationstechnischen Aspekte eines IM.[155]

2. Zu berücksichtigende Determinanten und Wechselwirkungen bei der Gestaltung und Nutzung von Informationssystemen

In Kapitel B 1.2. wurden die Begriffe Informationsangebot und Informationsbedarf abgegrenzt und dabei die konstitutiven Merkmale der beiden Begrifflichkeiten[156] erläutert. Welche Beziehungen und Wechselwirkungen zwischen den einzelnen Definitionsmerkmalen bestehen, wurde bisher jedoch noch nicht beschrieben. Da aber die Kenntnis des Zusammenspiels der verschiedenen Merkmale für die Gestaltung eines IS unerläßlich ist, werden im folgenden die wesentlichen Determinanten des Informationsbedarfs sowie des Informationsangebots und deren Wechselwirkungen erörtert. Die nachfolgende Abb. 12 illustriert die dabei zu beachtenden Zusammenhänge in einem Gesamtmodell.

---

155 Bezüglich der Abgrenzung der Begriffe Informationstechnologie und Informationstechnik vgl. die Ausführungen in Fn. 120 und ferner die dort aufgeführten Literaturhinweise.

156 Vgl. Seite 25f. und Seite 27ff.

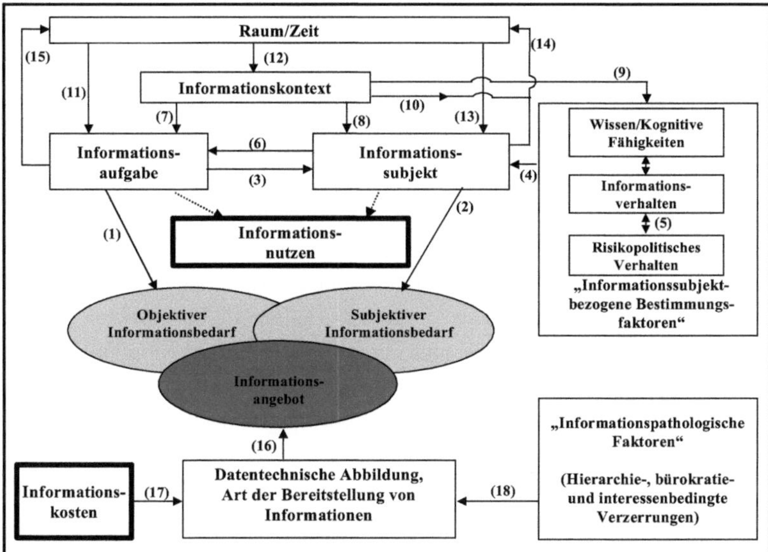

Abb. 12: Determinanten des Informationsbedarfs und -angebots und deren Interdependenzen[157]

Aus der Abbildung geht hervor, daß nur die *Informationsaufgabe* [Pfeil (1)] sowie das *Informationssubjekt*[158] [Pfeil (2)] einen primären, d. h. direkten, Einfluß auf den *Informationsbedarf* ausüben. Die Informationsaufgabe bestimmt den objektiven Informationsbedarf, während sich der subjektive Informationsbedarf aus den Anforderungen des Informationssubjekts ableitet. Die von der Informationsaufgabe und dem Informationssubjekt ausgehenden gestrichelten Pfeile deuten an, daß es nur dann zu einer wahrnehmbaren Informationsnachfrage[159] kommt, wenn das Informationssubjekt den Informationen für das Erfüllen der Informationsaufgabe einen Informationsnutzen zubilligt. Alle anderen Determinanten [vgl. Pfeile (3) bis (15)] beeinflussen den Informationsbedarf nur indirekt (sekundär).

---

157 In Anlehnung an Bahlmann, A. R. (1982), S. 62.

158 Bei dem Informationssubjekt handelt es sich regelmäßig nicht nur um ein einzelnes Subjekt, sondern um mehrere Subjekte. Sofern mehrere Informationssubjekte angesprochen sind, kommt es neben intraindividuellen Problemlösungs- und Entscheidungsprozessen auch zu interindividuellen Problemen. Aus Vereinfachungsgründen wird im folgenden jedoch nur das Beziehungsgeflecht eines einzelnen Informationssubjekts beschrieben. Zum Themenkomplex interindividueller Problemlösungsprozesse im Mehrpersonenkontext vgl. Bahlmann, A. R. (1982), S. 103-123.

159 Es sei hier noch einmal darauf hingewiesen, daß in Kapitel B 1.2. der subjektive Informationsbedarf mit der Informationsnachfrage gleichgesetzt wurde.

Die Pfeile (3) und (4) zeigen, daß der Informationsbedarf des Informationssubjekts sowohl durch die *Informationsaufgabe* als auch durch die sogenannten *informationssubjektbezogenen Bestimmungsfaktoren* beeinflußt wird. In welchem Ausmaß bzw. in welcher Form die Aufgabenstellung einen Einfluß auf den subjektiven Informationsbedarf ausübt, hängt im wesentlichen von der Einschätzung bzw. Beurteilung der Aufgabenstellung durch das Subjekt ab. Hierbei fließen die bereits erwähnten informationssubjektbezogenen Bestimmungsfaktoren wie z. B. das Wissen, die kognitiven Fähigkeiten sowie das informations- und das risikopolitische[160] Verhalten des Informationssubjektes mit ein. Dabei sind die verschiedenen informationssubjektbezogenen Bestimmungsfaktoren nicht voneinander losgelöst, sondern sie beeinflussen sich gegenseitig [Pfeil (5)]. Denkbar ist jedoch auch der zu Pfeil (3) umgekehrte Fall, daß das Informationssubjekt Einfluß auf die Informationsaufgabe nimmt, indem es die Aufgabenstellung nach seinen Vorstellung verändert oder die Aufgabe überhaupt erst schafft [Pfeil (6)].

Ein wesentlicher Bestimmungsfaktor des Informationsbedarfs ist der *Informationskontext*. Dieser beschreibt die Umwelt, in der das Unternehmen agiert. Unterschieden wird üblicherweise zwischen externen und internen Kontextfaktoren[161]. Über die Art der zu bewältigenden Aufgaben [Pfeil (7)] beeinflußt der Informationskontext den objektiven Informationsbedarf. Zudem hat er sowohl einen unmittelbaren [Pfeil (8)] als auch – über die informationssubjektbezogenen Bestimmungsfaktoren [Pfeil (9)] – einen mittelbaren Einfluß auf das Informationssubjekt und dessen Informationsbedarf[162]. Darüber hinaus wirkt der Informationskontext auch auf die Raum-/Zeitkonstellation [Pfeil (10)].

Ein weitere Determinante des Informationsbedarfs ist die *Raum-/Zeitkonstellation*.[163] Indem sie die Informationsaufgabe [Pfeil (11)], den Informationskontext [Pfeil (12)]

---

160 Eine risikoaverse Person wird für die Bewältigung einer Aufgabe tendenziell mehr Informationen nachfragen als eine risikofreudige Person. Vgl. Küpper, H.-U. (1995a), S. 140.

161 Zu den externen Kontextfaktoren gehören makroökonomische, gesellschaftliche, politische sowie soziale Faktoren; zu den internen Kontextfaktoren zählen beispielsweise der Führungsstil, die Unternehmens- und Marktstrategie, die Organisationsstruktur sowie das Entlohnungs- und Sanktionssystem.

162 Gemäß Abb. 12 erfolgt dies über die Wirkungskette Pfeil 9, Pfeil 4 sowie Pfeil 2.

163 Streng genommen handelt es sich bei der Raum-/Zeitkonstellation um einen Teilbereich des Informationskontexts. In Anlehnung an die Darstellung Bahlmanns soll jedoch die Differenzierung zwischen dem Informationskontext einerseits und der Raum-/Zeitkonstellation andererseits beibehalten werden.

und das Informationssubjekt [Pfeil (13)] beeinflußt, bestimmt sie mittelbar den objektiven sowie den subjektiven Informationsbedarf. So wird beispielsweise durch die Verlagerung eines Unternehmensteilbereichs in das Ausland oder durch ein Outsourcing eines Produktionsbereichs der Faktor „Raum" berührt und damit Einfluß auf die Informationsaufgabe, den Informationskontext sowie das Informationssubjekt genommen.[164] Umgekehrt kann jedoch auch der Fall eintreten, daß personelle oder aufgabenorientierte Veränderungen [Pfeile (14 und 15)] einen Wandel der Raum-/Zeitkonstellation bewirken.

Sofern der objektive und der subjektive Informationsbedarf hinreichend spezifiziert sind, muß ein entsprechendes *Informationsangebot* [Pfeil (16)] durch das IS offeriert werden. Zu diesem Zweck werden unter expliziter Berücksichtigung der Informationskosten [Pfeil (17)] die hierfür notwendigen Informationen datentechnisch abgebildet und in einer – aus Sicht des Informationssubjekts – geeigneten Form bereitgestellt. Bei der Abbildung und Bereitstellung der Informationen durch das IS sollten informationspathologische Faktoren[165] [Pfeil (18)] Berücksichtigung finden, so daß ein aus Informationspathologien resultierender Schaden minimiert werden kann.

Resümierend bleibt festzuhalten, daß insbesondere das Bestimmen des Informationsbedarfs problematisch ist[166], da die auf den Informationsbedarf einwirkenden Faktoren und Beziehungszusammenhänge sehr komplex sind. Aus diesem Grund ist eine exakte Prognose des Informationsbedarfs realiter nur bedingt möglich, was jedoch nicht bedeutet, daß das Bestimmen des Informationsbedarfs ausbleiben darf.

---

164 Beispiele für eine auf den Faktor „Zeit" zurückzuführende Änderung beim Informationsbedarf sind a) im Zeitablauf angesammelte Erfahrungen des Informationssubjekts bei der Aufgabenverrichtung oder b) eine im Laufe der Zeit ansteigende Marktdynamik.

165 Vgl. diesbezüglich die Ausführungen in Fn. 111.

166 Vgl. Berthel, J. (1992), Sp. 874.

C Zur Notwendigkeit der Veränderung von Informationssystemen

1. Vorüberlegungen

Zahlreiche Unternehmen begegnen aktuell einem massiven Strukturumbruch in ihrer Umwelt.[167] Ob eine Unternehmung in einer solchen Situation bestehen kann, hängt maßgeblich davon ab, ob sie auf den externen Wandel mit adäquaten Veränderungen reagiert. Typische Maßnahmen sind in diesem Zusammenhang z. B. ein Redesign interner Prozesse, ein Umgestalten der Aufbau- und Ablauforganisation sowie ein Anpassen des Produktsortiments. Diese Maßnahmen tangieren das IS insofern, als aus ihnen ein veränderter Informationsbedarf bei den Aufgabenträgern im Unternehmen resultiert. So werden einerseits zusätzliche, bisweilen vom IS nicht angebotene Informationen benötigt, andererseits sind zuvor nützliche Informationen obsolet.

In einer solcher Situation ist von den IS-Verantwortlichen zu prüfen, ob das im Unternehmen implementierte IS weiterhin für das Bereitstellen adäquater Informationen geeignet ist. Ob das IS gegebenenfalls umzugestalten ist, und wenn ja, in welcher Form dies erfolgen sollte, hängt maßgeblich davon ab, wie signifikant die Veränderungen in der Unternehmensumwelt sind. Unterstellt werden kann dabei eine positive Korrelation zwischen dem Ausmaß der Veränderung in der Unternehmensumwelt einerseits und der Dringlichkeit sowie Stärke einer Anpassung des IS andererseits. Mit anderen Worten: Je erheblicher der Wandel im unternehmensrelevanten Kontext ausfällt, um so notwendiger wird eine Veränderung im IS, und um so folgenschwerer fallen die durchzuführenden Maßnahmen aus.[168]

---

[167] Eine in diesem Zusammenhang treffende Aussage stammt von Necker [Necker, T. (1991), S. 1]: „...das einzig Stabile ist der immer schnellere Wandel."

[168] Dieser Zusammenhang soll noch einmal näher betrachtet werden: Sofern sich die im Hinblick auf die IS-Gestaltung relevanten Parameter in ihrer absoluten sowie relativen Bedeutung nur marginal ändern, kann es aus Kosten-/Nutzen-Erwägungen sinnvoll sein, das IS nicht zu verändern. Sofern jedoch das Ausmaß der Veränderungen in der relevanten Unternehmensumwelt weiter zunimmt und dabei ein gewisses Signifikanzniveau überschreitet, hat dies zur Folge, daß gewisse Teile des IS unter diesen Umständen inadäquat und deshalb graduelle Anpassungen im IS vorzunehmen sind. Erst wenn der Wandel der Unternehmensumwelt so immens ausfällt, daß mit dem implementierten IS überhaupt keine sinnvollen Informationen mehr bereitgestellt werden können, ist ein fundamentales Redesign bzw. eine vollkommene Neugestaltung angebracht. Eine genaue Aussage dahingehend, wann welche Maßnahmen im IS durchzuführen sind, ist jedoch nur schwer möglich. Dies liegt daran, daß die Veränderungen im Unternehmenskontext z. T. nicht wahrgenommen, z. T. von unterschiedlichen Personen verschiedenartig eingeschätzt werden. So ist es

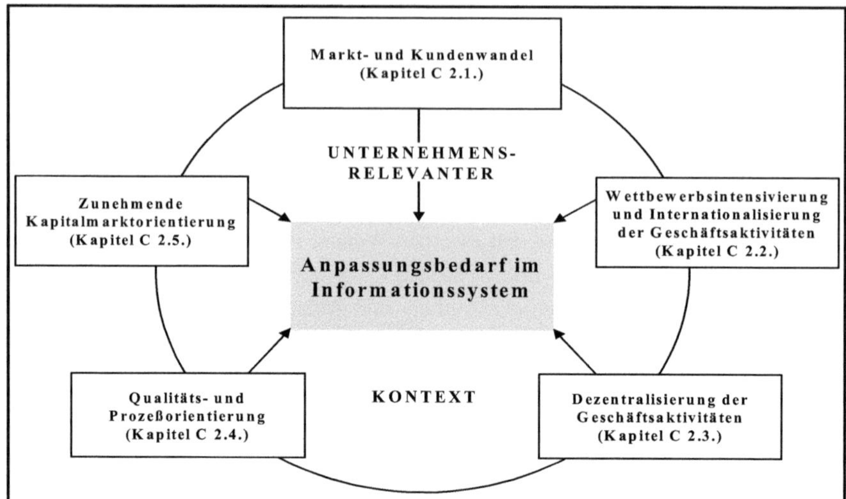

Abb. 13: Wesentliche Veränderungen im unternehmensrelevanten Kontext

Vor diesem Hintergrund soll im folgenden gezeigt werden, daß derzeit in vielen Unternehmen die Notwendigkeit besteht, die dort implementierten IS anzupassen. Zu diesem Zweck werden zunächst in Kapitel C 2. wesentliche Veränderungen im unternehmensrelevanten Kontext (vgl. Abb. 13) sowie die hieraus resultierenden Anforderungen an den Faktor Information bzw. an das IS („IS-Ansprüche") beschrieben. Da selbst bei erheblichen Veränderungen im Unternehmenskontext sowie sehr neuartigen Anforderungen an das IS nicht zwangsläufig IS-Probleme auftreten müssen[169], wird in Kapitel C 3. das Schrifttum mit dem Ziel untersucht, aktuelle Problemfelder und Mängel im bzw. des IS[170] („IS-Defizite") zu identifizieren. Im anschließenden Kapitel C 4. werden die zuvor identifizierten IS-Ansprüche und IS-Defizite mit der Intention zu-

möglich, daß einige Personen Modifikationen im IS als nicht notwendig erachten, während andere graduelle und noch andere sogar radikale Veränderungen im IS fordern.

169 Denn es ist denkbar, daß Unternehmen die Umweltveränderungen richtig erkannt und hierauf mit adäquaten Veränderungen im IS reagiert haben.

170 Der Ausdruck „Probleme *des* IS" oder kurz „IS-Probleme" umfaßt zwei Aspekte. Zum einen beinhaltet dieser Ausdruck „Probleme *innerhalb bzw. im* IS". Angesprochen sind Probleme, die auf eine mangelhafte Gestaltung einzelner Komponenten des IS (z. B. Mensch, Technik, Organisation) zurückzuführen sind. Zum anderen existieren „Probleme *mit* dem IS". Es handelt es sich hierbei um Defizite, deren Ursprung in einer mangelhaften Abstimmung zwischen dem IS und den anderen Teilsystemen im Unternehmen liegt. Eine ausführlichere Abgrenzung und Systematisierung der Begrifflichkeiten erfolgt später in Kapitel C 3.

sammengeführt, einen Beurteilungskatalog für einen idealtypischen[171] IM-Ansatz abzuleiten.

Die Komplexität der Untersuchung macht es notwendig, den nachfolgenden Ausführungen einige vereinfachende Annahmen zugrundezulegen:

- Im folgenden wird unterstellt, daß die in Kapitel C 2. beschriebenen Veränderungen in der Unternehmensumwelt und die hiervon ausgehenden Auswirkungen auf das IS sowie die in Kapitel C 3. aufgezeigten IS-Defizite alle Unternehmen gleichermaßen betreffen.[172] Da das wesentliche Ziel in Kapitel C darin besteht, die *grundlegende* Notwendigkeit der Veränderung von IS aufzuzeigen, und vor diesem Hintergrund auf unternehmensindividuelle Faktoren und Umstände nicht näher eingegangen werden kann, ist diese Annahme unerläßlich.

- Ein IS, verstanden als ein offenes und zugleich dynamisches System[173], verändert sich im Zeitablauf. Dabei kann der Fall eines informationswirtschaftlichen Ungleichgewichts[174] eintreten. Zwei Formen sind dabei zu unterscheiden: Erstens kann das *Ungleichgewicht temporärer Natur* sein. Dies ist der Fall, wenn der Anpassungsbedarf im IS zwar richtig erkannt wird, entsprechende Veränderungsmaßnahmen jedoch zeitlich verzögert vorgenommen werden, so daß erst zu einem späteren Zeitpunkt ein erneutes informationswirtschaftliches Gleichgewicht entsteht. Zweitens kann der Fall eines *permanenten informationswirtschaftlichen Ungleichgewichts* vorliegen.[175] Ein erneutes Gleichgewicht stellt sich in diesem Fall weder automatisch noch – wie im Fall des temporären Ungleichgewichts – zu einem späteren Zeitpunkt ein. Bei den nachfolgenden Ausführungen wird die Existenz eines

---

171 Der IM-Ansatz ist insofern idealtypisch, als dieser Ansatz sowohl den aus dem Wandel im Unternehmenskontext resultierenden Ansprüchen an das IS („IS-Ansprüche“) als auch den identifizierten IS-Defiziten („IS-Defizite“) Rechnung trägt.

172 Dies bedeutet jedoch nicht, daß diese Annahme vollkommen irreal ist. Als Beleg sei bereits auf die in Kapitel C 3. beschriebenen IS-Defizite hingewiesen. Die dort aufgezählten Problembereiche werden im Schrifttum von mehreren Autoren thematisiert. Dies weist darauf hin, daß diese Problembereiche keine unternehmensindividuellen Spezialfälle abbilden, sondern – im gewissen Maße – Allgemeingültigkeit besitzen.

173 Vgl. Seite 31.

174 Bezüglich des Begriffs „informationswirtschaftliches Gleichgewicht“ vgl. Seite 25.

175 Ein permanentes informationswirtschaftliches Ungleichgewicht entsteht, wenn z. B. die Notwendigkeit der Durchführung von Veränderung im IS nicht erkannt wird oder trotz Erkennens keine oder falsche Maßnahmen durchgeführt werden.

temporären informationswirtschaftlichen Ungleichgewichts ausgeschlossen. Dies bedeutet, daß der in Kapitel C aufgezeigte Veränderungsbedarf im IS zwingend entsprechende Anpassungsmaßnahmen auslösen muß, da sich andernfalls kein erneutes informationswirtschaftliches Gleichgewicht einstellt.

2. Der Wandel des unternehmensrelevanten Kontexts als konzeptioneller Ausgangspunkt für Anpassungen im Informationssystem und seine Auswirkung auf das Informationssystem

2.1. Markt- und Kundenwandel

Seit den 70er Jahren haben sich die Bedingungen auf den Absatz- und Beschaffungsmärkten dramatisch verändert. Zum einen hat sich ein Wandel von Verkäufer- zu Käufermärkten vollzogen.[176] Auf solchen Märkten bestimmen nicht mehr die Produzenten sondern die Konsumenten die zu zahlenden Produktpreise und -qualitäten. Zum anderen führen Sättigungserscheinungen auf den Konsum- und Investitionsgütermärkten zu einem erheblichen Angebotsüberhang. In Verbindung mit einer deutlichen Wettbewerbsintensivierung sowie einer Globalisierung der Geschäftsaktivitäten[177] führt dies zu einem deutlichen Preisverfall und in letzter Konsequenz zu einer erheblichen Anbieterselektion.

Unter solchen Bedingungen überleben nur diejenigen Unternehmen, die durch Volumen- oder Differenzierungsvorteile einen Vorteil gegenüber den Mitbewerbern erringen können.[178] Des weiteren ist es für jedes Unternehmen und dort für alle Unternehmensbereiche unerläßlich, die Leistungen konsequent an den Kundenbedürfnissen auszurichten, um die Kunden so dauerhaft an das Unternehmen zu binden.[179]

Erhebliche Probleme bereitet den Unternehmen in diesem Zusammenhang die ansteigende Individualisierung der Kundenwünsche. Zum einen sind die Bedürfnisse der Kunden nur noch kurzfristig stabil und daher treffsichere Prognosen des Konsumentenverhaltens nahezu unmöglich. Zum anderen zwingt der Individualisierungstrend die

---

[176] Vgl. Weber, J. (1997), S. 13.

[177] Vgl. hierzu näher Kapitel C 2.2.

[178] Vgl. Hoffmann, W./Niedermar, R./Risak, J. (1996), S. 17. Häufig reagieren Unternehmen mit Produktdifferenzierung, was jedoch eine deutlich höhere Produkt-, Programm- und Produktionskomplexität zur Folge hat. Vgl. Weber, J. (1996a), S. 928f.

[179] Vgl. Männel, W. (1998a), S. 3. Dabei spielt die Qualität ein sehr wichtige Rolle. Vgl. diesbezüglich Kapitel C 2.4.

Unternehmen, auf die Kundenbedürfnisse mit entsprechenden Produkten und Dienstleistungen permanent und zeitnah zu reagieren, was regelmäßig hohe Forschungs- und Entwicklungskosten (F&E-Kosten), kurze Produktlebenszyklen sowie geringe Amortisationsdauern von Produktinvestitionen zur Folge hat.[180]

Insgesamt wirkt der Markt- und Kundenwandel auf den Faktor Information bzw. auf das IS wie folgt:

- Damit die Unternehmen rechtzeitig auf die veränderten Märkte und Kundenwünsche reagieren können, muß das IS *permanent und zeitnah* Informationen über *wesentliche Markt- und Kundenveränderungen* bereitstellen. Benötigt werden Informationen, die die Marktchancen und -risiken existierender oder zu entwickelnder Produkte aufzeigen sowie Änderungen im Käufer- und Konkurrenzverhalten frühzeitig aufdecken.[181]

- Preise werden auf Käufermärkten in der Regel exogen vom Markt vorgegeben. Eine bis auf etliche Nachkommastellen genaue Kalkulation der Produktpreise mit Hilfe feinsinniger Kostenrechnungsmethoden macht auf solchen Märkten wenig Sinn.[182] Beachtet man außerdem, daß sich die absolute sowie relative Relevanz der von einem IS zu offerierenden Informationen wandelt, erscheint das Anpassen der bei der Informationsproduktion eingesetzten Instrumente und Methoden zwingend. Vor diesem Hintergrund wird hier angenommen, daß sich die *absolute und relative Bedeutung einzelner Informationsinstrumente und -methoden künftig verändern wird bzw. bereits verändert hat.*[183] Auf der einen Seite werden klassische Methoden wie z. B. eine Preisuntergrenzenbestimmung unter Zuhilfenahme der Zuschlagskalkulation an Relevanz verlieren, auf der anderen Seite moderne, marktorientierte

---

180 Vgl. Wagenhofer, A. (1995), S. 82; Weber, J./Weißenberger, B. E. (1996), S. 11.

181 Vgl. Adam, D. (1997), S. 180.

182 Vgl. Klein, G. A. (1999), S. 36. Es sei an dieser Stelle angemerkt, daß selbst bei Existenz eines Verkäufermarktes eine solche Vorgehensweise fraglich ist, da sicherlich auch auf einem solchen Markt die Zahlungsbereitschaft der Konsumenten ausschlaggebend ist und daher auch hier der Preis eines Produktes nur bedingt kalkuliert bzw. exogen vorgegeben werden kann. Da jedoch für Konsumenten auf einem Verkäufermarkt kaum die Möglichkeit besteht, bei einer zu hohen Preisforderung auf ein anderes, ähnliches Produkt auszuweichen, kann der Produzent seine Preisforderung auf einem Verkäufermarkt sicherlich eher durchsetzen als auf einem Käufermarkt. Eine exakte Preiskalkulation macht deshalb auf einem Verkäufermarkt im Vergleich zum Käufermarkt mehr Sinn und vice versa. Bezüglich des Zusammenhangs Absatzpreisgestaltung und Marktform vgl. Zwehl, W. v. (1981) Sp. 877 und 881.

183 Ähnlich vgl. Männel, W. (1992), S. 109.

Verfahren wie z. B. das Target Costing oder das Life Cycle Costing an Bedeutung hinzugewinnen.[184]

- Der Wandel auf den Märkten und bei den Kundenbedürfnissen zwingt die Unternehmen zu einer verstärkt strategischen Sicht bei den Unternehmensaktivitäten. Dies führt tendenziell dazu, daß sich die *absolute und die relative Bedeutung der vom IS bereitzustellenden Informationen verändert.* Das Schrifttum geht davon aus, daß auf der einen Seite die Relevanz operativer, periodisierter Informationen (z. B. in Form von Kosten und Leistungen) abnimmt, auf der anderen Seite die wachsende Strategieorientierung der Unternehmen dazu führt, daß verstärkt langfristige, nicht periodisierte Informationen (z. B. in Form von Ein- und Auszahlungen) benötigt werden.[185]

- Die erhöhte Dynamik und Komplexität auf den Märkten sowie der Wandel der Kundenbedürfnisse führt zu einer wachsenden Marktunsicherheit und letztlich zu einem höheren Unternehmensrisiko. Damit ein potentieller Schaden im Unternehmen minimiert werden kann, sind geeignete *Frühwarn- und Risikomanagementsysteme* zu implementieren.

- Da der langfristige Unternehmenserfolg von dem innovativen Charakter der Produkte und damit von den Resultaten im F&E-Bereich abhängt, sollten in diesem Bereich beschäftigte Mitarbeiter freien Zugang zu Informationen haben, die für die übergreifende Steuerung und Koordination der Entwicklungsvorhaben notwendigen sind. Um einen schnellen Wissenstransfer zwischen den Mitarbeitern der unterschiedlichen Entwicklungsteams und -phasen zu gewährleisten, sollte ein *hierarchiefreier Informationsaustausch* möglich sein.[186]

---

184 Eine gute Darstellung des Zusammenhangs zwischen der Ausgestaltung von Informationsinstrumenten einerseits und der Veränderung der Unternehmensumwelt andererseits findet sich bei Pfaff/Weber. Dort wird am Beispiel der Kostenrechnung aufgezeigt, wie sich im Laufe der Zeit aufgrund des Wandels im unternehmensrelevanten Kontext die Zwecke der Kostenrechnung und das Kostenrechnungsinstrumentarium verändert haben. Vgl. Pfaff, D./Weber, J. (1997), S. 462ff. und Pfaff, D./Weber, J. (1998), S. 152ff.

185 Ähnlich Schweitzer, M./Wagener, K. (1998), S. 445; Dellmann, K./Franz, K.-P. (1994), S. 15.

186 Vgl. Adam, D. (1997), S. 180.

2.2. Wettbewerbsintensivierung und Internationalisierung der Geschäftsaktivitäten

Der Abbau von Handelshemmnissen und der Wegfall von Markteintrittsbarrieren führten in der jüngsten Vergangenheit zu einer Öffnung und Deregulierung verschiedener Märkte wie z. B. dem Telekommunikations-, Gas- sowie Wassermarkt. Der Wegfall des Schutzes spezifischer Wettbewerbsvorteile sowie die Möglichkeit internationaler Direktinvestitionen initiierte dabei in vielen Wirtschaftsbereichen eine Globalisierung und Veränderung der Unternehmensaktivitäten. Von diesen Veränderungen betroffen sind Absatz- und Beschaffungsmärkte sowie primäre und sekundäre Leistungsprozesse innerhalb der Unternehmen.[187]

Im Ergebnis führen die Entwicklungen zu einem deutlichen Komplexitäts- und Dynamikanstieg in der unternehmensrelevanten Umwelt sowie einem Wegfall rein nationaler Märkte. Letzteres zwingt die Unternehmen, ihre Geschäftsaktivitäten weltweit auszurichten und Zielgruppen und Bedürfnisstrukturen international zu segmentieren.[188] Der Faktor Zeit spielt dabei eine wichtige Rolle. Es gilt, attraktive Investitionen möglichst schnell vorzunehmen, da andernfalls die Konkurrenz die sich bietenden Chancen nutzt. Aus diesem Grund zieht man regelmäßig ein schnelles, externes Wachstum in Form strategischer Allianzen, Akquisitionen sowie Fusionen einem lang andauernden internen Wachstum vor.[189]

Die internationale Ausrichtung der Geschäftsaktivitäten und die Veränderungen im Wettbewerb haben folgende Wirkungen auf das IS:

- Aufgrund der steigenden Wettbewerbsintensität müssen Unternehmen die sich bietenden Chancen schnell ergreifen. Das IS eines Unternehmens muß daher Informationen bereitstellen, die etwaige *Chancen sachgerecht und zeitnah* aufzeigen.[190]

- Die zunehmende Dynamik sowie Komplexität in der unternehmensrelevanten Umwelt führten in der Vergangenheit dazu, daß die *Quantität der zur Planung, Steuerung und Kontrolle der Unternehmensaktivitäten notwendigen Informationen*

---

[187] Vgl. Klein, G. A. (1999), S. 40ff.

[188] Vgl. Weber, J./Aust, R. (1998b), S. 134; Hahn, D. (1995), S. 329; Männel, W. (1994), S. 381.

[189] Vgl. Hoffmann, W./Niedermar, R./Risak, J. (1996), S. 18.

[190] Ähnlich vgl. Walter, W. (2000), S. 35f.

stetig *gestiegen ist.* Es ist davon auszugehen, daß diese Entwicklung auch in Zukunft anhält. Um den Zustand einer Informationsüberfrachtung („Information Overload“) bei den Informationsadressaten entgegenzuwirken, müssen die vom IS angebotenen Informationen mehr denn je exakt auf die objektiven, z. T. aber auch auf die subjektiven Informationsbedürfnisse der Adressaten zugeschnitten sein.

- Strategische Allianzen, Akquisitionen sowie Fusionen gelingen nur dann, wenn Kommunikations- und Abstimmungsprobleme zwischen den hieran beteiligten Unternehmen vermieden werden können. Idealerweise sollten die Unternehmen deshalb auf eine (relativ) einheitliche Informationsbasis zurückgreifen, die für alle eine unmißverständliche Sprache darstellt. In der Praxis trifft man jedoch dieses Idealbild eher selten an. Viel häufiger sind die IS unternehmensindividuell ausgestaltet und daher die von den einzelnen Unternehmen bereitgestellten Informationen quantitativ und/oder qualitativ nicht aufeinander abgestimmt.[191] Insbesondere bei strategischen Allianzen mit Supply Chains und Fusionen ist deshalb eine *quantitative Konsolidierung sowie inhaltliche Abstimmung der bereitgestellten Informationen* ratsam.

- M & A-Aktivitäten sind sehr kostspielig, Daher müssen ihre Chancen und Risiken richtig eingeschätzt werden. Hierbei nützlich sind *detaillierte, zukunftsorientierte Informationen*, mit denen die monetären Auswirkungen strategischer *Erfolgs- und Synergiepotentiale richtig abgebildet werden.*

2.3. Dezentralisierung der Unternehmensaktivitäten

Ab einer gewissen Unternehmensgröße kann eine zentralistisch geführte Unternehmung nicht mehr effektiv und effizient arbeiten, da die Komplexität des Entscheidungsfeldes mit zunehmender Unternehmensgröße stetig steigt, so daß eine zentrale Planung, Steuerung und Kontrolle der Unternehmensaktivitäten nicht mehr gelingt. Aus diesem Grund schufen in der Vergangenheit viele Unternehmen dezentrale, weitgehend autonome Organisationseinheiten. Die so entstandenen kleinen, schlagkräftigen Unternehmenseinheiten machten die schwerfälligen Großkonzernstrukturen erheb-

---

[191] Dies gilt insbesondere im internationalen Kontext. So wird beispielsweise in den USA der Kosten/Leistung-Begriff grundsätzlich pagatorisch verwandt und ferner nur in ganz bestimmten Fällen zwischen Aufwand/Kosten und Ertrag/Leistung differenziert. Auch Opportunitätskosten werden nur bei zentralen, strategischen Entscheidungen angesetzt. Vgl. hierzu Haller, A. (1997), S. 273; Baumann, K.-H. (1986), S. 425.

lich flexibler. Ferner kann die Unternehmensleistung aufgrund des direkten Kundenkontakts vor Ort bedarfsgerecht erbracht werden; zudem sind Marktchancen bzw. -risiken frühzeitig erkennbar.[192]

Dezentrale Unternehmensstrukturen funktionieren jedoch nur dann, wenn den Mitarbeitern – in Abhängigkeit von der jeweiligen Gestaltungsform des dezentralen Verantwortungsbereichs – Erfolgsverantwortung und Entscheidungsautonomie übertragen werden.[193] In der Regel wirkt sich dies positiv auf die Mitarbeitermotivation aus und bewirkt zudem, daß der Wissensvorsprung und die Problemlösungskompetenz der Beschäftigten an dem Ort genutzt wird, an dem die Informationen sachlich vorliegen.[194]

Dezentrale Strukturen besitzen jedoch auch Nachteile. Eine Dezentralisierung führt stets zum Aufteilen eines vormals ganzheitlichen Entscheidungsfeldes. Dabei werden ein- und wechselseitige Beziehungen[195] zwischen den verschiedenen Elementen des Entscheidungsfeldes getrennt. Hierdurch entstehen Schnittstellen, die erhebliche Probleme für das Gesamtunternehmen mit sich bringen (können). Damit ein unternehmerisches Gesamtoptimum erreicht werden kann, ist eine zielgerichtete Koordination der Schnittstellen notwendig, was sich jedoch in der Praxis oft als sehr schwierig herausstellt.

Ein weiteres Problem der Dezentralisierung resultiert aus der zunächst intendierten Entscheidungsautonomie der Bereichsleiter. Die Bereichsleiter kennen das Geschäft vor Ort und verfügen diesbezüglich über bessere Informationen als die Unternehmensleitung. Damit existiert eine Informationsasymmetrie[196] zwischen Bereichs- und Ge-

---

192 Vgl. Männel, W. (1994), S. 4 und 384; Klein, G. A. (1999), S. 37.

193 Vgl. Friedl, B. (1993), S. 833f. Friedl unterscheidet in diesem Zusammenhang zwischen Cost/Discretionary Expense Center (Bereiche mit Kosten-/Budgetverantwortung), Revenue Center (Bereiche mit Erlösverantwortung), Profit Center (Bereiche mit Erfolgsverantwortung) und Investment Center (Bereiche mit Renditeverantwortung). Organisatorisch erfolgt die Dezentralisierung entweder durch Gründung rechtlich selbständiger Tochterunternehmen im Rahmen von Konzern- und Holdingstrukturen oder durch Ausgliederung in Form eigenverantwortlicher Geschäftsbereiche (Center-Organisation).

194 Vgl. Siefke, M. (1999), S. 28.

195 Eine Beschreibung der verschiedenen Beziehungsformen findet sich bei Adam, D. (1996), S. 168ff.

196 Folgende Fälle einer Informationsasymmetrie sind zu unterscheiden: Im Fall einer sogenannten „Hidden Action" kann der Principal zwar die Resultate des Handelns, nicht aber das Handeln selbst sowie das Anstrengungsniveau des Agenten beurteilen. „Hidden Characteristics" umschreibt die Begebenheit, daß der Principal nicht alle Informationen bezüglich der Fähigkeiten, Einstellung und Begabung des Agenten innehat. „Hidden Information" bedeutet, daß der Agent

schäftsleitung und zugleich die Gefahr, daß die Bereichsverantwortlichen (Agenten) ihren Wissensvorsprung für eigene Ziele mißbrauchen, ohne daß die Unternehmensleitung (Principal) den Mißbrauch nachvollziehen kann.[197]

Um die Chancen einer Dezentralisierung optimal zu nutzen und zugleich etwaige Risiken niedrig zu halten, sollte auf folgende Punkte bei der Gestaltung und Pflege eines IS besonders Wert gelegt werden:

- Die Dezentralisierung der Unternehmensaktivitäten wird dazu führen, daß der ohnehin bereits erkennbare *Trend zur Dezentralisierung im IS* auch künftig anhält. Dezentrale IS-Strukturen sind jedoch insofern problematisch, als hierdurch erstens oftmals (dezentrale) „Informationssysteminsellösungen" entstehen, die nicht mit anderen (Teil-)IS kompatibel sind, und zweitens die IS angesichts der Schnittstellen- und Koordinationsprobleme immer komplexer werden.[198] Vor diesem Hintergrund ist darauf zu achten, daß die Planer dezentraler IS-Strukturen *ganzheitlich denken und handeln.*

- Mit der Delegation von Entscheidungs- und Handlungskompetenzen an dezentrale Einheiten kommt es zu tiefgreifenden Veränderungen der vertikalen und horizontalen Informationsprozesse im Unternehmen und damit auch zu veränderten Informationsbedarfen sowie Anforderungen an das IS. Veränderungen der Informationsbedarfe resultieren zum einen daraus, daß die Aufgaben der Unternehmensleitung weniger im Planen und Koordinieren des Tagesgeschäfts bestehen als vielmehr im Gestalten von Rahmenbedingungen für die dezentralen Einheiten sowie im aktiven Unterstützen der dort tätigen Mitarbeiter. Zum anderen resultiert der Wandel der Informationsbedarfe aus der Verlagerung von Planungs-, Entscheidungs-, Kontroll- sowie Koordinationsaufgaben an die selbstorganisierenden Einheiten. Neben einem freien Zugang zu den für ihre Aufgabenerfüllung notwendigen Informationen benötigen die Mitarbeiter in den dezentralen Einheiten aufgrund des erweiterten Aufgabenspektrum deutlich mehr Informationen.[199] Die oberste Maxime der Informationsbereitstellung lautet daher, den zentral und dezentral verantwortlichen Mitarbei-

---

bei einer Entscheidung über bessere Informationen als der Principal verfügt. Vgl. Mensch, G. (1999), S. 687.

197 Vgl. Klein, G. A. (1999), S. 37.

198 Vgl. Heinzl, A./Srikanth, R. (1995), S. 10ff.; Heinrich, W. (1994), S. 11; Nüttgens, M. (1995), Geleitwort.

199 Vgl. Sedran, T. (1994), S. 48f.

tern *relevante Informationen* anzubieten. Dies klingt trivial, ist aber in der Praxis die essentielle Voraussetzung für ein „Entrepreneurship" im Unternehmen.[200]

- Das IS muß dazu beitragen, daß die *Schnittstellenprobleme im Unternehmen* mittels geeigneter *Koordinationsmechanismen* behoben oder zumindest reduziert werden können. So hat das IS, bei internen Leistungsbeziehungen zwischen dezentralen Unternehmenseinheiten, die informatorische Basis für die Gestaltung sachgerechtet *Verrechnungspreise* zu liefern. Im Idealfall gewährleisten die Verrechnungspreise, daß einerseits die in den Einheiten getroffenen Entscheidungen zu einem Gesamtoptimum führen (Lenkungsfunktion), anderseits der Erfolg leistungsgerecht auf die dezentralen Organisationseinheiten verteilt wird (Erfolgszuweisungsfunktion).[201]

- Auch bei der Lösung der *Principal-Agent-Problematik* ist das IS gefordert. Es muß Informationen bereitstellen, mit deren Hilfe *Anreizmechanismen* gestaltet werden können, die den Agenten zu einem unternehmenszielkonformen Handeln bewegen.[202]

- Aufgrund der zunehmenden Verbreitung dezentraler Unternehmensstrukturen sowie einer hierdurch bedingten Zunahme von Principal-Agent-Problemen ist davon auszugehen, daß sich die *relative Bedeutung einzelner Informationszwecke verändert.*[203] So geht mit steigender Dezentralisierung einerseits die Relevanz der sogenannten *Entscheidungsfunktion* von Informationen (Beeinflussung eigener Entscheidungen im Einpersonenkontext) zurück, während andererseits die Bedeutung der *Verhaltenssteuerungsfunktion* (Beeinflussung fremder Entscheidungen im Mehrpersonenkontext) steigt.[204] Da beide Informationszwecke bzw. Informationsfunktionen nicht mit gleichen, sondern mit z. T. gänzlich unterschiedlichen Informationen erfüllt werden können, ist zu erwarten, daß sich die vom IS bereitzustel-

---

200 Vgl. Klein, G. A. (1999), S. 37.

201 Vgl. Coenenberg, A. G. (1973), S. 374ff.

202 Eine Möglichkeit, den Agenten zu einem unternehmenszielkonformen Handeln zu bewegen, ist, das Gehalt des Agenten mit einen variablen, vom seinem Bereichserfolg abhängigen Vergütungsanteil zu versehen. Damit beim Berechnen des variablen Anteils keine Konflikte zwischen Principal und Agent entstehen, darf keine der beiden Parteien die bei der Berechnung hinzugezogenen Informationen manipulieren können.

203 Vgl. Weber, J. (1996a), S. 929; Kraege, T. (1998), S. 9.

204 Vgl. Pfaff, D. (1995), S. 438-441. Bezüglich der Begriffe Entscheidungsfunktion sowie Verhaltenssteuerungsfunktion Ewert, R./Wagenhofer, A. (1997), S. 6ff.

lenden Informationen in ihrer Qualität sowie Quantität (zwangsläufig) ändern (müssen).

2.4. Qualitäts- und Prozessorientierung

Das fehlerfreie Funktionieren eines Produkts wird heutzutage von den Kunden als selbstverständlich angesehen und nicht mit einer höheren Zahlungsbereitschaft honoriert. Die physische Produktqualität verliert an Relevanz, während die Bedeutung der Servicequalität steigt. Da Kostensenkungsprogramme allein oftmals nicht ausreichen, ist regelmäßig eine Wettbewerbsdifferenzierung über die Qualität der offerierten Leistung notwendig.[205]

Diese Aufwertung des Faktors Qualität führt in den Unternehmen zu einer veränderten Qualitätsauffassung. Während man traditionell von einer technischen, produktionsbezogenen Qualitätssicht ausging, ist heutzutage die Sicht deutlich erweitert. Es gilt, Qualität bei sämtlichen die Qualität beeinflussenden Vorgängen vor, während sowie nach der Produktion zu generieren.[206] Aus der Ausdehnung des Qualitätsbegriffs entwickelte sich das Total Quality Management-Konzept (TQM-Konzept). Qualität wird in diesem Konzept als zentraler Erfolgsfaktor verstanden und das Produzieren von Qualität als Unternehmensphilosophie betrachtet.[207]

Ein hoher Qualitätsstandard der Produkte setzt voraus, daß auch die Leistungserstellungsprozesse qualitativ hochwertig ablaufen und entsprechend gestaltet sind. Diese Prozeßorientierung[208] führt heutzutage regelmäßig zu einem konsequenten Ausrichten

---

205 Vgl. Bruhn, M. (1997), S. 4, Arthur D. Little (Hrsg.) (1992), S. 89. Ungeachtet dieses Sinneswandels ist auch heute noch die Ansicht weit verbreitet, daß eine verstärkte Qualitätsorientierung zwangsläufig zu steigenden Kosten führt und somit ein ökonomisches Risiko darstellt. Daß diese Ansicht falsch ist, zeigt zum einen die Erfahrung, daß bessere Qualität regelmäßig sowohl zu höheren Marktpreisen als auch zu Kosten- und Zeitvorteilen führt. Zum anderen offenbaren die Ergebnisse der PIMS-Studie (Profit Impact of Market Strategies), daß eine positive Wechselwirkung zwischen Qualität einerseits und Unternehmenserfolg andererseits besteht. Vgl. hierzu Arthur D. Little (Hrsg.) (1992), S. 20-30; Buzzel, R. D./Gale, B. T. (1989).

206 Vgl. Arthur D. Little (Hrsg.) (1992), S. 3 und 128. Bezüglich der historischen Entwicklung sowie Veränderung der Qualitätssicht vgl. Adam, D. (1996), S. 125-128.

207 Vgl. McKinsey & Company (1995), S. VII. Eine ausführliche Beschreibung des TQM-Konzepts findet sich z. B. bei Schildknecht, R. (1992); Zink, K. J. (1994a); Wonigeit, J. (1996); Adam, D. (1996), S. 127f.

208 Bei einem *Prozeß* handelt es sich um eine Menge von strukturierbaren und meßbaren Vorgängen, die bei der Erstellung der spezifizierten Leistung durchzuführen sind. Ein Prozeß besitzt stets ein Anfang sowie ein Ende und ist somit in sich geschlossen. Bei der Prozeßdurchführung agieren

der Aufbau- und Ablauforganisation an den Unternehmensprozessen. Das Ziel besteht dabei darin, ein Gesamtoptimum aus Qualität, Kosten und Zeit zu erreichen.[209]

Die zuvor beschriebenen Veränderungen haben folgende Auswirkungen auf den Faktor Information sowie das IS:

- Die Ausweitung der Qualitätssicht führt gewöhnlich zu einer *Zunahme benötigter Informationen*, da im Unternehmen sowohl Informationen über die Qualität der Endprodukte als auch über die der Prozesse und Leistungen im Pre- and Aftersales-Service-Bereich vorliegen müssen.[210] Dabei ist es die Aufgabe eines Qualitätscontrolling, ein entsprechendes Informationsversorgungssystem aufzubauen.[211]

- Aufgrund der großen Bedeutung für den Unternehmensfortbestand sollte der Faktor Qualität auf *strategischer Ebene* Berücksichtigung finden. Das IS muß deshalb Informationsinstrumente bereitstellen, die Auskunft darüber geben, ob bzw. inwieweit die langfristigen Qualitätsziele erreicht werden.[212]

- Auf *taktischer Ebene* werden die auf der strategischen Ebene erarbeiteten Strategien konkretisiert. Für die Konkretisierung sind den entsprechenden Ebenen Informationen vom IS zu offerieren, mit denen die monetären Konsequenzen verschiedener Qualitätsstrategien offengelegt werden. Im Zuge dessen kann z. B. ein Implemen-

---

Aktionsträger (Menschen und/oder Sachmittel), die für die Durchführung der Aktivitäten spezielles Methodenwissen und Informationen benötigen. Vgl. Krickl, O. (1994), S. 20; Schulte-Zurhausen, M. (1995), S. 42f.

209 Dies ist jedoch oftmals problematisch, da sich die einzelnen Zielgrößen zum Teil konfliktär zueinander verhalten. Vgl. Scholz, R. (1995), S. 22; Eversheim, W. (1995), S. 27. Der enge Zusammenhang zwischen Qualität und Prozeßorientierung zeigt sich darin, daß Prozeßorientierung das zweitwichtigste Prinzip im TQM ist. Ein weiteres Indiz der engen Verflechtung von Prozeß- und Qualitätsorientierung spiegelt sich darin wieder, daß im TQM nicht nur die Ergebnis- und Strukturqualität, sondern auch die Prozeßqualität beachtet wird. Vgl. hierzu Adam, D. (1997), S. 129f.

210 Vgl. Horváth, P./Urban, G. (1990), S. 54.

211 Bezüglich der verschiedenen Instrumente und Methoden, die im Rahmen eines Qualitätscontrolling zur Anwendung gelangen können, vgl. Adam, D. (1997), S. 131ff.

212 Eine Möglichkeit besteht z. B. darin, eine Balanced Scorecard zu gestalten, die dem Faktor Qualität durch entsprechende Kennzahlen Rechnung trägt.

tieren einer *Qualitätskostenrechnung* zur Identifikation von *Qualitätskosten* sinnvoll sein.[213]

- Auf *operativer Ebene* sollte ein IS gewährleisten, daß *fehlerhafte Qualität*[214] *lokalisiert* wird und bei Bedarf entsprechende Maßnahmen eingeleitet werden, um diese Fehler abzustellen. Da es hierbei weniger darum geht, die Auswirkungen fehlerhafter Qualität monetär zu quantifizieren, als vielmehr mangelnde Qualität zu entdekken, reicht es aus, wenn das IS qualitative Ersatzgrößen bereitstellt wie z. B. Fehlerraten oder Abweichungen von einem Qualitätszielwert. Zudem ist es wichtig, daß die entsprechenden Qualitätsinformationen *permanent und zeitnah* zur Verfügung stehen.

- Auch *im IS selbst ist eine verstärkte qualitäts- und prozeßorientierte Sicht* einzunehmen. Da es sich bei einem IS um ein dynamisches System handelt, ist in gewissen Zeitabständen zu untersuchen, ob das IS in seiner personellen, technischen, organisatorischen und instrumentellen Zusammensetzung (noch) imstande ist, qualitativ hochwertige Informationen zu produzieren.

2.5. Zunehmende Kapitalmarktorientierung

Die in den Abschnitten zuvor beschriebenen Veränderungen im Unternehmenskontext führen zu einem steigenden Kapitalbedarf und damit zu einer wachsenden Relevanz der Kapitalmärkte. Mehr denn je stehen die Unternehmen dabei im Wettbewerb mit anderen Unternehmen um die knappe Ressource Kapital. Die Unternehmen sind so gezwungen, sich verstärkt an den Informationsinteressen aktueller und potentieller Kapitalgeber zu orientieren[215], wobei zunehmend (auch) internationale Finanzmärkte[216] in den Mittelpunkt des Unternehmensinteresses rücken[217].

---

213 *Qualitätskosten* setzten sich i. d. R. aus zwei unterschiedlichen, hinsichtlich ihres Kostenverlaufs entgegengesetzten (Kosten)Bestandteilen zusammen. Es handelt sich dabei einerseits um *Kosten der Qualitätserfüllung* (Präventivkosten), andererseits um *Kosten fehlender Qualität* (Folgekosten, z. B. Nacharbeit, Ausschuß, Umarbeitung). Ziel der *Qualitätskostenrechnung* ist es, diese Kostenbestandteile abzubilden und letztlich zu minimieren. Bezüglich der Begriffe Qualitätskosten sowie Qualitätskostenrechnung vgl. z. B. Deutsche Gesellschaft für Qualität e. V. (1985); Horváth, P./Urban, G. (1990), S. 115ff. sowie Sasse, A. (2000), S. 43ff.

214 Z. B. aufgrund fehlerhafter Produktionsabläufe.

215 Das in der Vergangenheit oftmals ambivalente Verhältnis zwischen den Kapitalgebern und den Unternehmen zeigt sich im folgenden Zitat des Bankiers v. Fürstenberg: „Aktionäre sind dumm

Insbesondere in der jüngsten Vergangenheit stieg der Anteil der Eigenkapitalfinanzierung im Vergleich zur Fremdfinanzierung überproportional an. Eine auf Dauer angelegte Eigenkapitalfinanzierung setzt allerdings voraus, daß das Unternehmen eine aus Aktionärssicht gute Performance generiert.[218] Diese Orientierung an den Interessen der Anteilseigner wird in Literatur und Praxis schon seit längerem im Rahmen sogenannter „Shareholder Value-Konzepte" oder „Konzepte wertorientierter Unternehmensführung" diskutiert.[219] Vereinfacht ausgedrückt verfolgen Shareholder-Value-orientierte Unternehmen das Ziel, den Unternehmenswert respektive den Wert des Eigenkapitals durch wertgenerierende Unternehmensaktivitäten zu steigern. Die Aktivitäten sollen dazu beitragen, daß der Wert der Rückflüsse, der den Aktionären in Form von Dividenden und Kursgewinnen zukommt, erhöht wird. Damit letzteres gelingt, sind bereits realisierte sowie künftig zu tätigende Investitionen daraufhin zu analysieren, ob ihr Ertrag größer ist als die Renditeforderung der Anteilseigner. Da der Aktionär der Gefahr eines Totalverlustes seines finanziellen Engagements ausgesetzt ist, ist als Renditeforderung eine dieses Risiko kompensierende Verzinsung anzusetzen.[220] Sofern die Renditeforderung des Aktionärs geringer ausfällt als die Rendite der betrachteten Investition, trägt diese Investition dazu bei, den Unternehmenswert zu steigern; die Investition ist damit ökonomisch sinnvoll. Ist hingegen die Renditeforderung des Aktionärs größer als die Investition, wird durch diese Investition der Wert des Unternehmens verringert. Aus diesem Grund sind entweder Anpassungsmaßnahmen bei dem entsprechenden Investitionsobjekt zu initiieren mit dem Ziel, die Rendite der Investition zu steigern, alternativ, d. h. sofern dies nicht möglich ist, auf die Investition zu verzichten.

---

und frech; dumm, weil sie Aktien kaufen, und frech, weil sie auch noch Dividende haben wollen". V. Fürstenberg zitiert nach Busse von Colbe, W. (1996), S. 16.

216 Insbesondere der US-amerikanische Kapitalmarkt als der, gemessen an der Börsenkapitalisierung, weltweit größte Finanzmarkt.

217 Vgl. Klein, G. A. (1999), S. 39. Diese Aussage gilt sicherlich nicht für mittelständische Unternehmen.

218 Gelingt dies nicht, werden die betroffenen Unternehmen künftig Probleme haben, neues Eigenkapital am Aktienmarkt aufzunehmen, da die Kapitalgeber nicht bereit sein werden, den Unternehmen Aktien im gewünschten Maß abzukaufen.

219 Vgl. hierzu stellvertretend für die amerikanische Literatur Rappaport, A. (1994) und Copeland, T./Koller, T./Murrin, J. (1998) sowie für das deutsche Schrifttum Hachmeister, D. (1995), Günther, T. (1997) und Günther, T. (1997).

220 Die Bestimmung dieser risikoadjustierten (Eigenkapital-)Verzinsung erfolgt regelmäßig im kapitalmarkttheoretisch fundierten Capital Asset Pricing Model (CAPM). Bezüglich der Herleitung und der verschiedenen Bestandteile des CAPM vgl. z. B. Perridon, L./Steiner, M. (1999), S. 261ff. sowie Kruschwitz, L. (1999), S. 155ff. und 243ff.

Die beschriebenen Veränderungen haben auf das IS folgende Auswirkungen:

- Mit dem Ziel, Wertsteigerungen für die Anteilseigner zu generieren, ist ein *Shareholder-Value-orientiertes Investitionscontrolling im Unternehmen* einzurichten. Dieses soll relevante Informationen für die Planung, Steuerung und Kontrolle bereits getätigter sowie künftig beabsichtigter Investitionen bereitstellen. Da Investitionsentscheidungen langfristiger Natur sind, sind vor allem solche Informationen nützlich, mit denen die künftigen Zahlungsreihen sowie das Risiko von Investitionen ermittelt werden können.[221]

- Aufgrund der verstärkten Orientierung an den Anteilseignerinteressen sowie der Notwendigkeit einer internationalen Finanzierungsstrategie ist anzunehmen, daß es im *externen Rechnungswesen* als eine wesentliche Informationsressource im IS zu deutlichen Veränderungen kommt. So verlangen Shareholder heutzutage *entscheidungsrelevante Informationen*, mit denen sie ihre Investitions- bzw. Desinvestitionsentscheidungen treffen können. Das IS muß daher einerseits Informationen offerieren, mit denen die Aktionäre die Chancen und Risiken der *aktuellen Unternehmenssituation* richtig einschätzen können. Anderseits sollte das IS den Shareholdern Informationen zur Verfügung stellen, mit denen diese die *künftigen Geschäftsaktivitäten des Unternehmens sowie die voraussichtlichen Veränderungen im unternehmerischen Kontext* sachgerecht einschätzen können, so daß die Aktionäre die subjektive Unsicherheit ihres finanziellen Engagements reduzieren können.[222] Insbesondere die *qualitativen Angaben im Anhang und im Lagebericht* sind für diese Zwecke geeignet, so daß zu vermuten ist, daß diese Teile des Jahresabschlusses künftig eine deutliche Aufwertung erfahren.

- Shareholder benötigen zeitnahe, aktuelle Informationen. Einige Unternehmen erstellen deshalb einen Quartalsabschluß.[223] Dies hat zur Folge, daß die hierfür benötigten Informationen *quasi permanent im IS verfügbar* sein müssen.[224]

---

[221] Vgl. Busse von Colbe, W. (1996), S. 17.

[222] Sofern letzteres gelingt, werden die Anleger ceteris paribus bereit sein, eine höhere Zahlung für den Kauf von Aktien (z. B. bei Neuemission) zu leisten, wodurch die Kapitalkosten für das Unternehmen sinken. Vgl. hierzu Pellens, B./Fülbier, R. U./Gassen, J. (1998), S. 56.

[223] Es sei an dieser Stelle angemerkt, daß derzeit nur am Neuen Markt das Erstellen eines Quartalsabschlusses verbindlich vorgeschrieben ist.

- Die steigende Bedeutung der Eigenkapitalgeber und deren Forderung, offene und transparente, auf dem Grundsatz des True and Fair View aufbauende Informationen zu erhalten[225], induziert möglicherweise einen *Bedeutungswandel bei den externen Rechnungslegungszwecken.* So ist anzunehmen, daß vor allem bei börsennotierten Unternehmen die *Informationsfunktion* des Jahresabschlusses zunehmend wichtiger wird, während die *Kapitalerhaltungsfunktion* tendenziell an Relevanz verliert.[226]

- Ein nach deutschen Rechnungslegungsvorschriften erstellter Jahresabschluß wird an ausländischen Börsen nicht akzeptiert. Dies zwingt diejenigen deutschen Unternehmen, die eine Finanzierung an ausländischen Kapitalmärkten anstreben, zusätzlich zum deutschen Jahresabschluß eine Bilanz nach internationalen Rechnungslegungsnormen zu erstellen[227], wodurch die ohnehin hohe *Komplexität im Rechnungswesen* weiter ansteigt. Aus diesem Grund verwundert es nicht, daß in der jüngeren Vergangenheit einige Unternehmen[228] dieser Komplexitätszunahme entgegenzuwirken versuchen, indem die obligatorisch zu erstellenden Informationen des externen Rechnungswesens auch für interne Zwecke eingesetzt werden. Da hierdurch einige Instrumente und Methoden des internen Rechnungswesens überflüssig werden, können diese Teile abgeschafft oder zumindest in ihrem Umfang reduziert werden; alles in allem sinkt so die Komplexität im Rechnungswesen.

3. Problemfelder und Grenzen bestehender Informationssysteme

3.1. Überblick

Im vorangegangenen Kapitel C 2. sind wesentliche Veränderungen im Unternehmenskontext und der hiervon ausgehende Einfluß auf den Faktor Information sowie auf das IS beschrieben worden. Da das Ausmaß der Veränderungen in der Unternehmensum-

---

224 Insbesondere die geringe verbleibende Zeit zwischen den einzelnen Quartalsabschlüssen unterstreicht diese Forderung.

225 Vgl. Helbing, C. (2001), S. 299f.; Wengel, T. (2001), S. 429.

226 Vgl. Busse von Colbe, W. (1996), S. 17f. Ziel des Kapitalerhaltungszwecks ist die Ermittlung eines vorsichtig geschätzten, ausschüttbaren Gewinns. Vgl. Baetge, J./Kirsch, H.-J./Thiele, S. (2001), S. 87ff.

227 Möchte eine deutsche Unternehmung beispielsweise auch an der New York Stock Exchange (NYSE) gelistet werden, ist das Unternehmen gezwungen, zusätzlich zum deutschen einen US-GAAP-konformen Jahresabschluß aufzustellen.

228 Eine Auflistung verschiedener Unternehmen findet sich auf Seite 3 in der Fußnote 10.

welt nicht dafür ausreicht, die Existenz von IS-Defiziten zu belegen, wurde das einschlägige Schrifttum nach Hinweisen auf Mängel und Problemfelder im IS untersucht. Es zeigten sich dabei fünf Problembereiche *(„IS-Probleme“)*, die in Abb. 14[229] in Form grauer Kreise kenntlich gemacht sind:

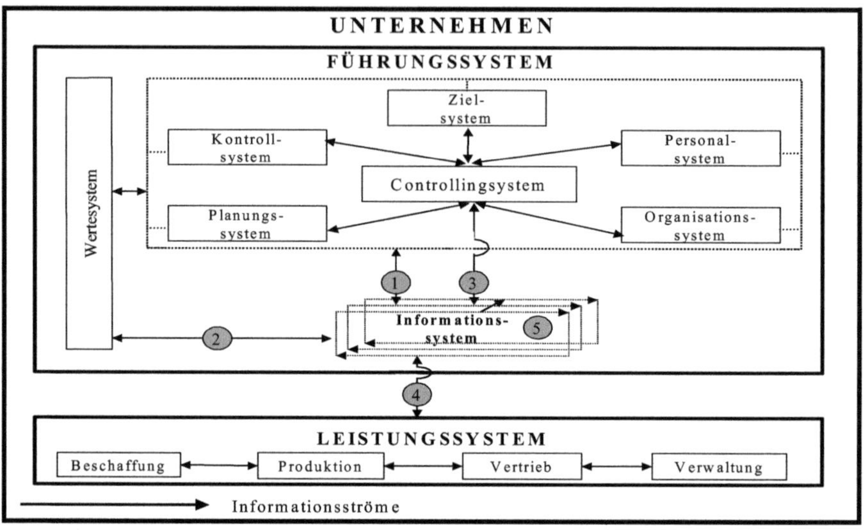

Abb. 14: Systematisierung von IS-Problemen aus systemtheoretischer Sicht

Die *IS-Probleme des Typs 1 bis 4* beruhen auf einer *unzureichenden Abstimmung zwischen dem IS und anderen Teilsystemen des Unternehmens.* Der erste Problemtyp (Kreis 1) beschreibt dabei den Fall einer mangelhaften Abstimmung zwischen dem Führungsteilsystem IS und den (anderen) Führungsteilsystemen Personal-, Organisations-, Ziel-, Planungs- sowie Kontrollsystem. Der zweite Problemtyp (Kreis 2) zeigt an, daß die Gestaltung des IS häufig nicht mit den im Wertesystem verankerten Grundsätzen in Einklang steht. Beim dritten Problemtyp (Kreis 3) liegt eine Diskrepanz zwischen den vom Controllingsystem für seine Aktivitäten benötigten und den vom IS tatsächlich bereitgestellten Informationen vor. Probleme des vierten Typs (Kreis 4) beruhen auf Abstimmungsproblemen zwischen dem IS einerseits und den Informationsbelangen der Teilsysteme im Leistungssystem andererseits.

229 Zur systemtheoretischen Sicht auf ein Unternehmen vgl. Kapitel B 1.1.1., Seite 13ff.

Die Mängel des Typs 1 bis 4, die im folgenden unter dem Begriff *„Probleme mit dem IS“* subsumiert werden, führen dazu, daß das IS den entsprechenden Teilsystemen nicht die für deren Aufgabenerfüllung notwendigen Informationen zur Verfügung stellt und daher die verschiedenen Teilsysteme die ihnen auferlegten Aufgaben nur unzureichend erfüllen können.

Der fünfte *Problemtyp* (Kreis 5) dagegen umschreibt IS-Probleme, deren *Ursprung innerhalb des IS* liegt. Unterschieden werden können technikinduzierte, inhaltliche und modelltheoretische, organisationsinduzierte sowie personalinduzierte Mängel. Probleme dieses Typs werden im folgenden als *„Probleme im IS“* bezeichnet.

Der Zusammenhang, der zwischen den Begriffen „IS-Probleme“, „Probleme mit dem IS“ sowie „Probleme im IS“ besteht, läßt sich wie folgt illustrieren[230]:

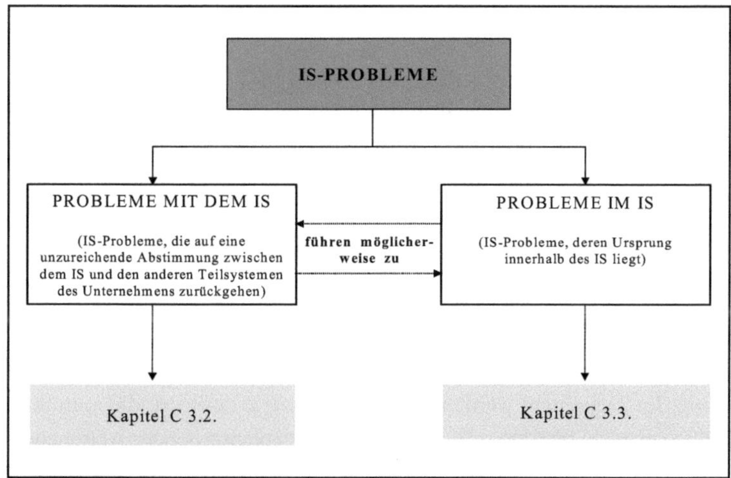

Abb. 15: Definitorische Abgrenzung der Begriffs „IS-Probleme“

In den nachfolgenden Kapiteln C 3.2. und C 3.3. werden die Abstimmungsprobleme zwischen dem IS und anderen Unternehmensteilsystemen („Probleme mit dem IS“) sowie „Probleme im IS“ näher beleuchtet.

---

230 Es sei an dieser Stelle angemerkt, daß für den Terminus „IS-Probleme“ im folgenden auch der Ausdruck „Probleme eines IS“ oder „Probleme des IS“ verwendet wird. Synonym und ohne Einfluß auf den Inhalt sowie die Abgrenzung der obengenannten Problemkreise werden für „Probleme“ Begriffe wie „Defizite“, „Mängel“ oder „Schwachstellen“ genutzt.

3.2. Abstimmungsprobleme zwischen dem Informationssystem und anderen Unternehmensteilsystemen

Aus systemtheoretischer Sicht ist das IS ein Teilsystem des Führungssystems und damit auch des Unternehmenssystems.[231] Die Aufgabe des IS besteht darin, den Informationsbedarf der Teilsysteme im Führungs- sowie im Leistungssystem durch ein entsprechendes Informationsangebot zu befriedigen. Zu diesem Zweck gibt das IS einerseits zweckgerichtete Informationen an die verschiedenen Unternehmensteilsysteme ab, andererseits erhält es Daten aus den Teilsystemen und bereitet diese zu Informationen auf.

Wesentliche Voraussetzung für eine effektive und zugleich effiziente Informationsversorgung ist, daß die wechselseitigen Abhängigkeiten und Informationsverflechtungen zwischen dem IS und den anderen Unternehmensteilsystemen reibungslos ablaufen bzw. beachtet werden. Aus dem Schrifttum ergeben sich jedoch Hinweise, daß dies bisweilen nur unzureichend erfolgt.

Zur Veranschaulichung der hieraus resultierenden negativen Konsequenzen wird nachfolgend je ein Beispiel zu den in Abb. 14 unterschiedenen IS-Defiziten des Typs 1 bis 4 gegeben.

Problemtyp 1: Mangelhafte Abstimmung zwischen IS und (anderen) Führungsteilsystemen (hier am Beispiel des Zusammenhangs IS, Zielsystem, Planungssystem und Kontrollsystem)

Zwischen Ziel-, Planungs-, Kontroll- sowie Informationssystem besteht ein enger Zusammenhang. Im Zielsystem werden Unternehmensziele definiert, die mittels geeigneter Aktivitäten erreicht werden sollen. Die Auswahl entsprechender Aktionen ist indes schwierig, da Unternehmen aufgrund der dynamischen und komplexen Unternehmensumwelt in der Regel mit schlechtstrukturierten[232] Entscheidungssituationen konfrontiert werden. Um unter diesen Bedingungen bestehen zu können, benötigt die Unternehmung ein Planungssystem. Dieses soll dafür sorgen, daß an die Stelle spontaner, irrationaler Entscheidungen ein ordnendes Vorausdenken für künftig ablaufende Un-

---

[231] Vgl. hierzu Abb. 3 und Abb. 14 sowie die Ausführungen auf Seite 13f.

[232] Vgl. zu den Charakteristika und Formen schlechtstrukturierter Entscheidungssituationen Adam, D. (1996), S. 10ff.

ternehmensprozesse tritt.[233] Da die avisierten Unternehmensziele in der Regel besser erfüllt werden, wenn der Zielerreichungsgrad durch Gegenüberstellen von Soll- und Istwerten gemessen wird, ist zusätzlich ein *Kontrollsystem* einzurichten.[234]

Um den Aufgaben mit dem notwendigen Genauigkeits- und Verdichtungsgrad zum richtigen Zeitpunkt am richtigen Ort nachkommen zu können, benötigen das Planungs- sowie das Kontrollsystem hierfür geeignete Informationen aus dem Informationssystem.[235] Vor dem Hintergrund einer steigenden Strategieorientierung gewinnen insbesondere strategische Informationen an Bedeutung.[236] Um entsprechende Informationen offerieren zu können, ist die IS-Konzeption an den Erfordernissen der strategischen Unternehmensplanung und Unternehmenskontrolle auszurichten.[237] Dies sollte möglichst frühzeitig erfolgen, idealerweise bereits im Stadium der (Neu-)Planung des IS. Offenbar erfolgt diese Abstimmung in der Praxis jedoch eher selten.[238]

So beschreibt beispielsweise Fischer, daß bei der IS-Gestaltung oftmals falsche Projektschwerpunkte gesetzt werden, da einerseits die IS-Verantwortlichen die strategischen Unternehmensziele sowie Unternehmensplanungen nicht kennen, andererseits die Unternehmensleitung und Geschäftsfeldmanager kaum über Aufgaben und Möglichkeiten des IS-Bereichs im Bilde sind.[239] Ein häufig anzutreffendes, aus einer mangelhaften Abstimmung zwischen IS und Planungssystem resultierendes Problem besteht darin, daß die IS-Gestaltung häufig unkoordiniert abläuft.[240] Gemäß Fischer liegt dies daran, daß die strategische IS-Planung oftmals nur unregelmäßig, unvollständig durchgeführt wird; organisatorische und technische Leitlinien, Einsatz- und Realisierungsstrategien fehlen danach z. T. gänzlich.[241] Zudem werden die Ressourcen für die IS-Projekte nach dem „Gießkannenprinzip" verteilt, d. h. die Mittel werden auf die

---

233 Vgl. Adam, D. (1996), S. 3.

234 Ziele des Kontrollsystems sind das Sicherstellen der Plan- bzw. Normerreichung sowie – bei Formulierung unrealistischer Plannormen – die Anpassung und Neuformulierung der Sollwerte. Vgl. Weber, J. (1998), S. 141.

235 Vgl. Horváth, P. (1998), S. 331.

236 Vgl. diesbezüglich Seite 52 und 54 .

237 Vgl. Horváth, P. (1998), S. 701.

238 Vgl. Rüttler, M. (1991), S. 122 und 125f.; Fischer, C.-D. (1999), S. 32 und 177.

239 Vgl. Fischer, C.-D. (1999), S. 93, 96 und 109.

240 Ähnlich Heinrich, W. (1994), S. 11.

241 Vgl. Fischer, C.-D. (1999), S. 59f.

Projekte eher nach deren (kurzfristiger) Dringlichkeit zugeteilt als nach deren (langfristiger) Bedeutung für das Unternehmen.

Insgesamt werden IS-Projektkosten und -termine deutlich überschritten und absehbare Veränderungen in der Unternehmensumwelt nicht hinreichend bei der IS-Gestaltung berücksichtigt. Folge dieser Versäumnisse ist eine mangelhafte informatorische Unterstützung von Planungs- und Kontrollaktivitäten auf höchster Unternehmensebene sowie in den einzelnen strategischen Geschäftseinheiten, was in letzter Konsequenz dazu führt, daß die im Zielsystem avisierten Unternehmensziele nicht oder nur zu Teilen erreicht werden.[242]

Problemtyp 2: Mangelhafte Abstimmung zwischen IS und Wertesystem

Im Wertesystem einer Unternehmung sind fundamentale Grundgedanken und Leitlinien festgeschrieben, durch die die Handlungsweisen der Organisationsmitglieder auf ein gemeinsames Ziel ausgerichtet und das Erscheinungsbild der Unternehmung in der externen und internen Unternehmensumwelt festgelegt wird.[243] Ein Wertesystem kann nur dann wirken, wenn alle Unternehmensangehörigen die verankerten Grundsätze tragen.[244] Für das IS folgt hieraus, daß die Informationsversorgungs-Richtlinien[245] sowie das Verhalten der im IS beschäftigten Mitarbeiter mit den im Wertesystem festgelegten Grundprinzipien im Einklang stehen müssen.

Die im Schrifttum geäußerte Kritik zeugt jedoch davon, daß dies offenkundig nicht immer gelingt. So wird das IS als Fremdkörper im Unternehmen mit einer eigenen Sprach- und Vorstellungswelt[246] oder als „Staat im Staat“[247] bezeichnet.[248] Dies bekun-

---

[242] Vgl. Fischer, C.-D. (1999), S. 92-96.

[243] Vgl. Küpper, H.-U. (1995a), S. 27. Ein Wert stellt eine Empfindung von etwas Erstrebenswertem dar. Die Empfindung ist explizit oder implizit für eine einzelne Person oder eine Gruppe charakteristisch und beeinflußt deren Handeln maßgeblich. Vgl. Meffert, H. (2000), S. 119. Trommsdorf [vgl. Trommsdorf, V. (1998). S. 175] bezeichnet Werte auch als Über-Einstellungen.

[244] Vgl. Meffert, H. (2000), S. 1110.

[245] Informationsversorgungs-Richtlinien dienen der Verfolgung gemeinsamer Ziele im IS. Sie treffen Aussagen z. B. hinsichtlich der Kommunikationsform mit Anwendern, der Möglichkeiten der Förderung der Anwenderakzeptanz sowie der Berücksichtigung der Anwender in Entwicklungsprozessen. Vgl. Bachinger, H. (1987), S. 19; Bußmann, J./Kreuz, W. (1991), S. 39.

[246] Vgl. Rüttler, M. (1991), S. 120.

[247] Fischer, C.-D. (1999), S. 80.

[248] Ursächlich hierfür ist vor allem die individualistische Grundhaltung des Personals im IS. Vgl. Fischer, C.-D. (1999), S. 112.

det, daß IS-Mitarbeiter offenbar Werte vertreten, die andere Unternehmensangehörigen nicht oder nur sehr begrenzt teilen.

Die Folge dieser Divergenzen ist, daß sich Spannungen zwischen den IS-Beschäftigten auf der einen und den IS-Nutzern auf der anderen Seite aufbauen. Wenn nicht bereits vorhanden, entsteht eine Kluft zwischen beiden Gruppen, die im Zeitablauf immer größer zu werden droht. Die gegenseitige, für eine effektive und zugleich effiziente Informationsversorgung im Unternehmen notwendige Akzeptanz nimmt ab, und speziell auf Seiten der IS-Nutzer macht sich Widerstand breit gegen die IS-Abteilung und deren Informationen. Um diesen Entwicklungen entgegenzuwirken bzw. diese Probleme zu heilen, sollte man bei einer (Neu-)Gestaltung eines IS verstärkt darauf achten, daß auch die IS-Abteilungen die Grundsätze und Leitlinien des Wertesystems ausreichend berücksichtigen.

Problemtyp 3: Mangelhafte Abstimmung zwischen IS und Controllingsystem

Ein Controllingsystem wird im Unternehmen implementiert, um eine zielorientierte Koordination der unterschiedlichen Teilsysteme im Führungssystem zu ermöglichen.[249] Deshalb muß sich das Controlling (auch) mit dem Informationssystem beschäftigen.[250] Zwei übergeordnete Teilaufgaben sind dabei vom Controlling zu bewältigen: Im Rahmen der *systembildenden Koordination im IS* ist das IS zu entwerfen und anschließend zu implementieren. Bei der *systemkoppelnden Koordination im IS* sind der laufende IS-Betrieb sicherzustellen sowie das IS mit anderen Führungsteilsystemen zu verknüpfen.[251]

---

249 Vgl. Weber, J. (1998), S. 25; Küpper, H.-U. (1995a), S. 12f.

250 Vgl. Weber, J. (1998), S. 157. Das Informationssystem besitzt mit den verschiedenen Komponenten der Unternehmensrechnung ein breit gefächertes Instrumentarium. Zwischen den einzelnen Teilen des Rechnungswesens wie z. B. Investitions-, Finanz, Kosten- und Bilanzrechnung bestehen vielfältige Beziehungen. Diese müssen möglichst effizient gestaltet und so weit wie möglich integriert werden. Vgl. Küpper, H.-U. (1995a), S. 22 und 106.

251 Vgl. Horváth, P. (1998), S. 344. Systembildende Koordination bedeutet, Gebilde- und Prozeßstrukturen zu gestalten, mit denen die Abstimmung von Entscheidungen auf ein gemeinsames Ziel gelingt. Unter systemkoppelnder Koordination versteht man die Abstimmungsaktivitäten, die im Rahmen eines gegebenen Systemgefüges ausgeführt werden müssen. Dabei beschränken sich die systemkoppelnden Koordinationsaufgaben nicht nur auf intersystemische Beziehungen, sondern berücksichtigen auch die Beziehungen innerhalb eines einzelnen Teilsystems. Vgl. Horváth, P. (1998), S. 121f.; Küpper, H.-U. (1995a), S. 20f.; Weber, J. (1998), S. 25.

Bei der Erledigung der verschiedenen Koordinationsaufgaben setzt das Controlling unterschiedliche Instrumente ein; ein zentrales Hilfsmittel ist das (computergestützte) IS.[252] Mit ihm soll es gelingen, einerseits qualitativ gute Ergebnisse im Rahmen der systembildenden Koordination zu erreichen, anderseits die Probleme bei der systemkoppelnden Koordination zu vereinfachen.[253] Das Potential des IS kann jedoch nur dann ausgeschöpft werden, wenn das IS reibungslos funktioniert. Aus diesem Grund muß das Controlling unbedingt dafür sorgen, daß die informationssysteminhärenten Koordinationsprobleme behoben werden und die oft (zu) hohe Eigenkomplexität des IS reduziert wird.[254]

Die im Schrifttum erwähnten Probleme deuten jedoch an, daß letzteres oftmals nicht zufriedenstellend gelingt. So belegen die im Schrifttum thematisierten technologischen, organisatorischen, personellen sowie instrumentellen IS-Defizite, daß der informationssysteminhärente Koordinationsbedarf nicht gedeckt wird.[255] Dies hat einerseits zur Folge, daß das Potential des IS für Controllingaktivitäten nur ansatzweise ausgeschöpft werden kann und sich deshalb Unzufriedenheit, Ablehnung und Resignation bei den Informationsadressaten des Controllingsystems einstellt.[256] Andererseits werden Informationen, die das Controlling benötigt, um Modifikationen im IS vornehmen zu können, nicht bereitgestellt. Fehler im IS werden so nicht erkannt; Anpassungen bleiben aus. Daß letzteres ein ernstes und zugleich weit verbreitetes Problem darstellt, zeigt der Vorwurf mangelnder Anpassung einzelner Informationsinstrumente und -methoden an Veränderungen in der Unternehmensumwelt sowie die Vorwürfe eines konzeptionellen Stillstands einiger IS-Instrumente.[257]

---

252 Vgl. Horváth, P. (1998), S. 144 und 669; Küpper, H.-U. (1995a), S. 24.

253 Eine diesbezüglich ausführliche Beschreibung findet sich bei Horváth, P. (1998), S. 674-696. Es sei angemerkt, daß hier nicht die systembildende/systemkoppelnde Koordination im IS, sondern die systembildende/systemkoppelnde Koordination in anderen Führungsteilsystemen angesprochen ist.

254 Auf den Aspekt „zu hoher Eigenkomplexität des IS" wird im nachfolgenden Kapitel C 3.3.1. noch eingegangen. Bezüglich der vom Controlling zu verrichtenden Tätigkeiten, um den Koordinationsbedarf im IS zu decken, vgl. Horváth, P. (1998), S. 696-729.

255 Vgl. diesbezüglich die nachfolgenden Ausführungen in den Kapiteln C 3.3.1 bis C 3.3.4.

256 Ähnlich Homburg, C./Weber, J./Aust, R./Karlshaus, J. T. (1998b), S. 31f.

257 Vgl. Brunner, J./Dönni, B. (1997), S. 326; Weber; J. (1997b), S. 357; Biel, A. (1997), S. 61; Weber, J. (1990), S. 121.

Problemtyp 4: Mangelhafte Abstimmung zwischen dem IS und Teilsystemen des Leistungssystems (hier am Beispiel des Zusammenhangs IS und Produktionssystem)

Die in sowie zwischen den Teilsystemen ablaufenden Tätigkeiten und Prozesse werden von Informationen ausgelöst, gelenkt und überwacht.[258] Die Komplexität der Informationsbeziehungen sowie -verarbeitungsprozesse ist enorm. Dies wird im folgenden am Beispiel der Produktionsplanung[259] illustriert.

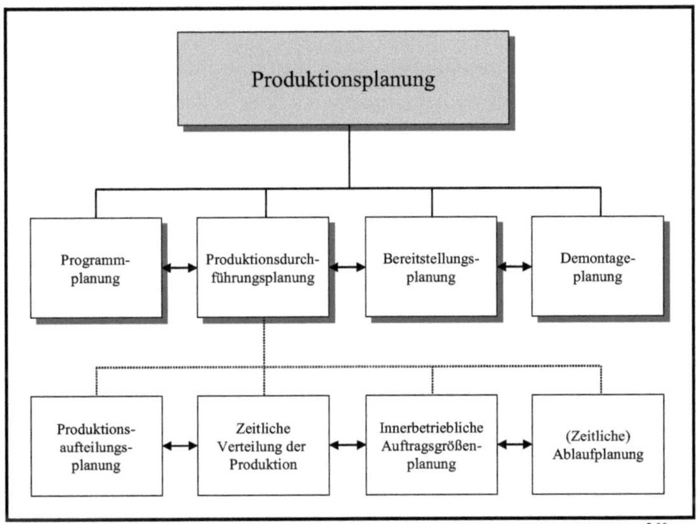

Abb. 16: Informationsbeziehungen in der Produktionsplanung[260]

In Abb. 16 sind die bei der Produktionsplanung zu beachtenden Planungsbereiche abgebildet. Die Abbildung zeigt, daß auf der ersten Ebene bis zu vier Planungsberei-

---

[258] Vgl. Hahn, D./Laßmann, G. (1996), S. 3.

[259] Da das Planungssystem für die Planung der Produktion zuständig ist, müßte streng genommen auch das Planungssystem mit in die nachfolgenden Überlegungen einbezogen werden. Aus Vereinfachungsgründen soll dies jedoch unterbleiben.

[260] In Anlehnung an Adam, D. (1997), S. 108.

che[261] unterschieden werden können, die – wie am Beispiel der Produktionsdurchführungsplanung gezeigt wird – ihrerseits weitere Teilpläne[262] enthalten.

Die Pfeile in der Abbildung deuten an, daß die einzelnen Planungsbereiche mit einem Netz von Informationsbeziehungen überdeckt bzw. miteinander verbunden sind. Theoretisch erfordern die Wechselbeziehungen zwischen den Teilplänen eine simultane Planung der verschiedenen Teilbereiche.[263] Da aber ein derartiges Planungsmodell aufgrund seiner Komplexität und der Datenunsicherheit mit bestehenden Methoden nicht zu lösen ist, werden in der Praxis die einzelnen Teilbereiche in der Regel isoliert geplant. Zu diesem Zweck werden, wie in Abb. 16 dargestellt, verschiedene Entscheidungsbereiche separiert und anschließend einzelnen Entscheidungsträgern zugeordnet. Die Aufgabe des jeweiligen Entscheidungsträgers besteht darin, einen Optimalplan für den ihm zugeteilten Bereich zu entwickeln. Zur Erfüllung dieser Aufgabe benötigen die Entscheidungsträger Informationen sowohl über den eigenen Bereich als auch aus anderen Bereichen der Produktionsplanung.[264]

Dem IS kommt in diesen Zusammenhang die folgende Rolle zu: Auf der einen Seite offeriert es die für die Planung der einzelnen Teilbereiche sowie die für die sachliche

---

261 Im Rahmen der *Programmplanung* werden das Leistungsprogramm nach Menge und Qualität sowie die Fertigungstiefe festgelegt. Die für die Produktion erforderlichen Produktionsfaktoren werden in der *Bereitstellungsplanung* festgelegt. Die *Demontageplanung* beschäftigt sich mit dem Wiedereinsatz von Recyclingmaterial und der Bestimmung des Zerlegungsgrades von Altprodukten. Die *Produktionsdurchführungsplanung* plant den Fertigungsvollzug. Dabei wird die Frage beantwortet, was wann unter Einsatz welcher Faktoren wie produziert werden soll. Vgl. Adam, D. (1997), S. 103f.

262 Adam untereilt die *Produktionsdurchführungsplanung* in die Produktionsaufteilungsplanung, zeitliche Verteilung, innerbetriebliche Auftragsgrößenplanung sowie zeitliche Ablaufplanung. Bei der *Produktionsaufteilungsplanung* wird der Einsatz der Produktionsfaktoren mit dem Ziel der wirtschaftlichen Leistungserstellung festgelegt. Ziel der Planung der *zeitlichen Verteilung der Produktionsmengen* auf einzelne Zeitabschnitte ist die Minimierung der Summe aus Produktions-, Lager- und Kapazitätskosten. Wenn auf einer Produktionsanlage unterschiedliche Produktarten gefertigt werden und dabei die optimale Losgröße für die einzelnen Produktarten zu ermitteln ist, beschäftigt sich hiermit die *innerbetriebliche Auftragsgrößenplanung*. Das Ziel besteht darin, die Größe eines Loses zu ermitteln, bei der die Summe aus Umrüstkosten und Lagerkosten minimal ist. Im Rahmen der *zeitliche Ablaufplanung* (Auftragsreihenfolge-/Maschinenbelegungsplanung) wird im Fall des mehrstufigen Produktionsprozesses festgelegt, welche Aufträge auf welchen Betriebsmitteln unter Einsatz welcher Arbeitskräfte produziert werden. Vgl. Adam, D. (1997), S. 104.

263 Streng genommen müßten in einem Simultanplan zudem noch die anderen Teilsysteme des Leistungssystems (z. B. Beschaffung und Vertrieb) berücksichtigt werden.

264 Vgl. Adam, D. (1997), S. 111. Des weiteren sind die isolierten Teilpläne unter Zuhilfenahme spezieller Koordinationsinstrumente aufeinander abzustimmen, um so zu einer aus Sicht des Gesamtunternehmens (näherungsweisen) Optimallösung zu gelangen.

Koordination der Teilbereiche notwendigen Informationen. Diesen Aufgaben kann das IS jedoch nur nachkommen, wenn es über entsprechende Informationen verfügt. Aus diesem Grund erhält das IS auf der anderen Seite von den einzelnen Teilbereichen Informationen z. B. über Maschinenkosten, Faktorverbräuche, Zeitbedarfe etc. Da das IS demzufolge einerseits Informationen liefert, anderseits Informationen empfängt, besitzt es die Funktion eines Informationsvermittlers.[265]

Sofern die Informationsbeziehungen zwischen dem IS und den einzelnen Teilbereichen der Produktionsplanung gestört sind, kann das IS diese Informationsvermittlerfunktion nicht erfüllen. Dies wirkt sich unmittelbar negativ auf die Informationsversorgung im Produktionsbereich und mittelbar nachteilig auf die Informationsversorgung in den anderen Teilsystemen des Leistungssystems aus.[266] Ergebnisse dieser Entwicklungen ist eine steigende Unzufriedenheit der Informationsadressaten mit den angebotenen Informationen und eine mangelhafte informatorische Unterstützung der Entscheidungsprozesse der Führungskräfte.[267] Vor diesem Hintergrund müssen diese Probleme im IS gelöst werden, um so eine zufriedenstellende informatorische Unterstützung der verschiedenen Teilsysteme zu gewährleisten.

3.3. Probleme im Informationssystem

3.3.1. Technische Mängel

Das hohe informationstechnologische Innovationstempo sowie die große Heterogenität und Komplexität der in den Unternehmen eingesetzten Informationstechniken sind wesentliche Ursachen und Treiber technikinduzierter Probleme. Sie tragen maßgeblich dazu bei, daß das IS nur bedingt relevante Informationen für die Entscheidungsunterstützung bereitstellt und hierdurch die unternehmerische Wettbewerbsfähigkeit eingeschränkt wird.

Für viele Unternehmen ist charakteristisch, daß die Infrastruktur der implementierten IS über Jahrzehnte stetig gewachsen ist.[268] Problematisch ist, daß beim Implementieren

---

265 Vgl. Adam, D. (1997), S. 112f.

266 Beispielsweise benötigt der Vertrieb als Teilbereich des Marketing Informationen über die Produktionskosten eines Gutes, um eine ökonomisch sinnvolle Preisstrategie festlegen zu können.

267 Vgl. Rüttler, M. (1991), S. 126.

268 Vgl. Sedran, T. (1994), S. 68. Einen guten Überblick über die evolutorische Entwicklung der DV findet man bei Alpar, P./Grob, H. L./Weimann, P./Winter, R. (2000), S. 29f. sowie bei Teubner, R. A. (1999), S. 47-52.

neuer, moderner Systembestandteile die alten, im Unternehmen bereits vorhandenen Informationstechniken häufig nur ergänzt, nicht aber ersetzt werden. Im Laufe der Zeit führt dies zum einen zu einer sehr hohen *Heterogenität bei den eingesetzten Informationstechniken*[269], zum anderen wird das Gesamtsystem IS mit wachsender Zahl technikunterstützter Abläufe immer undurchsichtiger. Statt einer geplanten Systemlandschaft entsteht ein unsystematischer, undurchschaubarer „System-Dschungel" bzw. „Wildwuchs" an Teilsystemen.[270] Die Heterogenität eingesetzter Techniken hat zur Folge, daß die verschiedenen Elemente in der gewachsenen IS-Landschaft häufig nicht miteinander kompatibel sind *(Kompatibilitätsproblem)*. Es entstehen so heterogene DV-technische *„Insellösungen"* mit erheblichen *Schnittstellenproblemen*.[271]

Das Ergebnis der zuvor beschriebenen Aspekte ist ein deutlicher Anstieg der *Komplexität im IS*.[272] Aufgabe der IS-Verantwortlichen bzw. des IM ist es, die Komplexitätstreiber zu identifizieren und für das Unternehmen beherrschbar zu machen. Da Komplexität im IS, genau wie in der industriellen Produktion[273], ein mehrdimensionales Phänomen darstellt, ergeben sich aus dieser (globalen) Aufgabe verschiedene Aufgabenteilbereiche. Becker/Rosemann unterscheiden dabei zwischen Daten-, Kommunikations-, Schnittstellen- sowie Konfigurationsmanagement.[274]

Neben der komplexitätsreduzierenden Wirkung besitzen die im Rahmen des Komplexitätsmanagement eingesetzten Methoden und Techniken oftmals auch eine komplexitätserhöhende Wirkung. So hilft zwar ein Datenmanagement dabei, die stetig wachsende Datenflut im Unternehmen redundanzfrei und transparent zu verwalten. Gleich-

---

269 Vgl. Pfau, W. (1997), S. 41; Lullies, V./Bolinger, H./Weltz, F. (1990), S. 33; Streubel, F. (1996), S. 6; Dernbach, W. (1993b), S. 4; Heinrich, W. (1994), S. 11f. Dabei hängt das Ausmaß der Heterogenität insbesondere von der Unternehmensgröße sowie dem Alter des (computergestützten) IS ab.

270 Vgl. zu den Begriffen „System-Dschungel" und „Wildwuchs" Deutsch, C. (1993), S. 33; Meyersiek, D./Jung, M. (1989), S. 154; Nawatzki, J. (1994), S. 5.

271 Vgl. Laßmann, G. (1995), S. 1054; Nawatzki, J. (1994), S. 5; Deutsch, C. (1993), S. 33; Teubner, R. A. (1999), S. 80. Typische Schnittstellenprobleme sind zu lange Durchlaufzeiten bei der Informationsbereitstellung sowie inkonsistente Informationsbestände. Vgl. Rüttler, M. (1991), S. 122f.; Trott zu Solz, C. v. (1992), S. 76f.; Krcmar, H. (1997), S. 316; Pfau, W. (1997), S. 41f. In einer von Schulze-Wischeler durchgeführten empirischen Studie gaben 49,5 % der befragten Unternehmen an, daß die Schnittstellenproblematik das Hauptproblem im IS sei. Vgl. hierzu Schulze-Wischeler (1994), S. 201f.

272 Im Schrifttum nimmt man an, daß die Komplexität im IS künftig weiter ansteigt. Vgl. Sedran, T. (1994), S. 68; Rüttler, M. (1991), S. 122.

273 Vgl. diesbezüglich Adam, D. (1997), S. 30ff.

274 Vgl. Becker, J./Rosemann, M. (1998), S. 112f.

zeitig führen aber die eingesetzten Informationstechniken (z. B. Data Warehouse, Data Mining) zu einem Anstieg der Komplexität im IS.[275] Ein weiteres Exempel für die nicht ausschließlich komplexitätsreduzierende Wirkung der beim Komplexitätsmanagement eingesetzten Mittel ergibt sich aus der zunehmenden Verbreitung von Standardsoftware (z. B. SAP/R4) in den Unternehmen. Auf der einen Seite trägt derartige Software dazu bei, Heterogenitäts- bzw. Schnittstellenprobleme zu reduzieren; auf der anderen Seite ist die Software z. T. so komplex[276], daß sie unternehmensindividuell parametrisiert[277] bzw. konfiguriert werden muß (Konfigurationsmanagement), was – zumindest temporär – die Komplexität im IS ansteigen läßt.[278]

Analog zur industriellen Produktion verschlechtert steigende Komplexität im IS-Bereich die *Kostensituation* im Unternehmen und im IS selbst. So führt zu hohe Komplexität oftmals zu Zusatz- bzw. Doppelarbeiten aufgrund von Datenredundanzen und/oder inkonsistenten Datenbeständen.[279] Ferner steigt auch der Betreuungsaufwand, da die komplexe IS-Technik in der Regel ein höheres Ausfallrisiko besitzt als einfache Lösungen.[280]

Steigende Komplexität im IS berührt aber nicht nur die Kostenseite, sondern auch die Faktoren *Qualität* und *Zeit*. Inkonsistente Datenbestände, große Sicherheitsrisiken sowie eine hohe Fehleranfälligkeit des Systems führen dazu, daß die Informationsadressaten oftmals die Informationen zu spät erhalten und daher das IS als qualitativ minderwertig beurteilen.[281] Des weiteren sinkt bei Einführung neuer Systeme die *Flexibilität* und die *Reaktionsfähigkeit* im IS für die kommenden Jahre, da für diesen Zeitraum bestimmte Regeln festgeschrieben werden und damit implizit ein Teil der Prozesse und Strukturen im Unternehmen als konstant angesehen werden.[282] Aufgrund des stei-

---

275 Vgl. Becker, J./Rosemann, M. (1998), S. 112.

276 Vgl. Weber, J./Weißenberger, B. E. (1996), S. 3. So ist z. B. Software, die für Zwecke der Grenzplankostenrechnung sowie Prozeßkostenrechnung eingesetzt wird, äußerst komplex. Vgl. Weber, J. (1997), S. 5.

277 Dabei sind unternehmensirrelevante Programmfunktionalitäten zu eliminieren, um so die Softwarefunktionalitäten auf die Bedürfnisse der Informationsadressaten auszurichten.

278 Zudem ist die heutzutage angebotene Standardsoftware so vielschichtig, daß kosten- und zeitintensive Anwenderschulungen im Umgang mit der Software notwendig sind.

279 Vgl. Adam, D./Johannwille, U. (1998), S. 5; Sedran, T. (1994), S. 69.

280 Vgl. Dernbach, W. (1993a), S. 33; Adler 1992, S. 20; Rudolphi, M. (1993), S. 3; Streubel, F. (1996), S. 5; Preßmar, D. B./Wall, F. (1993), S. 116f.

281 Ähnlich Heinrich, W. (1994), S. 11f.

282 Vgl. Sedran, T. (1994), S. 69; Meyersiek, D./Jung, M. (1989), S. 154.

genden Wettbewerbsdrucks auf den Märkten und der stetig kürzer werdenden Produktionslebens- sowie Innovationszyklen kann hieraus ein beachtliches Unternehmensproblem resultieren.[283]

Alles in allem zeugt das zuvor Beschriebene davon, daß heutzutage zahlreiche Unternehmen Gefahr laufen, in eine *„Komplexitätsfalle des IS"*[284] zu geraten. Dabei befinden sich die Unternehmen in einem *„IS-Komplexitätsdilemma"*, da sie auf der einen Seite komplexe IS für die Aufgabenbewältigung benötigen, auf der anderen Seite gerade diese Systeme das z. T. bereits existente Komplexitätsproblem im IS verschärfen.[285]

3.3.2. Inhaltliche und modelltheoretische Informationsmängel

Wie zuvor gezeigt, ist das IS ein unternehmensinterner Dienstleister.[286] Die zu erbringende Dienstleistung besteht im Bereitstellen eines den Informationskontext beachtenden, speziell auf die Wünsche der Informationsadressaten abgestimmten Informationsangebots. Vor diesem Hintergrund müssen die IS-Verantwortlichen Informationsinstrumente oder, allgemeiner gesprochen, Informationsmodelle auswählen und einsetzen, mit denen das IS seine Dienstleistungsfunktion erfüllen kann.[287] Der folgende Auszug an Literaturmeinungen zeigt indes, daß sowohl die generierten Informationen als auch die zur Informationsgewinnung eingesetzten Informationsmodelle hierfür nur bedingt geeignet sind:

- Entscheidungen werden nur mangelhaft durch Informationen unterstützt.[288]
- IS genügen heutzutage häufig nicht den Anforderungen, die von Benutzern und den Geschäftsprozessen an sie gestellt werden.[289]
- Aufgrund unzureichender Kenntnis der zu unterstützenden Führungsaufgaben und der Probleme der Informationsbedarfbestimmung stellen viele Führungsinformationssysteme lediglich „Zahlenfriedhöfe" zur Verfügung.[290]

---

283 Vgl. Preßmar, D. B./Wall, F. (1993), S. 118; Sedran, T. (1994), S. 70.

284 Vereinfacht ausgedrückt beschreibt der Ausdruck „Komplexitätsfalle des IS" das Phänomen, daß der Nutzen größerer DV-Durchdringung respektive höherer Informationssystemkomplexität lediglich unterproportional zunimmt, während die entsprechenden Kosten überproportional steigen.

285 Vgl. Weber, J. (1996a), S. 929.

286 Vgl. Seite 23f.

287 Der Begriff des Informationsmodells wird an späterer Stelle noch genauer abgegrenzt. Vgl. diesbezüglich Seite 171.

288 Vgl. Rüttler, M. (1991), S. 126.

289 Vgl. Sedran, T. (1994), S. 69.

- Informationen sind eher ein Zufallsprodukt betrieblicher Datenverarbeitung.[291]
- Die Implementierung von IS nur aus Modegründen macht keinen Sinn.[292]
- Viele Einführungsversuche von IS sind gescheitert, zurück geblieben sind Investitionsruinen.[293]
- Der Planungsperfektionismus der Controller ist absurd und kostet nur Geld und Zeit.[294]

Kategorisiert man die vorgetragenen Mängel, können *qualitative (1), quantitative (2), zeitliche (3)* sowie *wirtschaftliche (4)* Defizite unterschieden werden.

(ad 1): Qualitative Defizite

Ein wesentlicher Kritikpunkt lautet, daß die Informationsinstrumente und -methoden für die verfolgten Aufgabenstellungen nicht oder nur bedingt geeignet sind. Ursächlich hierfür ist, daß die Ausgestaltung und Zusammensetzung des Informationsinstrumentariums in der Praxis nur selten überprüft und angepaßt wird, so daß Teile der angebotenen Informationen unbrauchbar sind.[295] Die nachfolgenden drei Beispiele verdeutlichen dies:

Bsp. 1: Auch heute noch werden in den Unternehmen Entscheidungen mittels Informationen getroffen, die aus einer Vollkostenrechnung stammen.[296] Ein solches Vorgehen ist jedoch, abgesehen von einigen Ausnahmen[297], nicht sachgerecht, da vollkostenbasierte Informationen fixe Kosteninformationen enthalten, die unabhängig von

290 Vgl. Schneider, D. (1994), S. 28.

291 Vgl. Rüttler, M. (1991), S. 123.

292 Vgl. Schulze-Wischeler (1994), S. 80; Neukirchen, K. (1995), S. 646.

293 Vgl. Kraege, T. (1998), S. 8.

294 Vgl. Weber, J. (1994b), S. 1787; Meyer, C. (1996), S. 43.

295 So wird in der Literatur der Vorwurf erhoben, daß das Informationsinstrumentarium konzeptionell still steht bzw. ein erhebliches Beharrungsvermögen aufweist, wenn es darum geht, es an die veränderte Umfeld anzupassen. Vgl. Brede, H. (1993), S. 334; Brunner, J./Dönni, B. (1997), S. 326; Weber; J. (1997b), S. 357; Biel, A. (1997), S. 61; Weber, J. (1990), S. 121.

296 So zeigte sich bei einer von Weber im Jahr 1992 durchgeführten empirischen Studie zum Stand der Kostenrechnung in deutschen Großunternehmen, daß 84 % der antwortenden Unternehmen regelmäßig eine Vollkostenkalkulation vornehmen. Vgl. hierzu Weber, J. (1993a), S. 261.

297 So ist z. B. für die Selbstkostenermittlung bei öffentlichen Aufträgen oder für die Kalkulation von Benutzungsgebühren nach § 6 KAG NW der Ansatz von Vollkosten vorgeschrieben. Ferner wird postuliert, daß bei Entscheidungen unter Unsicherheit Vollkosteninformationen hinzugezogen werden. Vgl. diesbezüglich z. B. Kloock, J. (1995), S. 52; Schildbach, T. (1995), S. 6; Maltry, H. (1990), S. 294.

den in der spezifischen Entscheidungssituation relevanten Kosteneinflußfaktoren anfallen und deshalb für Zwecke der Entscheidungsfindung irrelevant sind.[298]

Bsp. 2: Der Gebrauch von Wertschlüsseln bei der Ermittlung von Gemeinkosten-Zuschlagssätzen ist in der unternehmerischen Praxis weit verbreitet. Bei der Ermittlung der Wertschlüssel werden i. d. R. die Gemeinkosten (z. B. Material- und Fertigungsgemeinkosten) in Relation zu den entsprechenden Einzelkosten gesetzt. Da Wertschlüssel dem Verursachungsprinzip oftmals widersprechen, fordert das betriebswirtschaftliche Schrifttum seit jeher, Wertschlüssel nur mangels besserer Alternativen einzusetzen.[299]

Dieses grundsätzliche Problem hat sich seit den 70er Jahren deutlich verschärft. Ursächlich ist, daß der Gemeinkostenanteil an der betrieblichen Wertschöpfung stetig gestiegen ist, während reziprok der Einzelkostenanteil abgenommen hat.[300] Sofern ein Unternehmen seine Gemeinkosten weiterhin über Wertschlüssel verteilt, kann dies Gemeinkosten-Zuschlagssätze von z. T. mehreren hundert Prozent zur Folge haben. Eine verursachungsgerechte Kostenumlage auf die Kostenträger ist unmöglich; schwerwiegende produkt- und preispolitische Fehlentscheidungen sind die Folge.[301]

Bsp. 3: Wie bereits in Kapitel C 2.3. beschrieben, werden Unternehmensaktivitäten zunehmend dezentralisiert. Stand einst bei Vorliegen zentralistischer Unternehmensstrukturen die Optimierung eigener Entscheidungen *(Entscheidungsfunktion)* im Mittelpunkt des Informationsinteresses, gewinnt heutzutage der Koordinationsaspekt wegen der aus der Dezentralisierung resultierenden Principal-Agent-Probleme sowie die Beeinflussung fremder Entscheidungen *(Verhaltenssteuerungsfunktion)* an Bedeutung.[302] Traditionell eingesetzte Informationsinstrumente, wie z. B. die Kosten- und Leistungsrechnung, die z. T. sehr detaillierte Informationen generieren, sind für den Zweck der Verhaltensorientierung eher kontraproduktiv. Denn sowohl Principal als

---

298 Dies fand bereits 1923 J. Maurice Clark heraus, der den Begriff „Relevant Costs" prägte. Nach Clark sind ausschließlich die Kostenbestandteile relevant, die als Folge einer bestimmten Handlung anfallen und die entfallen, wenn diese Handlung nicht durchgeführt wird. Vgl. Clark, J. M. (1923), S. 49 zitiert nach Ahlert, D./Franz, K.-P. (1992), S. 103.

299 Vgl. hierzu Coenenberg, A. G. (1999), S. 87.

300 Vgl. Miller, J. G./Vollmann, T. E. (1985), S. 143. Man spricht in diesem Zusammenhang auch von einer „Kostenschere".

301 Vgl. Coenenberg, A. G. (1999), S. 220ff.

302 Vgl. Schauenberg, B. (1992), S. 37; Weber, J. (1997), S. 14.

auch Agent können in der Regel die Entstehung sowie den Aussagewert derartiger Informationen kaum nachvollziehen, so daß die Informationen oftmals verwirren und Mißverständnisse hervorrufen.[303] Vor diesem Hintergrund sollten die IS-Verantwortlichen umdenken und z. T. mit Traditionen brechen. Daß dies jedoch in der Praxis nicht oder nur sehr langsam erfolgt, bekundet der Vorwurf des konzeptionellen Stillstands bei den Informationsinstrumenten.[304]

Eine weitere Ursache dafür, daß das IS qualitativ minderwertige Informationen anbietet, hängt mit der *Art der Informationsübermittlung an die Informationsadressaten* zusammen. So wird kritisiert, daß die Informationsbereitstellung durch die IS-Abteilungen angebotsorientiert statt kundenorientiert erfolgt[305], den Wünschen der Informationsadressaten kaum Beachtung geschenkt wird[306], offerierte Informationen betriebswirtschaftliches „Fachchinesisch“[307] darstellen und nicht die (Informations-) Sprache der Kunden gesprochen wird[308].

(ad 2): Quantitative Defizite

Das Schrifttum beanstandet, daß das IS den Informationsadressaten erheblich zu viele Informationen anbietet. Statt Informationen zielgerichtet auszuwählen und benutzerindividuell aufzubereiten, „erschlägt“ das IS die Adressaten mit nutzlosen Zahlenkolonnen.[309] Dieser *„Information Overload“* bei den Informationsadressaten führt dazu, daß die Anzahl der Fehlentscheidungen trotz steigender Informationsmenge zunimmt.[310] Ursächlich ist die *beschränkte menschliche Informationsverarbeitungskapazität*: Die

---

303 Vgl. Weber, J. (1994a), S. 103.

304 Vgl. Seite 70 und die dort in Fußnote 257 gegebenen Literaturhinweise.

305 Vgl. Weber, J. (1993b), S. 5; Seelinger, R./Kaatz, S. (1998), S. 126. Dabei besteht offensichtlich eine positive Korrelation zwischen dem Ausmaß der Kundenorientierung einerseits und der hierarchischen Stellung der Informationsadressaten respektive ihrer Möglichkeit der Machtausübung andererseits. Vgl. Homburg, C./Weber, J./Aust, R./Karlshaus, J. T. (1998a), S. 20.

306 Vgl. Weber, J. (1990), S. 121; Fickert, R (1993), S. 205; Biel, A. (1997), S. 64; Weber, J./Aust, R. (1998a), S. 22. Diese Aussage manifestiert sich in der Selbsteinschätzung der IS-Beschäftigten, die ihre eigene Kundenorientierung als gering einstufen. Vgl. hierzu Homburg, C./Weber, J./Aust, R./Karlshaus, J. T. (1998a), S. 19.

307 Laßmann, G. (1995), S. 1049.

308 Vgl. Fickert, R (1993), S. 219; Weber, J./Aust, R. (1998a), S. 21; Streubel, F. (1996), S. 6.

309 Vgl. Streubel, F. (1996), S. 6; Schulze-Wischeler, B. (1995), S. 216. Folge dieser Zahlenfriedhöfe ist eine Datenflut bei gleichzeitiger Informationsarmut bzw. der Zustand eines Informationsmangels im -überfluß. Vgl. Weber, J. (1992), S. 959; Rüttler, M. (1991), S. 123 und 126; Scheer, A. W./Bold, M./Hagemeyer, J./Kraemer, W. (1997), S. 24; Dorn, B. (1994), S. 13f.

310 Vgl. Brunner, J./Dönni, B. (1997), S. 326.

kognitiven Fähigkeiten des Menschen sind limitiert; er kann daher nur begrenzte Informationsmengen verarbeiten.[311] Übersteigt die Menge der angebotenen Informationen die Informationsverarbeitungskapazität, kann es dazu kommen, daß Informationen mißinterpretiert werden. Im Extremfall kann dies auf Seiten der Adressaten zum Ablehnen oder Ignorieren der angebotenen Informationen führen.[312]

(ad 3): Zeitliche Defizite

Dem IS wird ferner vorgeworfen, daß die bereitgestellten Informationen keinerlei Entscheidungsrelevanz besitzen, da sie *nicht aktuell* genug sind.[313] Ursächlich ist zum einen die *mangelhafte Pflege bzw. Aktualisierung der Datenbestände* im IS, zum anderen eine *zu große Reaktionszeit* des IS zwischen Artikulation des Informationsbedarfs seitens der Adressaten und Bereitstellung entsprechender Informationen durch das IS.[314] Beides hat zur Konsequenz, daß etwaige Unternehmenschancen und -risiken aufgrund unzureichender informatorischer Versorgung nicht rechtzeitig entdeckt werden können.

(ad 4): Wirtschaftliche Defizite

Das IS sollte eine gute Informationsversorgung in den Unternehmen gewährleisten. Bei der Implementierung geht man davon aus, daß der Nutzen des IS-Einsatzes größer ist als die damit verbundenen einmaligen und laufenden Kosten.

Abgesehen von einigen wenigen Beispielen einer erfolgreichen IS-Implementierung[315] konnte bis heute kein signifikanter Zusammenhang zwischen Investitionen in Informationstechnologien und Unternehmenserfolg nachgewiesen werden.[316] Das Schrifttum

---

[311] Vgl. Trott zu Solz, C. v. (1992), S. 65; Bahlmann, A. R. (1982), S. 98 m. w. N.; Frese, E. (1998), S. 5.

[312] Vgl. Weber, J. (1990), S. 124ff.; Staerkle, R. (1989), S. 162. Eine ausführliche Beschreibung menschlicher Verhaltensformen bei Informationsüberlastung findet sich bei Bühner, R. (1975), S. 60ff.

[313] Vgl. Steincke, H. (1985), S. 13; Währisch, M. (1998), S. 331.

[314] Pfau spricht in diesem Zusammenhang von der Reagibilität des IS. Vgl. Pfau, W. (1997), S. 2, 73 sowie 79-82.

[315] Vgl. diesbezüglich Sedran, T. (1994), S. 65 m. w. N.

[316] Vgl. Zahn, E. (1990), S. 493ff.; Strassmann, P.A. (1988), S. 409. Dieser Erkenntnis widerspricht Merkel mit der in seiner Schrift nicht näher belegten Behauptung, daß die Abhängigkeit zwischen Geschäftserfolg und Einsatz von Informationstechnologie nachweisbar sei. Vgl. Merkel, H. (1988), S. 304.

äußerst sich deshalb eher skeptisch hinsichtlich der Produktivitätswirkung von IS[317] und führt dabei das sogenannte *Produktivitätsparadoxon im IS*[318] an. Dieses Paradoxon umschreibt das Phänomen, daß trotz steigenden Einsatzes neuer informationstechnologischer Instrumente und Methoden die Leistungsfähigkeit des gesamten IS nicht oder nur marginal zunimmt. So zeigen empirische Studien, daß die heutige Produktivität im Verwaltungsbereich – trotz höherer informationstechnischer Durchdringung – nur das Niveau der 60er Jahre erreicht.[319]

Sucht man nach den Ursachen der mangelnden IS-Produktivität, zeigt sich ein ganz wesentlicher Grund: Häufig wird in den Unternehmen versäumt, neue Informationstechniken aus einer Gesamtsicht zu implementieren mit der Folge einer nur mangelhaften Informationsdurchdringung im Unternehmen. Der informationstechnologisch bedingte Nutzenzuwachs fällt hierdurch erheblich geringer als erwartet aus[320]; zudem stehen dem Nutzenanstieg erhebliche Kosten[321] gegenüber.

Ein weiteres Problem resultiert daraus, daß *alte und neue Informationsteilsysteme* jahrelang nebeneinander existieren. Altsysteme sind jedoch sehr wartungs- und pflegeintensiv und stehen zudem – aufgrund ihrer fehlenden Kompatibilität mit Neusystemen – informationstechnischen Innovationen und (damit) einer größeren Leistungsfähigkeit des IS im Wege.[322]

---

317 Eine ausführliche Diskussion der Produktivitätswirkung des Einsatzes von IKS findet sich bei Brynjolfsson, E./Hitt, L. (1996) und Harris, S. E./Katz, J. L. (1988).

318 Vgl. Lehner, F. (2000), S. 95; Hackett, G. P. (1990), S. 97ff.; Teubner, R. A. (1999), Geleitwort; Klotz, U. (1993), S. 404f.

319 Vgl. Ortmann, G. (1992), S. 60f.; Rieser, I. (1992), S. 373. Aus der Praxis ist der Fall bekannt, daß nach Einführung der elektronischen Datenverarbeitung in der Personalabteilung Einstellungsanträge bereits sechs Wochen vor dem Tag des Arbeitsbeginns vorliegen müssen, damit das erste Gehalt pünktlich gezahlt werden kann. Früher, d. h. in der Zeit ohne EDV-Unterstützung, genügte es, wenn die Anträge zwei Wochen vor dem ersten Arbeitstag eingereicht wurden.

320 Vgl. Rüttler, M. (1991), S. 121; Sedran, T. (1994), S. 69; Schulze-Wischeler, B. (1995), S. 107. Fischer [Fischer, C.-D. (1999), S. 57] spricht in diesem Zusammenhang von einer „Nutzenschere der Informationsversorgung". Damit will er zum Ausdruck bringen, daß eine Lücke zwischen dem erwarteten und dem realisierten Nutzen der Informationsverarbeitung klafft.

321 Vgl. Nawatzki, J. (1994), S. 5, Rüttler, M. (1991), S. 119 und 121. Hierbei handelt es sich z. B. um Anschaffungsauszahlungen für den Kauf der Hard- und Software sowie Aufwendungen für die EDV-Schulungen der Mitarbeiter. Des weiteren verschlingt die Wartung der IS in einigen Unternehmen bis zu 80 % des gesamten IS-Budgets. Vgl. Adler, G. (1992), S. 20; Dernbach, W. (1993a), S. 33; Sedran, T. (1994), S. 76.

322 Vgl. Heinrich, W. (1994), S. 12.

Letztlich wird das IS *aus Sicht der Gesamtunternehmung ineffizient* genutzt.[323] Dies liegt vor allem daran, daß den die Informationen nachfragenden Stellen in der Regel keine Kosten für die IS-Nutzung angelastet werden, weil kein entsprechendes Verrechnungspreissystem vorhanden ist. Für die Nachfrager besteht damit kein Anreiz, sparsam mit der Ressource Information umzugehen; vielmehr werden die IS-Nutzer so lange Informationen nachfragen, wie deren Grenznutzen positiv ist.[324] Sofern dabei die Kosten der Informationsbereitstellung den entsprechenden Nutzen übersteigen, ist ein solches Informationsverhalten aus Sicht des Gesamtunternehmens ineffizient.

3.3.3. Organisatorische Mängel

Eine zweckmäßige Gestaltung der Aufbau- und Ablauforganisation des IS sowie eine sinnvolle Eingliederung der Informationsverarbeitung in das Unternehmen sind wesentliche Voraussetzungen für eine effektive und effiziente Nutzung der Ressource Information.[325]

Bei der Organisation eines IS, im folgenden auch IS-Organisation genannt, handelt es sich um ein Teilsystem der übergeordneten Unternehmensorganisation.[326] Die IS-Organisation setzt den strukturellen Rahmen und bestimmt durch die Gestaltung von Verteilbeziehungen (Aufbauorganisation) und Arbeitsbeziehungen (Ablauforganisation) die Quantität und Qualität der Informationsflüsse zwischen den einzelnen Stel-

---

323 Vgl. Teubner, R. A. (1999), S. 80; Fank, M. (1996), S. 91; Rüttler, M. (1991), S. 126.

324 Vgl. Streubel, F. (1996), S. 31 und 34. Ferner resultiert aus der Informationsnachfrage häufig nur wenig Nutzen, da die nachfragenden Mitarbeiter das Informationspotential mangels Know-How nicht ausschöpfen können. Vgl. Nawatzki, J. (1994), S. 5.

325 Vgl. Lehner, F. (2000), S. 95.

326 Die Organisation einer Unternehmung wird im betriebswirtschaftlichen Schrifttum überwiegend als Instrument zur effizienten Unternehmensführung verstanden. Bei dieser instrumentellen Sichtweise wird die Organisation als ein soziales System mit formalen Strukturen und Regeln betrachtet, welches dazu beiträgt, das Verhalten der Organisationsmitglieder dauerhaft auf ein gemeinsam verfolgtes Ziel auszurichten. [vgl. Schulte-Zurhausen, M. (1995), S. 2; Kieser, A./Kubicek, H. (1992), S. 4] Wesentlicher Unterschied zwischen der Unternehmensorganisation auf der einen und der Organisation des Informationssystems auf der anderen Seite ist, daß die Unternehmensorganisation unmittelbar auf das Erreichen der Unternehmensziele abzielt, während dies bei der IS-Organisation nur mittelbar, durch Sicherstellen einer adäquaten Informationsversorgung, der Fall ist.

len.[327] Dabei ist stets darauf zu achten, daß die IS-Organisation im Einklang mit der Unternehmensorganisation steht.

Insbesondere die zunehmende Dezentralisierung der Geschäftsaktivitäten erfordert ein Überdenken der IS-Organisation.[328] Gemäß der Theorie des „Organisatorischen Imperativs“[329], nach der die Organisation eines Unternehmens die Auswahl sowie den Einsatz von Informationstechniken determiniert, führt die Dezentralisierung der Geschäftsaktivitäten zu einer *Abkehr von zentralistischen Organisationsstrukturen im IS*. Entsprechend gilt es, zentralistische Rechnersysteme sowie Software- und Organisationsstrukturen aufzugeben bzw. diese in dezentrale, vernetzte IS umzugestalten. Es kommt hierdurch zu einer *grundlegenden Neuverteilung der IS-Aufgaben* und zugleich zu einer *Separation von Zuständigkeiten sowie Verantwortlichkeiten im IS*. So werden beispielsweise die dezentralen Fachbereiche angehalten, gewisse Teile vormals zentral durchgeführter IV-Aufgaben zu übernehmen.[330] Oftmals gelingt jedoch weder die Umverteilung reibungslos noch die Übernahme von IS-Aufgaben, da die Zeitvorgaben für die Umstrukturierungen knapp bemessen sind und zudem eindeutige organisatorische Anweisungen fehlen.[331]

All dies deutet darauf hin, daß die *sachgerechte Allokation von IS-Aufgaben* eine der wesentlichsten, zugleich aber auch schwierigsten organisatorischen Aufgaben im IS darstellt. Zweckmäßig erscheint ein Kompromiß zwischen Zentralisierung und Dezentralisierung von IS-Aufgaben. Denn verteilt man die IS-Aufgaben ausschließlich an die dezentralen Unternehmensbereiche, gehen Synergien im IS verloren, und Datenredundanzen sind vorprogrammiert. Entscheidet man sich hingegen für eine reine Zentralisierung der IS-Aufgaben, ist zwar eine einheitliche Planung und Kontrolle der IS-Aktivitäten gewährleistet, dafür sinkt aber die Motivation in den dezentralen Unternehmensbereichen. Letzteres hängt damit zusammen, daß die Zentralisierung die Selbständigkeit der dezentralen Bereiche deutlich einschränkt, da diese nicht eigenverant-

---

327 Vgl. Pfau, W. (1997), S. 59; Trott zu Solz, C. v. (1992), S. 62. Eine definitorische Abgrenzung der Begriffe Ablauf- sowie Aufbauorganisation findet sich bei Bleicher, K. (1991), S. 39f.

328 Vgl. Hermes, B. (2000), S. 2.

329 Vgl. Wall, F. (1996), S. 52 mit Verweis auf Markus, M. L./Robey, D. (1988), S. 586-588. Der Theorie des „Organisatorischen Imperativs“ steht die Theorie des „Technologischen Imperativs“ gegenüber. Letztere besagt, daß sich die Unternehmensorganisation zwingend an den im Unternehmen genutzten Informationstechnologien auszurichten hat. Vgl. Wall, F. (1996), S. 50-52; Alpar, P./Grob, H. L./Weimann, P./Winter, R. (2000), S. 42.

330 Vgl. Aurenz, H./Krcmar, H. (1999), S. 177.

331 Vgl. Schulze-Wischeler, B. (1995), S. 200; Rüttler, M. (1991), S. 126.

wortlich über Art und Nutzung der Informationstechnik entscheiden können.[332] Zudem führt ein zentralistisches Informationswesen zu ausgeprägtem Abteilungsdenken und Bürokratien. Statt unternehmerisch zu handeln, wird in zentralen Informationsversorgungsabteilungen eher der lange Dienstweg präferiert. Engagierte IS-Mitarbeiter sind in derart verkrusteten Strukturen „gefangen"; innovative Impulse im IS eher die Ausnahme als die Regel.[333]

Weitere organisationsinhärente Informationsprobleme resultieren aus der *Technikzentriertheit der IS-Gestaltungsansätze.*[334] Das Schrifttum beklagt, daß sich die IS-Entwickler oftmals mit einer Art „Elektrifizierung der Ist-Zustände"[335] begnügen. Tayloristische, funktional geprägte Organisationsstrukturen werden auf diese Weise langfristig konserviert und Potentiale der Geschäftsprozeßoptimierung verschenkt[336], da es versäumt wird, die bestehenden Unternehmensstrukturen und -abläufe vor der Auswahl und Implementierung neuer Informationstechniken zu verbessern.[337] Dieses Einbetonieren funktionaler Unternehmensstrukturen schränkt die Unternehmensflexibilität nachhaltig ein, wodurch die Wettbewerbsfähigkeit und gegebenenfalls auch der langfristige Unternehmensfortbestand bedroht wird.[338]

Zusammenfassend bleibt festzuhalten, daß sich mit der Abkehr von traditionell zentralisierten Hardware- und Softwarearchitekturen vornehmlich für zentrale Informationsversorgungsbereiche ein deutlicher, nicht unproblematischer Aufgabenwandel abzeichnet. Die vom Informationswesen zu bewältigenden organisatorischen Verände-

---

[332] Was sich nicht nur allein im Hinblick auf die Zweckmäßigkeit des IS für die Aufgabenerfüllung negativ auswirkt. Vgl. Lehner, F. (2000), S. 99.

[333] Vgl. Fischer, C.-D. (1999), S. 101f.

[334] Vgl. Streubel, F. (1996) S. 1; Picot, A./Franck, E. (1988b), S. 613; Lullies, V./Bolinger, H./Weltz, F. (1990), S. 33-37; Schmidt, G. (1990), S. 243; Dekena, R. (1994), S. 31. Technikorientierte IS-Entwickler erliegen oft der Faszination, jede technische Idee in ein funktionierendes technisches Verfahren oder Gerät umsetzen zu wollen, ohne dabei jedoch den betriebswirtschaftlichen Fragestellungen ausreichend Aufmerksamkeit zu schenken. Vgl. Bullinger, H.-J. (1994), S. 85.

[335] Fischer spricht in diesem Zusammenhang von einer unreflektierten 1:1-Abbildung alter Organisationsstrukturen. Vgl. Fischer, C.-D. (1999), S. 87.

[336] Vgl. Sedran, T. (1994), S. 72 und 69f.

[337] Vgl. Fischer, C.-D. (1999), S. 87; Baik, K. (1997), S. 148; Sedran, T. (1994), S. 72 und 120; Picot, A./Maier, M. (1994), S. 111.

[338] Ähnlich Deutsch, C. (1993), S. 33; Fieten, R. (1995), S. 306; Dernbach, W. (1993b), S. 4; Weber, J. (1993b), S. 41.

rungen können dazu führen, daß die IV-Abteilung ihre Rolle überdenken, wenn nicht sogar neu definieren muß.[339]

3.3.4. Personelle Mängel

Das IS-Personalsystem ist ein Teilsystem des unternehmerischen Personalsystems. Bestandteile des IS-Personalsystems sind einzelne Personen oder Personengruppen, die bei der Erfüllung der ihnen übertragenden Aufgaben direkt mit dem IS in Berührung kommen.[340] Dies sind einerseits die *IS-Nutzer bzw. -Anwender*, anderseits die *IS-Entwickler bzw. -Betreuer.*[341]

Dem IS-Personal und damit auch dem IS-Personalbereich wird eine hohe Bedeutung für eine reibungslose Informationsversorgung beigemessen.[342] Insbesondere persönliche sowie psychologische Aspekte üben einen erheblichen Einfluß auf die Funktionsfähigkeit des IS aus. Aber gerade hier liegen regelmäßig Defizite vor.[343]

So ist beispielsweise die *Akzeptanz*[344], welche die IS-Nutzer dem IS bzw. den vom IS offerierten Informationen entgegenbringen, unterschiedlich ausgeprägt.[345] Während manche Nutzer überzeugte IS-Anwender sind, weigern sich andere, vom IS Gebrauch zu machen. Letzteres hängt vor allem damit zusammen, daß die *IS-Anwender nicht*

---

339 Vgl. Aurenz, H./Krcmar, H. (1999), S. 177.

340 Der Ausdruck „direkt mit dem IS in Berührung kommen" soll implizieren, daß Mitarbeiter, die rein zufällig oder gar nicht mit dem IS konfrontiert werden, nicht dem Personalsystem des IS angehören.

341 Vgl. Pfau, W. (1997), S. 61f.; Heinrich, L. J. (1999), S. 212.

342 Vgl. Schulze-Wischeler, B. (1995), S. 80, 99 und 111. Hanker [Hanker, J. (1990), S. 210] betrachtet Humanressourcen als wichtige „Komplementärfaktoren der Informatisierung". Überdies zeigt sich die besondere Bedeutung des Personals für die Funktionsfähigkeit eines IS darin, daß selbst der Einsatz eines technisch ausgereiften IS nicht zwingend zum Erfolg führt.

343 In einer von Schulze-Wischeler durchgeführten Studie [vgl. Schulze-Wischeler, B. (1995), S. 199] gaben 36,2 % der befragten Unternehmen an, daß im Rahmen der Einführung eines IS große Probleme im Personalbereich aufgetreten sind.

344 Die Akzeptanz läßt sich weiter unterteilen in eine Einstellungs- und eine Verhaltensakzeptanz. Die Einstellungsakzeptanz umschreibt die innere, dauerhafte Haltung gegenüber gewissen Dingen. Man unterscheidet zwischen einer gefühlsmäßigen, verstandesmäßigen und handlungsorientierten Komponente. Die Verhaltensakzeptanz ist hingegen beobachtbar, d. h. nach außen gerichtet. Sie spiegelt sich unmittelbar in dem Verhalten der Personen wieder. Vgl. Müller-Böling, D./Müller, M. (1986), S. 25ff.; Müller-Böling, D./Müller, M. (1989), S. 22.

345 Vgl. Nawatzki, J. (1994), S. 5; Kraege, T. (1998), S. 8. Ähnlich auch Homburg, C./Weber, J./Aust, R./Karlshaus, J. T. (1998a), S. 18 und Schulze-Wischeler, B. (1995), S. 107.

oder nur unzureichend in die Entwicklung von IS integriert werden.[346] Den Nutzern fehlt hierdurch der Bezug zum IS respektive seinen Möglichkeiten, weshalb sie den Sinn der vom IS generierten Informationen nicht verstehen und ihn daher in Frage stellen. Überdies gelingt es den technikorientierten IS-Entwicklern/IS-Betreuern oft nicht, den in der Regel kaufmännisch vorgebildeten Anwendern die betriebswirtschaftliche Relevanz der implementierten IS nahe zu bringen.[347] Im Ergebnis führt letzteres zu Resignationserscheinungen, zu Abneigung gegenüber dem bestehenden IS sowie zu mangelndem Interesse bei den IS-Nutzern, neue informatorische Herausforderungen anzugehen.[348]

Weitere Probleme resultieren aus dem Bereich *Personalqualifikation*. Die Anforderungen, denen die IS-Entwickler und die IS-Nutzer genügen müssen, um sachgerecht mit einem IS arbeiten zu können, sind in der Vergangenheit stetig gestiegen.[349] Vor allem die Nutzer sind z. T. überfordert, da notwendige Schulungsmaßnahmen aufgrund knapper Zeitvorgaben nicht oder nur begrenzt stattfinden.[350] Diese Unkenntnis führt zu einer insuffizienten Nutzung des IS und zu Widerstand[351] gegen neue Informationstechniken.

---

346 Vgl. Trott zu Solz, C. v. (1992), S. 70. Ähnlich auch Währisch, M. (1998), S. 331.

347 Vgl. Streubel, F. (1996), S. 6. Ähnlich auch Laßmann, G. (1995), S. 1049 sowie Martiny, L./Klotz, M. (1989), S. 52. Ob dies auf mangelndes Interesse der IS-Betreuer oder aber auf deren mangelnde fachliche Kompetenz zurückzuführen ist, kann an dieser Stelle nicht beantwortet werden.

348 Vgl. Rüttler, M. (1991), S. 121 und 125. Ähnlich argumentieren auch Homburg et al., die das geringe Konfliktmaß in der Kostenrechnung als Indikator der Resignation bei den Kostenrechnungskunden ansehen. Vgl. Homburg, C./Weber, J./Aust, R./Karlshaus, J. T. (1998a), S. 20.

349 Vgl. Streubel, F. (1996), S. 6.

350 Vgl. Rüttler, M. (1991), S. 121; Sedran, T. (1994), S. 70f.; Meyersiek, D./Jung, M. (1989), S. 152.

351 Dies erfolgt in Form eines sichtbaren oder verdeckten Widerstands bei der Einführung neuer Informationstechnologien. Wesentliche Ursache eines Widerstands bei IS-Nutzern ist deren Angst, durch die neuen Informations- und Kommunikationstechnologien kurz- bis mittelfristig ersetzt zu werden. Des weiteren befürchten insbesondere die Mitarbeiter höherer Hierarchiestufen, die den Besitz von Informationen oftmals mit der Möglichkeit der Machtausübung gleichsetzen, an Macht zu verlieren, da die vormals exklusiven Informationen nun einem deutlich größeren Adressatenkreis zugänglich sind. Vgl. Schulze-Wischeler, B. (1995), S. 108. Eine ausführliche Beschreibung des Themenkomplexes Widerstand gegen das IS findet sich bei Fank, M. (1996), S. 277ff.

4. Herleitung von Kriterien für einen idealtypischen Informationsmanagementansatz

In Kapitel C 2. wurden wesentliche Veränderungen im Unternehmenskontext und der hiervon ausgehende Einfluß auf den Faktor Information und das IS dargestellt. Es zeigte sich, daß ein deutlicher Wandel in der externen Unternehmensumwelt stattgefunden hat und dies hohe Anforderungen an die Unternehmen stellt. Um den externen Veränderungen gerecht zu werden, reagieren Unternehmen mit internen Modifikationen wie z. B. einer Dezentralisierung von Unternehmensaktivitäten sowie einer organisatorischen Ausrichtung an den Geschäftsprozessen. Es wurde des weiteren dargelegt, daß die Veränderungen in der ex- und internen Unternehmensumwelt sowohl den Faktor Information als auch das IS nachhaltig beeinflußt haben. Die Notwendigkeit, Informationen permanent und zeitnah bereitzustellen, das Erfordernis, die im Unternehmen eingesetzten Informationsinstrumente sowie Informationsmethoden zu überdenken und z. T. vollkommen neuartige Instrumente einzusetzen, sind in diesem Zusammenhang nur einige Beispiele.

Geht man davon aus, daß eine positive Korrelation zwischen dem Ausmaß der Veränderungen in der Unternehmensumwelt einerseits und der Dringlichkeit einer Anpassung des IS andererseits besteht[352], so läßt dies folgende Aussage zu:

> Die in der jüngsten Vergangenheit vollzogenen Veränderungen im unternehmensrelevanten Kontext waren einschneidend. Da Informationen sämtliche Güter-, Geldströme sowie Prozesse im Unternehmen lenken, ist davon auszugehen, daß diese Veränderungen sowohl auf die Qualität und Quantität bereitzustellender Informationen als auch auf das IS selbst tiefgreifend wirken. Vor diesem Hintergrund wird es für zahlreiche Unternehmen notwendig sein, diesen Veränderungen durch entsprechende Anpassungen im IS gerecht zu werden.

Da jedoch die Notwendigkeit, Anpassungen im IS vornehmen zu müssen, nicht dafür ausreicht, die Existenz von IS-Defiziten zu belegen, wurden in Kapitel C 3. zusätzlich Mängel und Problemfelder im IS herausgearbeitet. Es zeigte sich, daß die in den Unternehmen implementierten IS eine hohe technologische Komplexität verbunden mit Schnittstellen- und Koordinationsproblemen aufweisen. Ursächlich hierfür ist vor al-

---

352 Vgl. diesbezüglich Seite 47.

lem, daß die IS-Implementierung oftmals nicht aus ganzheitlicher Sicht erfolgt und die dabei angewendeten Gestaltungsansätze sehr technikzentriert sind. Weitere Kritikpunkte sind, daß das Informationsinstrumentarium für die Informationsproduktion oft nur unzureichend geeignet ist und ferner Informationen nicht kunden- bzw. dienstleistungsgerecht angeboten werden.

Faßt man diese Ergebnisse zusammen, erscheint auch folgende Aussage gerechtfertigt:

> Die Vielzahl und Heterogenität der intersystemischen[353] sowie intrasystemischen[354] IS-Defizite belegen, daß es viele Unternehmen in der Vergangenheit nicht verstanden haben, der konstatierten Notwendigkeit einer IS-Anpassung ausreichend nachzukommen. Entsprechend besteht in diesen Unternehmen ein akuter Bedarf der IS-Gestaltung.

Ob die Unternehmen es versäumt haben, Modifikationen vorzunehmen, oder ob die Änderungsmaßnahmen nicht sachgerecht waren, soll hier nicht näher untersucht werden. Vielmehr ist nach einem idealtypischen bzw. „geeigneten“ IM-Ansatz zu suchen, mit dessen Hilfe ein IS konzipiert werden kann, das den skizzierten „IS-Ansprüchen“ genügt und zugleich die „IS-Defizite“ beseitigt.

Ein IM-Ansatz wird hier als „geeignet“ erachtet, wenn er die folgenden in Abb. 17 dargestellten Kriterien erfüllt.[355]

---

353 Angesprochen sind damit „Probleme mit dem IS“. Vgl. diesbezüglich die Ausführungen in Kapitel C 3.2.

354 Angesprochen sind damit „Probleme im IS“. Vgl. diesbezüglich die Ausführungen in Kapitel C 3.3.

355 Es sei darauf hingewiesen, daß zwischen den einzelnen Kriterien Wechselwirkungen bestehen. Aus Gründen der Vereinfachung sowie Klarheit der Argumentation werden diese Verflechtungen nachfolgend jedoch vernachlässigt.

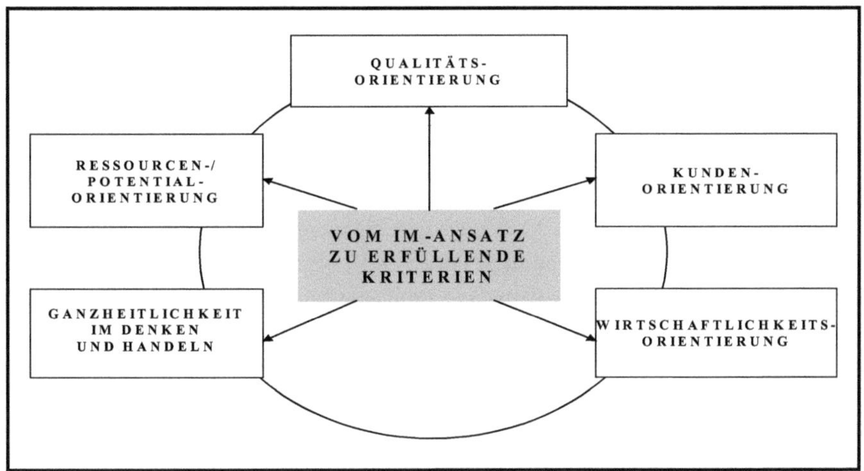

Abb. 17: Kriterien für einen idealtypischen IM-Ansatz

Qualitätsorientierung:
Der IM-Ansatz muß gewährleisten, daß das IS künftig qualitativ hochwertige Informationen generiert. Hierfür sind einige wesentliche Voraussetzungen zu schaffen: Es gilt, die Fehleranfälligkeit des IS deutlich zu senken, die IS-Flexibilität und Reaktionsfähigkeit zu steigern sowie die Informationen und damit auch das Informationsinstrumentarium an den Bedürfnissen der Adressaten auszurichten.

Kundenorientierung:
Der IM-Ansatz muß sicherstellen, daß die Informationsadressaten – als Kunden des IS – stets im Mittelpunkt der IS-Gestaltung stehen. So hat der IM-Ansatz zu gewährleisten, daß einerseits die Kunden exakt diejenige Informationsqualität und -quantität erhalten, die sie für ihre Aufgabenerfüllung benötigen. Andererseits muß die Informationsbereitstellung mit einem Servicegrad erfolgen, der die IS-Adressaten zufriedenstellt. Alles in allem soll der IM-Ansatz dazu beitragen, daß die Kunden-Lieferanten-Beziehung zwischen IS und IS-Adressat verbessert wird, indem im IS-Bereich dienstleistungsorientiert gearbeitet und gedacht wird.

Wirtschaftlichkeitsorientierung:
Die IS-Kosten wachen aufgrund steigender IS-Komplexität und -Heterogenität stetig an; hingegen fällt der IS-Nutzen gering aus, da die IS-Adressaten nicht in der Lage sind, die angebotenen Informationen und Ressourcen des IS hinreichend zu nutzen. Setzt man die Kosten und den Nutzen zueinander ins Verhältnis, zeigt sich die Unwirt-

schaftlichkeit der IS. Der IM-Ansatz muß deshalb dafür sorgen, daß diese „Kosten-Nutzen-Schere" im IS geschlossen wird. Dabei kann es sinnvoll sein, Strukturen und Prozesse im IS zu vereinfachen.

Ganzheitlichkeit im Denken und Handeln:
Eine Technikzentriertheit bei der IS-Gestaltung, unvollständig durchgeführte IS-Projekte sowie ein ausgeprägtes Abteilungsdenken innerhalb des IS sind Exempel dafür, daß die Implementierung und die Pflege von IS oftmals nicht aus einer Gesamtsicht erfolgt. Ein IM-Ansatz, mit dem diese Probleme behoben werden sollen, darf daher keinesfalls nur auf einzelne Teilbereiche und -aspekte eines IS abzielen. Mit Hilfe des IM-Ansatzes muß vielmehr eine ganzheitliche Optimierung der IS-Teilsysteme, IS-Prozesse sowie IS-Produkte erfolgen. Es ist notwendig, von der technikorientierten Gestaltungsweise im IS abzurücken und zusätzlich auch die IS-Organisation, das IS-Personal sowie die eingesetzten Informationsinstrumente in den Gestaltungsprozeß einzubeziehen. Überdies impliziert Ganzheitlichkeit, daß der gesamte Lebenszyklus eines IS, d. h. der Zeitraum von seiner Planung bis zu seiner Entsorgung, betrachtet wird.

Ressourcen-/Potentialorientierung:
Ressourcen-/Potentialorientierung bedeutet, die vorhandenen Möglichkeiten eines IS bestmöglich zu nutzen sowie gezielt nach Ansatzpunkten der IS-Optimierung zu suchen. Ein diesem Kriterium genügender IM-Ansatz muß z. B. sicherstellen, daß die technikzentrierten IS-Entwickler neue Informationstechniken und -instrumente erst dann implementieren, wenn die bestehenden IS-Funktionalitäten ausgeschöpft sind.

Die fünf Kriterien eines geeigneten IM-Ansatzes, nämlich Qualitätsorientierung, Kundenorientierung, Wirtschaftlichkeitsorientierung, Ganzheitlichkeit im Denken und Handeln sowie Ressourcen-/Potentialorientierung, müssen bei der Gestaltung von IS sinnvoll umgesetzt werden. Wie zu Beginn der Arbeit angedeutet, ist Lean Management möglicherweise ein Ansatz, mit dem die Umsetzung gelingt. Bevor diese These näher untersucht werden kann, muß zunächst die Basis für die Analyse geschaffen werden. Aus diesem Grund werden im folgenden Kapitel D die begrifflichen und konzeptionellen Grundlagen der LM-Konzeption beschrieben.

D Begriffliche und konzeptionelle Grundlagen des Lean Management

1. Vorüberlegungen

Lean Management (LM) ist das Ergebnis eines ca. 40jährigen kontinuierlichen Entwicklungsprozesses in der japanischen Unternehmenspraxis, der seinen Ursprung im Toyota Produktionssystem hat. Erst spät, mit Erscheinens des Buches „The Machine that changed the World“[356], in dem die Ergebnisse einer Studie des Massachusetts Institute of Technology (MIT) zu den Leistungsunterschieden in der internationalen Automobilbranche offengelegt wurden, begann die betriebswirtschaftliche Theorie, sich intensiv mit dem Begriff LM und seinen Bestandteilen auseinanderzusetzen. Seitdem sind zahlreiche, z. T. sehr heterogene Definitions- und Eingrenzungsversuche von LM unternommen worden.[357]

Aufgrund des Facettenreichtums von LM ist der Versuch einer exakten definitorischen Abgrenzung dieses Konzepts wenig zweckmäßig. Denn entweder fällt die Definition zu allgemein oder zu partikular aus. Aus diesem Grund grenzt das Schrifttum das LM-Konzept hinsichtlich seiner Vorstellungsinhalte und seines Objektbereichs global ein.[358] Das Eingrenzen erfolgt dabei unter Zuhilfenahme von Prinzipien und Techniken, die für LM typisch sind. Welche Prinzipien und welche Techniken dies sind, ist jedoch von Autor zu Autor unterschiedlich.[359]

Auch in der vorliegenden Arbeit wird auf eine exakte definitorische Abgrenzung des Begriffs LM verzichtet. Vielmehr werden in Kapitel D 2. zunächst der Ursprung, die Rahmenbedingungen sowie die Erfolgsbilanz von LM dargestellt. Kapitel D 3. be-

---

356 Vgl. Womack, J. P./Jones, D. T./Roos, D. (1990).

357 Während manche Autoren LM aus der Perspektive einzelner Unternehmensbereiche beschreiben [vgl. z. B. Reiß, M. (1992a); Reiß, M. (1993a)], betrachten andere Autoren LM als einen Totalansatz, der sämtliche Unternehmensbereiche und Hierarchieebenen umfaßt [vgl. Pfeiffer, W./Weiss, E. (1994); Bösenberg, D./Metzen, H. (1995)]. Ursächlich für die Heterogenität der LM-Definitionen ist die Vielzahl verschiedener bereichs- sowie elementbezogener LM-Prinzipien, -Methoden und -Instrumente. Vgl. Kauper, I./Hartmann, D. (1994), S. 1; Metzen, H. (1993), S. 146, Pfeiffer, W./Weiss, E. (1994), S. 2; Niemeier, J. (1992), S. 192; Steinkühler, M. (1995), S. 64; Keidel, S. (1995), S. 88f.

358 Vgl. exemplarisch Groth, U./Kammel, A. (1994), S. 23; Rollberg, R. (1996), S. 71.

359 So nutzen beispielsweise Ortmann, R. G./Richter, K. (1993) bei der Konkretisierung von Lean Management 3 Prinzipien, Groth, U./Kammel, A. (1994) 17 Prinzipien, Bullinger, H.-J./Wasserloos, G. (1992) 6 Prinzipien, Hirschbach, O. (1994) 5 Prinzipien, Pfeiffer, W./Weiss, E. (1994) 13 Prinzipien sowie Bösenberg, D./Metzen, H. (1995) 10 Prinzipien.

schäftigt sich anschließend mit den unterschiedlichen Bestandteilen des LM-Ansatzes. Hierbei handelt es sich erstens um das LM-Zielsystem (Kapitel D 3.1.), zweitens um übergeordnete Prinzipien und Denkansätze (Meta-Kriterien) von LM (Kapitel D 3.2.) sowie drittens um Kerninstrumente und charakteristische Merkmale schlanker Unternehmen (Kapitel D 3.3.).

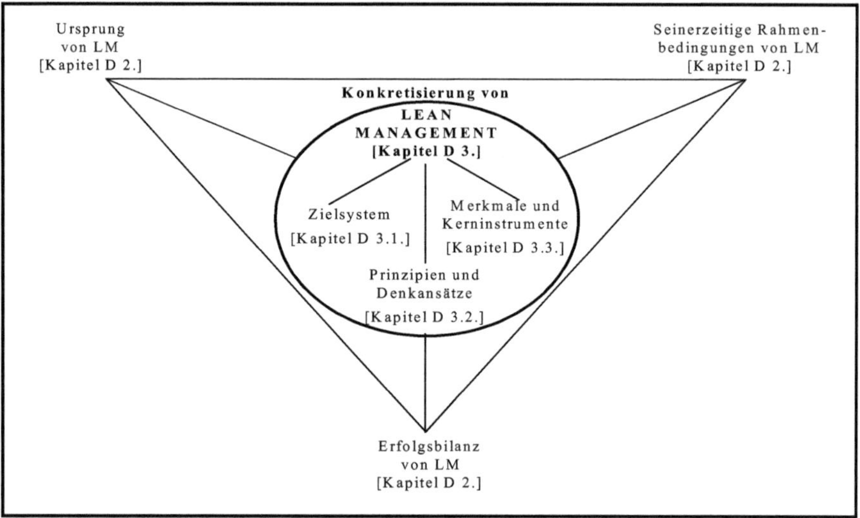

Abb. 18: Umfeld und Bestandteile der LM-Konzeption

2. Ursprung, Rahmenbedingungen und Erfolgsbilanz des Lean Management

LM ist zwar ein vergleichsweise neuer Begriff der Betriebswirtschaftslehre, jedoch keinesfalls eine gänzlich neuartige Managementkonzeption. Neuartig an LM ist eigentlich nur die intelligente, ganzheitliche Verknüpfung und Umsetzung althergebrachter Einzelbestandteile.[360] Von daher existiert LM durch seine Elemente implizit schon erheblich länger. Des weiteren stammen auch die im LM angewendeten Methoden und Instrumente nicht – wie häufig angenommen – allesamt aus Japan. Vielmehr ist ein Großteil der LM-Techniken und -Instrumente westlichen Ursprungs, und selbst der

[360] Vgl. Pfeiffer, W./Weiss, E. (1993), S. 18; Bogaschewsky, R./Rollberg, R. (1998), S. 183.

Ausdruck LM bzw. Lean Production[361] ist in der japanischen Unternehmenspraxis nahezu unbekannt.[362]

Der evolutorische Ausgangspunkt von LM liegt im Jahr 1950 in der 1937 gegründeten japanischen „Toyota Motor Company".[363] 1950 war Japan inmitten einer wirtschaftlichen Depression, und es bestand in der japanischen Industrie ein akuter Mangel an Rohstoffen, Energie sowie finanziellen Mitteln. Zu dieser Zeit war die Produktionsweise Toyotas nicht wirtschaftlich. In den 13 Jahren seit Firmengründung hatte das Unternehmen jährlich nur ca. 200 LKW handwerklich produziert, während im Vergleich dazu das damals modernste Automobilwerk, der Ford-Rouge Komplex in Detroit/USA, täglich bis zu 7000 Fahrzeuge herstellte.[364] Der Absatzmarkt Toyotas beschränkte sich allein auf den Binnenmarkt, der verglichen mit dem amerikanischen Massenmarkt eine deutlich größere Typenvielfalt in kleineren Serien forderte.

Unter diesen schlechten Rahmenbedingungen sowie den US-amerikanischen Sanktionen des zweiten Weltkriegs leidend, stand Toyota kurz vor der Insolvenz. Um das Unternehmen zu retten, kündigte Toyota einem Großteil der Belegschaft, was jedoch auf heftigen Widerstand bei der japanischen Gewerkschaft stieß. Um letztere zu beruhigen, räumte Toyota der Restbelegschaft eine lebenslange Arbeitsplatzgarantie mit einer von der Dauer der Betriebszugehörigkeit sowie dem Betriebsergebnis abhängigen Lohnzahlung ein.[365]

Mit dem Ziel, Toyota aus der wirtschaftlichen Schieflage zu führen, besuchte der Firmenleiter Eiji Toyoda im Frühjahr 1950 die Ford Rouge-Produktionsstätte in Detroit. Toyoda beabsichtigte, die Prinzipien der Massenfertigung genau zu studieren, um so

---

361 Auf den Zusammenhang zwischen Lean Management und Lean Production wird weiter unten eingegangen.

362 Vgl. Pfeiffer, W./Weiss, E. (1994), S. 2-4 und 194ff.; Meffert, H./Siefke, A. (1994), S. 2; Groth, U./Kammel, A. (1993), S. 115; Kauper, I./Hartmann, D. (1994), S. 2; Bösenberg, D./Metzen, H. (1995), S. 23.

363 Vgl. Womack, J. P./Jones, D. T./Roos, D. (1994), S. 53; Reese, J. (1993), S. 89. Eine detaillierte Schilderung der Entwicklung von Lean Management bei Toyota findet sich in den Memoiren des Toyota Produktionsleiters Taiichi Ohno. Vgl. Ohno, T. (1993).

364 Vgl. Womack, J. P./Jones, D. T./Roos, D. (1994), S. 53. Wie groß der Anteil der LKW bzw. wie groß der Anteil der PKW an den 7000 Fahrzeugen war, ist unbekannt; dies spielt aber auch letztlich keine Rolle, bedenkt man, daß es sich bei den 200 LKW um die Jahresproduktion Toyotas, hingegen bei den 7000 Fahrzeugen um die Tagsproduktion Fords handelt.

365 Vgl. Daum, M./Piepel, U. (1992), S. 45f.; Bogaschewsky, R. (1992), S. 285f.; Mählck, H./Panskus, G. (1995), S. 24; Scholz, C. (1994), S. 180.

vorteilhafte Erkenntnisse für die eigene Produktion zu gewinnen. Vor Ort mußte er feststellen, daß die kapitalintensive Massenfertigung bei Ford mit einer starken Arbeitsteilung sowie großen Losen auf die japanischen Bedingungen nicht in Reinform übertragbar war. Zudem erachtete Toyoda die Produktionsweise Fords – trotz der hohen täglichen Produktionszahlen – als eine z. T. gigantische Verschwendung von Ressourcen.[366] Als Erkenntnisgewinn der Reise stellte Toyoda fest, daß auf der einen Seite viele Prinzipien der Massenproduktion elementar überholt waren und unbedingt durch neue Arbeitsweisen substituiert werden mußten, auf der anderen Seite einige Denkweisen und Prinzipien ihre Bedeutung bewahrt hatten.

Zurück in Japan setzte Toyoda die gewonnenen Erkenntnisse gemeinsam mit seinem Produktionsleiter Taichii Ohno sowie seinem Marketingexperten Shotaro Kamyami um. Sie entwickelten ein Produktionssystem, welches unter Zuhilfenahme einfacher Produktionsmittel die Herstellung variantenreicher, langfristig konkurrenzfähiger Fahrzeuge gewährleistete.[367] Obwohl mit Entstehen dieses sogenannten „Toyota-Produktionssystems" die Lean-Prinzipien bereits realisiert waren, sah man darin lange Zeit keinen eigenständigen Managementansatz. Erst 1988, in einem Bericht über das 1985 gestartete MIT International Motor Vehicle Program (IMVP), bezeichnete der MIT-Forscher J. F. Krafcik das Produktionsparadigma Fords als „buffered" und das Toyota-Produktionssystem als „lean".[368] Damit war zwar der Begriff *„Lean Production"* geboren; weltweit bekannt wurde er jedoch, wie bereits beschreiben, erst im Jahr 1990 mit Erscheinen des Buches „The Machine that changed the World".

Relativ schnell erkannte das Schrifttum, daß der Ausdruck Lean Production inhaltlich zu eng gefaßt war. Denn entgegen seinem Wortlaut fokussierte Lean Production nicht nur den Produktionsbereich, sondern zielte auch auf andere Unternehmensbereiche wie z. B. Forschung und Entwicklung, Beschaffung, Absatz, Organisation sowie Personal ab. Aus diesem Grund wurde bald statt von „Lean Production" von *„Lean Management"* gesprochen.[369]

---

366 Vgl. Kauper, I./Hartmann, D. (1994), S. 5.

367 Vgl. Steinkühler, M. (1995), S. 41f.; Rollberg, R. (1996), S. 69.

368 Vgl. Krafcik, J. F. (1988), S. 41ff. Krafcik wollte damit ausdrücken, daß im Gegensatz zur ressourcenverschwendenden fordistischen Produktion („Buffered Production") das Toyota-Produktionssystem nahezu pufferfrei und lagerlos ist („Lean Production").

369 Vgl. diesbezüglich Bauer, A./Geyer, D. (1993), S. 43f.; Kauper, I./Hartmann, D. (1994), S. 2; Petrovic, O. (1994), S. 581.

Die von Toyota entwickelten Prinzipien des LM wurden bald auch von anderen japanischen Automobilherstellern übernommen. Den Erfolg, den die LM geführten japanischen Kraftfahrzeugproduzenten im Vergleich zu ihren US-amerikanischen sowie europäischen Konkurrenten hatten, zeigt die nachfolgende Abb. 19.

	Japanische Werke in Japan	Japanische Werke in Nordamerika	Amerikanische Werke in Nordamerika	Europäische Werke
I. Kosten (im weitesten Sinn)				
Kosten der Konstruktionsänderung als Anteil an den gesamten Werkzeugkosten (in %)	10-20	- (1)	30-50	10-30
Lagerbestand (in Tage für 8 ausgewählte Teile)	0,2	1,6	2,9	2,0
Lagerbestand bei den Zulieferern (in Tage)	1,5	4,0	8,1	16,3
Abwesenheit der Mitarbeiter (in %)	5,0	4,8	11,7	12,1
Fläche (qm/Auto/Jahr)	0,5	0,8	0,7	0,7
Größe des Reparaturbereichs (in % der Montagefläche)	4,1	4,9	12,9	14,4
II. Produktbezogene Qualität				
Montagefehler auf 100 Autos	16,8	21,2	25,1	36,2
Vom Zulieferer zu verantwortende defekte Teile pro Auto	0,24	- (1)	0,33	0,62
III. Zeit (im weitesten Sinn)				
Durchschnittliche Ingenieurstunden je neues Auto (in Mio.)	1,7	- (1)	3,1	2,9 (3,1)(2)
Durchschnittliche Entwicklungszeit je neues Auto (in Mio.)	46,2	- (1)		57,3 (59,9)(2)
Werkzeugentwicklungszeit (in Monate)	13,8	- (1)	25	28
Pilotserie-Vorlaufzeit (in Monate)	6,2	- (1)	12,4	10,9
Zeit vom Produktionsbeginn bis zum ersten Verkauf (in Monate)	1,0	- (1)	4,0	2,0
Anteil der verspäteten Produkte (in %)	16,7	- (1)	50,0	33,3
Rückkehr zur normalen Produktivität nach einem Modellwechsel (in Monate)	4,0	- (1)	5,0	12,0
Rückkehr zur normalen Qualität nach einem Modellwechsel (in Monate)	1,4	- (1)	11,0	12,0
Benötigte Fertigungszeit je Auto (in Std.)	16,8	21,2	25,1	36,2
Werkzeugwechselzeit (in Minuten)	7,9	21,4	114,3	123,7
Vorlaufzeit für neue Werkzeuge (in Wochen)	11,1	19,3	34,5	40,0
Anzahl der täglichen JIT-Lieferungen	7,9	1,6	1,6	0,7
Anteil der Teile mit JIT-Lieferung (in %)	45,0	35,4	14,8	7,9

(1) bedeutet, daß bei dem Kriterium nicht zwischen japanischen Unternehmen in Japan und japanischen Unternehmen in Nordamerika differenziert wurde.

(2) bedeutet, daß sich die erste Zahl auf europäische Mengenproduzenten und die in der Klammer stehende Zahl auf europäische Spezialisten bezieht.

Abb. 19: Erfolgsbilanz des Lean Management gemäß MIT-Studie[370]

[370] In Anlehnung an Womack, J. P./Jones, D. T./Roos, D. (1994), S. 97, 124 und 165 sowie Rollberg, R. (1996), S. 103. Es sei an dieser Stelle angemerkt, daß die Ergebnisse sowie die Art der Daten-

Die Abbildung belegt, daß die Herstellung von Autos in japanischen Unternehmen im Vergleich zu amerikanischen (europäischen) Werken deutlich kostengünstiger verläuft.[371] So ist der durchschnittliche Lagerbestand bei japanischen Unternehmen bzw. bei ihren Zulieferern mit 0,2 (1,5) Tagen deutlich geringer als bei amerikanischen Unternehmen mit 2,9 (8,1) Tagen und europäischen Werken mit 2,0 (16,3) Tagen.[372] Daß bei japanischen Automobilherstellern nur 16,8 Montagefehler auf 100 Autos beobachtet wurden, bei amerikanischen (europäischen) Unternehmen hingegen 25,1 (36,2), bezeugt exemplarisch, daß die produktbezogene Qualität japanischer Automobilproduzenten im Vergleich zu ihren nicht-japanischen Konkurrenten erheblich besser ist.[373] Ferner benötigten japanische Werke für die Herstellung von Autos weniger Zeit als amerikanische und europäische Unternehmen. Als ein Beispiel kann die benötigte Fertigungszeit je Auto in Stunden angeführt werden. Während letztere in amerikanischen (europäischen) Automobilwerken 25,1 (36,2) Stunden pro Auto ausmacht, beträgt sie bei japanischen Unternehmen nur 16,8 Stunden je Auto.[374] All dies belegt, daß die japanischen Automobilhersteller durch den LM-Ansatz in der Lage waren, die Vorzüge der handwerklichen Fertigung mit jenen der Massenproduktion zu vereinigen und so das magische Dreieck der Faktoren Zeit, Kosten und Qualität zu entkoppeln.[375]

3. Konkretisierung des der Arbeit zugrundeliegenden Lean Management Verständnisses

3.1. Das Zielsystem im Lean Management

3.1.1. Gewinnerzielung und Existenzsicherung als Oberziele

Die Auswahl einer optimalen Gestaltungsalternative im Unternehmen setzt die Existenz eines Ziels voraus. Denn erst durch den Rückgriff auf ein Ziel können Entscheidungsalternativen beurteilt und miteinander verglichen werden. Zugleich gibt ein Ziel

---

erhebung in der MIT-Studie nicht kritiklos geblieben sind. Vgl. hierzu Bogaschewsky, R. (1992), S. 294 m. w. N.

371 Die nachfolgenden Zahlenangaben zur Produktionsweise japanischer Unternehmen bezieht sich auf die Position „Japanische Werke in Japan" in Abb. 19.

372 Vgl. hierzu die Positionen unter I. „Kosten (im weitesten Sinn)" in der Abb. 19.

373 Vgl. hierzu die Positionen unter II. „Produktionsbezogene Qualität" in Abb. 19.

374 Vgl. hierzu die Positionen unter III. „Zeit (im weitesten Sinn)" in Abb. 19.

375 Vgl. Weber, H. (1994), S. 11 und 29; Bullinger, H.-J./Wasserloos, G. (1992), S. 7.

die Denkrichtung für die Planung vor und dient als Maßstab für die Bewertung der Zielerreichung im Rahmen von Kontrollhandlungen.[376]

Gewöhnlich werden in einem Unternehmen mehrere Ziele formuliert, die gemeinsam das Zielsystem der Unternehmung bilden. Innerhalb dieses Zielsystems stehen die einzelnen Ziele in vertikalen bzw. horizontalen[377] Beziehungen zueinander.[378] In den folgenden Kapiteln D 3.1.1. bis D 3.1.3. wird das LM-Zielsystem erläutert. Dabei werden die in Abb. 20 dargestellten Ober-, Unter- und Teilziele sowohl einzeln als auch im horizontalen und vertikalen Verbund präzisiert.

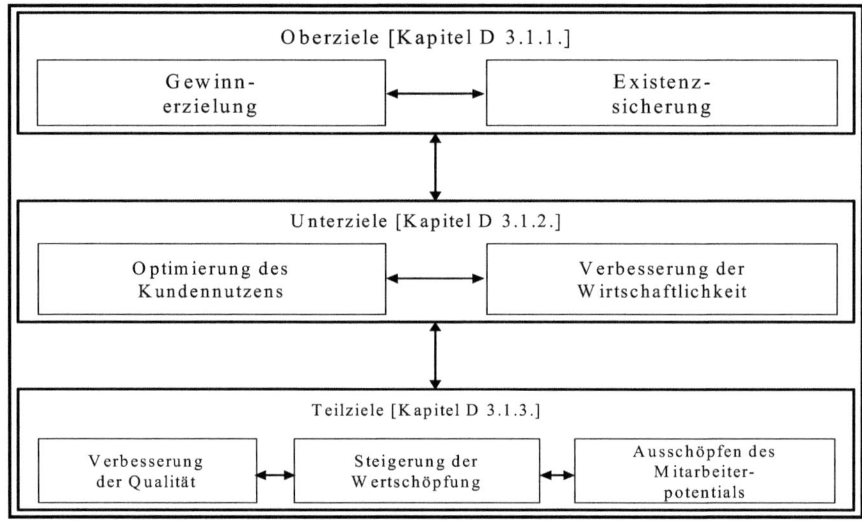

Abb. 20: Zielsystem im Lean Management

---

376 Vgl. Adam, D. (1996), S. 99.

377 Aus vertikaler Sicht bilden die verschiedenen Zielebenen eine Zielpyramide/-hierarchie, d. h. die einzelnen Ziele stehen in einem Über-/Unterverhältnis. In Abhängigkeit von der Hierarchieebene sowie dem Abstraktionsgrad der Ziele kann dabei zwischen Ober-, Unter- und Teilzielen unterschieden werden. Bei horizontalen Zielbeziehungen handelt es sich um Beziehungen zwischen gleichrangigen Zielen, d. h. um Ziele ein und derselben Hierarchieebene. Vgl. Meffert, H. (2000), S. 69.

378 Dabei kann das Verhältnis der Ziele zueinander konkurrierend, komplementär oder indifferent sein. Zielkonkurrenz liegt vor, wenn sich das Erreichen eines Ziels negativ auf das Erfüllen des anderen Ziels auswirkt. Zielkomplementarität bedeutet, daß das Erfüllen eines Ziels zugleich den Zielerreichungsgrad des anderen Ziels fördert. Von Zielindifferenz spricht man, wenn das Erreichen eines Ziels keinerlei Auswirkung auf den Zielerreichungsgrad des anderen Ziels hat. Vgl. Heinen, E. (1991), S. 14-16; Bleicher, K. (1991), S. 43.

Gewinnstreben ist Ausdruck des erwerbswirtschaftlichen Prinzips in marktwirtschaftlichen Systemen und bedeutet, bestimmte Sach- und/oder Dienstleistungen zu produzieren und mit einem nachhaltigen Gewinn zu vermarkten. Das Gewinnziel per se gibt es jedoch nicht. Vielmehr können je nach Definition unterschiedliche Gewinnziele Leitlinien unternehmerischen Handelns sein. So kann zwischen absoluten und relativen Gewinnzielen sowie, in Abhängigkeit vom Faktor Zeit, zwischen totalen und periodischen Gewinnzielen differenziert werden.[379]

Die Frage, welche dieser Zielausprägungen LM fokussiert, läßt sich nicht beantworten. Hingegen ist der Weg, der von schlanken Organisationen zur Zielerreichung verfolgt wird, regelmäßig derselbe. So fällt auf, daß japanische Unternehmen beim Gewinnstreben vornehmlich eine Verbesserung der Sachebene anstreben. Denn für schlanke Unternehmen ist es gemäß dem Postulat „Sach- vor Wertorientierung" vorrangig, zunächst Sachziele zu optimieren[380], um im Anschluß die Ziele der Wertebene und letztlich auch das Gewinnziel zu erreichen.[381]

Existenzsicherung ist eine obligatorische Nebenbedingung ökonomischen Handelns und zugleich eng mit dem Gewinnziel verbunden.[382] Das Ziel der Existenzsicherung ist erreicht, wenn der Fortbestand eines Unternehmens nicht durch Veränderungen in der Unternehmensumwelt gefährdet ist. Verwirklicht wird das Existenzsicherungsziel durch zwei Maßnahmen: Erstens ist das Unternehmenspotential, d. h. die Leistungskraft des Unternehmens, zu sichern, um auch künftig erfolgreich am Markt agieren zu können. Zweitens ist im Unternehmen ausreichend Liquidität zu halten, damit das Unternehmen jederzeit seinen finanziellen Verpflichtungen nachkommen kann und nicht der Konkursfall Zahlungsunfähigkeit eintritt.[383]

Sicherlich ist Existenzsicherung kein ausschließlich von schlanken Unternehmen verfolgtes Ziel. Die schlechten makroökonomischen Bedingungen Japans sowie die katastrophale wirtschaftliche Situation Toyotas um 1950[384] haben jedoch dazu geführt, daß

---

379 Vgl. Heinen, E. (1991), S. 16f.

380 Hierzu gehören z. B. die Minimierung der Fehlerhäufigkeit in der Montage, die Verkürzung der Umrüstzeiten der Maschinen in der Fertigung etc.

381 Vgl. Pfeiffer, W./Weiss, E. (1994), S. 66; Sedran, T. (1994), S. 14.

382 Vgl. Rollberg, R. (1996), S. 8.

383 Vgl. Heinen, E. (1991), S. 16-19; Fandel, G. (1994), S. 7.

384 Vgl. diesbezüglich Seite 93f.

LM diesem Ziel große Bedeutung einräumt und daher ein Großteil der angewendeten LM-Prinzipien und -Techniken unmittelbar das Erreichen dieses Ziels fördert.[385]

3.1.2. Optimierung des Kundennutzens und Verbesserung der Wirtschaftlichkeit als Unterziele

Unter den soeben dargestellten Oberzielen existieren im LM die Ziele Steigerung der Wirtschaftlichkeit sowie Optimierung des Kundennutzens.[386] Beide sind positiv mit den Oberzielen korreliert und prägen den LM Ansatz nachhaltig. So geht es im LM nicht nur darum, Dinge besonders wirtschaftlich, also effizient, zu tun, sondern zudem aus Sicht des Kunden richtig, also effektiv, zu handeln. Was dabei die richtigen Dinge sind, wird ausschließlich vom Kunden festgelegt.[387]

Unabdingbare Voraussetzung für eine *Optimierung des Kundennutzens* ist eine konsequente Kundenorientierung. Kundenorientierung bedeutet Ausrichtung aller Unternehmensfunktionen auf die Kundenbedürfnisse und ist damit genau das Gegenteil der tradierten Angebotsorientierung.[388] Galt früher der Grundsatz, daß der Kunde das Beste erhält, was ein Unternehmen produzieren kann, gilt im schlanken Unternehmen, daß exakt die Leistung produziert werden muß, die der Kunde fordert. Kundenorientierung verlangt damit eine marktgerechte Produktvielfalt, eine am Kundennutzen orientierte Qualität von Produkten und Prozessen sowie eine zeitgerechte Bereitstellung der Produkte. Das Ziel dabei besteht darin, ein langfristiges Vertrauensverhältnis zum Kunden aufzubauen sowie eine dauerhafte Kundenzufriedenheit zu erreichen.[389]

Das Prinzip der Kundenorientierung wenden schlanke Unternehmen sowohl bei externen als auch bei internen Kunden an. Beide Kundentypen stellen ihre Forderungen hinsichtlich Qualität, Kosten, Zeit und Flexibilität an die jeweils vorgelagerte Wertschöpfungsstufe.[390] Des weiteren ist es für die Kundenorientierung im LM charakteristisch, daß man sowohl die externen als auch die internen Kunden frühzeitig in den Planungs-, Entwicklungs- und Vorbereitungsprozeß involviert, die Kundenzufrieden-

---

[385] Vgl. Groth, U./Kammel, A. (1994), S. 29.

[386] Ähnlich vgl. Linseisen, A. (1995), S. 34-39.

[387] Vgl. Ryf, B. (1994) , S. 14.

[388] Vgl. Metzen, H. (1994), S. 128.

[389] Vgl. Bösenberg, D./Metzen, H. (1995), S. 92; Rollberg, R. (1996), S. 78; Zink, K. J. (1994b), S. 47; Groth, U./Kammel, A. (1994), S. 31 und 170; Daum, M./Piepel, U. (1992), S. 41.

[390] Vgl. Sedran, T. (1994), S. 27.

heit ständig überprüft und gezielt den persönlichen Kundenkontakt sucht.[391] Im Sinne eines modernen Kundenbeziehungsmanagements verliert der reine Transaktionsaspekt an Bedeutung, während der Stellenwert des Beziehungsaspekts deutlich zunimmt. Auf diese Weise bauen schlanke Unternehmen das beabsichtigte Vertrauensverhältnis zum Kunden auf und minimieren gleichzeitig das Risiko von Fehlentwicklungen.[392]

Verbesserung der Wirtschaftlichkeit, als zweites im LM verfolgtes Unterziel, ist zwar kein dem Gewinnstreben gleichrangiges Unternehmensziel, besitzt jedoch aufgrund der vertikal-hierarchischen Beziehung zum Gewinnziel eine große Bedeutung. Das Wirtschaftlichkeitspostulat fordert dazu auf, die bei der betrieblichen Leistungserstellung benötigten Mittel sparsam einzusetzen. Operationalisiert wird das Wirtschaftlichkeitsprinzip durch das Streben nach Produktivität, d. h. der Forderung nach Maximierung des Verhältnisses von Faktorertrag (Output) zu Faktoreinsatzmenge (Input).[393]

Obwohl jedes ökonomisch handelnde Subjekt sparsam wirtschaften muß, besitzt das Wirtschaftlichkeitsdenken im LM aufgrund der speziellen Bedingungen der japanischen Wirtschaft um 1950 eine tendenziell größere Bedeutung als in anderen Managementkonzepten. So fordert LM jeden Beschäftigten unabhängig von seiner hierarchischen Stellung dazu auf, Verschwendung im Unternehmen aufzuspüren und anschließend zu beseitigen.[394] Als Verschwendung, der japanische Ausdruck hierfür ist „Muda", werden alle nichtwertschöpfenden Aktivitäten im Unternehmen wie z. B. Puffern, Lagern, Kontrollieren sowie Nachbessern angesehen.[395] Das Streben nach minimaler Verschwendung geht im LM so weit, daß selbst vermeidbare Konflikte als Vergeudung betrachtet werden, da Konflikte Kosten verursachen, ohne zugleich Kundennutzen zu stiften.[396] Mit dem Produktivitätspostulat eng verbunden ist die Forderung nach Einfachheit und Ritterlichkeit („Bushido"). Das Bushido-Denken soll be-

---

391 Vgl. Keidel, S. (1995), S. 115; Rollberg, R. (1996), S. 78; Bösenberg, D./Metzen, H. (1995), S. 97.

392 Vgl. Groth, U./Kammel, A. (1994), S. 170; Daum, M./Piepel, U. (1992), S. 41.

393 Vgl. Heinen, E. (1991), S. 18; Bleicher, K. (1991), S. 43.

394 Vgl. Steinkühler, M. (1995), S. 52.

395 Vgl. Pfeiffer, W./Weiss, E. (1993), S. 24f.; Reiß, M. (1993a), S. 175f. Nichtwertschöpfende Aktivitäten sind Aktivitäten ohne Wertzuwachs bzw. Tätigkeiten, für die der Kunde nicht zahlen wird.

396 Vgl. Piepel, U. (1993), S. 60; Bogaschewsky, R./Rollberg, R. (1998), S. 100f.; Bösenberg, D./Metzen, H. (1995), S. 61.

wirken, daß die Beschäftigten stets den einfachsten Weg auswählen, um Unternehmenskomplexität zu vermeiden.[397]

3.1.3. Qualitäts-, Wertschöpfungs- und Mitarbeiterorientierung als Teilziele

Zur Operationalisierung der zuvor genannten Zielebenen werden im LM weitere Teilziele formuliert. Die Ziele Steigerung der Qualität von Produkten und Prozessen, Verbesserung der Wertschöpfung sowie Ausschöpfen des Mitarbeiterpotentials sind Mittel zur Erreichung der übergeordneten Unter- bzw. Oberziele.

Qualität besitzt im LM-Ansatz einen hohen Stellenwert; dies belegt bereits die MIT-Studie, in der qualitätsorientierte Arbeitsprozesse als Voraussetzung für erfolgreiche schlanke Organisationsstrukturen angesehen werden.[398] Ausgehend davon, daß Qualität ein wesentlicher Erfolgsfaktor im Rahmen der Kundenorientierung ist und daß höhere Qualität zu geringeren Kosten sowie größeren Unternehmensgewinnen führt[399], implementieren schlanke Unternehmen in allen Unternehmensbereichen Maßnahmen zur Qualitätssteigerung. Dabei bezieht sich die Qualitätssicht nicht nur auf das Produkt im engeren Sinne, sondern umfaßt alle Aspekte, die aus Kundensicht für das Erstellen hochwertiger Qualität notwendig sind.[400] Dieser weiten Begriffsauslegung folgend, sind auch die innerbetrieblichen Produktionsprozesse, der Kundenservice sowie die Zeit bis zum Bereitstellen der Produkte („Time to Market") zu optimieren.

Qualität wird in schlanken Unternehmen nicht wie in der tayloristischen Massenproduktion erst am Ende des Produktionsprozesses „hineingeprüft", da bei diesem Vorgehen Fehler viel zu spät entdeckt werden und deshalb vermeidbare „Qualitätskosten" entstehen.[401] Im LM wird Qualitätssicherung stattdessen als durchgängiger, kontinuierlicher Prozeß verstanden, der jeden Mitarbeiter und alle Unternehmensbereiche betrifft. Gefragt ist vorausschauendes Qualitätsdenken, um Fehler zu antizipieren bzw.

---

397 Vgl. Scholz, C. (1994), S. 181.

398 Vgl. Womack, J. P./Jones, D. T./Roos, D. (1994), S. 83.

399 Vgl. Arthur D. Little (Hrsg.) (1992), S. 20-30; Buzzel, R. D./Gale, B. T. (1989).

400 Vgl. Bösenberg, D./Metzen, H. (1995), S. 154.

401 Der Begriff Qualitätskosten und seine Bestandteile wurde bereits weiter vorn erläutert. Vgl. diesbezüglich Fußnote 213 und die dort aufgeführten Literaturhinweise.

Fehlerkosten zu vermeiden.[402] Um die Qualitätsziele zu erreichen, übertragen schlanke Organisationen ihren Mitarbeitern Qualitätsverantwortung sowie größere Entscheidungskompetenzen. So darf z. B. ein Fließbandarbeiter bei Entdecken fehlerhafter Produkt- bzw. Prozeßqualität jederzeit das Fließband zu stoppen, um das Problem allein oder im Team zu lösen.[403]

Wertschöpfungsorientierung bedeutet Fokussieren der Unternehmensprozesse. Inhaltlich sind damit die Begriffe Wertschöpfungsorientierung und Prozeßorientierung gleichbedeutend.[404] Unternehmen, die wertschöpfungs- bzw. prozeßorientiert agieren, prüfen bei allen Vorgängen, ob bzw. inwieweit Wertschöpfung stattfindet. Denn jeder Arbeitsschritt kann wertsteigernde, wertneutrale, wertverzehrende sowie wertvernichtende Anteile enthalten.[405]

Grundlegender Gedanke der Wertschöpfungsorientierung ist es, die Qualität sowie die Produktivität zu erhöhen und den Anteil wertverzehrender sowie wertvernichtender Aktivitäten an der Summe aller Aktivitäten gering zu halten[406]. Dieses Postulat gilt gleichsam für direkte und indirekte wie auch für materielle und immaterielle Prozesse. Zudem machen wertschöpfungsorientierte Unternehmen nicht an den eigenen Unternehmensgrenzen halt, sondern versuchen, die gesamte Wertschöpfungskette vom Zulieferer bis zum Kunden zu optimieren. Da letztlich der Kunde über das Entstehen von Wertschöpfung entscheidet, impliziert Wertschöpfungsorientierung zugleich die Notwendigkeit, die Aktivitäten und Prozesse an den Kundenanforderungen auszurichten.[407]

---

402 Vgl. Wildemann, H. (1993b), S. 53; Bullinger, H.-J./Wasserloos, G. (1992), S. 10; Niemeier, J. (1992), S. 212; Zink, K. J. (1994b), S. 47; Daum, M./Piepel, U. (1992), S. 44; Bösenberg, D./Metzen, H. (1995), S. 159.

403 Vgl. Bogaschewsky, R. (1992), S. 276; Womack, J. P./Jones, D. T./Roos, D. (1994), S. 62.

404 Vgl. Reiß, M. (1993b), S. 93. Anderer Auffassung ist offensichtlich Rollberg, der explizit zwischen Wertschöpfungsorientierung und Prozeßorientierung differenziert. Vgl. hierzu Rollberg, R. (1996), S. 82-84.

405 Vgl. Bösenberg, D./Metzen, H. (1995), S. 99; Mählck, H./Panskus, G. (1995), S. 81.

406 Gemessen werden kann dies mittels einer Kennzahl, die sich aus dem Zähler „Wertverzehrende Aktivitäten" und/oder „Wertvernichtende Aktivitäten" sowie dem Nenner „Summe aller Aktivitäten" zusammensetzt.

407 Vgl. Stürzl, W. (1992), S. 40; Rollberg, R. (1996), S. 83; Pfeiffer, W./Weiss, E. (1994), S. 66; Sedran, T. (1994), S. 29; Bösenberg, D./Metzen, H. (1995), S. 98f.

Ergebnis des Postulats der Wertschöpfungsorientierung ist ein Besinnen auf die unternehmerischen Kernkompetenzen sowie eine Konzentration der Aktionen auf den eigentlichen Ort des Geschehens. Da die Wertschöpfungszentren im Unternehmen vornehmlich dort sind, wo produziert wird, werden die betreuenden Servicebereiche den wertschöpfenden Bereichen möglichst nah zugeordnet.[408]

Als Bewertungsmaßstäbe bei der Prozeßorientierung dienen überwiegend Maßgrößen der Sach- und nicht der Wertebene. Der Vorteil von Sachkriterien ist, daß diese direkt meßbar sind, während Maßgrößen der Wertebene oft nur durch Umformung generiert werden können und daher einen z. T. erheblichen Manipulations- und Interpretationsspielraum besitzen.[409]

Ein zielorientiertes Einbeziehen der Mitarbeiter in die unternehmerischen Problemlösungsprozesse ist ein weiteres wesentliches Charakteristikum schlanker Unternehmen. Das Ziel der *Mitarbeiterorientierung* besteht darin, bisher ungenutzte Mitarbeiterpotentiale sowie das Erfahrungswissen der Aufgabenträger vor Ort besser zu nutzen.[410] Überhaupt erfährt der Faktor Mensch im LM eine erhebliche Aufwertung.[411] Er wird in schlanken Unternehmen als Quelle der Wertschöpfung, der Ideen, der Innovation sowie als zentraler Erfolgsgarant verstanden.[412] Folgerichtig wird die menschliche Arbeitskraft – entgegen der tayloristischen Sichtweise – nicht als ein zu minimierender Kostenfaktor betrachtet, sondern als ein zu maximierender Nutzenfaktor.[413]

Die Abwendung im LM von einem rein technikorientierten hin zu einem humanzentrierten Management impliziert ein verändertes Bild des Menschen im Unternehmen. Während die technikorientierte Sichtweise von einem Menschenbild der Theorie X

---

408 Vgl. Rollberg, R. (1996), S. 83; Stürzl, W. (1992), S. 40; Metzen, H. (1994), S. 129.

409 Vgl. Pfeiffer, W./Weiss, E. (1994), S. 66; Rollberg, R. (1998), S. 28.

410 Vgl. Bullinger, H.-J./Wasserloos, G. (1992), S. 10; Rollberg, R. (1996), S. 79.

411 Vgl. Reiß, M. (1992b), S. 456ff. Hierfür ausschlaggebend dürfte der Umstand sein, daß die lebenslange Beschäftigungsgarantie für Mitarbeiter Toyota faktisch dazu zwang, die Mitarbeiterfähigkeiten besser zu nutzen.

412 Vgl. Weber, H. (1994), S. 37; Faix, W. G. (1994), S. 30.

413 Vgl. Deppe, J. (1993), S. 6. Dieser Perspektivenwechsel vom Sach- zum Humanvermögen sowie die Auffassung, daß Mitarbeiter das notwendige komplementäre Investment zum Sachvermögen sind [vgl. Pfeiffer, W./Weiss, E. (1993), S. 28; Reiß, M. (1993a), S. 177], spiegelt sich auch in den Ergebnissen der MIT-Studie wieder. Die Studie illustriert, daß in schlanken Organisationen die Aufwendungen im Bereich der Mitarbeiterqualifikation deutlich höher ausfallen als in europäischen und US-amerikanischen Unternehmen. Vgl. Womack, J. P./Jones, D. T./Roos, D. (1994), S. 97.

McGregors ausgeht, liegt der humanzentrierten LM-Konzeption das Menschenbild der Theorie Y zugrunde.[414] Letzteres hat zur Folge, daß schlanke Organisationen den Arbeitsbereich der Mitarbeiter vergrößern und den Mitarbeitern bei der Verrichtung ihrer Tätigkeiten erheblich mehr Verantwortung sowie Entscheidungsspielraum übertragen.[415]

Abschließend sei erwähnt, daß die Humanzentrierung im LM die wesentliche Voraussetzung für das Erreichen der Ober- und Unterziele in der Zielhierarchie darstellt. Denn die konsequente Mitarbeiterorientierung wirkt sich sowohl unmittelbar als auch mittelbar[416] positiv auf die vorgelagerten Ziele aus.[417]

3.2. Übergeordnete Prinzipien und Denkansätze zur Zielerreichung (Meta-Kriterien) im Lean Management

Übergeordnete Prinzipien sowie Denkansätze im LM, die sogenannten Meta-Kriterien, sind von großer Bedeutung für das Erreichen der in Kapitel D 3.1. genannten Ziele. Im Sinne übergeordneter Handlungsanweisungen übernehmen sie die Funktion von Orientierungsgrößen. Durch ihren abstrakten, nahezu philosophischen Charakter ermöglichen sie eine sachlich und zeitlich konsistente Ausrichtung der Entscheidungen sowie Tätigkeiten der Organisationsmitglieder auf die Unternehmensziele, ohne dabei aufgrund zu hoher Konkretisierung einengend zu wirken.[418]

---

414 Vgl. McGregor, D. (1973), S. 47-71. Die Theorie X geht von einem arbeitsscheuen, verantwortungsscheuen, wenig ehrgeizigen Durchschnittsmenschen aus, der bei der Arbeit gezwungen, gelenkt sowie durch Sanktionen motiviert werden muß, um die gesetzten Unternehmensziele zu erreichen. Die Theorie Y geht von einem diametral entgegenstehenden Menschenbild aus und besagt, daß sich der Mensch Ziele, denen er sich verpflichtet fühlt, mit großer Selbstdisziplin verfolgt. Der Mensch besitzt Vorstellungskraft, Urteilsvermögen sowie Erfindungsgabe, und er ist zudem bereit, Verantwortung zu übernehmen. Der Grad seines Engagements läßt sich über die Belohnung steuern.

415 Vgl. Reiß, M. (1993a), S. 183.

416 Über eine positive Beeinflussung der hierarchisch gleichgestellten Ziele Qualitäts- sowie Wertschöpfungsoptimierung.

417 Ähnlich Deppe, J. (1993), S. 6; Linseisen, A. (1995), S. 42-44. Anzumerken ist jedoch, daß die Humanressourcen-Orientierung im LM nicht „Humanisierung der Arbeit" bedeutet. Mitarbeiterorientierung im LM ist primär im Ziel-Mittel-Zusammenhang des Unternehmens zu sehen und erfolgt aus einem rein ökonomischen Kalkül. Vgl. Groth, U./Kammel, A. (1994), S. 32; Reiß, M. (1993a), S. 177.

418 Vgl. Pfeiffer, W./Weiss, E. (1993), S. 18 mit Verweis auf Strubl, C. (1993).

Das Schrifttum legt die Anzahl der Meta-Kriterien nicht einheitlich fest. Hier wird davon ausgegangen, daß mit den in Abb. 21 aufgeführten fünf Kriterien eine umfassende Zusammenstellung gegeben wird.

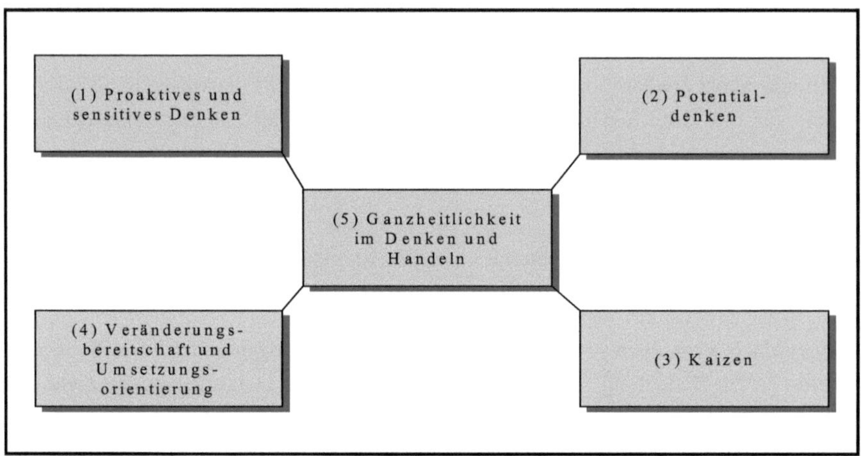

Abb. 21: Meta-Kriterien im Lean Management

(ad 1): Proaktives und sensitives Denken

Proaktives Denken resultiert aus der Erkenntnis, daß es sinnvoller ist, zu agieren statt zu reagieren, und bedeutet, innerbetriebliche Prozesse und Aktivitäten vorausschauend zu steuern.[419] So ist es deutlich besser, Handlungen frühzeitig und umfassend vorzubereiten und so Krisen zu vermeiden, als letztere zu einem späteren Zeitpunkt beheben zu müssen.[420] Zudem ermöglicht proaktives Denken ein gezieltes Aufspüren sich bietender Chancen in der in- und externen Unternehmensumwelt.[421]

Eng mit dem Postulat der Proaktivität verbunden ist *sensitives Denken.* Grundgedanke sensitiven Denkens ist es, bei Entscheidungen neben harten Fakten auch Gefühle und Stimmungen zu berücksichtigen. Das Postulat des sensitiven Denkens beruht auf der Erfahrung, daß (auch) Fingerspitzengefühl benötigt wird, um künftige Entwicklungen

---

419 Vgl. Keidel, S. (1995), S. 90.

420 Vgl. Rollberg, R. (1998), S. 25; Bösenberg, D./Metzen, H. (1995), S. 42; Bogaschewsky, R./Rollberg, R. (1998), S. 98.

421 Vgl. Reiß, M. (1992b), S. 460.

und Ereignisse zu antizipieren.[422] Aus diesem Grund sollten die Mitarbeiter Informationen aus der unternehmensrelevanten Umwelt mit allen zur Verfügung stehenden Sinnen aufnehmen, was voraussetzt, daß die Beschäftigten offen für derartige Informationen sind. Ferner bedeutet proaktives und sensitives Denken, daß Mitarbeiterkritik sinnvoll sein kann und daher ohne Furcht vor Sanktionen möglich sein muß. Denn Kritik stellt keinen Angriff auf eine Person oder einen Unternehmensbereich dar, sondern eine Chance zur Verbesserung der gegebenen Situation.[423]

(ad 2): Potentialdenken

Kernidee des *Potentialdenken* ist es, alle zur Verfügung stehenden Ressourcen in der Wertschöpfungskette einschließlich Mitarbeiter, Lieferanten sowie Kunden zu mobilisieren.[424] Rollberg unterscheidet dabei zwei Dimensionen des Potentialdenkens. Auf strategischer Ebene gilt es, Potentiale zu ermitteln und deren Nutzen für das Erreichen der Unternehmensziele zu analysieren. Auf operativer Ebene sind lokalisierte Ressourcen optimal zu nutzen bzw. auszuschöpfen.[425]

Potentialdenken fordert, die im Taylorismus typische Trennung von Denken und Handeln aufzuheben. Die Forderung resultiert aus der Erkenntnis, daß ein Mitarbeiter für ein Unternehmen am nützlichsten ist, wenn er Tätigkeiten nicht nur ausführt, sondern bei der Verrichtung kreativ mitdenkt und so Verbesserungen anstößt.[426]

Potentialdenken spielt ferner bei der Integration von Lieferanten und Kunden in die Wertschöpfungskette eine wichtige Rolle. Insbesondere der Aufbau einer langfristigen, harmonischen Beziehung sowie der freie Austausch von Informationen zwischen den Parteien sind wesentliche Erfolgsfaktoren für ein Gelingen der Lieferanten- bzw. Kundenintegration.

(ad 3): Kaizen

Der japanische Ausdruck *Kaizen* besteht aus den Worten *Kai = Wandel, Veränderung* sowie *Zen = besser, gut*. Zusammen bedeutet Kaizen *sich durch den Wandel verbes-*

---

422 Vgl. Keidel, S. (1995), S. 95; Bösenberg, D./Metzen, H. (1995), S. 46.

423 Vgl. Rollberg, R. (1996), S. 76.

424 Vgl. Metzen, H. (1994), S. 151; Wildemann, H. (1993b), S. 525.

425 Vgl. Rollberg, R. (1996), S. 77.

426 Vgl. Keidel, S. (1995), S. 98; Bösenberg, D./Metzen, H. (1995), S. 55.

sern oder *ständige Verbesserung* und kommt damit dem aus der angloamerikanischen Managementliteratur stammenden Begriff des Continuous Improvement sehr nahe.[427]

Inhaltlich ist Kaizen eine kundenorientierte, auf Humanressourcen basierende Verbesserungsstrategie. Kaizen geht von der Erkenntnis aus, daß es kein Unternehmen ohne Probleme gibt.[428] In Abgrenzung zu innovationsorientierten Strategien, bei denen Verbesserungen eher unregelmäßig, in großen Sprüngen vorkommen und sich auf einen sehr kleinen Bereich beschränken, wird Kaizen kontinuierlich, in vielen kleinen Teilschritten und auf allen Unternehmensebenen realisiert. Kaizen setzt dabei auf Permanenz im Mitarbeiterdenken und -handeln sowie Perfektion auch im Kleinen.[429] Aufgabe jedes Mitarbeiters und aller Unternehmensebenen ist es, Standards zu pflegen und zu verbessern, Fehler sofort und grundlegend zu eliminieren sowie die Relation von wertschöpfenden zu nicht wertschöpfenden Tätigkeiten zu erhöhen.[430] Kaizen bedeutet hingegen nicht, Problemlösungen anderer Unternehmen nur zu kopieren. Vielmehr soll zunächst – mit der Intention, ein optimales Ergebnis zu erreichen – das vorliegende Problem detailliert analysiert und so die Problemstruktur verstanden werden, damit anschließend entweder eine bekannte Lösung übernommen oder ein neuer Lösungsweg konzipiert werden kann.[431]

Das Kaizen-Prinzip beruht auf einigen wesentlichen Grundpfeilern. Eine wichtige Voraussetzung für das Funktionieren von Kaizen ist das Etablieren einer offenen Unternehmenskultur, in der jeder ungestraft auf Fehler hinweisen kann.[432] Um auch wirklich alle Mißstände aufzudecken, sollten ein unbürokratisch ausgestaltetes Vorschlagwesen eingerichtet und die Unternehmensangehörigen mit ausreichend, den eigenen Arbeitsbereich betreffenden Informationen versorgt werden.[433] Des weiteren werden die Mitarbeiter in Qualitätszirkeln aufgefordert, offen über Unternehmensprobleme zu

---

427 Vgl. Niemeier, J. (1992), S. 202; Wildemann, H. (1993a), S. 47.

428 Vgl. Tolksdorf, G. (1994), S. 89; Keidel, S. (1995), S. 86; Imai, M. (1992), S. 37.

429 Vgl. Wildemann, H. (1993a), S. 47; Petrovic, O. (1994), S. 582; Pfeiffer, W./Weiss, E. (1993), S. 66 und 69.

430 Vgl. Mählck, H./Panskus, G. (1995), S. 101-105. Letzteres zeigt den engen Bezug zu den Teilzielen Qualitätsorientierung sowie Wertschöpfungsorientierung.

431 Vgl. Metzen, H. (1993), S. 146; Deppe, J. (1993), S. 3; Pfeiffer, W./Weiss, E. (1993), S. 2 und 7.

432 Vgl. Imai, M. (1992), S. 18; Keidel, S. (1995), S. 111.

433 Dies hat zum Ergebnis, daß die Zahl der Vorschläge von Mitarbeitern zur Verbesserung von Abläufen in japanischen Unternehmen um ein Vielfaches höher ist als in deutschen Betrieben.

reden und im Team einen adäquaten Lösungsansatz zu entwickeln.[434] Ein hierbei häufig eingesetztes Analyseinstrument ist die sogenannte „Fünf Warum Fragen Technik". Bei dieser Technik werden die Ursachen eines Problems durch fünfmaliges „Warum" systematisch offengelegt und anschließend behoben, statt, wie in westeuropäischen und amerikanischen Unternehmen üblich, die Symptome eines Problems nur oberflächlich zu heilen.[435] Die durch Kaizen erzielten Verschlankungserfolge werden permanent dokumentiert und bewußt für alle Unternehmensangehörigen sichtbar gemacht, so daß einerseits eine Rückkopplung des eigenen Handelns existiert, anderseits ein Vergleich der tatsächlichen mit der beabsichtigten Wirkung möglich ist.[436]

(ad 4): Veränderungsbereitschaft und Umsetzungsorientierung

Veränderungsbereitschaft und Umsetzungsorientierung sind zwei sich ergänzende Meta-Kriterien. Das Postulat der *Veränderungsbereitschaft* impliziert, daß die Beschäftigten willens sind, die Unternehmensstrukturen und abläufe permanent zu hinterfragen und gegebenenfalls zu optimieren.[437] Rollberg bezeichnet die Veränderungsbereitschaft als „Königin der Maximen schlanker Unternehmensführung"[438], da einerseits alle anderen LM-Prinzipien überhaupt nur dann anwendbar sind, wenn eine grundlegende Veränderungsbereitschaft bei den Beschäftigten vorliegt und anderseits sich das Postulat der Veränderungsbereitschaft in nahezu allen LM-Prinzipien und LM-Zielen wiederfindet.[439]

Während das Postulat der Veränderungsbereitschaft auf den Anfang eines Veränderungsprozesses abzielt, bezieht sich das Postulat der *Umsetzungsorientierung* auf dessen Ende. Es verlangt, Veränderungen nicht zögerlich, sondern unmittelbar und konsequent anzugehen.[440] Aufgabenträger der Umsetzung entsprechender Maßnahmen sind in schlanken Unternehmen die operativen Einheiten selbst, was zu einer Aufhe-

---

434 Vgl. Bogaschewsky, R. (1992), S. 282.

435 Vgl. Daum, M./Piepel, U. (1992), S. 44; Bösenberg, D./Metzen, H. (1995), S. 114; Rollberg, R. (1996), S. 99.

436 Vgl. Bösenberg, D./Metzen, H. (1995), S. 85.

437 Vgl. Kauper, I./Hartmann, D. (1994), S. 9.

438 Rollberg, R. (1998), S. 30.

439 Vgl. Rollberg, R. (1996), S. 86f.

440 Vgl. Faix, W. G. (1994), S. 92; Mählck, H./Panskus, G. (1995), S. 171; Groth, U./Kammel, A. (1992), S. 149; Pfeiffer, W./Weiss, E. (1993), S. 209f.

bung der personellen Trennung von ausführenden und verbessernden Personen führt.[441]

In schlanken Unternehmen lebt das Top-Management sowohl Veränderungsbereitschaft als auch Umsetzungsorientierung vor.[442] Des weiteren ist man bemüht, eine Vertrauenskultur zu schaffen, um Veränderungsängsten sowie potentiellen Widerständen entgegenzuwirken. Zusätzlich wird mittels monetärer sowie nicht-monetärer Anreize versucht, die Mitarbeiter aktiv an Modifikationen zu beteiligen.[443]

(ad 5): Ganzheitlichkeit im Denken und Handeln

Die Komplexität sowie Dynamik der betrieblichen Realität erfordern ein *ganzheitliches Denken und Handeln.* LM ist ein Ansatz, der sich dieses Postulat zu eigen macht und die Gesamtsystemoptimierung in den Vordergrund stellt. Entsprechend wird der Nutzen von Aktivitäten nicht aus Sicht eines einzelnen Bereichs, sondern aus Sicht des Gesamtsystems beurteilt.[444]

Das Prinzip der Ganzheitlichkeit hat seinen konzeptionellen Ausgangspunkt in einem bereits von 40 Jahren von Gutenberg entwickelten Ansatz. In seinem *Ausgleichsgesetz der Planung* beschreibt Gutenberg, daß die Leistung des Engpaßbereichs die kurzfristige Leistungsfähigkeit eines Systems bestimmt und sich deshalb die kurzfristige Planung an diesem Engpaß orientieren sollte.[445] Aus dieser Gesetzmäßigkeit leiten Pfeiffer/Weiss das sogenannte *5-Faktoren-Modell* her. Hiernach hat „jede Aktivität, unabhängig auf welcher Ebene (Stelle, Abteilung, Werk, Unternehmen, Konzern) und in welchen Funktionsbereichen (Entwicklung, Beschaffung, Produktion, Marketing, Verwaltung) sie stattfindet, eine funktionale (Input-Output), eine strukturale (Sachmittel, Personal, Aufbauorganisation) und eine prozessuale Dimension (Ablauforganisation). Bei jeder Veränderung gilt es, diese fünf Faktoren[446] gemeinsam im Auge zu be-

---

441 Vgl. Mählck, H./Panskus, G. (1995), S. 171f.; Reiß, M. (1992a), S. 58. In westlichen Unternehmen ist es hingegen üblich, Stabsabteilungen mit der Umsetzung bzw. Realisierung entsprechender Vorhaben zu beauftragen.

442 Vgl. Meffert, H./Siefke, A. (1994), S. 29; Bösenberg, D./Metzen, H. (1995), S. 231.

443 Vgl. Bösenberg, D./Metzen, H. (1995), S. 235.

444 Vgl. Rollberg, R. (1998), S. 26; Bogaschewsky, R./Rollberg, R. (1998), S. 100; Scholz, C. (1994), S. 182.

445 Vgl. Gutenberg, E. (1952), S. 675; Gutenberg, E. (1979), S. 164.

446 Gemeint sind damit die Faktoren Input, Output, Personal, Sachmittel und Organisation. Vgl. Pfeiffer, W./Weiss, E. (1994), S. 59.

halten".[447] Demzufolge müssen bei Veränderungen im Unternehmen sowohl der Voraussetzungszusammenhang als auch die Konsequenzen für alle Faktoren beachtet werden, was regelmäßig dazu führt, daß das Gesamtsystem anzupassen ist.[448]

Die Überlegung zum 5-Faktoren-Modell enden bei Pfeiffer/Weiss in dem in Abb. 22 dargestellten *Fundamentalprinzip effektiver sowie effizienter Wertschöpfungsnetzoptimierung* vom Lieferanten über den Produzenten bis zum Abnehmer als eine Art integriertes Supernetzwerk.

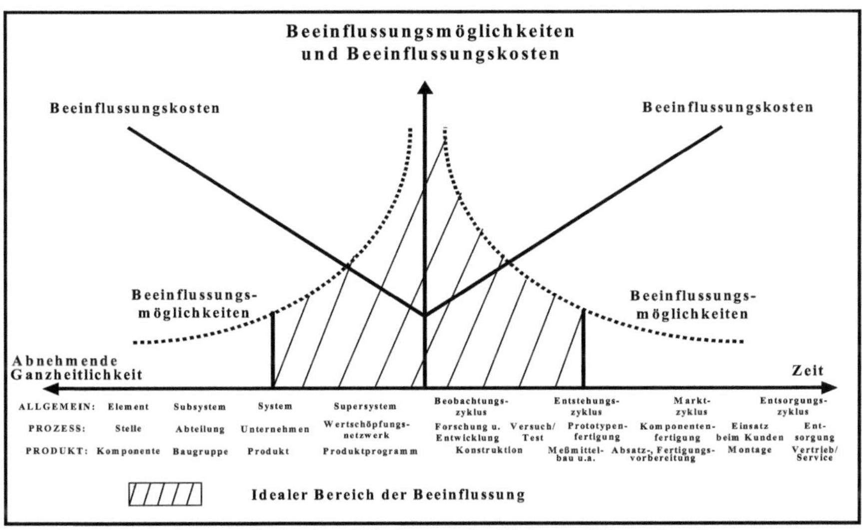

Abb. 22: Fundamentalprinzip effektiver und effizienter Wertschöpfungsnetzoptimierung[449]

Die Kernaussage des Fundamentalprinzip ist die folgende: Je früher *(Dimension Zeit)* und umfassender *(Dimension Ganzheitlichkeit)* man die von den Kunden definierten Anforderungen hinsichtlich Zeit, Kosten, Qualität sowie Flexibilität bei der Produkt- und Prozeßgestaltung berücksichtigt, desto geringer fallen die *Beeinflussungskosten*

---

[447] Pfeiffer, W./Weiss, E. (1994), S. 59.

[448] Vgl. Pfeiffer, W./Weiss, E. (1993), S. 22.

[449] In enger Anlehnung an Pfeiffer, W./Weiss, E. (1994), S. 181.

bei gleichzeitig größeren *Beeinflussungsmöglichkeiten* aus.[450] Dieser Zusammenhang wird im folgenden am Beispiel der Dimension Ganzheitlichkeit spezifiziert.[451]

Abb. 22 zeigt, daß die Gestaltung einer einzelnen Stelle oder die Entwicklung einer einzelnen Produktkomponente weit weniger Möglichkeiten bietet, das Gesamtsystem hinsichtlich der Wettbewerbsfaktoren Zeit, Kosten, Qualität und Flexibilität zu beeinflussen, als die Gestaltung auf einer höheren Ebene (z. B. Unternehmens- oder Produktebene). M. a. W.: Je ganzheitlicher, d. h. je höher die Beeinflussungsebene ist, desto größer ist der „Beeinflussungshebel" einer Maßnahme und desto größer sind damit auch die Beeinflussungsmöglichkeiten.[452]

Genau entgegengesetzt zu den Beeinflussungsmöglichkeiten verhalten sich die Beeinflussungskosten. Die Summe der durch die Beeinflussung entstehenden Kosten ist auf einer systemtheoretisch hohen Ebene, d. h. bei einer hohen Ausprägung der Dimension Ganzheitlichkeit, geringer als auf einer niedrigeren Ebene. Demnach ist es für ein Unternehmen in der Regel günstiger, einmal ein fundamentales Redesign unter Einbeziehung aller Prozesse sowie Produkte durchzuführen, als permanent Flickwerk und Notlösungen auf niedriger Ebene vorzunehmen.[453]

Im weiteren Sinne resultieren aus dem Prinzip der Ganzheitlichkeit folgende drei Aspekte. Erstens gilt es, Organisationsstrukturen, Mitarbeiterpotentiale sowie Techniken integrativ und aufgabenbezogen zu gestalten[454], da durch eine isolierte Optimierung einzelner Gestaltungsparameter nur suboptimale, z. T. sogar noch schlechtere Ergebnisse realisiert werden können.[455] Zweitens erscheint es zweckmäßig, im Zuge einer ganzheitlichen Betrachtung von Produkten und Prozessen auch die Mitarbeiteraufgaben ganzheitlicher zu gestalten. Aus diesem Grund wird im LM – wie bereits erwähnt – der Arbeits- und Verantwortungsbereich erweitert (horizontale Aufgabenintegration) und ferner die strikte Trennung von Kopf- und Handarbeit aufgehoben (vertikale Aufgabenintegration).[456] Drittens fordert das Postulat der Ganzheitlichkeit, daß auch die

---

450 Dieser Idealbereich der Beeinflussung ist in Abb. 22 schraffiert dargestellt.

451 Vgl. hierzu den linken Teil der Abb. 22.

452 Dies hängt damit zusammen, daß auf einer systemtheoretisch hohen Betrachtungsebene nahezu kein Beeinflussungsparameter als gegeben und damit als nicht veränderbar angesehen wird.

453 Vgl. Pfeiffer, W./Weiss, E. (1994), S. 180-192.

454 Ähnlich Groth, U./Kammel, A. (1994), S. 25-27; Wollseiffen, B. (1999), S. 19.

455 Vgl. Steinkühler, M. (1995), S. 67.

456 Vgl. Deppe, J. (1993), S. 7; Weber, H. (1994), S. 41.

Meta-Kriterien des LM-Ansatzes gesamtheitlich anwendet werden, da LM ansonsten sein Gestaltungspotential nicht entfalten kann.

3.3. Konstitutive Merkmale schlanker Unternehmen und Kerninstrumente im Lean Management

Das Zielsystem einer schlanken Organisation beschreibt den erwünschten Soll-Zustand des Unternehmens; die Meta-Kriterien als Orientierungsgrößen fungieren als Mittel zur Zielerreichung. Aufgrund des relativ hohen Abstraktionsniveaus der Meta-Kriterien gilt es, diese durch entsprechende Instrumente und Methoden zu konkretisieren bzw. umzusetzen. Ergebnis dieses Umsetzungs- bzw. Konkretisierungsprozesses sind die für schlanke Unternehmen typischen organisatorischen Strukturen und Handlungsmuster. Im folgenden werden sowohl die Instrumente als auch die konstitutiven Merkmale schlanker Organisationen näher beschrieben. Der Darstellung wird die folgende, auf den unternehmerischen Leistungserstellungsprozeß zurückgehende Systematik zugrunde gelegt:

1. Beschaffungsseitige Schnittstelle
2. Innerbetriebliche Arbeitsorganisation
3. Marktseitige Schnittstelle

(ad 1): Beschaffungsseitige Schnittstelle

Charakteristisch für schlanke Unternehmen ist ihre enge Zusammenarbeit mit unternehmensexternen Lieferanten. Eine geringe Fertigungstiefe, der hierarchische Aufbau der Zuliefererorganisation sowie die intensive Zusammenarbeit mit den Zulieferern in allen Phasen des Produktlebenszyklusses sind typische Merkmale.[457]

Schlanke Unternehmen gehen von der Erkenntnis aus, daß sich das eigene unternehmerische Handeln auf solche Wertschöpfungsaktivitäten konzentrieren muß, die vor dem Hintergrund der Unternehmensstrategie und Kernkompetenzen zwingend selbst zu erstellen sind. Gefertigt werden Produkte, bei denen konkurrenzfähige Mengen er-

---

[457] Vgl. Linseisen, A. (1995), S. 54.

zeugt werden können und/oder bei denen das eigene Unternehmen mehr Know-How als andere Anbieter aufweist.[458]

Das Schrifttum definiert den Begriff *Fertigungstiefe* als Anzahl der Produktionsstufen, die ein Produkt in einem Unternehmen durchläuft. Eine geringe Fertigungstiefe bzw. ein geringer Grad vertikaler Integration liegt vor, wenn ein Unternehmen viele Komponenten oder Bauteile fremd bezieht und vice versa.[459] Mit der Wahl der Fertigungstiefe kann das Unternehmen einerseits Einfluß auf die Höhe der eigenen Wertschöpfung, anderseits auf das Ausmaß der Komplexität nehmen.[460] Die mit der Wahl der richtigen Fertigungstiefe zusammenhängende Diskussion einer teilweisen oder gar vollständigen Auslagerung/Ausgliederung von Leistungen wird in der Literatur unter dem Stichwort *Outsourcing* geführt.

Die Ergebnisse der MIT-Studie belegen, daß schlanke Unternehmen intensiv von Outsourcing Gebrauch machen. So erstellen japanische Automobilhersteller nur 30 % der Fahrzeugteile selbst. Damit werden in Japan 70 % der Autoteile von Zulieferern bezogen, während in Amerika und Europa der Anteil extern bezogener Teile bei nur 19 % bzw. 46 % liegt.[461] Des weiteren zeigt die MIT-Studie, daß schlanke Unternehmen nicht nur die Produktions-, sondern auch verstärkt die Entwicklungspotentiale externer Zulieferer nutzen. So beträgt bei japanischen Unternehmen der Anteil der von Zulieferern erbrachten Konstruktionszeit an der Gesamtkonstruktionszeit eines Gutes im Durchschnitt 51 %. Dieser Wert ist deutlich höher als der entsprechende Wert bei amerikanischen und europäischen Unternehmen mit nur 14 % bzw. 35 %.[462] Die deutlich intensiveren Outsourcing-Aktivitäten schlanker Unternehmen führen dazu, daß Teile mit mindestens gleicher Funktionalität und Qualität deutlich günstiger bezogen werden können, da die externen Lieferanten aufgrund großer Produktions- bzw. Liefermengen Erfahrungskurveneffekte realisieren können.[463]

---

[458] Vgl. Sedran, T. (1994), S. 31.

[459] Vgl. Adam, D. (1997), S. 104.

[460] Vgl. Adam, D. (1997), S. 187.

[461] Vgl. diesbezüglich Womack, J. P./Jones, D. T./Roos, D. (1994), S. 165 und das dort in Abb. 6.1. abgedruckte Zahlenmaterial.

[462] Vgl. Womack, J. P./Jones, D. T./Roos, D. (1994), S. 165.

[463] Vgl. Sedran, T. (1994), S. 31.

Voraussetzung der Realisation der vergleichsweise niedrigen Leistungstiefe in schlanken Unternehmen ist eine sorgfältige Auswahl der Zulieferer, eine adäquate Vertragsgestaltung sowie eine vertrauensvolle Zusammenarbeit zwischen Lieferant und Abnehmer.[464] Hinsichtlich der Einbindungsform existieren zahlreiche Möglichkeiten, vom klassischen Markteinkauf über die Kooperation bis hin zur gegenseitigen Kapitalbeteiligung.[465] Letztlich hängen die gewählte Form der Zusammenarbeit und die der Zusammenarbeit zugrundeliegende Vertragsgestaltung von der unternehmensstrategischen Relevanz der zu beziehenden Teile ab. Wichtige Teile oder Komponenten (z. B. Getriebe, elektrische Motorsteuerung) werden im LM häufig nur von einem einzigen Outsourcing-Partner (Single-Sourcing) geliefert. Aufgrund der strategischen Relevanz und der Notwendigkeit einer engen Zusammenarbeit werden mit Single-Sourcing-Lieferanten langfristige, sehr detaillierte Rahmenverträge abgeschlossen.[466] Zudem unterzieht der Abnehmer vor Vertragsabschluß den Single-Sourcing-Lieferanten einer präzisen Analyse und Beurteilung. Dabei besitzen nicht-monetäre Bewertungskriterien, wie z. B. Leistungsbereitschaft, Innovationspotential, Produktqualität, Produktentwicklungspotential sowie langfristige Kostenreduktionsmöglichkeiten, eine große Bedeutung.[467] Anders verhält es sich beim Global-Sourcing. Vertragsgegenstand sind einfache Teile wie Schrauben, Batterien etc., die gleichzeitig von mehreren Outsourcing-Partnern bezogen werden. Aufgrund der geringen Wichtigkeit der Güter bedarf es keiner intensiven Kooperation und daher auch nicht detailliert ausgestalteter Verträge.

Die Zulieferung von Montageteilen wird im LM überwiegend im *JIT-Verfahren* realisiert.[468] Idee dabei ist, sowohl zwischen- als auch innerbetrieblich auf Abruf zu produzieren, so daß Lager für Rohstoffe, Zwischenerzeugnisse und Endprodukte weitgehend entfallen. Damit der innerbetriebliche Materialfluß kontinuierlich und reibungslos ablaufen kann, sind die JIT zu liefernden Teile termingerecht und in einer perfekten Qualität bereitzustellen. Dies stellt hohe Anforderungen an den Zulieferer. Deshalb sollte

---

464 Vgl. Wildemann, H. (1993a), S. 156.

465 Vgl. Linseisen, A. (1995), S. 57.

466 In solchen Rahmenverträgen werden beispielsweise die Liefermodalitäten, das Bestellwesen, die Qualität der von den Lieferanten zu erbringenden Leistung sowie die Art und Frequenz des Informationsaustausches zwischen Abnehmer- und Zulieferunternehmen festgehalten.

467 Vgl. Groth, U./Kammel, A. (1994), S. 151; Linseisen, A. (1995), S. 60f.

468 Vgl. diesbezüglich Womack, J. P./Jones, D. T./Roos, D. (1994), S. 165 und das dort in Abb. 6.1. abgedruckte Zahlenmaterial sowie Abb. 19 auf Seite 96. Dort geht hervor, daß in der japanischen Automobilindustrie der Anteil der Teile mit JIT-Lieferung durchschnittlich 45 % beträgt, während bei amerikanischen und europäischen Kraftfahrzeugherstellern der Anteil nur 14,8 % bzw. 7,9 % ausmacht.

er sicherstellen, daß adäquate Maßnahmen zur Qualitätssicherung in seinem Unternehmen existieren.[469]

Mit dem Ziel, die Schnittstellenkomplexität zu den Lieferanten zu verringern, werden im LM die Zulieferunternehmen hierarchisch in einer *Zulieferpyramide* angeordnet.[470] An der Spitze der Pyramide stehen Lieferanten, die komplexe Komponenten und Module an das abnehmende Unternehmen liefern.[471] Jeder Zulieferer dieser Stufe hat weitere Zulieferer unter sich usw. Aufgabe des Sublieferanten ist es, die Abnehmer der übergeordneten Stufe mit den spezifischen Teilen zu versorgen.[472] Die strikte Zulieferer-Hierarchisierung im LM hat zum Ergebnis, daß japanische Automobilhersteller im Durchschnitt nur mit 170 Zulieferern unmittelbar zusammenarbeiten, während die Schnittstellenkomplexität amerikanischer Kraftfahrzeughersteller mit 509 direkten Zulieferern deutlich höher ausfällt.[473]

(ad 2): Innerbetriebliche Arbeitsorganisation

Die innerbetriebliche Arbeitsorganisation umfaßt Regeln und Verhaltensweisen, die sich auf die Handlungen innerhalb der eigenen Unternehmensgrenzen beziehen. Abgegrenzt wird der Bereich der innerbetrieblichen Organisation einerseits durch die Beschaffungs-, andererseits durch die Absatzmarktseite.

Aufgrund des Zielsystems sowie der Meta-Kriterien im LM besitzen schlanke Organisationen im Vergleich zu traditionellen Massenproduzenten spezielle innerbetriebliche Strukturen und Handlungsmuster. Charakteristisch sind kleine Zentralbereiche sowie eine insgesamt *flache Unternehmenshierarchie*.[474] Möglich werden diese Strukturen, indem man den Beschäftigten – dem Ziel der Mitarbeiterorientierung folgend – mehr Entscheidungskompetenzen und Eigenverantwortung gibt. Verantwortlich sind dabei die Beschäftigten für die Fehler der eigenen Arbeitsleistung, den Erfolg des Teams, die

---

469 Vgl. Adam, D. (1997), S. 71; Groth, U./Kammel, A. (1994), S. 152.

470 Vgl. Pfeiffer, W./Weiss, E. (1994), S. 90; Bogaschewsky, R./Rollberg, R. (1998), S. 115f.

471 Hierbei handelt es sich in der Regel um Single-Sourcing-Lieferanten.

472 Vgl. Daum, M./Piepel, U. (1992), S. 43.

473 Vgl. diesbezüglich Womack, J. P./Jones, D. T./Roos, D. (1994), S. 165 und das dort in Abb. 6.1. abgedruckte Zahlenmaterial.

474 Vgl. Bösenberg, D./Metzen, H. (1995), S. 36.

Funktionsfähigkeit der Maschinen und Werkzeuge sowie die permanente Verbesserung des gesamten Arbeitsbereichs.[475]

Leitbild der Eigenverantwortung ist die situative Flexibilität der Mitarbeiter. Der Einzelne erfüllt die Aufgaben situationsbezogen, ohne dabei exakten Anweisungen eines Vorgesetzten Folge zu leisten. Die Koordination in schlanken Unternehmen erfolgt tendenziell durch Selbstabstimmung der organisatorischen Einheiten. Daneben sind auch nicht-strukturelle Koordinationsmechanismen wie die Unternehmenskultur von hoher Bedeutung.[476] Vor diesem Hintergrund kommt im LM ein tendenziell partizipatives bzw. kooperatives Führungskonzept zur Anwendung. Die Aufgabenstellung des Vorgesetzten wandelt sich dabei vom traditionellen Aufpasser zum Coach.[477]

Das Ergebnis höherer Eigenverantwortlichkeit in schlanken Unternehmen ist das Verhindern von Negativerscheinungen wie Absentismus, Nachlässigkeit oder innere Kündigung. Gleichzeitig führt die gestiegene Autonomie der Beschäftigten zu einer Entlastung der Vorgesetzten, einer Steigerung der Motivation und Leistungsbereitschaft sowie einem Ausschöpfen bisher ungenutzter Potentiale.[478]

Unterstützt bzw. z. T. erst möglich wird das Übertragen von Kompetenzen sowie Verantwortung auf die Mitarbeiter, indem hierfür geeignete Organisationsstrukturen geschaffen werden. Im LM erfolgt dies durch eine *objekt- bzw. prozeßorientierte Aufbauorganisation*. Dabei werden bestimmte Objekte durch kontextabhängige organisatorische Segmentierung strikt auf die Erfordernisse des Wettbewerbs ausgerichtet.[479] Hierdurch kommt es regelmäßig zu einer weitgehenden *Dezentralisierung* aller für die Aufgabenerfüllung notwendigen Aktivitäten und Bereiche – einschließlich der Gemeinkostenbereiche wie z. B. Verwaltung und Informationsversorgung – an den Ort der Wertschöpfung.[480]

---

475 Vgl. Bösenberg, D./Metzen, H. (1995), S. 78-84.

476 Vgl. Sedran, T. (1994), S. 41f.

477 Vgl. Groth, U./Kammel, A. (1993), S. 116f. Eine ausführliche Beschreibung des Kontinuums möglicher Führungskonzepte findet sich bei Linseisen, A. (1995), S. 94 sowie Bogaschewsky, R./Rollberg, R. (1998), S. 79-81.

478 Vgl. Bösenberg, D./Metzen, H. (1995), S. 78ff.

479 Vgl. Groth, U./Kammel, A. (1994), S. 30; Sedran, T. (1994), S. 36.

480 Vgl. Petrovic, O. (1994), S. 581.

Um die verschiedenen objektorientierten, dezentralisierten Organisationseinheiten zu steuern, werden im LM sogenannte *Responsibility-Center* geschaffen. In Abhängigkeit von der zu erfüllenden Aufgabenstellung und der damit verbundenen Übertragung von Kompetenzen existieren verschiedene Ausprägungsformen.[481] In einem Profit Center beispielsweise sind die Bereichsleiter für die erzielten Gewinne und Verluste verantwortlich. Sie entscheiden dabei eigenständig – innerhalb der in der Unternehmensplanung vorgegebenen Rahmenbedingungen – über Art und Menge der herzustellenden Produkte und deren Absatz.

Die Übernahme von Eigenverantwortlichkeit sowie das Gestalten flacher, dezentraler Organisationsstrukturen setzen voraus, daß eine offene Informations- und Kommunikationskultur existiert und das Personal für die erweiterten Aufgabenstellungen geschult wird.[482] Die *Informations- und Kommunikationskultur* ist Ausdruck des typischen Informations- und Kommunikationsverhaltens einer Organisation.[483] Sie besteht aus informations- und kommunikationsspezifischen Normen, gemeinsamen Werten sowie Erfahrungen der Organisationsmitglieder. Sichtbar wird die Informations- und Kommunikationskultur in Form von „Informationsritualen", Verhaltensvorschriften sowie speziellen Interaktionsmustern. Mit der Gestaltung einer offenen Informations- und Kommunikationskultur möchten schlanke Unternehmenden den Informationsstand ihrer Mitarbeiter erhöhen. LM setzt dabei besonders auf mehr Offenheit und Durchgängigkeit der Informationsflüsse sowie auf eine stärker informell und horizontal ausgerichtete Kommunikation mit regelmäßigen Feedbacks.[484]

Das bewußte Integrieren der Mitarbeiter in die innerbetriebliche Leistungserstellung, das verstärkte Delegieren von Verantwortung und Kompetenzen sowie spezielle Arbeitsformen wie z. B. Gruppenarbeit und Qualitätszirkel stellen erhöhte Anforderungen sowohl an die *fachliche* als auch an die *soziale Qualifikation der Mitarbeiter und Vorgesetzten*. Durch entsprechende Aus- und Weiterbildung der Mitarbeiter fördern schlanke Unternehmen ein aktives, eigenständiges und ganzheitliches Denken und

---

481 Vgl. Groth, U./Kammel, A. (1994), S. 76f. Ein Überblick über die verschiedenen Formen der Center-Organisation findet sich bei Siefke, M. (1999), S. 27-32.

482 Vgl. Keidel, S. (1995), S. 110.

483 Vgl. Scholz, C. (1988), S. 197.

484 Für schlanke Unternehmen ist eine horizontale Kommunikation zur Abstimmung der verschiedenen Unternehmensaktivitäten wichtiger als für traditionelle Unternehmen. Ursächlich hierfür ist, daß die Leitungsspanne in schlanken Unternehmen i. d. R. größer ist als in traditionellen Unternehmungen. Aus diesem Grund fällt in schlanken Organisationen eine vertikale Koordination deutlich schwerer als in traditionellen Unternehmen.

Handeln im Unternehmen. Die Art der Mitarbeiterqualifizierung ist in der japanischen Automobilindustrie eng mit der Arbeitsorganisation verbunden.[485] Zunächst erhält jeder Mitarbeiter entsprechend seinen Grundkenntnissen durch training on und off the job eine ein- bis eineinhalbjährige Grundausbildung im jeweiligen Tätigkeitsbereich, um danach gezielt diejenigen Tätigkeiten zu erlernen, die später in der Arbeitsgruppe auszuführen sind.[486] Kontinuierlich verbessert werden die Kenntnisse, indem die Mitarbeiter von Zeit zu Zeit in andere Arbeitsgruppen (job rotation) wechseln. Das Ergebnis der umfangreichen Aus- und Weiterbildungsmaßnahmen ist eine fundierte Personalqualifizierung.[487] Fachliche Kenntnisse werden horizontal sowie vertikal erweitert und spezifische Kompetenzen – wie z. B. eine verbesserte Kommunikations- und Kooperationsfähigkeit – erlernt.

Neben der Durchführung geeigneter Qualifikationsmaßnahmen wird im LM ein Anreiz- bzw. ein Lohnsystem gestaltet, welches nicht nur Individual-, sondern auch Kollektivleistungen (z. B. aus Gruppenarbeit oder Qualitätszirkeln) vergütet.[488] Die Entlohnungsform richtet sich dabei nach dem Empfänger der Vergütung und der Art des Arbeitsvertrags.[489] Das Stammpersonal beispielsweise bezieht ein festes Grundgehalt, fixe sozial- und variable leistungsbedingte Zulagen sowie eine am wirtschaftlichen Erfolg der Unternehmung ausgerichtete Bonuszahlung. Der relative Anteil der einzelnen Komponenten am Gesamtentgelt ist von Unternehmung zu Unternehmung verschieden und hängt zudem von diversen anderen Faktoren ab. So ist die Höhe des Grundlohns z. B. an die Dauer der Betriebszugehörigkeit, Stellung im Unternehmen sowie Art und

---

485 Vgl. Mählck, H./Panskus, G. (1995), S. 148; Deppe, J. (1993), S. 16. Eine ausführliche Beschreibung von Qualifikationssystemen für schlanke Unternehmen findet sich bei Reiß, M. (1993a), S. 186-189.

486 Vgl. Womack, J. P./Jones, D. T./Roos, D. (1994), S. 209f.; Pfeiffer, W./Weiss, E. (1994), S. 223f. Leitidee des „training on the job“ ist das Lernen am Arbeitsplatz durch Zusehen und Mitmachen bei gleichzeitiger Erfüllung produktiver Aufgabenstellungen. „Training off the job“ dient dem Erlernen von theoretischem Wissen und findet regelmäßig in Ausbildungs- und Lerneinrichtungen statt oder greift auf Lernmedien zurück. Vgl. O. V. (1993), Stichwort „On-the-job-training“ sowie „Off-the-job-training“.

487 Vgl. Odrich, P. (1993), S. 111f.; Womack, J. P./Jones, D. T./Roos, D. (1994), S. 209f.

488 Vgl. Reiß, M. (1992b), S. 459.

489 Zwei Beschäftigungsformen können dabei unterschieden werden: Das *Stammpersonal*, welches ca. 80 % der Belegschaft ausmacht, hat einen unbefristeten Arbeitsvertrag mit hohem Kündigungsschutz. Es verweilt in der Regel bis zum Renteneintrittalter im Unternehmen. Das *Zeitpersonal* wird nur kurzfristig, entsprechend der Auftragslage eingestellt und besitzt daher keinen Kündigungsschutz. Bezüglich der unterschiedlichen Beschäftigungsformen in Japan vgl. K./Eyer, E. (1992), S. 50f.; Adenauer, S. (1992), S. 87f. Die Entlohnung des Zeitpersonals soll hier nicht weiter interessieren, da das Zeitpersonal in japanischen Unternehmen im Durchschnitt nur einen Anteil von 20 % aufweist.

Qualität der Qualifikation gebunden.[490] Durch die differenzierte Gestaltung des Entlohnungssystems gelingt es letztlich, die Verhaltensweisen der Beschäftigten dem Zielsystem und den Meta-Kriterien entsprechend zu steuern.

Weiteres Charakteristikum der innerbetrieblichen Arbeitsorganisation sind *schlanke Geschäftsprozesse*. Sie sind gekennzeichnet durch eine JIT-Fertigung im Sinne vollvernetzter und synchroner Produktion entlang der Wertschöpfungskette nach dem „Pull-Prinzip“[491], niedrige Lagerbestände, kurze Durchlaufzeiten in der Fertigung sowie eine nahezu fehlerfreie Qualität. Wesentliche Erfolgsfaktoren schlanker Prozesse sind das Schaffen robuster, einfacher Lösungen mit hoher Prozeßsicherheit, verstärkte Parallelisierung vormals sequentieller Prozesse (Simultaneous Engineering), Anordnung der Maschinen in einer U-Form um den Arbeitsplatz zur Vermeidung langer Wege und Liegezeiten („U-Shaped Factory Layouts“), Qualitätssicherungsmaßnahmen in allen Unternehmensbereichen und Phasen des Produktlebenszyklus[492] sowie ein Einsatz hochflexibler Werkzeuge und Maschinen, mit denen Kleinserien produziert werden können, ohne daß dabei lange Rüstzeiten entstehen.[493]

(ad 3): Marktseitige Schnittstelle

Der Leistungserstellungsprozeß hat aus kundenorientierter Sicht seinen Ausgangspunkt im Vertrieb, der das Bindeglied zwischen Unternehmen und Markt darstellt. Eine „Lean Distribution“ beabsichtigt, langfristige sowie vertrauensvolle Kundenbeziehungen aufzubauen.[494] Die dabei eingesetzten aggressiven[495] Absatzaktivitäten sind

---

490 Vgl. Womack, J. P./Jones, D. T./Roos, D. (1994), S. 59 und 209f.

491 Ziel des „Pull-Prinzip“ bzw. des „Hol-Prinzips“ ist eine bedarfsorientierte Steuerung der Produktionsprozesse. Als Hilfsmittel werden sogenannte Kanbans eingesetzt. Eine ausführliche Beschreibung des Kanban-Prinzips findet sich bei Adam, D. (1997), S. 648-655.

492 Eine ausführliche Darstellung der im LM angewendeten Methoden zur Erzeugung von Qualität findet sich bei Mählck, H./Panskus, G. (1995), S. 95-118; Bösenberg, D./Metzen, H. (1995), S. 153-166; Adam, D. (1997), S. 132ff. Beispielhaft seien hier folgende Methoden erwähnt: a) Poka Yoke: Instrument zur Vermeidung von Fehlern bei sich häufig wiederholenden Tätigkeiten durch fehlerverhindernde Arbeitsprozeß- und Arbeitsplatzgestaltung; b) Quality Function Deployment (QFD): QFD setzt in der Entstehungsphase eines Produktes oder einer Dienstleistung an. Das Ziel besteht darin, alle aus Sicht des Kunden qualitätsrelevanten Dimensionen zu erkennen und in operationale Anforderungsmerkmale für die Leistungen und Prozesse umzusetzen; c) Taguchi-Methode: Instrument der statistischen Versuchsplanung mit dem Ziel, diejenige Kombination von Ausprägungen der Einflußgrößen auf die Qualität zu bestimmen, bei der die Streuung gering ist und daher der Erwartungswert der Qualität relativ genau mit dem Zielwert übereinstimmt.

493 Vgl. Sedran, T. (1994), S. 42; Groth, U./Kammel, A. (1993), S. 116.

494 Vgl. Keidel, S. (1995), S. 133; Bösenberg, D./Metzen, H. (1995), S. 175.

Mittel der Zielerreichung und gleichzeitig Ausdruck einer proaktiven Kundenorientierung. So warten Vertriebsmitarbeiter in schlanken Organisationen nicht darauf, daß Abnehmer die Verkaufsräume aufsuchen, sondern suchen die Konsumenten regelmäßig eigeninitiativ auf, um vor Ort („Door-to-Door-Selling") die neuen Produkte abzusetzen.[496] Über die Jahre entsteht so eine persönliche Kundenbeziehung, aus der wertvolle Informationen über den Konsumenten (z. B. Angaben zu den persönlichen Verhältnissen sowie gegenwärtigen Präferenzen) resultieren. Die gewonnenen Informationen werden einerseits an die strategische Produktentwicklung sowie an die operative Produktionsprogrammplanung weitergegeben, andererseits in einer Kundendatenbank systematisch aufbereitet, um bei künftigen Kundenbesuchen gezielt auf Wünsche der Kundschaft eingehen zu können.[497]

Das Service-Angebot eines Verkäufers in schlanken Unternehmen geht deutlich über den reinen Kaufakt hinaus. Aufgrund des damit verbundenen erweiterten Tätigkeitsfelds wird das Verkaufspersonal nicht lediglich einseitig hinsichtlich des Anwendens reiner Verkaufstechniken ausgebildet, sondern vielseitig geschult, damit das Personal auch weitergehende Leistungen im Rahmen des Pre- and Aftersales-Service erbringen kann.[498]

Das *Vertriebssystem schlanker Organisationen* ist effizient und übersichtlich ausgestaltet.[499] So teilt beispielsweise Toyota seinen Absatzmarkt ein in die fünf strategischen Geschäftsfelder Luxusklasse, Oberklasse, untere und obere Mittelklasse sowie Kleinwagen, um die identifizierten Segmente konsequent über organisatorisch getrennte und überschneidungsfreie Absatzkanäle zu bearbeiten.[500] Innerhalb der jeweili-

---

495 Geht z. B. der Absatz zurück, ist das Vertriebspersonal angehalten, länger zu arbeiten und den Kundenkontakt weiter zu intensivieren. Führt der rückläufige Absatz sogar zu einer Unterauslastung in der Produktion, werden Teile des Produktionspersonal in den Vertrieb gesandt, um den Verkauf noch (mehr) zu forcieren. Vgl. Bogaschewsky, R./Rollberg, R. (1998), S. 111; Bösenberg, D./Metzen, H. (1995), S. 182.

496 Vgl. Womack, J. P./Jones, D. T./Roos, D. (1994), S. 191; Rollberg, R. (1996), S. 88; Linseisen, A. (1995), S. 50.

497 Vgl. Bogaschewsky, R./Rollberg, R. (1998), S. 108; Sedran, T. (1994), S. 34; Pfeiffer, W./Weiss, E. (1994), S. 124; Steinkühler, M. (1995), S. 46f.

498 Vgl. Sedran, T. (1994), S. 34; Daum, M./Piepel, U. (1992), S. 40f. Eine vergleichende Darstellung des Vertriebssystems schlanker und konventioneller Unternehmen findet sich bei Pfeiffer, W./Weiss, E. (1994), S. 119.

499 Vgl. Bogaschewsky, R./Rollberg, R. (1998), S. 111.

500 Vgl. Pfeiffer, W./Weiss, E. (1994), S. 117f.; Linseisen, A. (1995), S. 47. In konventionellen Unternehmen wird diese strikte Trennung nicht vorgenommen. Vielmehr vertreiben dort i. d. R. eigenständige Händler die gesamte Produktpalette.

gen Absatzkanäle arbeitet Toyota nur mit vergleichsweise wenigen, dafür aber großen Händlern zusammen, wobei die Verkaufsräume regelmäßig im Besitz des Automobilherstellers sind. Mit dem Ziel, möglichst nah am Kunden zu sein, ist der Absatzkanal – im Gegensatz zu konventionellen, mehrstufigen Konzepten – regelmäßig einstufig aufgebaut.[501]

Weiteres Charakteristikum des schlanken Vertriebssystems sind die niedrigen Kraftfahrzeugbestände bei den Händlern und dementsprechend geringe Kapitalbindungskosten.[502] Bewerkstelligt wird dies durch eine kurze Lieferzeit, deren Ursprung in der effektiven sowie effizienten Gestaltung der Wertschöpfungsprozesse und einer guten informationstechnologischen Prozeßunterstützung liegt.[503]

4. Zur grundsätzlichen Eignung von Lean Management als Gestaltungsansatz für Informationssysteme

Nachdem in den Abschnitten zuvor LM mit seinem Zielsystem, seinen Meta-Kriterien sowie seinen konstitutiven Merkmalen und Kerninstrumenten beschrieben wurde, wird im folgenden der Frage nachgegangen, ob LM für die IS-Gestaltung grundsätzlich geeignet ist. Das Ziel besteht dabei nicht darin, die Eignung von LM bei der IS-Gestaltung abschließend zu beurteilen. Vielmehr gilt es sich abzusichern, daß weitergehende Überlegungen bzw. eine genaue Analyse der Frage der Anwendbarkeit von LM im IS-Bereich auch tatsächlich Sinn machen. Letzteres ist dann der Fall, wenn

---

501 Vgl. Linseisen, A. (1995), S. 48-51; Pfeiffer, W./Weiss, E. (1994), S. 117f.; Sedran, T. (1994), S. 34. Dabei erfolgt der Verkauf vor Ort bei den Händlerunternehmen in weitgehend eigenständigen Teams.

502 Vgl. Bogaschewsky, R./Rollberg, R. (1998), S. 111. Der durchschnittliche Bestand an fertigen Autos im japanischen Händlersystem reicht durchschnittlich für 21 Tage, während er in westlichen Ländern den Konsumentenbedarf der nächsten 60-70 Tage deckt. Vgl. Womack, J. P./Jones, D. T./Roos, D. (1994), S. 194.

503 Vgl. Womack, J. P./Jones, D. T./Roos, D. (1994), S. 199-201; Pfeiffer, W./Weiss, E. (1994), S. 118.

1. keine Gründe existieren, die ein Anwenden von LM im Bereich Informationswirtschaft (kategorisch) ausschließen und ferner
2. konkrete Anzeichen vorliegen, daß LM geeignet erscheint, die „IS-Ansprüche" zu erfüllen und die „IS-Defizite" zu beheben.

(ad 1): Zur prinzipiellen Anwendungsmöglichkeit von LM bei der IS-Gestaltung

Im Schrifttum wird die Meinung vertreten, daß LM, ungeachtet seines produktionswirtschaftlichen Ursprungs, nicht nur im Produktionsbereich sowie fertigungsnahen Bereichen, sondern *in allen Unternehmensbereichen* anwendbar ist. Da damit auch der Bereich Informationswirtschaft angesprochen ist[504], steht einem Anwenden von LM bei der Gestaltung von IS grundsätzlich nichts im Wege.[505]

Zum gleichen Ergebnis kommt man, wenn der *Grundsatz der Ganzheitlichkeit im Denken und Handeln* als Argumentationsbasis herangezogen wird. Sowohl das 5-Faktoren-Modell[506] als auch das Fundamentalprinzip effektiver sowie effizienter Wertschöpfungsnetzoptimierung[507] verlangen, eine ganzheitliche Sichtweise bei der Durchführung von Veränderungen im Unternehmen einzunehmen. Es wird als unzureichend erachtet, nur Teilaspekte bzw. -bereiche zu modifizieren und die hiervon ausgehenden Wirkungen auf andere Bereiche zu ignorieren. Vor diesem Hintergrund ist zu fordern, daß neben den „klassischen" LM-Bereichen, wie z. B. Beschaffung, Produktion und Absatz, auch der Bereich Informationswirtschaft bzw. das IS verschlankt wird.[508]

---

504 Vgl. Deppe, J. (1993), S. 5; Bullinger, H.-J./Wasserloos, G. (1992), S. 14; Meffert, H./Siefke, A. (1994), S. 2. Pfeiffer/Weiss gehen sogar noch weiter. Sie verlangen explizit eine Anwendung von LM bei der Gestaltung von IS, da sie eine Isomorphie der Probleme in den Bereichen Produktion und IS sehen, und daher LM als prädestiniert für die IS-Gestaltung erachten. Vgl. diesbezüglich Pfeiffer, W./Weiss, E. (1994), S. 240-255, insbesondere 242-245. Ähnlich auch Groth/Kammel, die eine Lean Management orientierte Gestaltung von IS als wesentliche Voraussetzung der Implementierung schlanker Organisationsstrukturen ansehen. Vgl. Groth, U./Kammel, A. (1994), S. 211ff.

505 So fordert das Schrifttum dazu, LM auch bei der Erstellung von Dienstleistungen anzuwenden [vgl. z. B. Bösenberg, D./Metzen, H. (1995), S. 8; Keidel, S. (1995), S. 85 sowie Kauper, I./Hartmann, D. (1994), S. 2]. Da der Faktor Information – wie bereits zuvor gesehen – alle Definitionsmerkmale einer Dienstleistung erfüllt, impliziert diese Forderung zugleich ein Anwenden von LM bei der Gestaltung von IS.

506 Vgl. diesbezüglich Seite 110.

507 Vgl. diesbezüglich Seite 111f.

508 Ebenso Fähnrich, K.-P./Weisbeckert, A./Kurz, E. (1992), S. 67.

Festzuhalten bleibt, daß ein Anwenden von LM bei der IS-Gestaltung offenkundig nicht nur möglich, sondern – gemäß Schrifttum und Grundsatz der Ganzheitlichkeit im Denken und Handeln – sogar notwendig ist.

(ad 2): Zur Eignung von LM bei der IS-Gestaltung

In Kapitel C 4. war festgestellt worden, daß ein idealtypischer IM-Ansatz den in Abb. 23 dargestellten Kriterien Rechnung trägt. Es handelt sich hierbei um die Kriterien Qualitätsorientierung, Kundenorientierung, Wirtschaftlichkeitsorientierung, Ganzheitlichkeit sowie Ressourcen-/Potentialorientierung, die in Abb. 23 durch die *Menge A* symbolisiert werden.

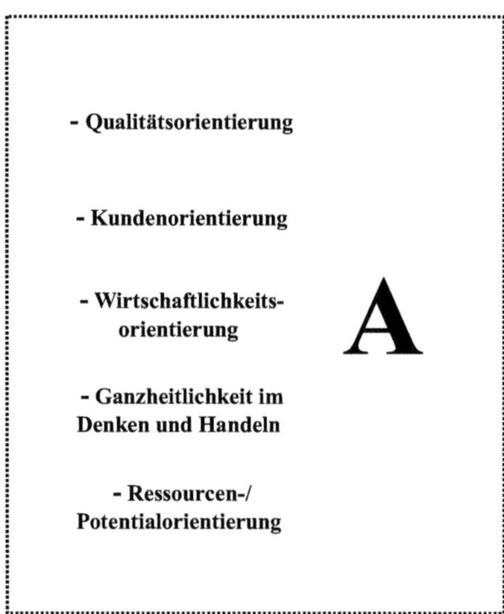

Abb. 23: Anforderungen an einen geeigneten IM-Ansatz

In den Kapiteln D 3.1. und D 3.2. wurden das Zielsystem sowie die Meta-Kriterien im LM beschrieben. Dabei wurden die in der *Menge B* (vgl. Abb. 24) enthaltenen LM-Ziele sowie LM-Meta-Kriterien identifiziert.

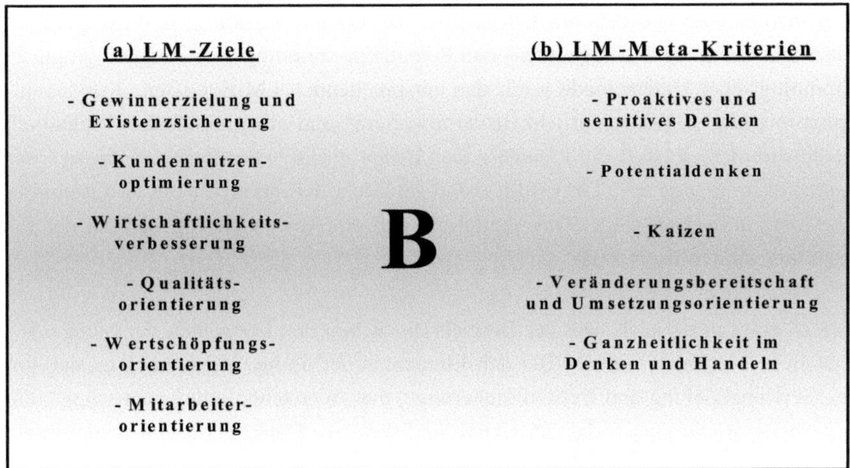

Abb. 24: Ziele und Meta-Kriterien im LM

Stellt man nun die von einem idealtypischen IM-Ansatz zu erfüllenden Kriterien (Abb. 23) einerseits und die LM-Ziele sowie LM-Meta-Kriterien (Abb. 24) andererseits gegenüber, läßt sich die tendenzielle Eignung von LM für die IS-Gestaltung ableiten aus der Größe des Schnittstellen- bzw. Kongruenzbereichs zwischen den Elementen der Menge A und denen der Menge B. Die nachfolgende Abb. 25 illustriert diesen Zusammenhang.

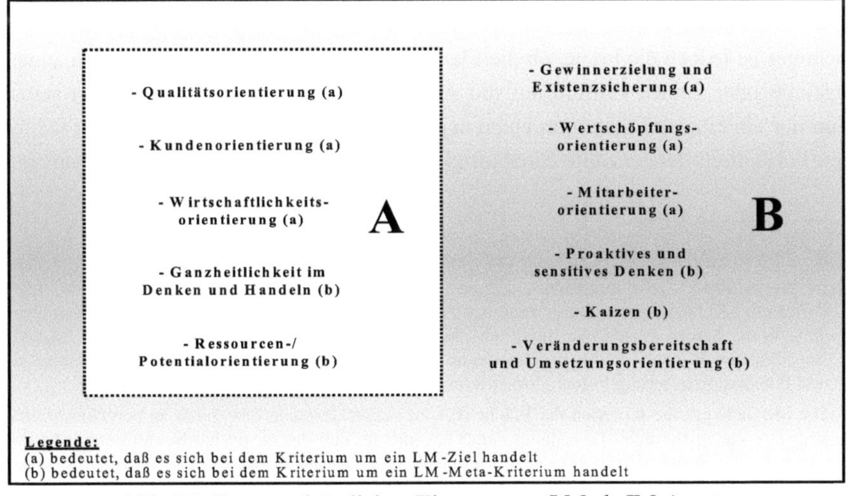

Abb. 25: Zur grundsätzlichen Eignung von LM als IM-Ansatz

Geht man davon aus, daß die IM-Begriffe „Kundenorientierung“, „Wirtschaftlichkeitsorientierung“ und „Ressourcen- und Potentialorientierung“ – trotz (geringfügiger) terminologischer Unterschiede – mit den entsprechenden LM-Begriffen „Kundennutzenoptimierung“, „Wirtschaftlichkeitsverbesserung“ und „Potentialdenken“ inhaltlich übereinstimmen, so sind die *Elemente der Menge A eine vollständige Teilmenge der Elemente der Menge B*.[509] LM erfüllt damit sämtliche Kriterien, die ein idealtypischer IM-Ansatz aufweisen sollte. Dies deutet an, daß ein Anwenden von LM bei der IS-Gestaltung sinnvoll sein kann.

Abb. 25 zeigt indes auch, daß der Bereich B – neben den Elementen der Menge A – zusätzliche Merkmale umfaßt. Bei den Elementen der *Menge B\A* handelt es sich um die „Gewinnerzielung und Existenzsicherung“, die „Wertschöpfungsorientierung“, die „Mitarbeiterorientierung“, das „Proaktive und sensitive Denken“, das „Kaizen“ sowie die „Veränderungsbereitschaft und Umsetzungsorientierung“. Diesen Kriterien ist gemein, daß sie *allesamt Bestandteile der LM-Konzeption* sind, d. h. ein idealtypischer IM-Ansatz muß diese Kriterien nicht zwingend erfüllen.

Zu untersuchen ist aber, ob bzw. inwiefern die Kriterien der Menge B\A die prinzipielle Anwendbarkeit von LM bei der IS-Gestaltung beeinflussen.[510] Offenkundig ist, daß LM inhaltlich deutlich enger gefaßt ist, als dies für einen idealtypischen IM-Ansatz notwendig ist. Möglicherweise entstehen hierdurch bei der IS-Gestaltung Kosten, denen kein entsprechender Nutzen gegenübersteht und die daher als nicht gerechtfertigt erscheinen.

Wichtiger ist jedoch die Frage, ob die Elemente der Menge B\A einen positiven, einen negativen oder keinen Einfluß auf die Anwendbarkeit von LM haben. Denn selbst wenn nur ein einziges Kriterium einen negativen Einfluß ausübt, kann dies die weiter oben konstatierte tendenzielle Sinnhaftigkeit von LM für die IS-Gestaltung zunichte

---

509 Es sei an dieser Stelle angemerkt, daß das IM-Kriterium „Kundenorientierung“ und das LM-Kriterium „Kundennutzenoptimierung“ trotz terminologischer Unterschiede gleich gesetzt werden, da die beiden Ausdrücke inhaltlich identisch sind. Dies gilt analog auch für die IM/LM-Begriffspaare Wirtschaftlichkeitsorientierung/Wirtschaftlichkeitsverbesserung sowie Ressourcen- und Potentialorientierung/Potentialorientierung.

510 Die Möglichkeit, die Kriterien der Fläche B\A zu vernachlässigen bzw. nicht zu berücksichtigen, kommt nicht in Betracht. Dies hängt damit zusammen, daß das eigentlich Neuartige an LM das ganzheitliche Anwenden altbekannter Methoden und Techniken ist und LM nur dann den gewünschten Erfolg hat, wenn sämtliche Bestandteile dieses Ansatzes berücksichtigt werden. Vgl. diesbezüglich auch Seite 92 und die dort gegebenen Literaturhinweise.

machen. Vor diesem Hintergrund werden nachfolgend die einzelnen Elemente des Bereichs B\A näher beleuchtet. Die dabei erzielten Ergebnisse sind in Abb. 26 zusammengefaßt.

LM-Elemente im Bereich B\A	**Einfluß des Elements auf die Anwendbarkeit von LM bei der IS-Gestaltung**
Gewinnerzielung und Existenz-sicherung	+ oder O
Wertschöpfungs-orientierung	+
Mitarbeiterorientierung	+
Proaktives und sensitives Denken	+
Kaizen	+ oder O
Veränderungsbereitschaft	+ oder O

Legende:
+ = positiver Einfluß
O = neutraler bzw. kein Einfluß

Abb. 26: Analyse von LM-Elemente hinsichtlich ihres Einflusses auf die Anwendbarkeit von LM als IS-Gestaltungskonzeption

Gewinnerzielung und Existenzsicherung:

Das Gewinn- sowie das Existenzsicherungsziel sind Ausdruck des erwerbswirtschaftlichen Prinzips und zugleich oberste Zielsetzungen im LM-Ansatz. An diesem Ziel richten sich folglich alle untergeordneten Teilziele (z. B. Wirtschaftlichkeitsdenken, Kundenorientierung) aus. Grundlegender Sinn eines IS bzw. einer IS-Implementierung ist es, den Informationsadressaten zweckgerichtete Informationen für die Aufgabenerfüllung anzubieten, so daß ein nachhaltiger Unternehmenserfolg generiert werden kann und letztlich der Unternehmensfortbestand gesichert ist. Da das Gewinn- und Existenzsicherungsziel somit (implizit) bei der Erfüllung dieses Grundauftrags der IS-Implementierung zu berücksichtigen ist, ist davon auszugehen, daß dieses Kriterium einen positiven oder – sofern dieses Kriterium zu allgemein ist, um bei der IS-Gestaltung konkret wirken zu können – keinen Einfluß hat in bezug auf die Anwendbarkeit von LM im IS-Bereich.

Wertschöpfungsorientierung:

Wertschöpfungsorientierung im LM hat zur Folge, daß alle Aktivitäten, die aus Sicht der Kunden nicht zu einer Wertsteigerung führen, zu eliminieren sind. Wird dieses

Kriterium bei der IS-Gestaltung beachtet, hat dies zur Folge, daß diejenigen Teile des IS abzuschaffen sind, deren Kosten größer als der entsprechende Nutzen ist. Dies mag dazu führen, daß das deutlich überfrachtete Informationsinstrumentarium vereinfacht und so dem Zustand eines Information Overload bei den Informationsadressaten entgegengewirkt wird.[511] Zugleich würden die IS-Kosten durch die Verschlankung des Informationsinstrumentariums reduziert und damit die IS-Gesamtwirtschaftlichkeit gesteigert. Zusammengenommen scheint damit das Kriterium Wertschöpfungsorientierung positiv auf die IS-Gestaltung zu wirken.

Mitarbeiterorientierung:
In Kapitel C 3.3.4. wurde gezeigt, daß viele Probleme im IS auf Mängel im IS-Personalbereich zurückgeführt werden können. Probleme bereiten sowohl die IS-Nutzer/IS-Anwender als auch die IS-Entwickler/IS-Betreuer. Mitarbeiterorientierung im LM zielt darauf ab, die bis dato ungenutzten Potentiale der in dem Unternehmen Beschäftigten aufzuspüren und diese anschließend – nach Durchführung sachgerechter Aus- und Weiterbildungsmaßnahmen sowie Einrichtung motivationsfördernder Rahmenbedingungen[512] – optimal zu nutzen. Berücksichtigt man beide Aspekte gemeinsam, also einerseits die personellen Defizite im IS-Bereich, andererseits die Tatsache, daß Mitarbeiterorientierung im LM ein explizites Ziel darstellt, ist anzunehmen, daß von dem Ziel Mitarbeiterorientierung ein positiver Einfluß auf die Gestaltung des IS-Bereichs ausgeht.

Proaktives und sensitives Denken:
Proaktives und sensitives Denken bedeutet vorausschauend und mit allen Sinnen zu agieren. In diesem Sinne kann eine proaktive und sensitive Denkweise im IS helfen, die Bedürfnisse der Informationsadressaten frühzeitig zu erkennen und in qualitativ hochwertige IS-Produkte umzusetzen; dies wäre zugleich ein wichtiger Schritt in Richtung Kundenorientierung. Aufgrund der hochwertigen IS-Produkte dürfte bei den IS-Adressaten die Bereitschaft steigen, die IS für die Informationsgewinnung zu nutzen, was sich im Hinblick auf die Gesamtwirtschaftlichkeit des IS positiv auswirkt. Insgesamt erscheint es somit realistisch, daß sich das Kriterium „Proaktives und sensitives Denken“ auf die Gestaltung von IS positiv auswirkt.

---

[511] Letzteres dürfte dazu führen, daß die Kunden zufriedener mit den bereitgestellten Informationen sind.

[512] Zu den motivationsfördernden Bedingungen zählen z. B. ein kooperativer Führungsstil, die Erweiterung des Aufgabenbereichs der Mitarbeiter, die Delegation von Entscheidungskompetenzen.

Kaizen:
Kaizen bedeutet, permanent Möglichkeiten der Verbesserung von Arbeitsabläufen und Strukturen zu suchen und die dabei identifizierten Fehler unverzüglich sowie grundlegend zu eliminieren. Da sich die Kaizen-Idee positiv auf das Erreichen der Kriterien Qualitäts-, Kunden- sowie Wirtschaftlichkeitsorientierung auswirkt, dürfte einem Beachten dieses Kriteriums im Rahmen einer LM orientierten IS-Gestaltung nichts im Wege stehen.

Veränderungsbereitschaft und Umsetzungsorientierung:
Veränderungsbereitschaft und Umsetzungsorientierung sind Denkhaltungen der Mitarbeiter und zugleich Voraussetzungen dafür, daß Veränderungen im Unternehmen aktiv angegangen und entsprechende Veränderungsmaßnahmen konsequent umgesetzt werden. Da es sich bei diesen Kriterien eher um grundlegende Denkweisen handelt, die weder auf einen speziellen Unternehmensbereich abzielen noch auf einen solchen Bereich beschränkt sind, ist davon auszugehen, daß beide Kriterien einer dem LM-Konzept folgenden IS-Gestaltung nicht entgegenstehen.

Insgesamt zeigt sich, daß von keinem der Kriterien des Bereichs B\A ein negativer Einfluß auf die Anwendbarkeit von LM bei der IS-Gestaltung ausgeht. Damit läßt sich folgende Gesamtaussage festhalten:

> Da erstens einem Anwenden von LM im IS-Bereich keinerlei Restriktionen entgegenstehen, sondern vielmehr das Postulat der Ganzheitlichkeit im Denken und Handeln den Einsatz von LM (auch) im Bereich Informationswirtschaft fordert, zweitens LM sämtliche Merkmale aufweist, die ein sinnvoller IM-Ansatz besitzen sollte, und auch die darüber hinausgehenden Kriterien des LM-Ansatzes einem Einsatz im IS-Bereich nicht entgegenstehen, erscheint die Idee, LM bei der Gestaltung von IS nutzen zu wollen, sinnvoll.

E Gestaltung eines Informationssystems unter besonderer Berücksichtigung von Lean Management

1. Ziele, Rahmenbedingungen und Problemfelder

Die folgenden Überlegungen basieren auf der Annahme, daß die betrachtete Unternehmung ein Informationssystem besitzt, das den Anforderungen nicht genügt und deshalb umgestaltet werden muß. Mit der Umgestaltung soll zugleich ein langfristiger Wandel in der Ausgestaltung und der Leistungsfähigkeit des IS erreicht werden.

Das Oberziel der Gestaltung eines IS besteht in der Sicherung einer effektiven und zugleich effizienten Informationsversorgung im Unternehmen. Dieses Ziel ist erreicht, wenn die Informationsbedürfnisse der in- und externen Informationsadressaten befriedigt werden (können)[513] und die Bereitstellung und Nutzung der hierfür erforderlichen Informationen zugleich wirtschaftlich erfolgt.[514] Allerdings ist das Oberziel in dieser Form zu abstrakt formuliert und muß deshalb konkretisiert werden. Aus diesem Grund wird im folgenden mit der Gestaltung eines IS das (Sach-)Ziel verfolgt, die in Kapitel C 3. beschriebenen Defizite zu beseitigen. Es ist davon auszugehen, daß ein Großteil dieser Probleme tatsächlich bereits dadurch gelöst wird, daß man den in Kapitel C 2. beschriebenen Veränderungen im unternehmensrelevanten Kontext, insbesondere den hiervon ausgehenden Einfluß auf das IS, bei dessen Gestaltung hinreichend Rechnung trägt.

In Kapitel D 4. war gezeigt worden, daß der LM-Ansatz bei der Gestaltung von Informationssystemen grundsätzlich einsetzbar ist. Allerdings sind einige Rahmenbedingungen zu beachten, die einer uneingeschränkten LM-Anwendung entgegenstehen. So bedarf es z. B. *landesspezifischer Modifikationen* des LM-Ansatzes. Dies ist deshalb erforderlich, weil der LM-Ansatz wesentlich durch die kulturellen Bedingungen Japans geprägt ist, zwischen der japanischen und der deutschen Kultur aber große Unterschiede bestehen, so daß die in Japan entwickelte LM-Konzeption nicht unverändert auf deutsche Unternehmen übertragen werden kann.[515] Anpassungen der LM-

---

[513] Dies ist der Fall, wenn die Informationsversorgung zum richtigen Zeitpunkt, in einer adressatengerechten Präsentationsform, in angemessener Qualität und Quantität unter Beachtung des Informationskontexts stattfindet.

[514] Vgl. Schwarze, J. (1998), S. 52f.

[515] Vgl. Mensch, G. (1998b), S. 401; Meffert, H./Siefke, A. (1994), S. 2 und 30; Keidel, S. (1995), S. 87. Ebenso Bogaschewsky/Rollberg [vgl. Bogaschewsky, R./Rollberg, R. (1998), S. 121-131; Rollberg, R. (1996), S. 192ff.], die sich sehr ausführlich mit der Frage beschäftigen, inwiefern LM in nicht-japanischen Kulturkreisen anwendbar ist.

Konzeption sind auch aufgrund seiner *produktionswirtschaftlichen Herkunft* notwendig. Die Letztere führte dazu, daß der LM-Ansatz durch Faktoren geprägt wurde, die es im Bereich der Informationswirtschaft nicht gibt. So arbeiten die Produktions- und die Informationswirtschaft mit unterschiedlichen Produktionsfaktoren[516], und auch die Aufgabenstellungen, die in dem jeweiligen Bereich erledigt werden müssen, sind anders gelagert. Darüber hinaus existieren folgende, für die Produktionswirtschaft typische Faktoren in der Informationswirtschaft nicht oder nur sehr eingeschränkt: Eine klare Trennung zwischen Beschaffung, Produktion und Absatz, eine häufig standardisierte Massenfertigung sowie die Möglichkeit der Lagerung der Produkte.

Die Ausführungen in Kapitel E verfolgen zwei Ziele[517]: Zum einen sollen solche Ansätze der IS-Gestaltung dargestellt werden, mit denen die geschilderten Defizite behoben werden können. Zum anderen soll überprüft werden, ob LM als Managementansatz hierbei zielgerichtet einsetzbar ist. Ist letzteres der Fall, so ist künftig eine am LM-Konzept ausgerichtete IS-Gestaltung möglich. Dies hätte zwei Vorteile: Da LM seit Beginn der 90er Jahre in der Unternehmenspraxis erfolgreich eingesetzt wird, kann man davon ausgehen, daß bei seinem Einsatz im IS-Bereich Übungseffekte auftreten, die sich positiv auf die Effizienz der Gestaltungsmaßnahmen auswirken. Weil LM ein ganzheitlicher, in sich geschlossener Managementansatz ist, darf man zweitens erwarten, daß eine Gestaltung des IS gelingt, die systematisch und umfassend ist und nicht auf den IS-Bestandteil Technik beschränkt bleibt.

Wie in der Einleitung erwähnt, gibt es zwei Wege der Prüfung, ob ein Anwenden von LM im IS-Bereich sachgerecht ist.[518] Bei der ersten Vorgehensweise gestaltet man das Informationssystem unter direktem Einsatz solcher Instrumente und Methoden, die dem LM-Konzept angehören. Anschließend ist zu untersuchen, inwieweit es durch diese Gestaltungsmaßnahmen gelungen ist, die IS-Defizite zu beheben. Man könnte von einer „direkten" Vorgehensweise sprechen.

---

516 Vgl. diesbezüglich auch die Gegenüberstellung der Charakteristika klassischer Produktionsfaktoren und der des Produktionsfaktors Information in Kapitel B 1.1.3.

517 Vgl. bezüglich dieser beiden Ziele auch Seite 5f.

518 Vgl. Seite 6.

Da diese Vorgehensweise jedoch nicht zwangsläufig sicherstellt, daß sämtliche Defizite eines IS behoben werden (können)[519] und damit das Erreichen eines wesentlichen Ziels gefährdet ist, kommt in dieser Arbeit eine „indirekte" Vorgehensweise zur Anwendung. In einem *ersten Schritt* werden danach Maßnahmen zum Abbau der Defizite und zur optimalen Gestaltung des IS abgeleitet. Dies erfolgt getrennt für die IM-Bereiche[520] Informationsstrategie[521], Informationspotential[522] und Informationsbereitschaft[523]. Maßnahmen zur Gestaltung der technischen Komponenten, wie sie im Bereich Informationsfähigkeit anfallen, werden dagegen nicht erörtert, weil dieser Problemteil in einer betriebswirtschaftlichen Analyse nicht sachgerecht bearbeitet werden kann; dazu ist technisches Fachwissen erforderlich. Für die nachfolgenden Überlegungen wird deshalb unterstellt, daß dieser Problemteil bereits gelöst ist.

In einem *zweiten Schritt* wird dann untersucht, inwieweit die im ersten Schritt dargestellten Lösungsansätze aus dem LM-Gedankengut ableitbar bzw. mit diesem kompatibel sind. Das Ziel dieser Prüfung ist es, Anhaltspunkte für die Beantwortung der Frage zu gewinnen, inwieweit Ansätze von LM bei der Gestaltung von Informationssystemen Verwendung finden können. Durch diese Übereinstimmungsprüfung sollen sowohl die Chancen als auch die Risiken einer am LM orientierten IS-Gestaltung differenziert offengelegt werden, damit anschließend beurteilt werden kann, ob LM (künftig) als IS-Gestaltungskonzeption einsetzbar ist oder nicht.

---

519 Wie bereits auf Seite 6 beschrieben, können mit den am LM orientierten Gestaltungsmaßnahmen nur dann die IS-Defizite gelöst werden, wenn LM tatsächlich ein geeigneter Ansatz zur Gestaltung von IS ist; letzteres steht aber (noch) nicht fest bzw. ist erst zu prüfen.

520 Zu den verschiedenen IM-Bereichen vgl. die Ausführungen in Kapitel B 1.4.

521 Vgl. diesbezüglich Kapitel E 2.1.

522 Vgl. diesbezüglich Kapitel E 2.2.

523 Vgl. diesbezüglich Kapitel E 2.3.

2. Ansätze zur Gestaltung eines Informationssystems und Überprüfung der Kompatibilität der Ideen von Lean Management mit den Gestaltungsmaßnahmen

2.1. Maßnahmen, Methoden und Instrumente im Bereich „Informationsstrategie“

2.1.1. Grundlagen der Planung im Bereich Informationsstrategie

In Kapitel C 3.2. wurde gezeigt, daß IS regelmäßig ein wenig koordiniertes Eigenleben entwickeln. Als Ursachen wurden das Fehlen organisatorischer und technischer Leitlinien bei der IS-Gestaltung sowie die Nichtexistenz adäquater Einsatz- und Realisierungsstrategien identifiziert. Damit die negativen Konsequenzen behoben werden können, die aus den letzteren Mängeln resultieren[524], sind sachgerechte Maßnahmen im IS einzuleiten. Da es sich hierbei im wesentlichen um strategische Maßnahmen handelt, rückt der hierfür zuständige IM-Bereich „Informationsstrategie“ in den Mittelpunkt des Interesses. Es geht konkret um die Planung der Informationsstrategie.[525]

Die *Informationsstrategie* repräsentiert das langfristige, wettbewerbsorientierte Gesamtkonzept eines IS. Sie soll einen Beitrag zur Erhaltung bestehender und zur Erschließung neuer Erfolgspotentiale im Unternehmen leisten, und zwar so wirksam und wirtschaftlich wie möglich.[526] Zu diesem Zweck sind grundlegende Entscheidungen zu treffen, die die langfristige Ausrichtung und Wirkungsweise des IS determinieren.[527]

In der Literatur findet man verschiedene Ansätze zur Entwicklung von Informationsstrategien.[528] In dieser Arbeit kommt das folgende Phasenmodell zur Anwendung (vgl. Abb. 27).

---

[524] Ein Beispiel ist das Setzen falscher Schwerpunkte bei der IS-Gestaltung mit der Folge, daß die Informationsversorgung im Unternehmen sowohl ineffektiv als auch ineffizient erfolgt. Vgl. diesbezüglich Seite 67.

[525] Vgl. hierzu auch Seite 40.

[526] Vgl. Nawatzki, J. (1994), S. 161 sowie Seite 40 in der vorliegenden Arbeit.

[527] Vgl. Fank, M. (1996), S. 163f.; Schwarze, J. (1998), S. 123; Picot, A./Maier, M. (1994), S. 108.

[528] Vgl. z. B. Baik, K. (1997), 188; Trott zu Solz, C. v. (1992), S. 171; Zühlke, R. B. (1995), S. 170.

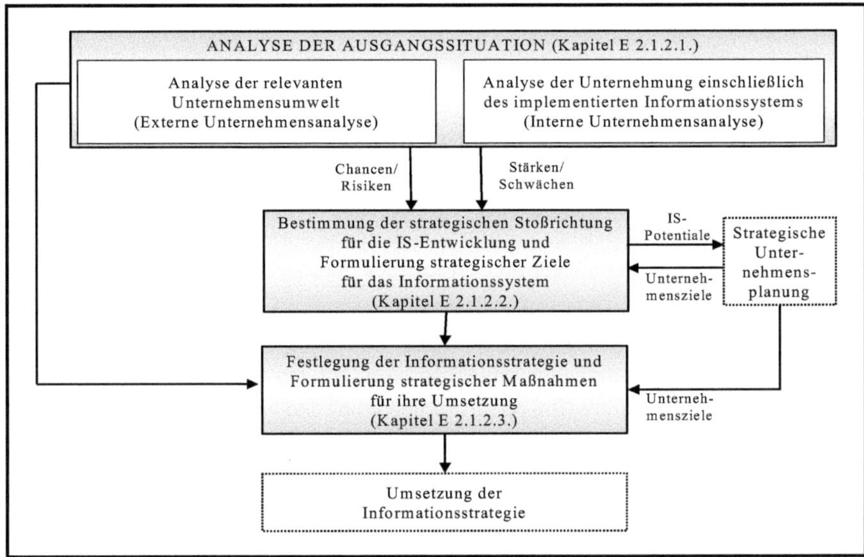

Abb. 27: Phasenmodell zur Entwicklung von Informationsstrategien[529]

Die Planung einer Informationsstrategie beginnt mit einer detaillierten *Analyse der Ausgangssituation.* Die Abbildung zeigt, daß dabei zweiteilig vorzugehen ist: Im Rahmen der *externen Unternehmensanalyse* ist die Unternehmensumwelt zu analysieren, soweit sie für die Gestaltung von IS von Bedeutung ist.[530] Dabei sind u. a. Branchen- und Wettbewerbsfaktoren, neue technische Entwicklungen sowie rechtliche Bedingungen mit dem Ziel zu erfassen, Chancen und Risiken einer IS-Gestaltung aufzuzeigen.[531]

Im Rahmen der *internen Unternehmensanalyse* werden das Unternehmen selbst sowie sein IS untersucht. Das Ziel besteht dabei darin, die derzeitigen Stärken und Schwächen des Informationssystems abzuleiten. Zu diesem Zweck ist zum einen eine genaue Bestandsaufnahme der im Unternehmen existierenden Geschäftsprozesse und Funk-

---

529 In Anlehnung an Neu, P. (1991), S. 40; Schwarze, J. (1998), S. 125; Beier, D./Gabriel, R. (1998), S. 6; Hansen, H. R./Riedl, R. (1990), S. 666.

530 Alle anderen Faktoren werden im Rahmen der strategischen Unternehmensplanung analysiert.

531 Vgl. Beier, D./Gabriel, R. (1998), S. 5; Baik, K. (1997), S. 198f.; Trott zu Solz, C. v. (1992), S. 177-179.

tionen und zum anderen eine detaillierte Beschreibung des implementierten IS und seiner Komponenten vorzunehmen.[532]

Aufbauend auf den Erkenntnissen aus der Analyse der Ausgangssituation ist die *strategische Stoßrichtung für die Entwicklung des IS* festzulegen. Es gilt, die künftige Rolle des IS zu definieren und elementare Aussagen zur intendierten Wirkungsrichtung und seiner Gestaltung zu treffen.[533] Im Anschluß hieran sind *strategische Ziele* zu formulieren, die Vorgaben für die künftige Gestalt des IS liefern (sollen).[534]

Abb. 27 zeigt eine Wechselbeziehung zwischen der strategischen Stoßrichtung des IS und der strategischen Unternehmensplanung. Aus der Unternehmensplanung gehen Ziele hervor, die bei der Entwicklung der strategischen Stoßrichtung zu beachten sind. Umgekehrt determiniert die strategische Stoßrichtung die künftige Rolle und damit zusammenhängend die Potentiale eines IS. Da letztere den Erfolg eines Unternehmens beeinflussen (können), sollten sie im Rahmen der strategischen Unternehmensplanung berücksichtigt werden.[535]

Im letzten Schritt sind die *Informationsstrategie* zu formulieren sowie *strategische Maßnahmen für ihre Umsetzung* festzulegen. Erst im Anschluß hieran können konkrete Projekte zur Umsetzung der Informationsstrategie geplant und durchgeführt werden. Da hierbei jedoch taktische und operative Maßnahmen im Vordergrund stehen, gehört die Phase der Umsetzung nicht zur Planung einer Informationsstrategie im engeren Sinn. Aus diesem Grund wird sie nachfolgend nicht näher betrachtet werden.

2.1.2. Entwicklung einer Informationsstrategie

2.1.2.1. Analyse der Ausgangssituation

Die systematische Analyse der Ausgangssituation (Situationsanalyse) hat eine besondere Bedeutung für die Entwicklung einer Informationsstrategie, da sie konzeptioneller

---

532 Vgl. Neu, P. (1991), S. 41.

533 Vgl. Trott zu Solz, C. v. (1992), S. 181; Baik, K. (1997), S. 208.

534 Vgl. Neu, P. (1991), S. 41.

535 Vgl. Brombacher, R. (1991), S. 115; Neu, P. (1991), S. 113. So können beispielsweise durch den Einsatz von IT Markteintrittsbarrieren aufgebaut und die Branchenstruktur verändert werden. Als Beispiele hierfür sei auf das Online-Banking im Bankensektor oder auf das Einrichten virtueller Marktplätze im Bereich Business to Business oder Business to Consumer hingewiesen. Weitere Beispiele finden sich bei Wildemann, H. (1998), S. 17f.

Ausgangspunkt des gesamten Planungsprozesses ist und damit alle weiteren Planungsphasen und -resultate maßgeblich beeinflußt. Das Ziel der Analyse der in- und externen Unternehmenssituation besteht darin, die spezifischen Stärken und Schwächen des implementierten IS sowie die künftigen Chancen und Risiken im Informations- und Kommunikationsbereich zu identifizieren.[536] Hierfür gilt es, die Bedingungen, die einen wesentlichen Einfluß auf die Gestalt und Funktionsweise des IS ausüben (können), genau zu dokumentieren und zu bewerten. [537] Da eine solche Analyse in der Regel komplex ist, sollte man sich aus Kostengründen auf diejenigen Bereiche beschränken, deren Gestaltung den höchsten Wirkungsgrad für das Unternehmen versprechen. Eine Aussage, um welchen Bereich bzw. um welche Bereiche es sich hierbei handelt, fällt schwer. Aus diesem Grund ist es von Vorteil, wenn man diesbezüglich über Erfahrungswerte verfügt.

Bei der Situationsanalyse sollte man zudem darauf achten, daß die verschiedenen Analyseschritte frühzeitig und gründlich durchgeführt werden. Denn zum einen kann es möglicherweise notwendig sein, daß einzelne Schritte mehrmals zu durchlaufen sind und daher Zeit erfordern.[538] Zum anderen gilt, daß je gründlicher und systematischer die Situationsanalyse erfolgt, umso weniger Probleme werden voraussichtlich in nachfolgenden Planungsphasen entstehen.[539]

Eine allgemeingültige Vorgehensweise zur Analyse der Ausgangssituation ist nicht bekannt, so daß ein Mix aus verschiedenen, aufeinander abgestimmten Methoden anzuwenden ist. Im folgenden werden solche Verfahren vorgestellt, denen das einschlägige Schrifttum eine große Bedeutung zuspricht. Unterschieden wird dabei zwischen Methoden für die externe (1) und für die interne Unternehmensanalyse (2).

(ad 1): Externe Unternehmensanalyse

Bei der externen Unternehmensanalyse sind zahlreiche Faktoren zu untersuchen. Einen groben Überblick vermittelt Abb. 28. Hiernach kann zwischen Faktoren in der betrieblichen und in der sonstigen Umwelt unterschieden werden.

---

[536] Vgl. Baik, K. (1997), S. 189.

[537] Vgl. Heinrich, L. J. (1999), S. 90.

[538] Vgl. Pfeiffer, P. (1990), S. 149.

[539] Vgl. Baik, K. (1997), S. 190f.

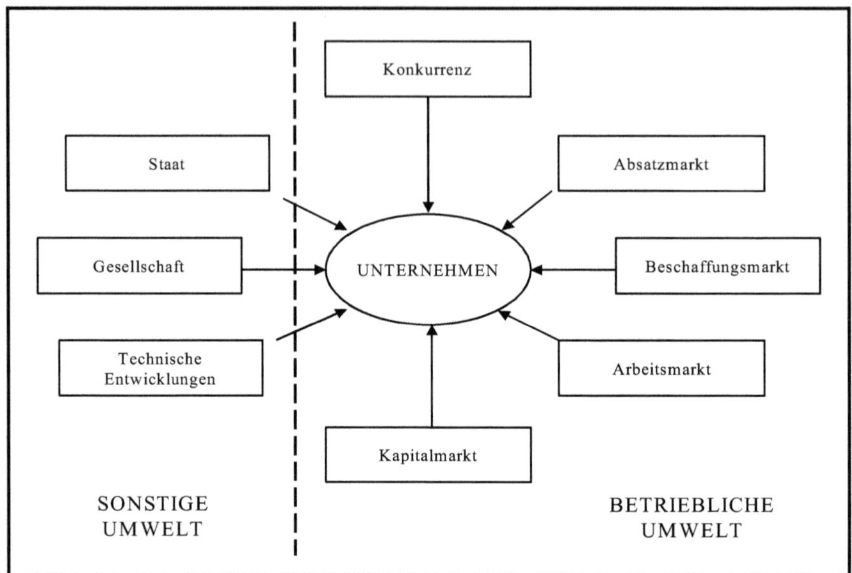

Abb. 28: Faktoren der externen Unternehmensanalyse[540]

Im Rahmen der *Analyse der betrieblichen Umwelt* ist festzustellen, welche Markt- und Wettbewerbskräfte auf das Unternehmen einwirken, und welche Bedeutung in diesem Zusammenhang dem Faktor Information bzw. dem IS zukommt. Hilfreich für die Identifizierung und anschließende Analyse der verschiedenen Kräfte ist das Modell der Wettbewerbskräfte von Porter (vgl. Abb. 29).

540 In Anlehnung an Götze, U. (1991), S. 18f.; Kreikebaum, H. (1997), S. 40-46; Götze, U./Rudolph, F. (1994), S. 6-8.

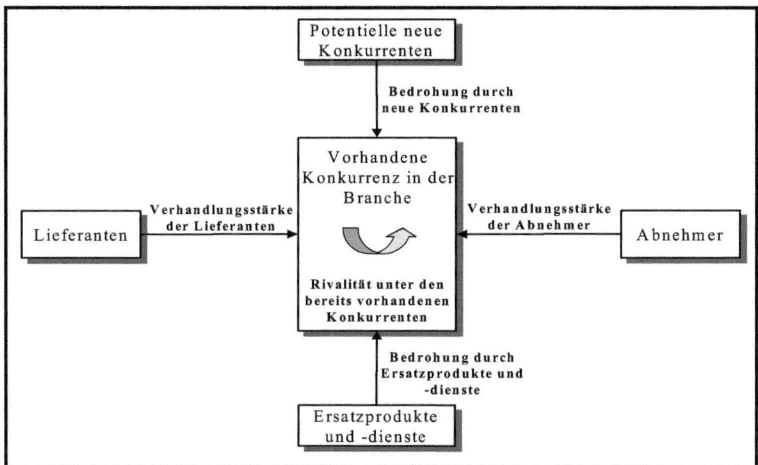

Abb. 29: Modell der fünf Wettbewerbskräfte nach Porter[541]

Die Abbildung zeigt, daß Porter in seinem Modell fünf elementare Kräfte des Wettbewerbs unterscheidet, die im Kollektiv die Situation eines Unternehmens in einer Branche determinieren. Es handelt sich dabei erstens um die Verhandlungsstärke der Lieferanten, zweitens um die Verhandlungsmacht der Käufer, drittens um die Bedrohung durch neue Konkurrenten, viertens um die Bedrohung durch Ersatzprodukte und -dienste sowie fünftens um die Rivalität unter den bereits vorhandenen Wettbewerbern in der Branche.

Informations- und Kommunikationsprozesse sowie IS können jede dieser Wettbewerbskräfte beeinflussen[542] und so eine Neuordnung der Wettbewerbsstruktur zugunsten des eigenen Unternehmens herbeiführen.[543] Aus diesem Grund ist genau zu analysieren, wo Möglichkeiten eines strategischen IS-Einsatzes bestehen und in welcher Form auf die entsprechenden Kräfte Einfluß genommen werden kann. Damit die Diagnose vollständig ausfällt und die Analyseergebnisse von allen Unternehmensangehö-

---

541 Vgl. Porter, M. E. (1979), S. 141; Porter, M. E. (1999a), S. 33-69.

542 Vgl. Klutmann, L. (1992), S. 35ff. Ähnlich auch Potthof, I. (1998), S. 11. Eine ausführliche Darstellung potentieller Maßnahmen, die verschiedenen Wettbewerbskräfte durch einen zielgerichteten IS-Einsatz zu beeinflussen, findet sich z. B. bei Fank, M. (1996), S. 170-173 sowie Rüttler, M. (1991), S. 165-168.

543 Vgl. McFarlan, F. W. (1984), S. 98ff.; Porter unterscheidet drei Möglichkeiten, Wettbewerbsvorteile zu erzielen: 1. Anstreben der Kostenführerschaft, 2. Produktdifferenzierung sowie 3. Konzentration auf Schwerpunkte (Kombination aus 1. und 2.). Vgl. Porter, M. E. (1999b), S. 37-44.

rigen getragen werden, sind bei der Untersuchung sowohl die Mitarbeiter des IS-Bereichs als auch die Mitarbeiter anderer Unternehmensbereiche zu involvieren.[544]

Im Rahmen der *Untersuchung der sonstigen Umwelt* sind gesellschaftliche und gesetzliche Entwicklungen[545] zu analysieren, soweit sie für die Gestaltung eines IS von Bedeutung sind. Überdies sind die Entwicklungen im technischen Umfeld des Unternehmens (Technikanalyse) mit dem Ziel zu evaluieren, wichtige Entwicklungstrends bei Informations- und Kommunikations-Technologien (IuK-Technologien)[546], Methoden und Werkzeugen[547] sowie Dienstleistungen[548] aufzuspüren.[549] Dabei geht es weniger darum, Lösungen für bekannte Probleme zu finden, als vielmehr solche Entwicklungen im Bereich Informationstechnik aufzuspüren, aus denen neue Potentiale für das Unternehmen erwachsen können.[550]

(ad 2): Interne Unternehmensanalyse

Bei der internen Unternehmensanalyse ist ebenfalls zweigeteilt vorzugehen. Wie bereits erwähnt, sind zum einen das Unternehmen selbst und zum anderen das im Unternehmen implementierte IS zu untersuchen.

Bei der *Untersuchung des Unternehmens* interessieren die vom Unternehmen angebotenen Produkte und Dienstleistungen (produktorientierte Analyse) sowie die ablaufenden Geschäftsprozesse (prozeßorientierte Analyse), soweit sie für das Erreichen von Wettbewerbsvorteilen von Bedeutung sind.[551]

Im Rahmen der *produktorientierten Analyse* ist zu untersuchen, inwieweit die Produktpalette durch einen zielgerichteten IS-Einsatz verändert werden kann. Dabei sind die beiden folgenden Fragestellungen von übergeordnetem Interesse[552]:

---

544 Vgl. Neu, P. (1991), S. 125; Krcmar, H. (1997), S. 215.

545 Z. B. Veränderungen bei Datenschutzgesetzen oder bei Vorschriften zur Rechnungslegung.

546 Z. B. Hardware, Anwendungssoftware, Programmiersprachen sowie Datenbanksysteme.

547 Z. B. Software Engineering, Computer Aided Systems Engineering (CASE).

548 Z. B. spezielle Leistungspakete von Software- und Systemhäusern sowie Outsourcing-Anbietern.

549 Vgl. Zühlke, R. B. (1995), S. 270ff.; Beier, D./Gabriel, R. (1998), S. 9; Heinrich, L. J. (1999), S. 98.

550 Vgl. Heinrich, L. J. (1999), S. 98.

551 Vgl. Brombacher, R. (1991), S. 115f.; Götze, U./Rudolph, F. (1994), S. 8

552 Vgl. Mertens, P./Bodendorf, F./König, W./Picot, A./Schumann, M. (2001), S. 200; Neu, P. (1991), S. 126-128. Ähnlich auch Porter, M. E./Millar, V. E. (1986), S. 26ff.

1. Ist es durch den gezielten Einsatz von IS im eigenen Unternehmen möglich, die *existierende Produktpalette auszudehnen oder fortzuentwickeln*? Der Bertelsmann-Konzern hat letzteres vollbracht, indem er sein etabliertes Geschäftsfeld „Buchvertrieb über Clubs“ durch einen elektronischen Buchhandel über das Internet-Portal bol.de ergänzt hat.

2. Kann der Einsatz von IS bzw. das Anwenden spezieller Informationstechniken (IT) dazu führen, daß *neue Produkte entwickelt und so neue Märkte erschlossen* werden können?[553] Ein Unternehmen, denen letzteres gelang, ist z. B. Ebay. Es nutzt das Medium Internet, um virtuelle Online-Auktionen durchzuführen.

Im Rahmen der *prozeßorientierten Analyse* werden die verschiedenen Aufgabenbereiche des Unternehmens nach Hinweisen untersucht, ob bzw. in welcher Form strategische Wettbewerbsvorteile durch einen gezielten Einsatz von IS erlangt werden können. Der Begriff „prozeßorientierte Analyse“ deutet an, daß dabei eine ablauforientierte Perspektive einzunehmen ist und logisch zusammenhängende Aktivitäten gesamthaft, auch über die eigenen Unternehmensgrenzen hinaus, zu betrachten sind. Bei der Untersuchung sollte unbedingt auf zuvor bereits gewonnene Ergebnisse zurückgegriffen werden. Besonders wertvoll sind die Ergebnisse aus der Branchen- und Produktanalyse, da hieraus Anforderungen resultieren, welche die Gestalt der Unternehmensprozesse maßgeblich determinieren.[554]

Bei der Analyse von Prozessen kann das *Modell der Wertschöpfungskette von Porter* hilfreich sein.[555] Bei diesem Modell handelt es sich um ein Instrument zur systematischen Aufgliederung der Unternehmensaktivitäten und deren Wechselbeziehungen (vgl. Abb. 30). Es wird mit dem Ziel angewendet, Erkenntnisse über das Kostenverhalten sowie über Möglichkeiten zweckgemäßer Ablaufgestaltung zu gewinnen. Das Analyseobjekt ist die Wertkette eines Unternehmens, die nicht nur die unternehmensinternen Wertschöpfungsprozesse umfaßt, sondern in einen Verbund von Wertketten (sogenanntes Wertsystem[556]) eingebettet ist.

---

[553] Vgl. Trott zu Solz, C. v. (1992), S. 166f.; Schumann, M. (1992), S. 117; Schumann, M./Hohe, U. (1988), S. 521; Mertens, P./Plattfaut, E. (1986), S. 13.

[554] Vgl. Brombacher, R. (1991), S. 116; Neu, P. (1991), S. 128.

[555] Bezüglich der nachfolgenden Ausführungen vgl. Porter, M. E. (1999b), S. 63ff.

[556] Hierzu gehören z. B. die Wertschöpfungsketten der vorgelagerten Lieferanten und des nachgelagerten Vertriebs. Vgl. Fank, M. (1996), S. 173; Baik, K. (1997), S. 164.

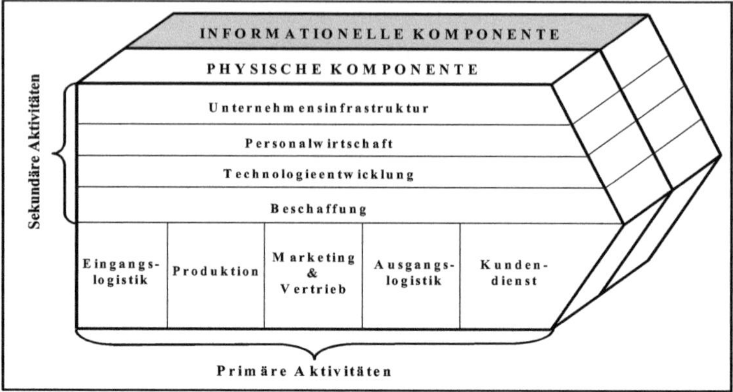

Abb. 30: Modell der Wertschöpfungskette nach Porter[557]

Die Abbildung zeigt, daß Porter insgesamt neun strategisch relevante Aktivitätsbereiche unterscheidet, die er in primäre und sekundäre Aktivitäten einteilt. Während primäre Aktivitäten den Leistungserstellungsprozeß direkt betreffen und sich dabei nach dem physischen Durchlaufprinzip von der Eingangslogistik bis hin zum Kundendienst gliedern, handelt es sich bei sekundären Aktivitäten um Prozesse mit Querschnitts- bzw. Unterstützungsfunktion für Primäraktivitäten.[558]

Nach Porter besitzt das Informations- und Kommunikationssystem (IKS) einen großen Wert für das Funktionieren der Wertkette. Er begründet seine Aussage damit, daß jede Wertschöpfungsaktivität nicht nur aus einer physischen, sondern auch aus einer informationellen Komponente besteht, wobei jede Aktivität sowohl Informationen verwendet als auch produziert.[559] Da Informationen jeden Punkt der Wertkette durchdringen und ferner die Verknüpfungen der Aktivitäten innerhalb der Unternehmung und zu den Wertketten der Kunden beeinflussen, sind die Wertschöpfungsaktivitäten und ihre Verknüpfungen genau zu analysieren. Dabei interessiert, inwieweit die Wertkette durch den Einsatz von IS zum eigenen Vorteil beeinflußt werden kann bzw. ob Diffe-

---

557 In Anlehnung an Porter, M. E. (1999b), S. 66.

558 Vgl. Porter, M. E. (1999b), S. 69-75; Fank, M. (1996), S. 173; Trott zu Solz, C. v. (1992), S. 126.

559 Vgl. Porter, M. E. (1999b), S. 76 und 82. Letzteres sei noch einmal näher dargestellt: Grundsätzlich ist jeder physischen Wertschöpfungsaktivität eine Entscheidung und damit eine informationsverarbeitende Tätigkeit vorgelagert. Gleichzeitig beeinflußt das Ergebnis der Wertschöpfungsaktivität das Resultat nachgelagerter Prozesse und fungiert somit als Information für nachfolgende Aktivitäten. Vgl. diesbezüglich Fank, M. (1996), S. 176.

renzierungs- oder Kostensenkungsmöglichkeiten durch eine sachgerechte Verwendung von IS erschlossen werden können.[560]

Sobald das Unternehmen und seine Umweltbeziehungen hinreichend beleuchtet worden sind, ist das im Unternehmen *implementierte IS* zu untersuchen. Hierbei ist zunächst sein aktueller Status festzustellen. Folgende Aufgaben sind zu diesem Zweck zu erledigen:[561]

- Es ist zu analysieren, wie die Informationsadressaten das IS und die vom IS bereitgestellten Informationen bei ihrer Aufgabenerfüllung einsetzen. Die Analyse sollte einerseits aus einer softwareorientierten Perspektive erfolgen, indem die Funktionalität sowie die Möglichkeiten der eingesetzten Anwendungssoftware beleuchtet werden. Anderseits sollte aus einer ablauforientierten Perspektive untersucht werden, inwieweit die eingesetzte Software den Prozeß der Informationsbereitstellung[562], angefangen bei der Informationsbeschaffung über die Informationsaufnahme, -speicherung und -verarbeitung bis hin zur Informationsweitergabe, unterstützt.

- Ferner sind die aktuellen Ausprägungen[563] aller relevanten IS-Komponenten (z. B. Hardware, System- und Anwendungssoftware, Organisation, Personal) festzustellen sowie deren Auswirkungen auf den laufenden Betrieb und die künftige Entwicklung des IS zu bewerten. Dabei sind nicht nur die aktuellen, sondern auch die künftigen Ausprägungen zu berücksichtigen.[564]

---

560 Vgl. Porter, M. E./Millar, V. E. (1985), S. 151f.; Biethahn, J./Mucksch, H./Ruf, W. (1994), S. 263. Zu den Einsatzmöglichkeiten von IS in der Wertkette vgl. Schumann, M. (1992), S. 38.

561 Bezüglich der Feststellung des Status des IS vgl. Neu, P. (1991), S. 47-104; Heinrich, L. J. (1993), S. 238-240; Meyersiek, D./Jung, M. (1989), S. 156. Letztere haben einen Fragenkatalog entwickelt, der bei der Bestandsaufnahme des IS hinzugezogen werden kann. Eine Systematisierung und Beschreibung derjenigen Methoden, die bei der Erfassung des IS-Status eingesetzt werden können, findet sich bei Heinrich, L. J. (1993), S. 238-240.

562 Zum Informationsbereitstellungsprozeß und seinen Teilprozessen vgl. Keller, T. (1995), S. 46ff.; Berthel, J. (1975), S. 56ff.; Brönimann, C. (1970), S. 64ff.; Coenenberg, A. G. (1966), S. 45ff.; Kramer, R. (1962), S. 93ff.; Kramer, R. (1965), S. 82ff.

563 Bei der Untersuchung von Hardware sowie System- und Anwendungssoftware interessiert z. B. die Konfiguration, Auslastung/Erweiterbarkeit, Integrationsfähigkeit sowie Portabilität.

564 Vgl. Neu, P. (1991), S. 68. Ähnlich Trott zu Solz, C. v. (1992), S. 180.

- Schließlich sind auch die IS-Kosten zu analysieren. Durch Gegenüberstellung der Kosten mit dem Nutzen des IS läßt sich die aktuelle Effizienz im IS bestimmen.[565]

Im letzten Schritt der Situationsanalyse sind die zuvor erzielten Ergebnisse aus den einzelnen Analysebereichen auszuwerten. Es sollte dabei zum einen offengelegt werden, inwieweit das IS die Chancen und die Risiken des Unternehmens beeinflußt bzw. beeinflussen kann[566]. Zum anderen sind die Stärken und Schwächen des IS aufzudekken und ihre Ursachen zu ergründen.[567] Zugleich kann aus den identifizierten Defiziten ein erster grober Anforderungskatalog für künftige Veränderungsmaßnahmen abgeleitet werden. Weil die erzielten Erkenntnisse als Informationsbasis für die nachfolgenden Planungsphasen der Informationsstrategie dienen, sind sie ausreichend zu dokumentieren.

2.1.2.2. Bestimmung der strategischen Stoßrichtung für die IS-Entwicklung und Formulierung strategischer Ziele für das Informationssystem

Im Rahmen der Festlegung der strategischen Stoßrichtung für die IS-Entwicklung sind u. a. die grundlegende Bedeutung des IS für die Unternehmensaktivitäten zu eruieren, Aussagen zum Technikeinsatz, zur IS-Organisation und zu personalbezogenen Aspekten zu treffen, grundlegende Gestaltungsrichtlinien aufzustellen sowie Prioritäten für künftige Veränderungsmaßnahmen abzuleiten.[568] Angesichts der Verflechtung zwischen der strategischen Stoßrichtung des IS und der strategischen Unternehmensplanung ist bei der Bestimmung der Stoßrichtung darauf zu achten, daß die künftige Rolle

---

565 Vgl. Neu, P. (1991), S. 95. Bezüglich der Probleme, die bei der Ermittlung der Kosten und des Nutzens eines IS auftreten können, vgl. Niemeyer, H. W. (1977), S. 219; Rehberg, J. (1973), S. 45ff.

566 Das Schrifttum schlägt vor, hierbei die Szenario-Technik einzusetzen. Bei dieser Methode werden alternative Zukunftsbilder (Szenarien) generiert und hieraus Konsequenzen für die strategische Planung abgeleitet. Zu den Merkmalen und der Vorgehensweise bei der Szenario-Technik vgl. Heinrich, L. J. (1999), S. 339-348; Biethahn, J./Mucksch, H./Ruf, W. (1994), S. 255-261; Götze, U./Rudolph, F. (1994), S. 21-25.

567 Hierbei kann das sogenannte Stärken-Schwächen-Profil eingesetzt werden. Bei dieser Methode werden zunächst diejenigen Faktoren gemessen, die für die Funktionsweise des IS erfolgskritisch sind. Anschließend werden die gewonnenen Meßdaten in einem Polaritätsprofil (Stärken - Schwächen) dargestellt. Vgl. Schwarze, J. (1998), S. 110; Adrian, W. (1989), S. 67; Teubner, R. A. (1999), S. 225.

568 Vgl. Trott zu Solz, C. v. (1992), S. 181 und 183.

und die Funktionalitäten des IS mit den mittel- bis langfristigen Zielen des Unternehmens harmonieren.[569]

Zur Präzisierung der strategischen Stoßrichtung stehen verschiedene konzeptionelle Hilfen zur Auswahl. Da auch hier keine allgemeingültige Methode existiert, sind Methoden nach subjektiven Kriterien auszuwählen. Näher beschrieben werden im folgenden folgende vier Instrumente: Die „Strategie-Matrix“ (1), die „Informationsintensitätsmatrix“ (2), die „Branchenattraktivitäts-Geschäftsfeldstärken-Informationsintensitäts-Matrix“ (3) und die „Strategie-Impact-Matrix“ (4).[570]

(ad 1): Strategie-Matrix

Um das Potential des IS für die Aktivitäten eines Unternehmens grundlegend einschätzen zu können, ist zunächst seine strategische Bedeutung für das Unternehmen zu ermitteln. Hilfreich kann dabei die sogenannte Strategie-Matrix[571] sein (vgl. Abb. 31).

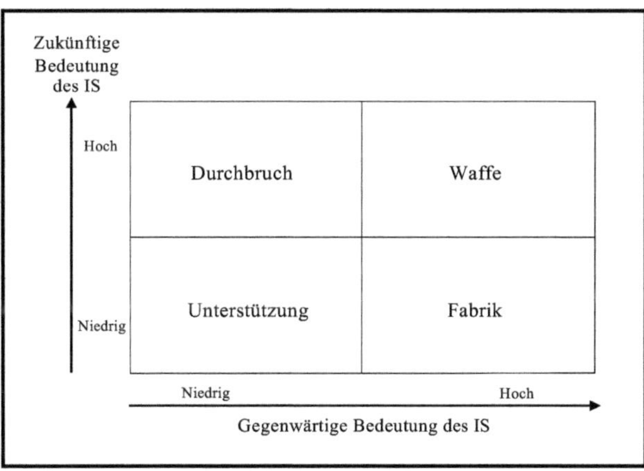

Abb. 31: Portfolio zur Bestimmung der strategischen Bedeutung von IS für den Unternehmenserfolg („Strategie-Matrix“)[572]

---

569 Vgl. Abb. 27.

570 Weitere Verfahren, die bei der Auswahl der strategischen Stoßrichtung eingesetzt werden können, sind der „Optionengenerator“ [vgl. Trott zu Solz, C. v. (1992), S. 202-208; Heinrich, L. J. (1999), S. 99f.] sowie das „Systemlebenszyklus-Modell“ von Nolan [vgl. Nolan, R. L. (1979), S. 115ff.].

571 Zur Strategie-Matrix vgl. Heinrich, L. J. (1999), S. 92f.; Krcmar, H. (1997), S. 210-212; Fank, M. (1996), S. 166-168; Beier, D./Gabriel, R. (1998), S. 8. Bezüglich der Defizite dieses Modells vgl. Trott zu Solz, C. v. (1992), S. 199 m. w. N.

Die Abbildung zeigt, daß bei dieser Portfolio-Methode die Dimensionen „Gegenwärtige Bedeutung des IS“ und „Zukünftige Bedeutung des IS“ unterschieden werden. Die Rolle eines IS für ein Unternehmen kann eingeschätzt werden, indem es einem der vier möglichen Quadranten zugeordnet wird[573]:

- Das IS besitzt den Stellenwert einer *Waffe*, wenn es sowohl gegenwärtig als auch künftig von großer Bedeutung für das Erreichen der Ziele des Unternehmens ist. Da der Erfolg bzw. das Überleben des Unternehmens in hohem Maße durch den Faktor Information respektive durch das IS bestimmt wird, ist das IS auf dem neuesten Stand einsatzbereit zu halten. Die vom IM zu verrichtenden Aufgaben sind strategischer, administrativer sowie operativer Natur.

- Liegt die Position des IS im Quadranten *Durchbruch*, besitzt es gegenwärtig nur eine geringe Bedeutung, diese soll jedoch in Zukunft erheblich zunehmen. Das IS befindet sich folglich in einem Durchbruchsstadium und seine Position auf einer Durchgangsstation zum Quadranten Waffe. Das IM muß sich daher vornehmlich mit strategischen und administrativen Aufgaben beschäftigen.

- Ist das IS im Quadranten *Fabrik* positioniert, hat es derzeit einen hohen Stellenwert für das Erreichen strategischer Unternehmensziele. Allerdings nimmt die Bedeutung des IS mit der Zeit ab. Die Hauptaufgabe des IM besteht in diesem Fall in der Optimierung der vorhandenen Informationsversorgung. Strategische Aufgaben sind nicht, administrative Aufgaben kaum zu verrichten.

- Ist das IS dem Quadranten *Unterstützung* zugeordnet, besitzt es weder aktuell noch künftig eine große Bedeutung für das Unternehmen. Ihm kommt lediglich eine Unterstützungsfunktion bei der operativen Aufgabenerfüllung zu. Der Stellenwert des IM ist dementsprechend gering und umfaßt nur operative Aufgaben.

Die Strategie-Matrix kann jedoch nicht nur für die Klassifizierung von IS eingesetzt werden. Vielmehr können, wie Abb. 32 zeigt, die Ergebnisse der Matrix auch für das Festlegen von Planungsschwerpunkten der IS-Gestaltung sowie für die Auswahl

---

572 In Anlehnung an McFarlan, F. W./McKenney, J. L./Pyburn, P. (1983), S. 150.

573 Vgl. McFarlan, F. W./McKenney, J. L./Pyburn, P. (1983), S. 145ff.; McFarlan, F. W./McKenney, J. L. (1983), S. 74ff. Ähnlich auch Gerstein, M./Reisman, H. (1982), S. 57f., die die Matrix dafür nutzen, den strategischen Wert einzelner Teilsysteme bzw. Applikationen eines IS zu ermitteln.

grundlegender Entscheidungen genutzt werden.[574] Folgende zwei Beispiele belegen dies:

Rolle des IS / Planungs-Aspekte des IS	Waffe	Durchbruch	Fabrik	Unterstützung
1.Zukünftige Investitionen	Kritisch	Kritisch	Zurückhaltend	Unkritisch
2. Technikrisiko	Bewußt planen	Hoch	Niedrig	Null
3.Planung des IS	Mit strategischer Unternehmensplanung	Mit strategischer Unternehmensplanung	Ressourcen/ Kapazität	Untergeordnet
4. Spezielle Kompetenzen/Know-how-Schwerpunkte	Schlüssel- und Schrittmacher-Technologien	Neu aufzubauen, Schrittmacher-Technologien	Breites Know-how, Monitoring	Basis-Technologien
5. Anforderungsschwerpunkte/Eigenschaften	Sicherheit und Effizienz	Sicherheit	Effizienz, Kostenreduktion	Wirtschaftlichkeit
6. Besondere Faktoren	Konkurrenzvergleich, Überalterung vermeiden	Ausbildung und Innovation, Management-Identifikation	Reaktiv ausgerichtet	Reaktiv, keine Risikoprojekte

Abb. 32: Planungsschwerpunkte eines IS in Abhängigkeit von der strategischen Rolle des IS im Unternehmen[575]

Der vierte Zeile (*„Spezielle Kompetenzen/Know-how-Schwerpunkte“*) zeigt, daß in Abhängigkeit davon, ob das IS z. B. die Rolle einer Unterstützung oder die einer Waffe einnimmt, die Kompetenzen im IS-Bereich unterschiedlich ausfallen. Besitzt das IS eine unterstützende Funktion im Unternehmen, reichen Kenntnisse in Basis-Technologien aus, also in solchen Technologien, die in der Regel von allen Wettbewerbern beherrscht werden. Im Fall der Bedeutung einer Waffe sollte der IS-Bereich sich in Schlüssel- und Schrittmacher-Technologien auskennen. Bei Schlüssel-Technologien handelt es sich um bereits existente, jedoch noch nicht voll entwickelte Technologien, die für den Unternehmenserfolg von großer Bedeutung sind. Schrittmacher-Technologien bieten dem Unternehmen ebenfalls ernorme Potentiale, befinden sich aber im Gegensatz zu den Schlüssel-Technologien noch im Entwicklungsstadium.[576] Auch das *„Technikrisiko“* (vgl. Zeile 2 in Abb. 32.), welches vom IS-Bereich zur Wahrung der Positionen Waffe und Unterstützung in Kauf genommen werden muß, ist gänzlich verschieden. Besitzt das IS die Bedeutung einer Waffe, sind das Technikrisiko sehr bewußt zu planen und Risiken genau abzuwägen, da das IS unbedingt in seiner Position zu halten ist. Ist die Rolle des IS im Unternehmen eher unter-

---

574 Nach Fank schließt dies auch personelle sowie organisatorische Grundsatzentscheidungen mit ein. Vgl. Fank, M. (1996), S. 168.

575 In Anlehnung an Groß, J. (1985), S. 61.

576 Zu den Technologiekategorien „Basis-Technologien“, „Schlüssel-Technologien“ und „Schrittmacher-Technologien“ vgl. Rüttler, M. (1991), S. 48 m. w. N.

stützender Natur, sollte kein Technologie-Risiko eingegangen werden. Letzteres hängt damit zusammen, daß die Technik in der Position Unterstützung nicht dazu beitragen kann, die Chancen eines Unternehmens zu verbessern, weshalb es umgekehrt keinen Sinn macht, Risiken bei der Gestaltung der IS-Technik einzugehen.

(ad 2): Informationsintensitätsmatrix

Ein weiteres vielversprechendes Modell zur Bestimmung der strategischen Relevanz des IS für ein Unternehmen ist die Informationsintensitätsmatrix (vgl. Abb. 33).[577]

Informations-intensität in der Wertkette	Informationsintensität der Produkte		
	Niedrig	Mittel	Groß
Groß	z. B. Ölraffinerie 3	5	z. B. Bank, Luftfahrt-gesellschaft 6
Mittel	2	4	5
Niedrig	z. B. Bergbau 1	2	z. B. Copy-Shop 3

Abb. 33: Informationsintensitätsmatrix[578]

Aufbauend auf den Ergebnissen aus der produkt- sowie prozeßorientierten Analyse[579] läßt sich in diesem Modell unter Zuhilfenahme der Dimensionen „Informationsintensität der Produkte" und „Informationsintensität der Wertkette" das strategische Potential eines IS ableiten. Die Bestimmung der strategischen Relevanz beruht auf der Annahme, daß ein IS einem Unternehmen mit hoher Informationsintensität deutlich mehr wettbewerbliche Potentiale eröffnet als einer Unternehmung, bei der die Informationsintensität eher gering ausfällt.[580] Von einer hohen Informationsintensität der Produkte ist auszugehen, wenn z. B. das Produkt Informationen liefert, das Produkt aus Informationen besteht oder der Käufer das Produkt nutzt, um Informationen zu verarbeiten. Die Informationsintensität in der Wertschöpfungskette ist in der Regel dann groß,

---

577 Vgl. Porter, M. E./Millar, V. E. (1985), S. 149ff., insb. S. 152f. und 158. Kritisch zur Informationsintensitätsmatrix äußert sich Krcmar, H. (1997), S. 208.

578 In Anlehnung an Porter, M. E./Millar, V. E. (1985), S. 153.

579 Vgl. diesbezüglich Seite 140ff.

580 Vgl. Krcmar, H. (1997), S. 207; Heinrich, L. J. (1999), S. 99.

wenn das Unternehmen viele Lieferanten und Kunden hat und/oder ein vielstufiger Herstellungsprozeß der Produkte vorliegt.[581]

Durch Positionierung des eigenen Unternehmens in der Matrix läßt sich die Bedeutung von Informationen, Kommunikation und Informationstechniken für das Unternehmen bestimmen. Zu beachten sind insbesondere Unternehmen, deren Position in den Quadranten 5 und 6 (1 und 2) liegen, da für sie Informations- und Kommunikationssysteme einen hohen (geringen) Stellenwert im Wettbewerbs besitzen.[582]

Ist die grundlegende Bedeutung des IS für das Unternehmen ermittelt, können hierauf aufbauend elementare Aussagen über die Art und Weise der einzusetzenden Informationstechniken, über die Organisation sowie über das Personal getroffen werden. Einem ganzheitlichen Denkansatz folgend, müßten alle wechselseitigen Beziehungen zwischen den verschiedenen Parametern beachtet werden. Aufgrund der Komplexität einer solchen Betrachtung sollte man sich allerdings auf Beziehungen beschränken, die für die spätere Funktionsweise des IS erfolgskritisch sind.

(ad 3): Branchenattraktivitäts-Geschäftsfeldstärken-Informationsintensitäts-Matrix

Im Rahmen der Festlegung der strategischen Stoßrichtung für die IS-Entwicklung besitzt die Auswahl der *informationstechnischen Stoßrichtung* eine große Bedeutung.[583] Um die Stoßrichtung der Informationstechnik festlegen zu können, haben Krüger/Pfeiffer[584] die sogenannte „Branchenattraktivitäts-Geschäftsfeldstärken-Informationsintensitäts-Matrix“ entwickelt (vgl. Abb. 34).

581 Vgl. Krcmar, H. (1997), S. 209.

582 Es sei angemerkt, daß die Informationsintensitätsmatrix auch zur Bestimmung der strategischen Relevanz des IS für Branchen eingesetzt werden kann.

583 Eine Beschreibung der Aspekte, die im Rahmen der Festlegung der organisatorischen sowie personellen IS-Stoßrichtung von Interesse sind, findet sich bei Baik, K. (1997), S. 208.

584 Vgl. Krüger, W./Pfeiffer, P. (1988b), S. 7-10.

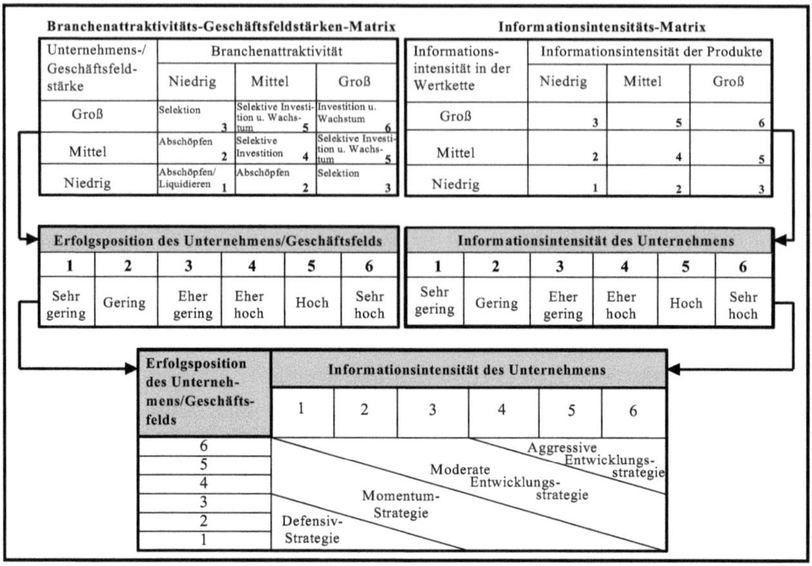

Branchenattraktivitäts-Geschäftsfeldstärken-Matrix

Unternehmens-/Geschäftsfeld-stärke	Branchenattraktivität		
	Niedrig	Mittel	Groß
Groß	Selektion 3	Selektive Investition u. Wachstum 5	Investition u. Wachstum 6
Mittel	Abschöpfen 2	Selektive Investition 4	Selektive Investition u. Wachstum 5
Niedrig	Abschöpfen/ Liquidieren 1	Abschöpfen 2	Selektion 3

Informationsintensitäts-Matrix

Informations-intensität in der Wertkette	Informationsintensität der Produkte		
	Niedrig	Mittel	Groß
Groß	3	5	6
Mittel	2	4	5
Niedrig	1	2	3

Erfolgsposition des Unternehmens/Geschäftsfelds					
1	2	3	4	5	6
Sehr gering	Gering	Eher gering	Eher hoch	Hoch	Sehr hoch

Informationsintensität des Unternehmens					
1	2	3	4	5	6
Sehr gering	Gering	Eher gering	Eher hoch	Hoch	Sehr hoch

Erfolgsposition des Unternehmens/Geschäftsfelds (6, 5, 4, 3, 2, 1) × **Informationsintensität des Unternehmens** (1, 2, 3, 4, 5, 6):

Aggressive Entwicklungs-strategie

Moderate Entwicklungs-strategie

Momentum-Strategie

Defensiv-Strategie

Abb. 34: Ableitung der informationstechnischen Stoßrichtung unter Zuhilfenahme der „Branchenattraktivitäts-Geschäftsfeldstärken-Informationsintensitäts-Matrix“[585]

Die Abbildung zeigt, daß sich die informationstechnische Stoßrichtung im IS aus zwei Dimensionen ableiten läßt: Der „Erfolgsposition des Unternehmens/Geschäftsfelds“ einerseits und der „Informationsintensität des Unternehmens“ andererseits. Die *„Erfolgsposition des Unternehmens/Geschäftsfelds“* resultiert wiederum aus der „Branchenattraktivitäts-Geschäftsfeldstärken-Matrix“. Mit der Letzteren kann die Wettbewerbsposition eines Unternehmens bzw. Geschäftsfelds in bezug auf die beiden Dimensionen Branchenattraktivität und Unternehmens-/Geschäftsfeldstärke bestimmt werden. Aus der jeweiligen Positionierung ergeben sich Anhaltspunkte bzw. normative Handlungsempfehlungen für die Entwicklung der Wettbewerbsstrategie (z. B. Investition, Selektion, Abschöpfen).[586] Die *„Informationsintensität des Unternehmens“* ergibt sich aus der „Informationsintensitätsmatrix“, die bereits weiter vorne vorgestellt wurde, so daß hier auf die entsprechenden Ausführungen verwiesen werden kann.[587]

---

585 In Anlehnung an Krüger, W./Pfeiffer, P. (1991), S. 23; Krüger, W./Pfeiffer, P. (1988b), S. 9.

586 Vgl. Hax, A. C./Majluf, N. S. (1991), S. 180f. sowie Rüttler, M. (1991), S. 220-224.

587 Vgl. diesbezüglich die Ausführungen auf Seite 148f.

In Abhängigkeit von der Einordnung in das zweidimensionale Portfolio existieren folgende *informationstechnische Verhaltensstrategien*[588]:

- Bei der *Defensiv-Strategie* drängt das Unternehmen den Einfluß des IS zurück und ignoriert (weitgehend) Fortentwicklungen bei Informations- und Kommunikationstechnologien; diese Strategie ist im Grenzfall sogar destruktiv (destruktive Strategie). Die Defensiv-Strategie wählen in der Regel Unternehmen, die bis dato überwiegend negative Erfahrungen mit dem Einsatz von (innovativen) Informationstechniken gemacht haben. Es ist aber auch möglich, daß die schwache Erfolgsposition des Unternehmens gemeinsam mit der geringen Informationsintensität eine solche Strategie aus Mangel an Ressourcen erzwingt.

- Die *Momentum-Strategie* sollte gewählt werden, wenn die installierten und geplanten IS einander entsprechen und auch künftig mit den strategischen Zielen harmonisieren. Die Entwicklungen im IS-Bereich werden aufmerksam verfolgt, das IS wird aber aufgrund der fehlenden Notwendigkeit einer Veränderung sowie einer tendenziell konservativen Haltung gegenüber technologischen Fortentwicklungen – wenn überhaupt – nur minimal verändert. Das Verhalten des Unternehmens kann demzufolge mit abwartend umschrieben werden.

- Bei der *moderaten Entwicklungsstrategie* erkennt das Unternehmen die Bedeutung von IS, allerdings betreffen nur einzelne Aspekte und Entwicklungen die strategische Position des Unternehmens. Ihren Ausdruck findet diese Strategie gewöhnlich in Einzel- und Pilotprojekten.

- Unternehmen, die eine *aggressive Entwicklungsstrategie* verfolgen, forcieren Entwicklungen in der IT. Diese Strategie basiert auf der Erkenntnis, daß sowohl der Faktor Information als auch das die Informationen bereitstellende IS von überragender Bedeutung für den Erhalt und den Zugewinn von Wettbewerbsvorteilen sind. Daher müssen alle IM-Aktivitäten mit den strategischen Planungsüberlegungen der Geschäftsleitung abgestimmt werden. Zudem dürfte ein Unternehmen bei dieser Strategie bemüht sein, die Entwicklungen von Informations- und Kommunikationstechnologien selbst voranzutreiben, da die eigene Wettbewerbsposition kaum haltbar sein dürfte, wenn technologische Neuerungen lediglich kopiert werden.

---

[588] Die verschiedenen informationstechnischen Verhaltensstrategien gehen auf Szyperski zurück. Vgl. Szyperski, N. (1980c), S. 145; Szyperski, N. (1981), S. 188f. und ferner Krüger, W./Pfeiffer, P. (1988a), S. 165.

Angesichts der Reduktion des in der Realität deutlich komplexeren Entscheidungsfeldes auf eine zweidimensionale Betrachtungsweise ist es nicht empfehlenswert, die strategische (IT-)Stoßrichtung allein auf Basis dieser Matrix festzusetzen. Vielmehr sollten zusätzliche Einflußfaktoren eruiert werden, bevor die endgültige Entscheidung getroffen wird.[589] Darüber hinaus ist die ausgewählte IT-Stoßrichtung von Zeit zu Zeit – in Abhängigkeit vom Ausmaß der Veränderungen in der in- und externen Umwelt des Unternehmens – zu überprüfen und gegebenenfalls zu modifizieren.[590] Auf jeden Fall sollte die Auswahl der IT-Stoßrichtung gemeinsam mit den Fachbereichen (FB)[591] erfolgen, da die Auswahlergebnisse einen erheblichen Einfluß auf die künftigen Bedingungen der IS-Nutzung in den FB nehmen.[592]

Sofern die strategische Stoßrichtung für die einzelnen Parameter im IS feststeht, können hierauf aufbauend Ansatzpunkte zur Veränderung bzw. Fortentwicklung des IS festgelegt werden. Da im Unternehmen bzw. im IS-Bereich jedoch oftmals personelle, zeitliche und/oder finanzielle Restriktionen existieren, können nicht alle potentiellen Entwicklungsvorhaben im IS realisiert werden. Es gilt daher, sachgerechte Prioritäten für die IS-Gestaltung zu bestimmen, so daß gewährleistet ist, daß die anvisierten Gestaltungsvorhaben vollständig realisiert werden können und keine „Investitionsruinen“[593] aufgrund fehlender Kapazitäten entstehen.[594]

Gemäß dem Grundsatz der Wirtschaftlichkeit sind dabei solche Maßnahmen auszuwählen, deren Nutzen größer ist als die entsprechenden Kosten. Bei der Auswahl sollten die Ergebnisse aus der Stärken/Schwächen-Analyse hinzugezogen werden[595]. Als Lösungsansatz empfiehlt sich die Strategie-Impact-Matrix von Fischbacher (vgl. Abb. 35).

---

589 Vgl. Nawatzki, J. (1994), S. 164.

590 Ähnlich Meyersiek, D./Jung, M. (1989), S. 159.

591 In Abgrenzung zum Informationsverarbeitungsbereich (IVB) besteht die primäre Aufgabe eines Fachbereichs nicht in der Gestaltung und Pflege des im Unternehmen implementierten IS. Die Fachbereiche beschäftigen sich vielmehr mit anderen Tätigkeiten wie z. B. der Beschaffung und/oder der Produktion und/oder dem Vertrieb.

592 Vgl. Pfeiffer, P. (1990), S. 138f.

593 Kraege, T. (1998), S. 8; Weltz, F./Bollinger, H. (1990), S. 27.

594 Ähnlich Trott zu Solz, C. v. (1992), S. 135; Merkel, H. (1988), S. 304; Fähnrich, K.-P./Weisbeckert, A./Kurz, E. (1992), S. 67.

595 Vgl. Trott zu Solz, C. v. (1992), S. 201.

(ad 4): Strategie-Impact-Matrix

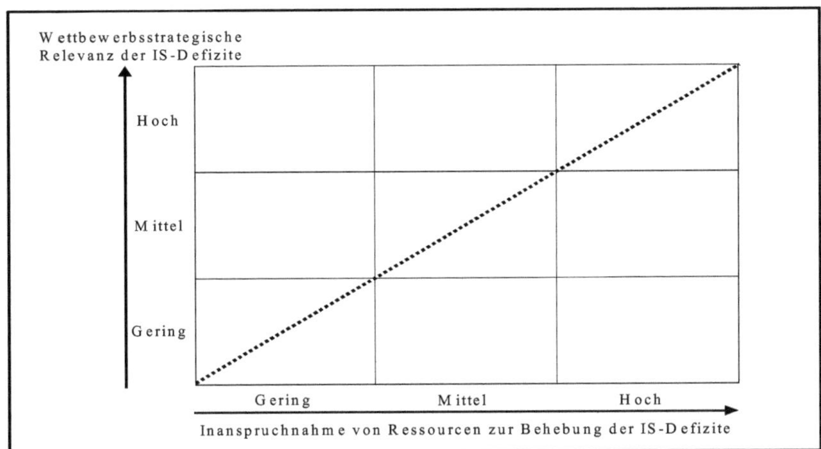

Abb. 35: Strategie-Impact-Matrix[596]

Bei dieser Methode[597] werden die Prioritäten der IS-Gestaltung ermittelt, indem man die Bedeutung der IS-Defizite mit den Kosten vergleicht, die für deren Beseitigung anfallen. Die Beurteilung der Defizite kann anhand ihrer wettbewerbsstrategischen Relevanz für das Unternehmen erfolgen[598], die Kosten für das Beseitigen der Mängel sind aus der Inanspruchnahme von Ressourcen zur Behebung der Defizite abzuleiten.[599]

Die Abbildung zeigt, daß prinzipiell solche Maßnahmen ergriffen werden sollten, die zu Kombinationen der beiden „Variablen" gehören, die oberhalb der gestrichelten Diagonalen liegen. Diese Maßnahmen besitzen eine hohe wettbewerbsstrategische Bedeutung bei vergleichsweise geringer Inanspruchnahme von Ressourcen.[600] Genau wie der „Branchenattraktivitäts-Geschäftsfeldstärken-Informationsintensitäts-Matrix" ist jedoch auch dieser Portfolio-Methode mit Vorsicht zu begegnen. Denn auch hier gilt, daß die Festlegung von Prioritäten der IS-Gestaltung ein höchst komplexer und z. T. kreativer Prozeß ist, den man nicht auf eine schematische Betrachtungsweise reduzie-

---

596 In Anlehnung an Fischbacher, A. (1986), S. 180.

597 Vgl. im folgenden Fischbacher, A. (1986), S. 179-191.

598 Hierbei sind die Ergebnisse aus der Analyse der betrieblichen Umwelt – insbesondere die Erkenntnisse aus dem Modell der Wettbewerbskräfte – zu nutzen.

599 Vgl. Trott zu Solz, C. v. (1992), S. 182 und 187.

600 Mit anderen Wort ist der Nutzen derartiger Maßnahmen größer als deren Kosten.

ren kann. Aus diesem Grund sollten zusätzlich unternehmensindividuelle sowie situationsspezifische Kontextfaktoren berücksichtigen werden.

Mit Festlegung der Prioritäten künftiger Entwicklungsvorhaben sind nun folgende Aspekte bekannt: Die grundlegende Bedeutung des IS für das Unternehmen, die strategische Stoßrichtung bzw. die grobe Entwicklungsrichtlinie für die einzelnen IS-Gestaltungsdimensionen sowie erste Schwerpunkte der künftigen Gestaltung. Damit diese Ergebnisse planvoll umgesetzt werden können, sind *strategische IS-Ziele*[601] für die verschiedenen Gestaltungsdimensionen zu formulieren. Diese Ziele liefern wesentliche Vorgaben für die künftige Gestalt des IS; zugleich schaffen und beschränken sie den Handlungsspielraum für die nachfolgenden Aufgaben.[602]

2.1.2.3. Festlegung der Informationsstrategie und Formulierung strategischer Maßnahmen für ihre Umsetzung

Der Planungsprozeß einer Informationsstrategie endet mit deren schriftlicher Fixierung sowie der Auswahl strategischer Maßnahmen für ihre Umsetzung. Bei der Fixierung der Informationsstrategie ist es zweckmäßig, die Informationsstrategie in Teilstrategien aufzuspalten.[603] Die Entscheidung darüber, für welche Objekte (z. B. Software, Hardware, Personal) bzw. für welche Eigenschaften eines IS (z. B. Qualität, Sicherheit, Kundenorientierung) Teilstrategien zu formulieren sind, ist unternehmensindividuell zu treffen.[604] Anhaltspunkte für eine sachgerechte Aufspaltung ergeben sich zum einen aus der strategischen Bedeutung der Objekte und Eigenschaften für den Unternehmenserfolg, zum anderen aus den Problemen, welche die Objekte und Eigenschaften dem IS in der Vergangenheit bereitet haben.[605]

---

601 Neu unterscheidet dabei zwischen „anwendungsbezogenen Zielen“ und „implementierungsbezogenen Zielen“. Während es bei anwendungsbezogenen Zielen um die Frage geht, was das künftige IS leisten soll, ist bei implementierungsbezogenen Zielen festzulegen, wie das zukünftige IS technisch, personell und organisatorisch zu realisieren ist. Vgl. Neu, P. (1991), S. 41 und 112.

602 Vgl. Heinrich, L. J. (1999), S. 105.

603 Ähnlich Heinrich, L. J. (1999), S. 121.

604 Neu [vgl. Neu, P. (1991), S. 40] unterscheidet zwischen den Teilstrategien „Definition der Rahmen-Architektur“, „Definition der Ziel-Architektur“ sowie „Erarbeiten der Realisierungsstrategie“. Beier/Gabriel differenzieren in Anlehnung an Hansen, H. R./Riedl, R. [vgl. Beier, D./Gabriel, R. (1998), S. 10; Hansen, H. R./Riedl, R. (1990), S. 676-681] zwischen den Teilstrategien „Anwendungs-Architektur“, „IuK-Ressourcen“ sowie „Organisation der IuK-Ressourcen und des Informationsmanagements“.

605 Vgl. Heinrich, L. J. (1999), S. 121.

Die Informationsstrategie respektive ihre Teilstrategien werden schlußendlich durch einen *Plan strategischer IS-Maßnahmen* konkretisiert. Dieser Maßnahmenplan, der bisweilen auch als Informationsplan[606] bezeichnet wird, stellt den Output aller vorangegangenen Planungsstufen der Informationsstrategie dar. Er enthält sämtliche Maßnahmen zur Gestaltung des IS und seiner Teile sowie die hierfür notwendigen Budgets und Ressourcen. Die verschiedenen Maßnahmen sind dabei so weit zu konkretisieren, daß die zuvor identifizierten Potentiale des IS nachfolgend – auf taktischer und operativer Ebene – realisiert werden können.[607]

2.1.3. Zur Kompatibilität der Ideen von Lean Management mit den Gestaltungsansätzen im Bereich „Informationsstrategie"

In Kapitel D war die LM-Konzeption beschrieben worden. Es wurden dabei folgende Teilbereiche unterschieden[608]:

1. Das *LM-Zielsystem*, bestehend aus a) den Oberzielen „Gewinnerzielung" und „Existenzsicherung", b) den Unterzielen „Optimierung des Kundennutzens" und „Verbesserung der Wirtschaftlichkeit" sowie c) den Teilzielen „Verbesserung der Qualität", „Steigerung der Wertschöpfung" und „Ausschöpfen des Mitarbeiterpotentials".

2. Die *LM-Meta-Kriterien* „Proaktives und sensitives Denken", „Potentialdenken", „Kaizen", „Veränderungsbereitschaft und Umsetzungsorientierung" sowie „Ganzheitlichkeit im Denken und Handeln".

3. *Die LM-Instrumente* und die *Merkmale schlanker Unternehmen.*

Diese Systematisierung nutzend, sollen nachfolgend die Anwendungsmöglichkeiten und -grenzen von LM im Bereich Informationsstrategie aufgezeigt werden. Es wird analysiert, inwieweit die in den Kapiteln E 2.1.1. und E 2.1.2. aufgezeigten Maßnahmen und Methoden zur Festlegung einer Informationsstrategie mit den Ideen des LM-Ansatzes kompatibel sind.

---

606 Vgl. Nawatzki, J. (1994), S. 164f. sowie Heinrich, L. J. (1999), S. 128.

607 Vgl. Fank, M. (1996), S. 190f.; Neu, P. (1991), S. 170; Trott zu Solz, C. v. (1992), S. 185.

608 Vgl. Kapitel D 3. und dort insbesondere Abb. 18, Seite 92.

(ad 1): Kritische Analyse des Zielsystems

1.a): Oberziele

Mit der Planung der Informationsstrategie wird das langfristige Gesamtkonzept des IS mit dem Ziel festgelegt, Erfolgspotentiale, welche die IV dem Unternehmen bietet, zu erhalten oder neu zu erschließen.[609] Diese Potentiale sind anschließend auf taktischer und operativer Ebene derart zu konkretisieren, daß das IS Nutzen für ein Unternehmen stiften und so dazu beitragen kann, daß Gewinne erzielt werden. Aus diesem Grund besteht offensichtlich kein Dissens zwischen dem LM-Ziel *„Gewinnerzielung"* und den Gestaltungsmaßnahmen im Bereich Informationsstrategie. Beachtet man indes, daß Gewinnerzielung ein von allen marktwirtschaftlich orientierten Unternehmen verfolgtes Ziel ist und es daher nicht exklusiv im LM-Ansatz berücksichtigt wird, dürfte LM aufgrund dieses Ziels nicht besser als andere Managementkonzepte für die Gestaltung von IS geeignet sein. Weil darüber hinaus den Ausführungen zur Gestaltung des Bereichs Informationsstrategie nicht entnommen werden kann, daß Gewinnerzielung in spezieller Form beachtet wird, ist anzunehmen, daß von dem Ziel „Gewinnerzielung" kein spezieller Impuls für die Gestaltung einer Informationsstrategie ausgeht.

Ähnlich kann hinsichtlich des LM-Ziels *„Existenzsicherung"* argumentiert werden. Denn auch hier gilt, daß die mit der Planung der Informationsstrategie festgelegten IS-Potentiale dazu beitragen sollen, daß das IS künftig effektiv und effizient arbeiten und so einen Beitrag zur Erhaltung des Unternehmensfortbestands leisten kann. Da jedoch Existenzsicherung zum einen eine Nebenbedingung ökonomischen Handelns ist, die alle Unternehmensorganisationen betrifft[610] und daher auch hier gilt, daß neben LM auch andere Managementkonzepte dieses Ziel berücksichtigen, zum anderen die Ausführungen in Kapitel E 2.1.2. nicht implizieren, daß das Ziel Existenzsicherung bei der Planung der Informationsstrategie unbedingt zu beachten wäre, wird zusammenfassend die Wirkung dieses Ziels im Bereich Informationsstrategie als neutral eingestuft.

1.b): Unterziele

Die Optimierung des Kundennutzens ist eine – wenn nicht sogar die wichtigste – Aufgabe der Gestaltung eines IS. Dies ergibt sich bereits aus der Dienstleistungsfunktion des IS und konkretisiert sich ferner im Oberziel der IS-Gestaltung[611], den IS-Nutzern

---

[609] Vgl. Seite 134.

[610] Vgl. Seite 99.

[611] Vgl. Seite 131.

qualitativ hochwertige Informationen zum richtigen Zeitpunkt, in einer adressatengerechten Präsentationsform sowie am richtigen Ort bereitzustellen. Zudem liegen gemäß dem „Fundamentalprinzip effektiver und effizienter Wertschöpfungsnetzoptimierung“[612] gerade im Bereich Informationsstrategie, der den anderen IM-Bereichen vorgelagert ist, große Potentiale, ein kundengerechtes IS zu gestalten. Das Ziel *„Optimierung des Kundennutzens“*, das im LM u. a. bedeutet, eine marktgerechte Produktvielfalt anzubieten, die Qualität seiner Produkte und Prozesse am Kundennutzen auszurichten sowie seine Leistungen zeitgerecht bereitzustellen[613], dürfte daher bei der Planung des Bereichs Informationsstrategie positiv wirken (können).

Untersucht man jedoch die Ausführungen in den Kapiteln E 2.1.1. und E 2.1.2. nach konkreten Anhaltspunkten der Berücksichtigung des Ziels „Optimierung des Kundennutzens“ bei der Planung der Informationsstrategie, zeigen sich nur relativ unspezifische Aspekte: Erstens gilt es, die IS-Nutzer in allen Planungsphasen der Entwicklung und Umsetzung der Informationsstrategie zu involvieren, damit ihre Anforderungen an das IS frühzeitig erkannt und kundengerecht berücksichtigt werden können.[614] Zweitens soll in der Phase „Analyse der IS-Implementierung“[615] aus einer software- und einer ablauforientierten Perspektive untersucht werden, wie die Informationsadressaten das IS und die offerierten Informationen nutzen, um so auf den aktuellen Kundennutzen des implementierten IS schließen zu können.

Ungeachtet dieser nur wenigen (konkreten) Hinweise für eine Umsetzung wird das LM-Ziel „Optimierung des Kundennutzens“ dennoch als insgesamt positiv für die Gestaltung einer Informationsstrategie erachtet. Diese Einschätzung beruht auf der Annahme, daß dieses Ziel – angesichts seiner hohen Stellung in der LM-Hierarchie – im LM-Ansatz mit Nachdruck verfolgt werden dürfte. Geschieht dies in derselben Form auch im Bereich Informationsstrategie, müßte eine am Kundennutzen der IS-Adressaten ausgerichtete Gestaltung der Informationsstrategie die logische, quasi „nicht vermeidbare“ Konsequenz sein. Damit wird zum einen der gemäß dem Fundamentalprinzip elementaren Bedeutung des Bereichs Informationsstrategie für eine kundenorientierte IS-Gestaltung entsprochen und zum anderen der häufig geäußerte Vorwurf einer mangelnden Kundenorientierung im IS deutlich entkräftet. Zusammen-

---

612 Zum Fundamentalprinzip vgl. Seite 111.

613 Vgl. Seite 100f.

614 Vgl. Seite 140 und 152.

615 Vgl. Seite 143.

fassend spricht daher das Ziel „Optimierung des Kundennutzens“ für ein Anwenden von LM im Bereich Informationsstrategie.

Die Phase „Planung der Informationsstrategie“ ist gemäß Fundamentalprinzip für die künftige Wirtschaftlichkeit eines IS von elementarer Bedeutung. Wie soeben erläutert, hängt dies damit zusammen, daß gerade in dieser frühen IS-Gestaltungsphase immense Potentiale liegen, ein effizient arbeitendes IS zu konzipieren. Darüber hinaus können Versäumnisse in dieser Phase in nachgelagerten Phasen nicht oder nur mit unverhältnismäßig hohem Aufwand korrigiert werden. Eine am Ziel *„Verbesserung der Wirtschaftlichkeit“* ausgerichtete Gestaltung des Bereichs Informationsbereitschaft dürfte daher prinzipiell sachgerecht sein.

Untersucht man die Ausführungen zum Bereich Informationsstrategie mit der Intention, Anhaltspunkte der Umsetzung des Ziels „Verbesserung der Wirtschaftlichkeit“ zu finden, fallen folgende Aspekte auf, die eine Berücksichtigung andeuten: Erstens sind im Rahmen der Untersuchung des Status Quo des implementierten IS die Kosten des IS zu analysieren und – sofern ermittelbar – dem vom IS ausgehenden Nutzen gegenüberzustellen, damit so auf die aktuelle Produktivität bzw. Wirtschaftlichkeit des IS geschlossen werden kann.[616] Zweitens sind bei Anwendung der „Strategie-Impact-Matrix“ gemäß dem Grundsatz der Wirtschaftlichkeit solche Gestaltungsprioritäten auszuwählen, deren Nutzen größer ist als die entsprechenden Kosten.[617] Daneben findet das Wirtschaftlichkeitspostulat auch insofern Beachtung, als bei der Planung der Informationsstrategie nicht alle denkbaren Parameter und deren Wechselbeziehungen berücksichtigt werden sollten, sondern nur diejenigen, die einen hohen Wirkungsgrad für den Unternehmenserfolg versprechen[618] und für das Erzielen von Wettbewerbsvorteilen erfolgskritisch sind[619].

Faßt man das zuvor Beschriebene zusammen, zeigt sich, daß das Ziel „Verbesserung der Wirtschaftlichkeit“ im Bereich Informationsstrategie von Bedeutung ist. Berücksicht man zudem, daß LM dem Wirtschaftlichkeitsdenken aufgrund der besonderen ökonomischen Rahmenbedingungen, die in Japan in der Entstehungszeit von LM vorlagen, einen im Vergleich zu anderen Managementkonzepten hohen Stellenwert bei-

---

616 Vgl. Seite 144. Dort wurde darauf hingewiesen, daß sich in der Praxis das Ermitteln des IS-Nutzens und der IS-Kosten als sehr schwierig gestaltet.

617 Vgl. Seite 152.

618 Vgl. Seite 137.

619 Vgl. Seite 149.

mißt[620] und dabei sogar vermeidbare Konflikte als Verschwendung von Ressourcen versteht[621], bleibt folgendes festzuhalten: LM schenkt dem Wirtschaftlichkeitsziel die Aufmerksamkeit, die ihm im Bereich Informationsstrategie unbedingt entgegen zu bringen ist. Es mag daher mittels einer am LM-Konzept orientierten Gestaltung des Bereichs Informationsstrategie (vergleichsweise) gut gelingen, die Wirtschaftlichkeit im IS-Bereich zu steigern; ein Anwenden von LM ist demzufolge positiv.

1.c): Teilziele

Die *„Verbesserung der Qualität"* ist ein unbedingt bei der Gestaltung eines IS zu beachtendes Ziel. Denn erstens ist Qualitätsorientierung für eine dienstleistungs- bzw. kundennutzenorientierte IS-Gestaltung unverzichtbar, zweitens dürfte Qualität im IS gemäß dem Postulat „hohe Qualität führt zu geringen Kosten" zu einer verbesserten Kostensituation und damit zu einer größeren Wirtschaftlichkeit im IS führen.

Analysiert man die Ausführungen zum Bereich Informationsstrategie nach konkreten Anhaltspunkten der Beachtung des Ziels „Verbesserung der Qualität", wird man allerdings nicht fündig. Dies mag damit zusammenhängen, daß auf strategischer Ebene lediglich die Grundlage für ein qualitativ hochwertige Informationen generierendes IS geschaffen werden kann, indem beispielsweise eine sinnvolle strategische Stoßrichtung für das IS ausgewählt oder die richtigen Prioritäten bei der IS-Gestaltung gesetzt werden. Dagegen sind konkrete Maßnahmen, bei denen der Bezug zum Aspekt „Qualitätsorientierung im IS" unverkennbar ist, eher auf taktischer oder operativer Gestaltungsebene zu erwarten, so daß die Bedeutung des LM Ziels „Verbesserung des Qualität" für den Bereich Informationsstrategie nur allgemein bestimmt werden kann.

Ein Aspekt, der für ein Beachten dieses LM-Ziels spricht, ist, daß LM Qualitätssicherung als einen kontinuierlichen, antizipativen Prozeß versteht. Ein konsequentes Umsetzen dieser Sichtweise bei der Erarbeitung einer Informationsstrategie müßte dazu führen, daß der Qualität die Aufmerksamkeit zuteil wird, die ihr gebührt. Des weiteren dürfte es sich positiv auf die Planungsergebnisse auswirken, daß sich – wie im LM üblich – sämtliche Mitarbeiter und Unternehmensebenen mit Qualitätssicherung beschäftigen (müssen).[622] Denn dies dürfte eine umfassende, alle wesentliche Aspekte berücksichtigende Qualitätssicht, kaum nachträglichen Veränderungsbedarf im IS sowie eine

---

620 Vgl. Seite 101.

621 Vgl. Seite 101.

622 Vgl. Seite 102f.

hohe Akzeptanz bei den IS-Nutzern zur Folge haben.[623] Darüber hinaus dürften hierdurch auch die Kosten im IS-Bereich sinken, da ein „Hineinprüfen" von Qualität kostspielig ist, weil Fehler hierbei erst am Ende des Produktionsprozesses bemerkt werden und dies hohe Qualitätskosten nach sich zieht. Zusammenfassend ist deshalb anzunehmen, daß eine am LM-Konzept ausgerichtete Gestaltung des Bereichs Informationsstrategie positiv wirkt.

Das Teilziel *„Steigerung der Wertschöpfung"* bedeutet, die Wertschöpfung bei unternehmensinternen und -übergreifenden, direkten und indirekten Unternehmensprozessen verbessern zu wollen. Dabei gilt es, Verschwendung („Muda") gezielt aufzuspüren und zu eliminieren, um so die Prozeßqualität, die Produktivität sowie den Anteil der wertschöpfenden Aktivitäten an der Summe aller Aktivitäten erhöhen zu können.[624]

Die vorangegangenen Ausführungen zur Verbesserung des Bereichs Informationsstrategie implizieren, daß eine solch verstandene Wertschöpfungsorientierung ein bei der Planung der Informationsstrategie beachtenswertes Ziel ist. Diese Einschätzung geht u. a. daraus hervor, daß die Geschäftsprozesse im IS unter Zuhilfenahme des Modells der Wertschöpfungskette mit dem Ziel untersucht werden, Ansatzpunkte für einen IS-Einsatz zur Erlangung strategischer Wettbewerbsvorteile zu lokalisieren.[625] Da eine steigende Wertschöpfung zu einer Verbesserung der Wirtschaftlichkeit, der Qualität sowie des Kundennutzens führt, und damit Ziele angesprochen sind, die auch bei der Gestaltung des Bereichs Informationsstrategie verfolgt werden (sollten), erscheint ein Beachten des Ziels „Wertschöpfungsorientierung" im Bereich Informationsstrategie zweckgerichtet.

Um eine hohe Qualität der Planungsergebnisse zu gewährleisten, bedarf es bei der Planung der Informationsstrategie zwingend der Kompetenz und Beteiligung der Unternehmens- sowie Fachabteilungsleitung; dies wurde bereits weiter vorne[626] herausgestellt. Denn durch das Einbeziehen verschiedener Personen respektive Interessengruppen wird zum einen der Gefahr einer unvollständigen Planung und einer künftig mangelnden Akzeptanz auf Seiten der IS-Nutzer entgegengewirkt, zum anderen fließen hierdurch das Wissen und die Kreativität der IS-Nutzer in den Planungsprozeß ein.

---

623 Angemerkt sei, daß die positiven Veränderungen natürlich nur dann eintreten können, wenn man es versteht, diese Qualitätssicht auf taktischer und auf operativer Ebene adäquat umzusetzen.

624 Vgl. Seite 103f.

625 Vgl. diesbezüglich Seite 141ff.

626 Vgl. Seite 157 und die in Fußnote 614 angegebenen Textstellen.

Letzteres ist insofern wichtig, als weniger die Mitarbeiter der IV-Abteilungen, als vielmehr die Beschäftigten in den Fachabteilungen die unternehmensspezifischen Kontextfaktoren kennen. Ein Nichtberücksichtigen dieses Wissens bei Planungsaktivitäten im Bereich Informationsstrategie wäre fahrlässig, und von daher ist eine Kooperation zwischen den Mitarbeitern der IV- und FB-Abteilungen notwendig. Es kann somit festgehalten werden, daß offensichtlich nicht nur das (LM-)Ziel *„Ausschöpfen des Mitarbeiterpotentials"* als solches bei der Gestaltung des Bereichs Informationsstrategie positiv wirkt, sondern auch der im LM zur Umsetzung dieses Ziels gewählte Weg, nämlich die Mitarbeiter aktiv in den Problemlösungsprozeß einzubeziehen und dabei ihre Potentiale auszuschöpfen.[627]

(ad 2): Kritische Analyse der Meta-Kriterien

Wie bereits erwähnt, wird im Bereich Informationsstrategie das langfristige Gesamtkonzept eines IS mit dem Ziel geplant, über eine effektive und effiziente IS-Gestaltung einen Beitrag zur Erfüllung der Unternehmensziele leisten zu können. Eine so verstandene Planung erfordert ein hohes Maß an Sensibilität für die aktuelle und zukünftige Aufgabensituation. Insbesondere die enorme Dynamik und Komplexität in der Unternehmensumwelt verlangen, Veränderungen und Umbrüche frühzeitig zu antizipieren und proaktiv im IS-Planungsprozeß umzusetzen. Als Beispiel dafür, daß proaktives und sensitives Denken im Bereich Informationsstrategie wichtig ist, kann die „Technologieanalyse" angeführt werden, deren Aufgabe darin besteht, informationstechnische Entwicklungstrends frühzeitig aufzuspüren und den hiervon ausgehenden Nutzen[628] für das Unternehmen zu evaluieren.[629]

Ein *„Proaktives und sensitives Denken"* im LM bedeutet, sämtliche Aktivitäten und Prozesse vorausschauend, mit Fingerspitzengefühl zu planen, um einerseits unliebsamen Überraschungen vorzubeugen, anderseits Chancen und Risiken gezielt und frühzeitig aufzuspüren.[630] Eine solche Denkweise dürfte somit für die Planung des Bereichs Informationsstrategie nicht nur sinnvoll, sondern sogar notwendig sein. Entsprechend kann davon ausgegangen werden, daß dieses LM-Kriterium im Falle einer sachgerechten Umsetzung eine positive Wirkung auf die Planungsergebnisse im Be-

---

627 Vgl. Seite 104.

628 Dabei kann man z. B. untersuchen, inwieweit die Wettbewerbskräfte durch den Einsatz neuer Informationstechnologien zugunsten des eigenen Unternehmens beeinflußbar sind.

629 Vgl. Seite 140.

630 Vgl. Seite 106f.

reich Informationsstrategie hat. Einschränkend sei indes angemerkt, daß LM keine Antwort darauf gibt, wie ein „proaktives und sensitives Denken“ im Unternehmen realisiert werden kann. Aus diesem Grund dürfte bei diesem Kriterium die Gefahr bestehen, daß es zu einer Worthülse mutiert, von der kein spezieller Impuls für den Bereich Informationsstrategie ausgeht.

Im LM besagt *„Potentialdenken“*, daß sämtliche in- und externen Ressourcen – einschließlich der ungenutzten Fähigkeiten der Mitarbeiter, Lieferanten, Kunden und Wettbewerber – für das Unternehmen zu erschließen sind. Potentialdenken besitzt dabei eine strategische und eine operative Dimension: Aus strategischer Sicht sind die Potentiale zunächst zu ermitteln und ihr Nutzen für das Erreichen der Unternehmensziele zu hinterfragen; anschließend sind die Potentiale operativ zu nutzen.[631]

Daß bei strategischen Planungsaktivitäten sämtliche Potentiale berücksichtigt werden sollten, die im Hinblick auf die Planungsergebnisse relevant sind, ergibt sich bereits aus dem Postulat ganzheitlicher Planung. Darüber hinaus ist darauf zu achten, daß die Potentiale des künftigen IS weder zu klein noch zu groß bemessen werden, da in beiden Fällen über kurz oder lang Anpassungen notwendig sind, die leicht in Flickwerk bzw. Notlösungen entarten können. Des weiteren ist weiter vorne[632] festgestellt worden, daß vor allem die Potentiale der Mitarbeiter von großer Bedeutung für die Planung einer Informationsstrategie sind. Obwohl damit feststehen dürfte, daß sich ein Anwenden des Kriteriums „Potentialdenken“ nicht kontraproduktiv im Hinblick auf die Gestaltungsergebnisse des Bereichs Informationsstrategie auswirkt, lassen die vorangegangenen, relativ vagen Beispiele einer Anwendung indes nicht den Schluß zu, daß dieses Meta-Kriterium von großer Bedeutung wäre. Berücksichtigt man darüber hinaus, daß mit dem Ziel „Mitarbeiterorientierung“ der für den Bereich Informationsstrategie wesentliche Aspekt des Potentialdenkens bereits in Form eines eigenständigen Ziels berücksichtigt wurde, wird hier davon ausgegangen, daß das LM-Kriterium „Potentialdenken“ weder einen positiven noch einen negativen Einfluß auf die Planung einer Informationsstrategie besitzt.

„Kaizen“ wird im LM als eine kundenorientierte, auf Humanressourcen basierende Verbesserungsstrategie verstanden. Kaizen setzt auf Permanenz im Denken und Handeln, Perfektion im Kleinen sowie Veränderung in vielen kleinen Schritten statt in we-

---

[631] Vgl. Seite 107.

[632] Vgl. Seite 161.

nigen großen Sprüngen. Lokalisierte Fehler und Probleme werden dabei zunächst detailliert analysiert, um sie anschließend grundlegend abzustellen.[633]

Die vorangegangenen Ausführungen in den Kapiteln E 2.1.1. und E 2.1.2. zur Planung des Bereichs Informationsstrategie implizieren, daß eine Kaizen-orientierte Planung des Bereichs Informationsstrategie erfolgversprechend sein kann. So ist – der Kaizen-Idee entsprechend – die strategische Stoßrichtung des IS zwar nicht permanent, jedoch in regelmäßigen Abständen zu überprüfen und gegebenenfalls anzupassen.[634] Des weiteren dürfte auch in der Phase „Analyse der Ausgangssituation" ein Kaizen-typisches Streben nach Perfektion nützlich sein, da letzteres dazu führen müßte, daß die identifizierten Problembereiche nicht nur oberflächlich betrachtet, sondern so lange systematisch analysiert werden, bis die Probleme offengelegt sind. Zusammengenommen erscheint Kaizen bzw. eine Kaizen-orientierte Planung des Informationsstrategie-Bereichs somit sinnvoll; der „tatsächliche" Nutzen dieses Kriteriums wird jedoch davon abhängen, ob bzw. wie Kaizen umgesetzt werden kann.

„Veränderungsbereitschaft und Umsetzungsorientierung" werden im LM als zwei sich ergänzende Denkhaltungen verstanden. Veränderungsbereitschaft bedeutet, daß die Beschäftigten willens sein müssen, Strukturen und Abläufe im Unternehmen zu hinterfragen und gegebenenfalls Anpassungen vorzunehmen. Umsetzungsorientierung impliziert, die entsprechenden Anpassungsmaßnahmen unverzüglich und konsequent auszuführen.[635]

Den Ausführungen zum Bereich Informationsstrategie ist nicht zu entnehmen, daß das Kriterium „Veränderungsbereitschaft und Umsetzungsorientierung" für diesen Bereich von Bedeutung ist. Betrachtet man indes die in Kapitel C 3. beschriebenen IS-Defizite, deutet sich an, daß das Kriterium für die IS-Gestaltung zielführend sein kann. So belegen vor allem die Kritik eines konzeptionellen Stillstands bei den Informationsinstrumenten und -methoden[636] sowie der Appell an die IS-Entwickler/-Betreuer, das eigene Selbstverständnis zu überdenken[637], daß bisweilen im IS die Bereitschaft fehlt, Verän-

---

[633] Vgl. Seite 107f.

[634] Vgl. Seite 152. Diese „Prüfungsnotwendigkeit" besteht aber nicht nur in der Phase „Auswahl der strategischen Stoßrichtung des IS", sondern letztlich in allen zuvor unterschiedenen Phasen der Planung einer Informationsstrategie.

[635] Vgl. Seite 109f.

[636] Vgl. Seite 70.

[637] Vgl. Seite 85.

derungen vorzunehmen. Darüber hinaus deutet die Existenz von Investitionsruinen im IS[638] darauf hin, daß (notwendige) Veränderungsmaßnahmen nicht konsequent genug realisiert werden.

Es kann somit insgesamt festgestellt werden, daß das Kriterium „Veränderungsbereitschaft und Umsetzungsorientierung“ einer Optimierung des Bereichs Informationsstrategie nicht entgegensteht. Inwieweit hingegen von diesem Kriterium eine positive Wirkung ausgeht, hängt davon ab, inwiefern die Mitarbeiter das Meta-Kriterium verinnerlichen (können), was wiederum an die Existenz bestimmter Bedingungen[639] geknüpft ist. Da jedoch das Vorliegen derartiger Bedingungen nur unternehmensindividuell beurteilt werden kann, wird hier (vereinfachend) davon ausgegangen, daß von dem Kriterium „Veränderungsbereitschaft und Umsetzungsorientierung“ eine neutrale Wirkung ausgeht.

„Ganzheitlichkeit im Denken und Handeln“[640] bedeutet, alle wesentlichen Gestaltungsparameter bei der Planung etwaiger Optimierungsmaßnahmen zu berücksichtigen. Des weiteren fordern das Postulat der Ganzheitlichkeit bzw. genauer gesagt, das „Ausgleichsgesetz der Planung“ sowie das „Fundamentalprinzip effektiver sowie effizienter Wertschöpfungsnetzoptimierung“[641], den Nutzen potentieller Verbesserungsmaßnahmen nicht aus der Sicht des einzelnen Bereichs, sondern aus der Perspektive des Gesamtsystems abzuleiten. Die Ausführungen in den Kapiteln E 2.1.1. und E 2.1.2. zeigen, daß ein so verstandenes ganzheitliches Denken und Handeln einen hohen Stellenwert im Bereich Informationsstrategie besitzt. So sind beispielsweise im Rahmen der „Analyse der Ausgangssituation“ alle für die IS-Gestaltung relevanten Rahmenbedingungen, Parameter sowie Wechselbeziehungen zwischen den Parametern zu erfassen.[642] Beachtet man ferner, daß die Planungsergebnisse im Bereich Informationsstrategie eine überragende Bedeutung für die künftige Effektivität und Effizienz des IS besitzen, erscheint es fast schon fahrlässig, wenn man bei der Planung einer In-

---

[638] Vgl. Seite 77.

[639] Z. B. das Vorleben dieser Kriterien vom Top-Management oder das Schaffen einer adäquaten Unternehmenskultur.

[640] Vgl. Seite 110ff.

[641] Zum „Ausgleichsgesetz der Planung“ und zum „Fundamentalprinzip effektiver und effizienter Wertschöpfungsnetzoptimierung“ vgl. Seite 111ff.

[642] Vgl. Seite 137. Denn nur so werden der IS-Status und die Stärken sowie Schwächen des IS realitätsgetreu erfaßt.

formationsstrategie nicht ganzheitlich denkt respektive handelt.[643] Weil darüber hinaus unstrukturierte Detailänderungen und ein kurzfristiges Krisenmanagement dem hier verfolgten Ziel einer IS-Gestaltung – ein langfristiger Wandel in der Ausgestaltung und der Leistungsfähigkeit des IS[644] – zuwiderlaufen[645], verspricht zusammengenommen eine am LM-Kriterium „Ganzheitlichkeit im Denken und Handeln" orientierte Gestaltung des Bereichs Informationsstrategie sehr gute Ergebnisse.

(ad 3): LM-Instrumente und konstitutive Merkmale schlanker Unternehmen

LM-Instrumente dienen der Umsetzung der Meta-Kriterien und damit dem Erreichen des LM-Zielsystems. Ergebnis dieses Umsetzungsprozesses sind die für schlanke Unternehmen typischen organisatorischen Strukturen und Handlungsmuster. In Kapitel D 3.3. lag der Beschreibung der LM-Instrumente und der konstitutiven Merkmale schlanker Organisationen folgende Systematik zugrunde: a) Beschaffungsseitige Schnittstelle, b) Innerbetriebliche Arbeitsorganisation sowie c) Marktseitige Schnittstelle.

Untersucht man die Ausführungen zum Bereich Informationsstrategie nach Anhaltspunkten, die auf die Anwendung von LM-Instrumenten hinweisen, findet man nichts dergleichen. Ursächlich dürfte hierfür einerseits sein, daß – wie bereits weiter vorne erörtert[646] – ein Großteil der im LM genutzten, speziell auf die produktionswirtschaftlichen Belange zugeschnittenen Instrumente nicht bei der IS-Gestaltung genutzt werden kann. Anderseits hängt dies auch damit zusammen, daß im Bereich Informationsstrategie strategische Überlegungen und (dementsprechend) strategische Methoden im Vordergrund stehen, jedoch die LM-Instrumente eher operativer Natur sind. Es ist somit festzustellen, daß die zuvor in Kapitel D 3.3. beschriebenen „klassischen" LM-Instrumente keinen Wert für die Gestaltung des Bereichs Informationsstrategie besitzen.

Die nachfolgende Abb. 36 faßt die zuvor erzielten Einzelergebnisse zusammen. In Kapitel E 3. werden diese Ergebnisse aufgegriffen.

---

643 Von einer „nicht-ganzheitlichen Sichtweise" im Informationsstrategie-Bereich ist zu sprechen, wenn z. B. nicht geprüft wird, ob die Planungsergebnisse mit den gegebenen finanziellen, personellen oder zeitlichen Kapazitäten realisierbar sind, oder nicht bedacht wird, daß die Planungsergebnisse mit den Zielen der strategischen Unternehmensplanung im Einklang stehen müssen.

644 Vgl. Seite 131.

645 Vgl. Seite 112.

646 Vgl. diesbezüglich Seite 132.

Untersuchter LM-Aspekt		Einfluß auf den Bereich Informationsstrategie
1.	**LM-Zielsystem [Kapitel D 3.1.]**	
1.a)	Oberziele [Kapitel D 3.1.1.]	
	a) Gewinnerzielung	O
	b) Existenzsicherung	O
1.b)	Unterziele [Kapitel D 3.1.2.]	
	a) Optimierung des Kundennutzens	+
	b) Verbesserung der Wirtschaftlichkeit	+
1.c)	Teilziele [Kapitel D 3.1.3.]	
	a) Verbesserung der Qualität	+
	b) Steigerung der Wertschöpfung	+
	c) Ausschöpfen des Mitarbeiterpotentials	+
2.	**LM-Meta-Kriterien [Kapitel D 3.2.]**	
	a) Proaktives und sensitives Denken	+ oder O
	b) Potentialdenken	O
	c) Kaizen	+ oder O
	d) Veränderungsbereitschaft/Umsetzungsorientierung	O
	e) Ganzheitlichkeit im Denken und Handeln	+ +
3.	**LM-Instrumente/konstitutive Merkmale schlanker Organisationen [Kapitel D 3.3.]**	
	a) Beschaffungsseitige Schnittstelle	O
	b) Innerbetriebliche Arbeitsorganisation	O
	c) Marktseitige Schnittstelle	O

Legende:

+ +	=	Sehr positiver Einfluß
+	=	Positiver Einfluß
O	=	Neutraler bzw. kein Einfluß
-	=	Negativer Einfluß
- -	=	Sehr negativer Einfluß

Abb. 36: Zur Eignung der LM-Konzeption im Bereich Informationsstrategie

2.2. Maßnahmen, Methoden und Instrumente im Bereich „Informationspotential"

2.2.1. Zur Planung von Informationsressourcen

Das Informationspotential betrifft die Menge und Qualität aller in- und externen Informationen sowie Informationsressourcen; es stellt das Reservoir des entscheidungsrelevanten Wissens im Unternehmen dar.[647] Die Tätigkeiten, die im IM-Bereich „Informationspotential" auszuführen sind, beziehen sich auf die Ressource Information, auf ihre Herkunft und damit verbunden auf ihre Beschaffung. Als Aufgabenschwerpunkt im IM-Bereich Informationspotential kann hieraus das Management von Informationsressourcen abgeleitet werden.[648]

Der Begriff *Informationsressourcen* umschreibt Quellen[649], aus denen Informationen hervorgehen, die für die Aufgabenerfüllung im Unternehmen benötigt werden. Unterschieden werden können zwei Arten von Informationsressourcen: originäre und derivative. *Originäre Informationsressourcen* stellen originäre Informationen bereit, also solche Informationen, die aus der Beobachtung eines Informationsobjekts im Wege von Uraufschreibungen und Messungen gewonnen werden.[650] Ein Beispiel für eine originäre Informationsressource ist die monatliche Umsatzstatistik eines Profit Center. Die Statistik als solche ist die Ressource, die in ihr enthaltenen Informationen über Verkaufspreise und Absatzmengen der Produkte sind die originären Informationen. Aus *derivativen Informationsressourcen* gehen (derivative) Informationen hervor, die durch Weiterverarbeitung anderer Informationen (z. B. Umverteilen, Aggregieren, Umordnen) entstehen.[651] Die Informationen, die in den Weiterverarbeitungs- bzw. Transformationsprozeß eingehen, können ihrerseits aus einer vorangegangenen Umformung resultieren, andererseits originärer Natur sein. Ein Beispiel für derivative Informationen sind lineare Zeitabschreibungen. Bei letzteren handelt es sich um die periodisierte Wertminderung eines Vermögensgegenstandes. Bereitgestellt werden Abschreibungsinformationen von der Kosten- und der Bilanzrechnung. Für ihre Berech-

---

647 Vgl. Rüttler, M. (1991), S. 115f. sowie die Ausführungen auf Seite 41.

648 Vgl. Rüttler, M. (1991), S. 135.

649 Es sei an dieser Stelle angemerkt, daß die Begriffe Ressource und Quelle als inhaltlich gleichwertig [ebenso O. V. (2000), Stichwort „Ressource"] und daher auch die Ausdrücke Informationsressource und Informationsquelle als Synonyme betrachtet werden. Aus Gründen der Klarheit wird jedoch in den nachfolgenden Teilen ausschließlich der Begriff Informationsressource genutzt.

650 Zum Begriff originäre Informationen vgl. Wall, F. (1993), S. 17.

651 Vgl. Wall, F. (1993), S. 17.

nung benötigt man (originäre) Informationen über die Anschaffungsauszahlung, die voraussichtliche Nutzungsdauer des Vermögensgegenstandes sowie seinen Restwert am Ende der Nutzungszeit.

Mit dem Management von Informationsressourcen im Bereich Informationspotential wird das Ziel verfolgt, über eine effiziente Deckung des Informationsbedarfs im Unternehmen einen möglichst hohen Beitrag zur Erfüllung der Unternehmensziele zu leisten. Das Management- respektive Planungsproblem, das aus diesem Ziel abgeleitet werden kann, ist zweischichtig und in der nachfolgend angegebenen Reihenfolge zu lösen:[652]

1. Planung des Informationsbedarfs
2. Planung des Informationsangebots zur Deckung des ermittelten Informationsbedarfs

(ad 1): Planung des Informationsbedarfs

In Kapitel B 1.2. wurde der Informationsbedarf als Summe aller Informationen definiert, die jemand zur Erfüllung seines informatorischen Interesses benötigt.[653] Es wurde dabei festgestellt, daß sich der Informationsbedarf in einen objektiven und einen subjektiven Informationsbedarf unterteilen läßt.

---

[652] Vgl. Picot, A./Franck, E. (1988b), S. 608.

[653] Vgl. Seite 25.

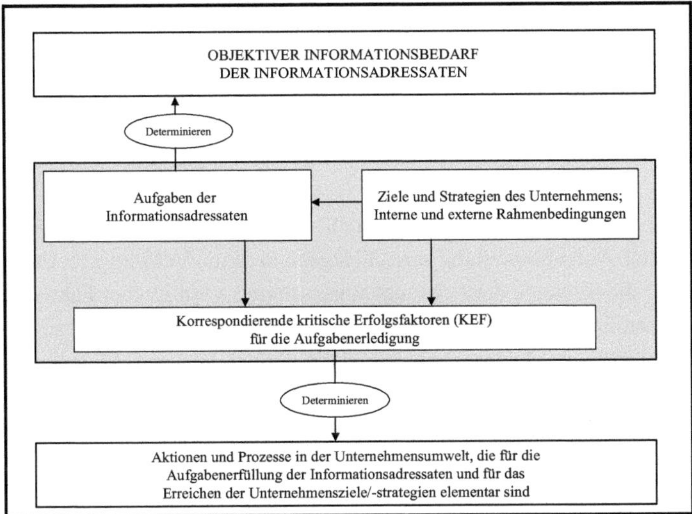

Abb. 37: Planung des (objektiven) Informationsbedarfs[654]

Abb. 37 zeigt, daß der *subjektive Informationsbedarf*, der von dem Problemlösungs- und Informationsverhalten des Aufgabenträgers geprägt ist und folglich dessen Wissen sowie individuelle Vorlieben widerspiegelt[655], bei der Planung des Informationsbedarfs keine Rolle spielt respektive spielen sollte. Hierfür ursächlich ist zum einen, daß der subjektive Informationsbedarf per definitionem objektiv nicht bestimmbar ist. Zum anderen liegt dies daran, daß eine Gestaltung von Informationsressourcen, bei der die subjektiven Bedarfe der Adressaten berücksichtigt werden, im Extremfall dazu führen würden, daß für jedes Informationssubjekt individuelle Informationsressourcen bereitgestellt werden müssen, was aber aus Gründen der (ohnehin zu hohen) Komplexität im IS und aus Gründen der Wirtschaftlichkeit abzulehnen ist.

Der *objektive Informationsbedarf* hingegen beruht allein auf sachlichen Gegebenheiten.[656] Wie die Abbildung zeigt, leitet er sich aus den Aufgaben ab, die von den Infor-

---

654 In Anlehnung an Picot, A./Franck, E. (1988b), S. 610.

655 Vgl. Schulze-Wischeler, B. (1995), S. 15; Szyperski, N. (1980a), Sp. 905.

656 Es sei hier jedoch angemerkt, daß der zu planende objektive Informationsbedarf letztlich nie frei von subjektiven Einflüssen ist. Dies hängt vor allem damit zusammen, daß für eine exakte Planung des objektiven Informationsbedarfs auch die zugrundeliegende Aufgabe genau planbar sein muß. Letzteres erweist sich jedoch vor allem bei schlechtstrukturierten, veränderlichen sowie komplexen Aufgaben als nahezu unmöglich. Ebenso Picot, A./Franck, E. (1988b), S. 609. Bezüglich der einsetzbaren Methoden bei der Ermittlung des (objektiven) Informationsbedarfs vgl. Ko-

mationsadressaten im Unternehmen zu erfüllen sind.[657] Daneben wird der objektive Informationsbedarf auch von den bei der Aufgabenerledigung zu beachtenden Rahmenbedingungen unternehmensexterner und -interner Art[658] beeinflußt sowie von den Zielen und Strategien des Unternehmens, soweit letztere für die Aufgabenerledigung relevant sind.

Abb. 37 zeigt ferner, daß Faktoren existieren, die für den Erfolg (und Mißerfolg) der zu erledigenden Aufgabenstellung ausschlaggebend sind. Verfolgt ein Unternehmen beispielsweise die Strategie der Leistungsführerschaft, ist ein solcher Faktor die Qualität bzw. alle damit zusammenhängenden Aspekte, wie z. B. die Qualität der im Unternehmen ablaufenden Produktionsprozesse, die Güte des Pre- and After-Sales-Service, die Pünktlichkeit der Bereitstellung des Produkts beim Kunden etc. Angesichts ihrer Wichtigkeit für die Aufgabenbewältigung sollten diese sogenannten Kritischen Erfolgsfaktoren (KEF) bei der Planung des Informationsbedarfs berücksichtigt werden.[659] Sofern es einem Unternehmen gelingt die KEF hinreichend zu spezifizieren, werden hierdurch zwar nicht sämtliche Aktionen und Prozesse in der Unternehmensumwelt bestimmt, immerhin jedoch diejenigen Teile, die für die Aufgabenerfüllung der Informationsadressaten und letztlich für den Unternehmenserfolg elementar sind.

(ad 2): Planung des Informationsangebots zur Deckung des Informationsbedarfs

Wenn der objektive Informationsbedarf bestimmt ist, gilt es, das Informationsangebot zur Deckung des Informationsbedarfs zu planen. In Analogie zur Produktionsplanung ist dabei sicherzustellen, daß der gewünschte „Output“, die Information, mit minimalem Aufwand „produziert“ wird.[660]

---

reimann, D. S. (1976), S. 164. Zu den Problemen, die bei der Ermittlung des Informationsbedarfs auftreten (können), vgl. Bahlmann, A. R. (1982), S. 64ff.

657 Vgl. Seite 27 und ferner Abb. 12 auf Seite 43.

658 Zu den zu beachtenden Rahmenbedingungen gehören z. B. Markt- und Wettbewerbsstrukturen, Art des Autonomiespielraums der Mitarbeiter bei der Aufgabenerledigung, Anreizsysteme etc.

659 Ihre Ausprägungen sind deshalb mittels eines geeigneten Meßansatzes zu bestimmen und anschließend zu untersuchen. Dabei reicht es nicht aus, die KEF einmalig zu messen, sondern sie sind ständig zu beobachten, weil sie im Zeitablauf Veränderungen unterliegen. Vgl. Hoffmann, F. (1986), S. 832f.

660 Vgl. Picot, A./Franck, E. (1988b), S. 611.

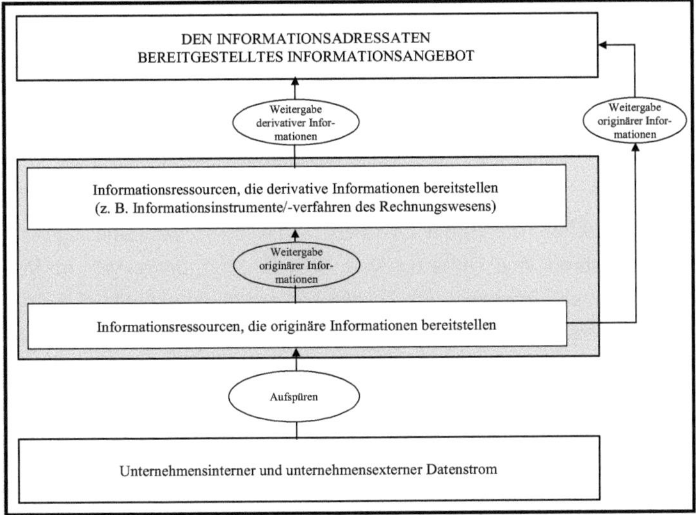

Abb. 38: Planung des Informationsangebots zur Deckung des Informationsbedarfs[661]

Abb. 38 zeigt, daß die Planung des Informationsangebots damit beginnt, aus dem Datenstrom, der in der Unternehmensumwelt vorzufinden ist, diejenigen Teile aufzuspüren, die für die Aufgabenerledigung im Unternehmen zweckdienlich sind und insofern Informationen nach dem zuvor gelegten Verständnis darstellen.[662] Ein Teil dieser originär gewonnenen Informationen wird direkt an die Informationsadressaten weitergeleitet; der Großteil wird jedoch zuvor unter Zuhilfenahme spezieller Instrumente und Verfahren – insbesondere solcher des Rechnungswesens – aufbereitet. Als Ergebnis dieses Transformationsprozesses erhält man derivative Informationen, die anschließend an die Informationsadressaten weitergegeben werden.

Wie bereits festgestellt wurde, besteht ein wesentliches Ziel eines Management von Informationsressourcen darin, eine Deckung des Informationsbedarfs im Unternehmen zu gewährleisten.[663] Dieses Ziel ist erreicht, wenn der Informationsbedarf und das Informationsangebot, welches die verschiedenen Informationsressourcen bereitstellen,

---

661 In Anlehnung an Picot, A./Franck, E. (1988b), S. 611.

662 Zur Definition des Begriffs Information sowie zur Abgrenzung von Informationen und Daten unter Zuhilfenahme des Zweckbezugs vgl. Seite 19f.

663 Vgl. Seite 168.

übereinstimmen. Der Vorwurf des Informationsmangels im -überfluß[664] sowie die Kritik der IS-Nutzer an den zur Informationsbereitstellung eingesetzten Instrumenten und Methoden[665] belegen jedoch, daß eine Diskrepanz zwischen Informationsbedarf und -angebot offenkundig häufiger vorliegt als der „Idealfall" einer vollkommenen Kongruenz.

Die möglichen Ursachen, die zu der Differenz zwischen Informationsangebot und Informationsbedarf führen, sind vielfältig. Wie Abb. 39 zeigt, interessiert im IM-Bereich „Informationspotential", inwieweit die Diskrepanz auf einen unzulänglichen Inhalt der im Unternehmen eingesetzten Informationsressourcen zurückzuführen ist und damit zusammenhängend, wie die Ressourcen auszugestalten sind, damit der Informationsbedarf künftig effektiv und effizient befriedigt werden kann.

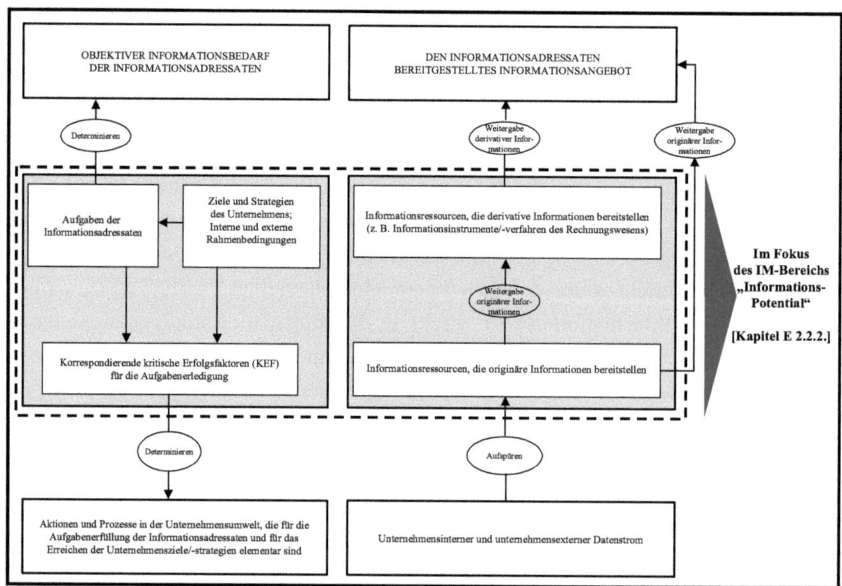

Abb. 39: Gesamtmodell der Planung von Informationsressourcen

Vor diesem Hintergrund werden im folgenden Kapitel E 2.2.2. die in den Unternehmen eingesetzten Informationsressourcen beleuchtet. Es sollen u. a. Möglichkeiten

---

664 Vgl. Seite 1 und die dort vorzufindenden Quellenhinweise.

665 Vgl. diesbezüglich die Ausführungen in Kapitel C 3.3.2.

aufgezeigt werden, wie die Informationsressourcen so verbessert werden können, daß ihr Inhalt den Informationsbedarf decken kann. Im Mittelpunkt der Überlegungen werden dabei die derivativen Informationsressourcen stehen. Bei ihnen interessiert vor allem, ob die bei der Transformation eingesetzten Verfahren methodisch für die Produktion bedarfsdeckender Informationen geeignet sind. Um eine Basis für das Verständnis zu schaffen, werden in Kapitel E 2.2.2.1. zunächst die derivativen Informationsressourcen systematisiert. Sodann wird in Kapitel E 2.2.2.2. am Beispiel der Kostenrechnung – eine bedeutsame Informationsressource – aufgezeigt, welche Anpassungen in der Ausgestaltung vorzunehmen sind, damit sachgerechte Informationen offeriert werden können. Kapitel E 2.2.2.3. beschäftigt sich anschließend mit der Frage, ob durch eine Angleichung von in- und externem Rechnungswesen Informationen angeboten werden können, die sachgerecht und kostengünstig zugleich sind.

2.2.2. Analyse und Optimierung der im Unternehmen eingesetzten Informationsressourcen

2.2.2.1. Systematisierung konventioneller Informationsressourcen

Bei den Informationsressourcen, die zur Produktion derivativer Informationen eingesetzt werden bzw. aus denen derivative Informationen hervorgehen, handelt es im wesentlichen um Instrumente und Methoden des Rechnungswesens.[666] Das *Rechnungswesen* ist ein System, das sich mit dem Erfassen, Speichern und Verarbeiten von betriebswirtschaftlich relevanten quantitativen Informationen über vergangene oder künftige Geschäftsvorgänge und -ergebnisse beschäftigt. Die quantitativen Informationen können sowohl mengen- als auch wertmäßiger Natur sein, wobei letztere dem Charakter des Wirtschaftens in einer Geldwirtschaft besser entsprechen und daher häufiger vorkommen.[667] Erkenntnisobjekt des Rechnungswesens ist die Einzelwirtschaft, die in eine unternehmerische und eine betriebliche Sphäre unterteilt werden kann.[668] Die Zwecke des Rechnungswesens sind die Dokumentation, Planung und Kontrolle derjenigen Aktivitäten, die im Unternehmen und im Betrieb ablaufen.[669] Das neuere Schrifttum, welches sich verstärkt mit der Wirkungsweise des Rechnungswesens bei Vorliegen von Principal-Agent-Problemen beschäftigt, unterscheidet ferner, ob die

---

666 Siehe auch Seite 171.

667 Vgl. Schierenbeck, H. (1999), S. 489.

668 Vgl. Coenenberg, A. G. (1999), S. 23.

669 Vgl. Corsten, H./Reiß, M. (1994), S. 352; Schulte-Nölke, W. (2000), S. 22f; Küpper, H.-U. (1992), S. 38.

Rechnungsweseninformationen der Beeinflussung eigener Entscheidungen (Entscheidungsfunktion) oder der Beeinflussung fremder Entscheidungen (Verhaltenssteuerungsfunktion) dienen.[670]

Das Rechnungswesen hat sich im Laufe der Zeit zu einem Konglomerat unterschiedlicher Teilsysteme entwickelt, die in Abhängigkeit vom jeweils verfolgten Rechnungsziel einen speziellen Aufbau besitzen.[671] Bei dem Versuch, das Rechnungswesen zu systematisieren, können verschiedene Kriterien[672] hinzugezogen werden; keines der Kriterien indes ermöglichst für sich allein eine lückenlose und überschneidungsfreie Systematisierung.[673]

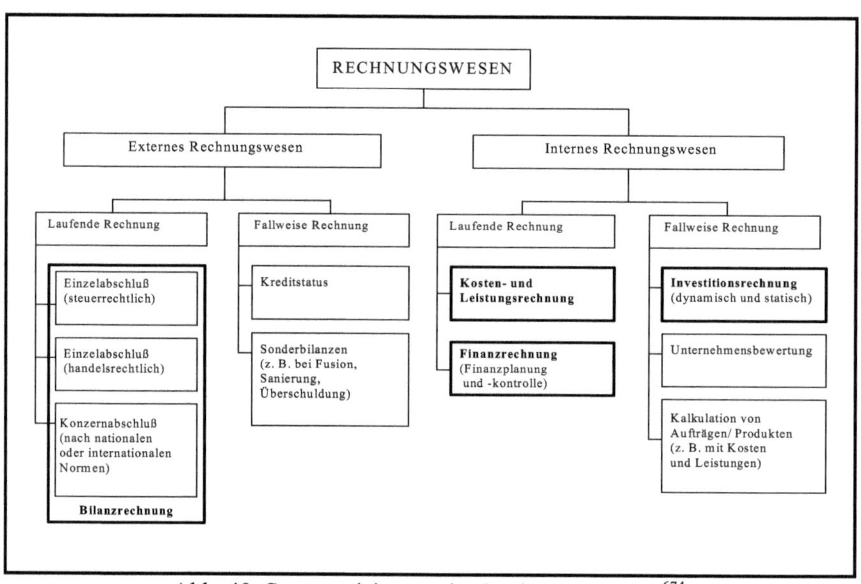

Abb. 40: Systematisierung des Rechnungswesens[674]

Die in Abb. 40 illustrierte Einteilung des Rechnungswesens und seiner Rechnungsarten nutzt zwei unterschiedliche Klassifizierungskriterien: Zum einen wird auf die In-

---

670 Vgl. Ewert, R./Wagenhofer, A. (1997), S. 6-10.

671 Vgl. Meyer, P. (1992), S. 54; Schweitzer, M./Wagener, K. (1998), S. 438.

672 Vgl. diesbezüglich Coenenberg, A. G. (1999), S. 27.

673 Vgl. Meyer, P. (1992), S. 55.

674 In Anlehnung an Busse von Colbe, W. (1998), S. 600.

formationsempfänger abgestellt und dabei zwischen externem und internem Rechnungswesen unterschieden, zum anderen wird der Wiederholungscharakter bzw. die Häufigkeit der Rechnung betrachtet und zwischen laufenden und fallweisen Rechnungen differenziert.

Die Abbildung zeigt, daß der wichtigste Bestandteil des externen Rechnungswesens die *Bilanzrechnung* ist. Am Ende einer (regelmäßig einjährigen) Periode erstellt ein Unternehmen eine Bilanz in Form eines steuerrechtlichen Einzelabschlusses, eines handelsrechtlichen Einzelabschlusses und/oder eines Konzernabschlusses. Anschließend wird der Jahresabschluß an die externen Adressaten übermittelt, damit diese die für ihre Beurteilung der Unternehmenssituation notwendigen Informationen erhalten.[675]

Im internen Rechnungswesen sind drei Rechnungen von Bedeutung: Die Kosten- und Leistungsrechnung, die Finanzrechnung sowie die Investitionsrechnung. Die *Kosten- und Leistungsrechnung* ist in der Regel als eine periodische, laufende Rechnung[676] ausgestaltet, die Informationen über den mengen- und wertmäßigen Güterverzehr bei der betrieblichen Leistungserstellung und -verwertung bereitstellt.[677] Die *Finanzrechnung* dient der kurzfristigen Steuerung und Kontrolle der Liquidität im Unternehmen sowie der mittel- und langfristigen Planung der Finanzierung. Die *Investitionsrechnung* unterstützt die Beurteilung von Investitionsvorhaben entweder in einfacher Form (statische Investitionsrechnung) durch Betrachtung einperiodiger Erfolgsgrößen (z. B. Gewinn oder Kosten) oder in entwickelter Form (dynamische Investitionsrechnung) unter Zuhilfenahme mehrperiodiger Erfolgsgrößen (z. B. Kapital- oder Endwert, interner Zinsfuß oder Annuitäten).[678]

---

675 Ähnlich Coenenberg, A. G. (1999), S. 24.

676 Wie in Abb. 40 dargestellt, werden hier fallweise Rechnungen auf der Basis von Kosten und Leistungen, wie z. B. die Kalkulation eines speziellen Auftrags, als Zusatzrechnungen bzw. nicht als konstitutiver Bestandteil „der" Kostenrechnung verstanden. Ebenso Weber, J. (1997), S. 9.

677 Vgl. Pinnekamp, H.-J. (1998), S. 2f.

678 Vgl. Schweitzer, M./Küpper, H.-U. (1998), S. 11; Busse von Colbe, W. (1998), S. 602. Eine Gegenüberstellung der Unterschiede zwischen und Gemeinsamkeiten von Bilanz-, Finanz-, Investitions- sowie Kosten- und Leistungsrechnung findet sich bei Schweitzer, M./Küpper, H.-U. (1998), S. 12.

2.2.2.2. Exemplarische Betrachtung der Informationsressource Kostenrechnung

In Kapitel C 2. war gezeigt worden, daß sich die Unternehmensumwelt in den letzten Jahren einschneidend verändert hat und diese Veränderungen einen erheblichen Einfluß auf das IS bzw. auf die vom IS bereitzustellenden Informationen haben. Letzteres zeigt sich darin, daß einerseits zusätzliche, bisweilen nicht vom IS angebotene Informationen benötigt werden, andererseits zuvor nützliche Informationen obsolet sind.

Die *Kostenrechnung* soll Informationen über den Güterverzehr bei der betrieblichen Leistungserstellung und -verwertung bereitstellen.[679] Da sich der Wandel im unternehmensrelevanten Kontext (auch) auf die Erstellung und Verwertung betrieblicher Leistungen und damit auf das Abbildungsobjekt der Kostenrechnung ausgewirkt hat, dürften in vielen Unternehmen Anpassungen in ihrer Kostenrechnung notwendig sein.

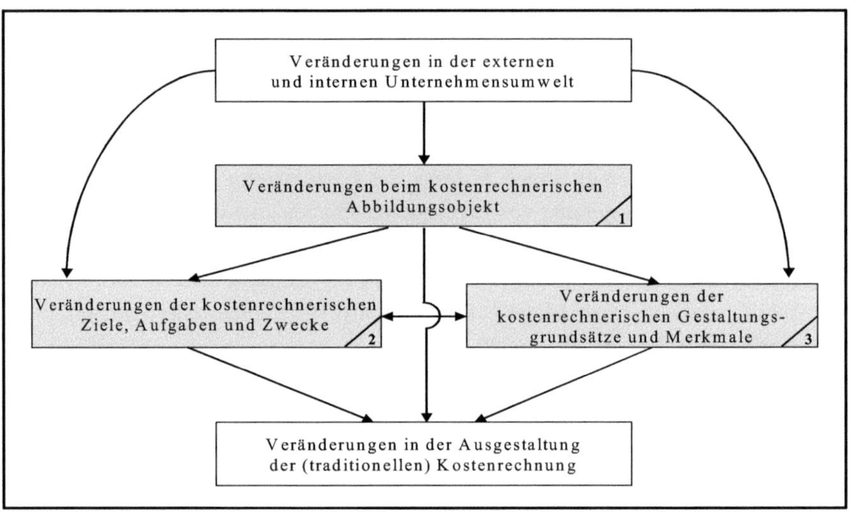

Abb. 41: Veränderungen im Unternehmenskontext und der hiervon ausgehende Einfluß auf die traditionelle Kostenrechnung[680]

Abb. 41 illustriert diejenigen Faktoren und Zusammenhänge, die bei der Umgestaltung der Kostenrechnung zu beachten sind. Aus der Abbildung geht hervor, daß im wesent-

---

[679] Vgl. Seite 175.

[680] In Anlehnung an Schehl, M. (1993), S. 226 sowie Schehl, M. (1994), S. 231.

lichen drei Haupteinflußgrößen den Aufbau und Ablauf der Kostenrechnung determinieren. Die Veränderungen, die bei diesen Faktoren in den letzten Jahren erfolgten, sowie die hieraus resultierenden Konsequenzen für die Ausgestaltung der Kostenrechnung werden im folgenden erläutert.

(ad 1): Veränderungen beim kostenrechnerischen Abbildungsobjekt

Die Bedingungen auf den Beschaffungs- und Absatzmärkten sowie bei der betrieblichen Leistungserstellung haben sich in der Vergangenheit deutlich verändert. Exemplarisch können der Wandel vom Verkäufer- zum Käufermarkt, die wachsende Automatisierung bei den Produktionsprozessen, Anpassungen in der Unternehmensorganisation und -strategie sowie der Anstieg planender, steuernder und kontrollierender Tätigkeiten im Unternehmen genannt werden.[681]

Diese Entwicklungen haben dazu geführt, daß sich das *Verhältnis Einzel- zu Gemeinkosten* nachhaltig gewandelt hat. Während der Gemeinkostenanteil an den Gesamtkosten im Zeitablauf immer weiter gestiegen ist, hat umgekehrt der Einzelkostenanteil kontinuierlich abgenommen.[682] Da unter diesen Bedingungen die traditionelle Verteilung von Gemeinkosten über Wertschlüssel wenig Sinn macht[683], sind andere Möglichkeiten der Kostenumlage zu wählen. Ein unter gewissen Voraussetzungen probates Instrument ist die *Prozeßkostenrechnung*.[684] Bei ihrer Anwendung geht man davon aus, daß es die im Unternehmen ablaufenden Prozesse sind, welche die Gemeinkosten determinieren, und es daher konsequent ist, die Prozesse zur Verrechnung der Gemeinkosten zu nutzen. Da der Gemeinkostenanstieg vor allem in indirekt-produktiven Bereichen erfolgt, sollte sich eine moderne Kostenrechnung diesen Bereichen besonders widmen.[685] Hierfür sinnvoll können partialkostenrechnerische Ansätze sein, wie z. B. eine *Logistik-, Vertriebs-, F&E- oder Qualitätskostenrechnung*.[686]

---

681 Vgl. diesbezüglich Kapitel C 2.

682 Vgl. Miller, J. G./Vollmann, T. E. (1985), S. 143; Brede, H. (1993), S. 342.

683 Vgl. hierzu auch Seite 78.

684 Vgl. Schweitzer, M./Wagener, K. (1998), S. 444. Eine ausführliche Beschreibung der Prozeßkostenrechnung findet sich z. B. bei Coenenberg, A. G. (1999), S. 220ff.

685 Vgl. Schehl, M. (1994), S. 235. Ähnlich auch Weilenmann, P. (1990), S. 289 und 292, der es als rational ansieht, sich intensiver mit den Kosten in den indirekt-produktiven Bereichen zu beschäftigen, da diese Kosten seiner Meinung nach auch künftig weiter zunehmen werden.

686 Vgl. z. B. Schehl, M. (1994), S. 235; Männel, W. (1994), S. 382-384.

Nicht zuletzt aufgrund der verstärkten Automatisierung im Produktionsbereich zeichnet sich zudem ein *absoluter und relativer Anstieg (Rückgang) der fixen (variablen) Kosten* ab.[687] Diese Entwicklung führt zum einen bei den klassischen Teilkostenrechnungssystemen, welche die Gesamtkosten in variable und fixe Teile spalten, zu einer deutlichen Einschränkung der Aussagekraft.[688] Zum anderen ergibt sich hieraus die Notwendigkeit, den angestiegenen Fixkostenblock näher zu untersuchen, um ihn im Rahmen der Ergebnisrechnung differenziert, z. B. hinsichtlich seiner Disponierbarkeit, berücksichtigen zu können.[689] Darüber hinaus sollten gerade fixkostenintensive Unternehmen versuchen, die Fixkostendegression[690] bei der Ermittlung der langfristigen kostenmäßigen Preisuntergrenze richtig abzubilden. Dazu werden u. a. Informationen benötigt, die darüber Auskunft geben, wie hoch die durchschnittliche Kapazitätsauslastung der Produktionsanlagen während ihrer Nutzungsdauer ist.[691]

Des weiteren zeichnet sich ein *Wandel im Verhältnis zwischen reinen Produktionskosten und vor-/nachgelagerten Kosten* ab.[692] Zwei Entwicklungen sind hierbei von Bedeutung: Zum einen nimmt der Anteil reiner Produktionskosten an den Gesamtkosten immer weiter ab. Hierfür ursächlich ist vor allem eine Reduzierung der Fertigungstiefe in den Unternehmen.[693] Zum anderen steigen diejenigen Kosten immer weiter an, die dem Produktionszeitraum im engeren Sinne vor- und nachgelagert sind. Beide Entwicklungen haben ganz spezielle Auswirkungen auf die Gestaltung der Kostenrechnung:

Im ersten Fall eines sinkenden Anteils reiner Produktionskosten an den Gesamtkosten ist es sinnvoll, die Kosten-/Erlöswirkungen nicht nur im eigenen Unternehmen, sondern über die Unternehmensgrenzen hinaus zu erfassen. Hierfür nützlich sind z. B. eine *Kooperationskostenrechnung*[694], eine *Supply-Chain-Kostenrechnung*[695] sowie eine *Koordinationskostenrechnung*.[696] Im zweiten Fall steigender Kosten in den dem Pro-

---

687 Vgl. Miller, J. G./Vollmann, T. E. (1985), S. 142f.

688 Vgl. Brede, H. (1993), S. 343.

689 Vgl. Männel, W. (1992), S. 113.

690 Sie ergibt sich daraus, daß die Fixkosten pro Stück mit steigender Produktmenge sinken.

691 Vgl. Männel, W. (1992), S. 127.

692 Vgl. Dellmann, K./Franz, K.-P. (1994), S. 17.

693 Vgl. Männel, W. (1992), S. 111.

694 Vgl. z. B. Drews, H. (2001), S. 83-120.

695 Zur Supply-Chain-Kostenrechnung vgl. z. B. Seuring, S. (2001).

696 Ähnlich Männel, W. (1998a), S. 5; Weber, J. (1996b), S. 690.

duktionszeitraum vor- und nachgelagerten Stufen ist es zweckmäßig, den Lebenszyklus eines Produkts, angefangen bei der Produktentwicklung bis zur Produktentsorgung, quantitativ abzubilden.[697] Das Schrifttum schlägt in diesem Zusammenhang das Implementieren sogenannter Lebenszykluskostenkonzepte (*Life Cycle Costing*) vor.[698] Mit solchen Konzepten sollen die Kosten- und Erlöswirkungen eines Produktes für den gesamten Produktlebenszyklus mit dem Ziel erfaßt werden, Maßnahmen zur Optimierung der Kosten-/Erlöswirkungen zu initiieren. Methodisch handelt es dabei um Amortisationsrechnungen, in denen den einmaligen Vorleistungskosten in der Produktentstehungsphase die sukzessiv anfallenden Periodenerfolge während der Produktions- und Vermarktungsperiode gegenübergestellt werden. Das Implementieren eines solchen Systems bedeutet zugleich eine Abkehr von der klassischen Kostenverrechnung in der Produktionsphase hin zu einem modernen, frühzeitigen und anitzipativen *Kostenmanagement* in der Produktentstehungsphase.[699] Letzteres ist insofern geboten, als heutzutage eine große zeitliche Diskrepanz zwischen Kostenverursachung, Kostenbeeinflussung sowie Kostenanfall im Lebenszyklus eines Produktes existiert. Während in der Produktentstehungsphase nahezu alle Produktkosten beeinflußbar sind und dort ca. 70-80 % der späteren Herstellungskosten festgelegt werden, fällt in der anschließenden Produktionsphase der Großteil aller Kosten an, ohne daß man sie beeinflussen kann.[700]

Weitere (notwendige) Anpassungen der Kostenrechnung beruhen auf dem Umstand, daß deutsche Unternehmen heutzutage in der Regel nicht in der Lage sind, im Kostenwettbewerb gegen die internationale Konkurrenz zu bestehen. Bei der Strategie der Leistungsführerschaft – häufig der einzige Ausweg, das eigene Unternehmen zu retten – stehen die Leistung aus Kundensicht sowie die damit zusammenhängenden Leistungsattribute (z. B. Produkt- und Prozeßqualität, Flexibilität, Innovation) im Mittelpunkt des Unternehmensinteresses. Für die (traditionelle) Kostenrechnung hat dies zweierlei Konsequenzen: Erstens muß sich die Kostenrechnung – sofern dies vorher noch nicht geschehen ist – vom Betrachtungsobjekt „standardisierte Produkte" lösen und verstärkt der Abbildung von *Individualgütern und Dienstleistungen* widmen.[701]

---

697 Vgl. Weilenmann, P. (1990), S. 288.

698 Vgl. u. a. Coenenberg, A. G. (1999), S. 498; Wöhe, G. (2000), S. 1191-1193. Vgl. Männel, W. (1998b), S. 237.

699 Vgl. Schildbach, T. (1995), S. 8; Dellmann, K./Franz, K.-P. (1994), S. 17.

700 Vgl. Männel, W. (1992), S. 128; Weber, J. (1993b), S. 28; Weber, J. (1991), S. 460.

701 Vgl. Schweitzer, M./Wagener, K. (1998), S. 444; Weber, J. (1990), S. 122; Weber, J. (1996a), S. 929.

Zweitens besteht die Notwendigkeit, den in der Praxis oft vernachlässigten Leistungsaspekt durch den Aufbau einer *differenzierten Leistungsrechnung* gerecht zu werden.[702] Letzteres gelingt weniger durch (klassisch) in Geldeinheiten ausgedrückte Informationen als vielmehr durch *Mengen-, Zeit- und Qualitätsinformationen.*[703]

(ad 2): Veränderungen der kostenrechnerischen Ziele, Aufgaben und Zwecke

Abb. 41 zeigt, daß der Wandel des Unternehmenskontextes die Ziele, die Aufgaben und die Zwecke der Kostenrechnung unmittelbar und mittelbar[704] beeinflußt. Einflußfaktoren, die hierbei eine Rolle spielen, sind die zunehmende Dezentralisierung der Geschäftsaktivitäten sowie die steigende Komplexität und Dynamik in der Unternehmensumwelt.

Unter derart veränderten Bedingungen steht nicht (länger) das mit der Kostenrechnung traditionell verfolgte Ziel – Bereitstellen von Informationen zur Optimierung von betrieblichen Prozessen und Strukturen – im Mittelpunkt des Interesses, sondern die *Koordination* etwaiger Aktivitäten.[705] Dies hängt damit zusammen, daß mit steigender Umweltdynamik und -komplexität die für eine Optimierung notwendige Planungs- und Kontrollgenauigkeit permanent sinkt, so daß es ab einem gewissen Punkt keinen Sinn macht, eine Optimierung anzustreben. Überdies treten gerade bei dezentralen Organisationsstrukturen Schnittstellenprobleme in Form spezieller Principal Agent Probleme auf, die nur durch die Gestaltung entsprechender Koordinationsmechanismen und -instrumente gelöst werden können.[706]

Aber nicht nur die Ziele, sondern auch die Aufgaben und Zwecke der Kostenrechnung haben sich verändert.[707] So hat auf der einen Seite eine auf Kostenrechnungsinformationen basierende Planung und Kontrolle des Produktionsprozesses, die laufend und detailliert durchgeführt wird, an Relevanz verloren. Ursächlich für diesen Relevanzverlust ist, daß das Planen und Kontrollieren des Produktionsbereichs bzw. der dort an-

---

[702] Ähnlich Fickert, R (1993), S. 207ff.; Steincke, H. (1985), S. 16. Zu den verschiedenen Aufgaben einer Leistungsrechnung vgl. Weber, J. (1998), S. 186ff.

[703] Vgl. Lauk, K. (1995), S. 645; Brunner, J./Dönni, B. (1997), S. 326; Männel, W. (1994), S. 382.

[704] Der mittelbare Einfluß erfolgt über ein Einwirken auf das kostenrechnerische Abbildungsobjekt sowie über ein Einwirken auf die kostenrechnerischen Gestaltungsgrundsätze und Merkmale. Vgl. diesbezüglich Abb. 41.

[705] Vgl. Weber, J. (1997), S. 14; Pfaff, D./Weber, J. (1997), S. 466.

[706] Vgl. diesbezüglich auch die Ausführungen weiter vorne in Kapitel C 2.3.

[707] Vgl. Kraege, T. (1998), S. 9; Pfaff, D. (1995), S. 439ff.

fallenden Kosten immer unwirtschaftlicher wird, da – wie zuvor gesehen – der größte Teil der Kosten in Phasen beeinflußbar ist, die dem eigentlichen Produktionsprozeß vorangehen. Das Rationalisierungspotential, das im Fertigungsbereich durch detaillierte Planungs- und Kontrollaktivitäten erschlossen werden kann, konvergiert damit gegen Null.[708] Überdies erfordert die hohe Umweltdynamik ein permanentes Anpassen der Planungs- und Kontrollgrößen, was steigenden Aufwand bei gleichzeitig abnehmenden Informationsnutzen[709] bedeutet.[710] Unternehmen sollten deshalb prüfen, ob es (noch) effizient ist, das im Produktionsbereich verbliebene Rationalisierungspotential mittels akribischer Planungs- und Kontrollaktivitäten zu erschließen bzw. erschließen zu wollen.

Während also auf der einen Seite mit zunehmender Dezentralisierung die Entscheidungsfunktion der Kostenrechnung abnimmt, steigt auf der anderen Seite die Bedeutung solcher Informationen, die zur Steuerung fremder Entscheidungen im Mehrpersonenkontext (Verhaltenssteuerungsfunktion) benötigt werden. Beide Aspekte gemeinsam, die abnehmende Relevanz einer laufenden Planung und Kontrolle sowie die steigende Bedeutung der Verhaltenssteuerungsfunktion von Informationen, haben, wie nachfolgend gezeigt wird, großen Einfluß auf die Gestaltungsgrundsätze und Merkmale der Kostenrechnung.

(ad 3): Veränderungen der kostenrechnerischen Gestaltungsgrundsätze sowie Merkmale

Die Ausgestaltung der Kostenrechnung ist zweckabhängig. Ihre Konzeption sollte sich danach richten, welche Aufgaben und Funktionen sie im Unternehmen zu erfüllen hat. Sollen beispielsweise mit der Kostenrechnung Informationen für die Entscheidungsfunktion produziert werden, sind an ihren Aufbau und Ablauf vollkommen andere An-

---

708 Vgl. Weber, J. (1993b), S. 29f.

709 Ähnlich Weber, J./Weißenberger, B. E. (1996), S. 12; Weber, J. (1994a), S. 103; Weber, J. (1996a), S. 930 sowie Weber, J. (1995), S. 579, die den sinkenden Informationsnutzen darin begründet sehen, daß es angesichts der sich häufig ändernden Planungs- und Kontrollgrößen einem Unternehmen kaum gelingen kann, Erfahrungswissen im Umgang mit diesen Größen aufzubauen.

710 Weber [Weber, J. (1996b), S. 688] schreibt in diesem Zusammenhang: „Was hilft es, für eine Plankostenrechnung kostenstellenbezogene Kostenfunktionen zu erarbeiten und akribisch Kosten zu erfassen, wenn diese Kostenstelle nach kurzer Zeit einer Reorganisationsmaßnahme zum Opfer fällt?“

forderungen zu stellen, als wenn mit ihr z. B. Informationen zur Verhaltenssteuerung offeriert werden sollen.[711]

Eine *Verhaltenssteuerung* ist immer dann notwendig, wenn Entscheidungen im Mehrpersonenkontext anstehen und Interessendivergenzen sowie eine asymmetrische Informationsverteilung zwischen den involvierten Personengruppen vorliegen.[712] Informationen sind für eine Verhaltenssteuerung geeignet, wenn sie sowohl vom Principal als auch vom Agenten akzeptiert werden. Letzteres ist prinzipiell dann der Fall, wenn erstens keine der beiden Parteien die Informationen manipulieren kann, zweitens die Informationsproduktion für beide Gruppen intersubjektiv nachvollziehbar ist und drittens die Informationen hinsichtlich ihrer Inhalte und Aussagen verständlich sind. Damit derartige Informationen angeboten werden (können), sollte der Aufbau und Ablauf der Kostenrechnung möglichst einfach und durchschaubar und der Detaillierungs- und Genauigkeitsgrad der Kostenrechungsinformationen gering gehalten werden.[713] Einfache(re) Rechnungen zur Befriedigung laufender Informationsbedarfe sind darüber hinaus insofern sinnvoll, als die Informationsgenauigkeit mit steigender Umweltdynamik und -komplexität abnimmt, und daher ein hoher Detaillierungsgrad von Kostenrechnungsinformationen oft als „Scheingenauigkeit" bewertet werden muß.[714]

Für die Realisierung eines einfach aufgebauten Kostenrechnungssystems mag es zweckgerichtet sein, die Kostenrechnung an das externe Rechnungswesen anzugleichen[715] und dabei auch intern pagatorische statt kalkulatorische Kosten und Leistungen

---

711 Vgl. Pfaff, D. (1996), S. 153; Ewert, R./Wagenhofer, A. (1997), S. 6-12.

712 Vgl. Ewert, R./Wagenhofer, A. (1997), S. 8f.; Pfaff, D. (1996), S. 151f.; Pfaff, D. (1995), S. 439. Wagenhofer [vgl. Wagenhofer, A. (1997), S. 72] vertritt die Auffassung, daß diese Voraussetzungen heutzutage überwiegend in der Praxis anzutreffen sind und somit die Verhaltenssteuerungsfunktion von Informationen einen höheren Stellenwert besitzt als die Entscheidungsfunktion. Einige Autoren vertreten sogar die Auffassung, daß die Verhaltenssteuerung schon immer der dominante Zweck der Kostenrechnung gewesen sei und die Entscheidungsfunktion, nicht zuletzt wegen ihrer realitätsfremden Prämissen, in der Vergangenheit deutlich überbetont wurde. Vgl. Pfaff, D. (1995), S. 439; Weber, J. (1996b), S. 690; Pfaff, D./Weber, J. (1998), S. 151 und 156; Schildbach, T. (1995), S. 7f.

713 Vgl. Weber, J. (1996b), S. 690-692; Weber, J. (1995) S. 572-579.

714 Vgl. Homburg, C./Weber, J./Aust, R./Karlshaus, J. T. (1998b), S. 15; Weber, J. (1995), S. 572. Weber [Weber, J. (1994b), S. 1786] konstatiert zugleich aber auch: „Die Erkenntnis, daß die gewohnte operative Planung angesichts ständig steigender Dynamik der Innen- und Umwelt eines Unternehmens immer weniger geeignet ist, das Überleben zu sichern, hat allerdings ihrer Detaillierung und fortgesetzten Durchführung keinen Abbruch getan."

715 Vgl. Weber, J. (1997), S. 18. Auf diesen Aspekt wird an späterer Stelle noch ausführlich eingegangen.

zu nutzen[716]. Ferner sollte über eine Vereinfachung des Kostenrechnungsaufbaus nachgedacht werden. Eine weniger differenzierte Kostenartenrechnung, eine geringere Anzahl der Kostenstellen sowie weniger komplexe innerbetriebliche Leistungsverrechnungen stellen mögliche Ansatzpunkte dar.

Verglichen mit der Verhaltenssteuerungsfunktion besitzt die *Entscheidungsfunktion* eine genau entgegengesetzte Wirkung auf das Kostenrechnungsdesign und die Art der bereitzustellenden Informationen. Eine Kostenrechnung, die für Zwecke der Entscheidungsfindung konzipiert wird, muß die speziellen, in der jeweiligen Entscheidungssituation vorliegenden Bedingungen gemäß dem Grundsatz „different costs for different purposes"[717] berücksichtigen.[718] Hierfür ist jedoch ein einheitliches, laufendes Rechnungssystem immer weniger geeignet, da es mit zunehmender Umweltdynamik schwieriger wird, alle Handlungsalternativen in einer laufenden Rechnung abbilden, planen und kontrollieren zu wollen.[719] Erfolgversprechender erscheinen *fallweise Rechnungen mit hoher Komplexität.*[720]

Weitere Anpassungen in der Kostenrechnung resultieren aus der Notwendigkeit, die Interessen der Shareholder im Rahmen der operativen Erfolgsplanung zu berücksichtigen. Sachgerecht kann z. B. ein verstärkter Einsatz *zahlungsorientierter Rechengrößen* in der Kostenrechnung sein. Angesichts der zunehmenden Strategieorientierung, einem damit längeren Planungshorizont sowie der Erkenntnis, daß nicht kurzfristig günstigste Produktionskosten, sondern niedrige Produktlebenszykluskosten für den Unternehmenserfolg entscheidend sind, sollte die tradierte periodische Kostenrechnung durch *strategieorientierte, überperiodische Rechnungen* ergänzt werden.[721] Des weiteren sollte ein modernes Kostenrechnungssystem verstärkt auch *qualitative, nicht monetäre*

---

716 Ohnehin stehen einige Autoren dem Ansatz kalkulatorischer Kosten kritisch gegenüber. Vgl. u. a. Schildbach, T. (1995), S. 4; Pfaff, D./Weber, J. (1998), S. 157f. So moniert beispielsweise Pfaff [vgl. Pfaff, D. (1994a), S. 1071f.], daß es sich bei kalkulatorischen Kosten letztlich nur um eine Approximation der theoretisch exakten wertmäßigen Kosten handelt, die Letzteren aber erst mit Lösung des Entscheidungsproblems exakt bekannt seien (Dilemma der wertmäßigen Kosten).

717 Pfaff, D. (1996), S. 154.

718 Vgl. Hummel, S. (1992), S. 77.

719 Vgl. Weber, J. (1993b), S. 29f.; Weber, J. (1994a), S. 100; Wagenhofer, A. (1997), S. 73.

720 Vgl. Weber, J. (1994a), S. 103; Weber, J. (1996a), S. 933.

721 Vgl. Schweitzer, M./Wagener, K. (1998), S. 445; Dellmann, K./Franz, K.-P. (1994), S. 15. Einige Autoren fordern in diesem Zusammenhang eine Verknüpfung von Kostenrechnung und Investitionsrechnung. Vgl. z. B. Küpper, H.-U. (1997b), S. 155; Weber, J. (1993b), S. 27f. und 39f. Eine diesbezüglich sehr ausführliche Diskussion findet sich bei Küpper, H.-U. (1993), S. 79ff.

Größen abbilden[722], da z. B. bei der von deutschen Unternehmen häufig verfolgten Strategie der Leistungsführerschaft weniger in Geldeinheiten ausgedrückte Informationen als vielmehr Mengen-, Zeit- sowie Qualitätsinformationen benötigt werden.[723]

Abschließend sei erwähnt, daß man sich im Rahmen der Gestaltung eines modernen Kostenrechnungssystems auch mit dem (bis dato vernachlässigten) Problem der *Berücksichtigung von Unsicherheit* beschäftigen sollte. Entsprechende Überlegungen, wie z. B. die Auswirkungen unsicherer Erwartungen mittels der simulativen Risikoanalyse zu antizipieren sind oder in welcher Form die individuelle Risikopräferenz eines Entscheiders im Kostenrechnungsdesign zu berücksichtigen ist[724], sollten jedoch aufgrund ihrer Komplexität nur in Entscheidungssituationen mit großer Tragweite angestellt werden.[725]

Abb. 42 faßt die vorangegangenen Erkenntnisse noch einmal tabellarisch zusammen.

---

722 Vgl. z. B. Brede, H. (1993), S. 341; Männel, W. (1998a), S. 4.

723 Vgl. Seite 180.

724 Vgl. diesbezüglich Koch, I. (1994), S. 126ff. Es sei angemerkt, daß es bei Entscheidungen unter Unsicherheit Sinn machen kann, Fixkosten zu berücksichtigen, da fixe Kosten in einer derartigen Entscheidungssituation relevant sein können. Vgl. Schildbach, T. (1995), S. 6; Kloock, J. (1995), S. 52; Maltry, H. (1990), S. 294.

725 Vgl. Weber, J. (1993b), S. 16, Fn. 7.

AUSPRÄGUNG KRITERIUM	Merkmale eines „modernen" Kostenrechnungssystems	Potentielle Systeme zur Weiterentwicklung der (traditionellen) Kostenrechnung
Zwecke/Funktion	• Dokumentation, Planung, Steuerung und Kontrolle • Bereitstellen von Informationen für die Entscheidungsfunktion und (zunehmend) für die Verhaltenssteuerungsfunktion	
Ziel	• Kostenmanagement • Optimierung sowie (zunehmend) Koordination der Aktivitäten bei der betrieblichen Leistungserstellung	• Target Costing, Prozeßkostenrechnung, Benchmarking
Adressaten	• Interne Adressaten (z. B. Geschäftsleitung, Controller; Kostenstellenleiter)	
Betrachtungszeitraum	• Periodisch; z. T. auch periodenübergreifend • Gesamter Produktlebenszyklus	• Anbindung an Investitionsrechnung • Life Cycle Costing
Häufigkeit der Rechnung	• Laufende Rechnung für Verhaltenssteuerung; fallweise Rechnung für Entscheidungsfunktion	
Abbildungsgegenstand und sachlicher Bezug der Abbildung	• Alle Unternehmenstypen; komplexe Produkte und Dienstleistungen • (Funktionale/Prozessuale) interne Abläufe im eigenen Betrieb; Supply-Chain und Kooperationen • Sämtliche Betriebsbereiche	• Handels- und Bankkostenrechnung • Prozeß-, Kooperations- und Koordinationskostenrechnung • Logistik-, F&E-, Qualitäts-Kostenrechnung
Art der Rechen-/Informationsgrößen	• Quantitative, monetäre sowie (zunehmend) nichtmonetäre Größen • Kalkulatorische (und zunehmend pagatorische) Kosten und Leistungen • Sehr hoher Genauigkeits-/Komplexitätsgrad bei Entscheidungsfundierung; einfache Rechnungen bei Verhaltenssteuerung	• Balanced Scorecard • Ausbau einer differenzierten Leistungsrechnung • Konvergenz zwischen Kostenrechnung und externem Jahresabschluß
Im KR-Modell unterstellte Marktform; Art der Kalkulation	• Käufermarkt • Marktkalkulation (retograde Kalkulation)	• Target Costing, Benchmarking
Strategische Erfolgsfaktoren, die für die Gestaltung einer KR bedeutsam sind; Wettbewerbsstrategie, die durch Informationen aus der KR unterstützt werden	• Kosten, Qualität, Zeit, Flexibilität • Kosten- und Leistungsführerschaft	• Zeitkostenrechnung, Qualitätskostenrechnung
Bei der Gestaltung der KR zu berücksichtigende Dynamik und Komplexität in der Unternehmensumwelt	• Kaum beherrschbar • Zunehmend Planung unter Unsicherheit (Risiko)	• Risikoanalyse; Berücksichtigung individueller Risikopräferenzen des Entscheiders im Kostenrechnungsdesign

Abb. 42: Merkmale eines modernen Kostenrechnungssystems und Ansätze zur Entwicklung eines solchen Systems

2.2.2.3. Zur Konvergenz zwischen in- und externem Rechnungswesen als einem übergreifenden Ansatz der Optimierung von Informationsressourcen

In Deutschland ist eine strikte Trennung zwischen internem Rechnungswesen (= kalkulatorisches + zahlungsstromorientiertes Rechnungswesen) und externem Rechnungswesen (= einzelgesellschaftliches + konzernbezogenes + ggf. internationales Rechnungswesen) üblich.[726] Dies war nicht immer der Fall. Vielmehr war früher bei den periodenbezogenen Erfolgsrechnungen das sogenannte „Einkreissystem" vorherrschend. Im Einkreissystem, das dem 1949 konzipierten Gemeinschaftskontenrahmen zugrunde liegt, werden Finanzbuchhaltung, Kostenarten-, Kostenstellen- sowie Kostenträgerrechnung miteinander verknüpft. Insgesamt jedoch eher unbefriedigende Ergebnisse mit diesem System haben dazu geführt, daß sich im Zeitablauf immer mehr der auf dem „Zweikreissystem" basierende Industriekontenrahmen durchsetzte, und

---

[726] Vgl. Männel, W. (1997a), S. 9; Küting, K./Lorson, P. (1998b), S. 2251.

damit eine eindeutige Trennung der Rechenkreise Kostenrechnung und Finanzbuchhaltung vorlag.[727]

Beschäftigt man sich näher mit der Divergenz im deutschen Rechnungswesen, erscheint sie konsequent vor dem Hintergrund, daß unterschiedliche Zwecke im Rechnungswesen existieren und der Rechnungszweck über das Rechnungsziel die Rechnungsausgestaltung bestimmt.[728] Insbesondere folgende Argumente sprechen für eine Divergenz:

- Infolge der Zweiteilung des Rechnungswesens ist man intern nicht gezwungen, die gesetzlichen Regelungen des Handels- und Steuerrechts zu befolgen, zumal diese Normierungen als interne Erfolgsmaßstäbe nicht geeignet sind.[729] Des weiteren macht die Differenzierung es möglich, daß ein Unternehmen sein äußeres Erscheinungsbild im externen Rechnungswesen durch gezielte Steuer- und Bilanzpolitik gestalten kann, ohne dabei interne Vorgaben beachten zu müssen.[730]

- Intern werden detailliertere Informationen benötigt als diejenigen, die das externe Rechnungswesen gewöhnlich bereitstellt.[731] Beispielsweise müssen im internen Rechnungswesen die finanziellen Effekte von Marktbeziehungen auf kleinere Unternehmenseinheiten heruntergebrochen und die monetären Konsequenzen aus Marktunvollkommenheiten durch Zusatzerfassung von Opportunitätskosten neutralisiert werden.[732]

Ungeachtet dieser für ein differenziertes Rechnungswesen sprechenden Argumente, wird die Differenzierung zunehmend kritischer gesehen. Ursächlich sind vor allem das Ansteigen internationaler Unternehmensaktivitäten und damit zusammenhängend das Herausbilden weltweiter Konzernstrukturen.[733] Im internationalen Kontext verwirrt ei-

---

727 Vgl. Männel, W. (1997a), S. 9.

728 Vgl. Coenenberg, A. G. (1995a), S. 2078; Küpper, H.-U. (1997b), S. 150; Tyrell, B. (2000), S. 93, Fn. 138 m. w. N.

729 Vgl. Küpper, H.-U. (1997c), S. 20; Erichsen, J. (2000), S. 56. Während im externen Rechnungswesen der Jahresüberschuß/-fehlbetrag bzw. – bei teilweiser oder vollständiger Gewinnverwendung – der Bilanzgewinn/-verlust im Mittelpunkt des Interesses steht, interessieren in der Kostenrechnung Stück- und Periodengewinne. Vgl. Küting, K./Lorson, P. (1998d), S. 486.

730 Vgl. Becker, G. M. (1998), S. 1102.

731 Vgl. Breker, N./Naumann, K.-P./Tielmann, S. (1999), S. 150; Männel, W. (1999a), S. 13.

732 Vgl. Becker, G. M. (1998), S. 1102; Küpper, H.-U. (1995b), S. 25; Pfaff, D. (1994a), S. 1071f.

733 Vgl. Haller, A. (1997), S. 270; Seelinger, R./Kaatz, S. (1998), S. 125; Kubin, K. W. (1998), S. 545; Küpper, H.-U. (1997b), S. 152.

ne hohe Divergenz im Rechnungswesen mehr als sie nützt, da Divergenz ein eher nationales Phänomen darstellt und daher in anderen Ländern unbekannt ist.[734] Weil aber gerade in internationalen Konzernstrukturen einheitliche Kontroll-, Steuerungs- und Berichterstattungssysteme notwendig sind, wird zunehmend das Abrücken von dieser deutschen Eigenart gefordert.[735] Diese Forderung erhält zum einen dadurch Nachdruck, daß aufgrund der strikten Trennung von in- und externem Rechnungswesen auch hierzulande oftmals kein durchgängiges, konzeptionell geschlossenes Ergebniscontrolling möglich ist.[736] Zum anderen erscheint ein Angleichen von in- und externen Rechnungsweseninstrumenten auch insofern zweckgerichtet, als im Zuge der Anwendung moderner Rechenkonzepte zur Erfüllung von Steuerungs- und Kontrollaufgaben immer häufiger auf die externe Datenbasis eines Unternehmens zurückgegriffen wird.[737] Zusammengenommen erscheint es somit sinnvoll, sich mit der Möglichkeit einer Konvergenz im Rechnungswesen auseinanderzusetzen.

Weil das Rechnungswesen aus unterschiedlichen Teilsystemen besteht, ist Konvergenz im Rechnungswesen ein mehrdimensionales, komplexes Phänomen. Damit überhaupt ein Konvergenzprojekt effektiv und effizient verlaufen kann, bedarf es im Vorfeld der Projektierung einer genauen Abgrenzung der anzunähernden Teilbereiche. Dabei sollte mit großer Sorgfalt vorgegangen werden, da sich eine zu große Konvergenz im Rechnungswesen ebenso negativ auf die Informationsqualität des Rechnungswesens auswirken kann wie eine zu hohe Divergenz.

Eine systematische Vorgehensweise zur Ableitung einer erfolgversprechenden Konvergenzstrategie beschreiben Küting/Lorson. Wie Abb. 43 zeigt, unterscheiden sie drei interdependente Parameter, die bei der Auswahl der richtigen Harmonisierungsstrategie zu beachten sind: Die *Anpassungsrichtung*, die *Anpassungsobjekte* sowie die *Anpassungsintensität.*

---

734 Vgl. Männel, W. (1997a), S. 11; Küting, K./Lorson, P. (1998a), S. 471; Küpper, H.-U. (1997b), S. 144.

735 Vgl. Haller, A. (1997), S. 270.

736 Vgl. Männel, W. (1997a), S. 9-11; Männel, W. (1999a), S. 13; Horváth, P./Arnaout, A. (1997), S. 263. Um diesen Nachteil zu beheben, sind zeit- und kostspielige Überleitungsrechnungen zu konzipieren. Vgl. Seelinger, R./Kaatz, S. (1998), S. 125; Erichsen, J. (2000), S. 58.

737 Vgl. Haller, A. (1997), S. 271; Breker, N./Naumann, K.-P./Tielmann, S. (1999), S. 147; Kubin, K. W. (1998), S. 526. Beim Economic Value Added (EVA-)Konzept beispielsweise werden externe Daten genutzt. Vgl. Pfaff, D. (1994a), S. 1077f. Zu den Zielen und der Methodik des EVA-Konzepts siehe z. B. Stewart, G. (1991) sowie Ehrbar, A. (1999).

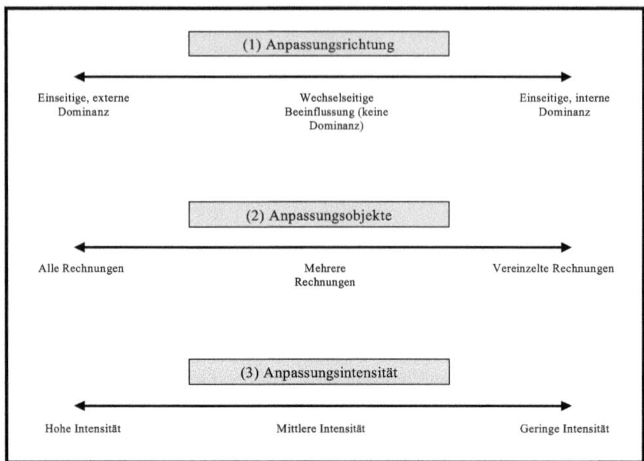

Abb. 43: Zu beachtende Parameter und deren Ausprägungen bei der Auswahl der unternehmensindividuellen Konvergenzstrategie[738]

Beim Festlegen der Ausprägung des jeweiligen Parameters sind zahlreiche Faktoren zu beachten, wie z. B. die Größe des Unternehmens, das Spektrum der zu unterstützenden Entscheidungen im Unternehmen, der Zentralisierungs-/Dezentralisierungsgrad des Unternehmens, die bisherige Ausgestaltung des Rechnungswesens etc. Den Einfluß, den diese Faktoren auf den jeweiligen Parameter haben, kann exakt nur unternehmens- und situationsspezifisch beurteilt werden, so daß im Rahmen dieser Arbeit nur grundsätzliche Überlegungen zur Bestimmung einer adäquaten Konvergenzstrategie im Rechungswesen angestellt werden können. Unter Zuhilfenahme der von Küting/Lorson entwickelten Systematik zur Auswahl einer Konvergenzstrategie soll nachfolgend analysiert werden, welche Ausprägungen die Parameter Anpassungsrichtung, Anpassungsobjekte sowie Anpassungsintensität prinzipiell annehmen sollten. Bei den Ausführungen wird unterstellt, daß sich ein multinationaler, börsennotierter Großkonzern, dessen Mutter- und Tochterunternehmen die Rechtsform einer Aktiengesellschaft besitzen, mit Fragen der Konvergenz im Rechnungswesen auseinandersetzt. Daß ein solches Unternehmen als Bezugsobjekt für die nachfolgenden Überlegungen ausgewählt wird, läßt sich wie folgt begründen: In einem international ausgerichteten Großunternehmen dürfte die Komplexität des Rechnungswesens deutlich höher sein als in einem kleineren, nationalen Unternehmen. Dies hängt nicht zuletzt damit zusammen, daß internationale Konzernunternehmen oftmals zusätzlich zu den deutschen Jahresab-

---

[738] In Anlehnung an Küting, K./Lorson, P. (1998d), S. 487.

schlußregeln internationale Rechnungslegungsnormen beachten müssen. Hierdurch steigt die Komplexität im Rechnungswesen an und ist möglicherweise ab einem gewissen Punkt so hoch, daß sie nicht mehr zu bewältigen ist. Entsprechend dürften vor allem internationale Großkonzerne Interesse daran haben, ein komplexitätsreduzierendes Konvergenzprojekt in Angriff zu nehmen.[739]

(ad 1): Bestimmung der Anpassungsrichtung

Die Auswahl einer sachgerechten Konvergenzstrategie sollte stets mit der Festlegung der Anpassungsrichtung beginnen.[740] Im Rahmen der Bestimmung der Angleichungsrichtung ist zu untersuchen, ob ein unverrückbarer externer (interner) Fixpunkt der Anpassung existiert. Mit anderen Worten ist zu analysieren, ob eine einseitig externe (interne) Dominanz bezüglich der Harmonisierungsrichtung existiert. Wie in Abb. 43 dargestellt, interessiert zudem, ob nicht möglicherweise auch Kompromißlösungen, ohne erkennbar dominante Richtung der Angleichung, realisierbar sind.

Die Frage nach der sachgerechten Richtung der Anpassung läßt sich relativ einfach beantwortet. Dies hängt damit zusammen, daß im Gegensatz zum internen für das externe Rechnungswesen obligatorische, unverrückbare Normen existieren, so daß bei einer Annäherung von in- und externem Rechnungswesen zwingend die Erfordernisse des externen Rechnungswesens beachtet werden müssen und – aufgrund der fakultativen Gestaltbarkeit des internen Rechnungswesens – auch können. Aus diesem Grund besteht bei der Richtung der Anpassung eine *einseitige, externe Dominanz.*[741]

---

739 Ähnlich vgl. Kammer, K./Schuler, H. (2001), S. 146; Küpper, H.-U. (1997b), S. 153 sowie Bamford, J./Ernst, D. (2002), S. 30f.

740 Eine andere Auffassung vertreten Küting/Lorson. Bei ihnen ist das Bestimmen der Anpassungsrichtung der dritte und damit letzte Schritt bei der Auswahl einer Konvergenzstrategie. Vgl. Küting, K./Lorson, P. (1998d), S. 487. Die Vorgehensweise von Küting/Lorson wird hier jedoch als nicht sinnvoll erachtet, da durch das Bestimmen der Anpassungsrichtung die elementare „Stoßrichtung" für die Angleichung im Rechnungswesen vorgegeben wird und die hierbei erzielten Ergebnisse weiterführenden Überlegungen wie z. B. das Bestimmen der Anpassungsobjekte sowie der Anpassungsintensität zugrundeliegen (sollten).

741 Vgl. Seelinger, R./Kaatz, S. (1998), S. 127; Küting, K./Lorson, P. (1998a), S. 471. Eine etwas andere Auffassung hat Klein [vgl. Klein, G. A. (1999), S. 24], der es – bezugnehmend auf den „Management Approach" bei der Segmentberichterstattung gemäß Statement of Financial Accounting Standards (SFAS) 131 – für möglich hält, daß langfristig einige Vorschriften des externen Rechnungswesens geändert werden, um so (auch) Aufgaben des internen Rechnungswesens erfüllen zu können. Bzgl. des SFAS 131 vgl. FASB (2002) sowie Böcking, H.-J./Benecke, B. (1998), S. 96ff.

(ad 2): Bestimmung der Anpassungsobjekte

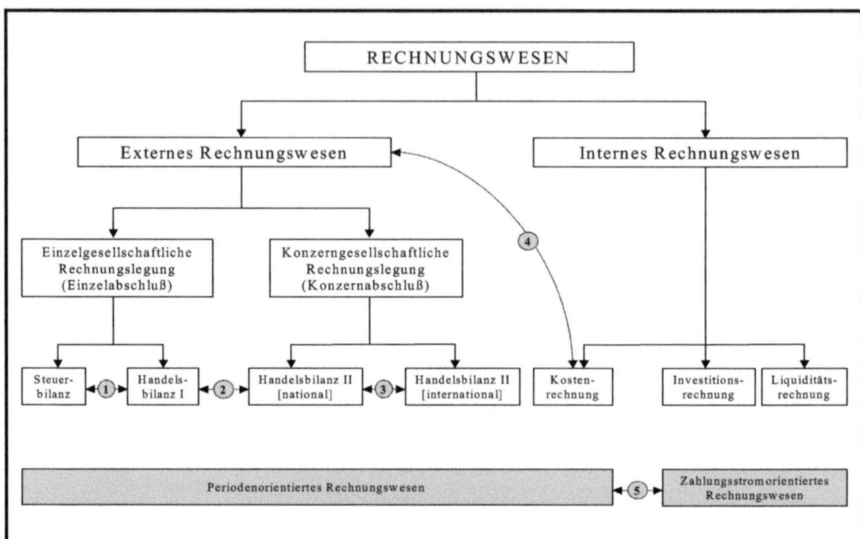

Abb. 44: Zu analysierende Harmonisierungsbereiche bei der Bestimmung der Anpassungsobjekte

Abb. 44 zeigt, daß weder das externe noch das interne Rechnungswesen ein in sich geschlossener, monolithischer Block ist.[742] Es existieren vielmehr sowohl im externen Rechnungswesen mit der Steuerbilanz, der Handelsbilanz I sowie der Handelsbilanz II [national + international] als auch im internen Rechnungswesen mit der Kostenrechnung, der Investitionsrechnung sowie der Liquiditätsrechnung verschiedene Teilsysteme. Damit das Ausmaß einer Konvergenz weder zu groß noch zu gering ausfällt, ist zu klären, welche Objekte im Rechnungswesen angepaßt werden sollen. Es gilt dabei festzulegen, welche Rechnungen innerhalb des externen Rechnungswesens, welche Teilsysteme innerhalb des internen Rechnungswesens und welche Teilsysteme zwischen in- und externem Rechnungswesen zu vereinheitlichen sind. Darüber hinaus ist zu bestimmen, ob die Anpassung für alle oder gegebenenfalls nur für einzelne Zwecke einer Rechnung erfolgen soll. So ist beispielsweise bei der Angleichung von Kosten- und Bilanzrechnung zu klären, ob sich die Harmonisierung auf den Zweck „Bereitstellen von Informationen zur Entscheidungsfundierung“ und/oder auf den Zweck „Bereitstellen von Informationen zur Verhaltensbeeinflussung“ bezieht.

---

742 Vgl. Küting, K./Lorson, P. (1998e), S. 5 und ferner auch Abb. 40.

Eine sinnvolle Methode, sachgerechte Konvergenzobjekte festzulegen, ist der Paarvergleich. Vor allem die fünf in Abb. 44 dargestellten Anpassungsbereiche sollten durch paarweise Gegenüberstellung analysiert werden. Während Anpassungsmaßnahmen in den *Bereichen 1 bis 3* auf eine Annäherung der Rechnungswesenteilsysteme innerhalb des externen Rechnungswesens abzielen, geht es im *Bereich 4* um die Annäherung zwischen den periodischen Rechnungen des internen Rechnungswesens[743] und den periodischen Rechnungen des externen Rechnungswesens. Im *Bereich 5* interessiert, ob eine Angleichung von periodenorientierten und zahlungsstromorientierten Rechnungswesenteilsystemen möglich ist.

Eine Angleichung auf einzelgesellschaftlicher Ebene, d. h. ein Anpassen von Steuerbilanz und Handelsbilanz I (*Anpassungsbereich 1*), ist in der Theorie zwar möglich, wird jedoch von den hier betrachteten publizitätspflichtigen Unternehmen in der Rechtsform einer Aktiengesellschaft überwiegend nicht durchgeführt.[744] Daß diese Unternehmen nicht von der Möglichkeit Gebrauch machen, eine sogenannte „Einheitsbilanz" zu erstellen, liegt daran, daß sich die Zielsetzungen und die Normen des Handelsrechts von denen des Steuerrechts nachhaltig unterscheiden. Während es in der nach handelrechtlichen Vorschriften erstellten Handelsbilanz I um die Information externer Adressaten (Informationsfunktion) und um die Bemessung der Ausschüttungen vor allem an Aktionäre (Ausschüttungsbemessungsfunktion) geht, steht in der nach steuerrechtlichen Regeln aufgestellten Steuerbilanz die Bemessung der Steuerschuld im Mittelpunkt des Interesses. Daß Unternehmen in der Steuerbilanz das Ziel der Steuerminimierung verfolgen, ist legitim und zugleich sinnvoll, hat aber zur Konsequenz, daß der handelsrechtliche Einzelabschluß wegen des Prinzips der umgekehrten Maßgeblichkeit der Handels- für die Steuerbilanz[745] gefärbt wird. Die Informationsfunktion des Einzelabschlusses wird hierdurch deutlich eingeschränkt, weshalb Aktiengesellschaften auf einzelgesellschaftlicher Ebene – ungeachtet möglicher Kosteneinsparungen bei Erstellung einer Einheitsbilanz – auf eine *Angleichung zwischen Handelsbilanz I und Steuerbilanz verzichten* sollten und dies in der Regel auch tun.[746]

Beim *Anpassungsbereich 2* steht die Angleichung zwischen einzelgesellschaftlicher Rechnungslegung (Handelsbilanz I) und konzerngesellschaftlicher Rechnungslegung

743 Abb. 44 zeigt, daß dabei die Kostenrechnung im Mittelpunkt der Überlegungen steht.

744 Ähnlich Küting, K./Lorson, P. (1998d), S. 485.

745 Vgl. § 5 I S. 2 EStG.

746 Ähnlich Küting, K./Lorson, P. (1998e), S. 5.

(hier: Handelsbilanz II [national]) im Mittelpunkt des Interesses. Ursächlich für die Differenzen zwischen der Handelsbilanz I und der Handelsbilanz II [national] sind nicht abweichende Normensysteme sondern unterschiedliche Rechnungswesenzwecke. So zielt die Erstellung einer Handelsbilanz II im Gegensatz zur Aufstellung einer Handelsbilanz I einzig und allein auf die Informationsfunktion ab. Da mit anderen Worten bei dem Erstellen eines Konzernabschlusses keine ausschüttungs- und steuerbezogenen Restriktionen der Rechnungslegung bestehen, kann und sollte ein Unternehmen von den Möglichkeiten der §§ 300 II und 308 HGB Gebrauch machen. D. h. die Ansatz- und Bewertungsregeln, die in den Handelbilanz I angewendet wurden, sollten in der Handelsbilanz II aus dem Blickwinkel der Informationsfunktion neu ausgeübt werden.[747] Bedenkt man zudem, daß aufgrund der Verbreitung des Shareholder-Value-Konzepts für börsennotierte Unternehmen die Notwendigkeit besteht, ihren Aktionären entscheidungsrelevante Informationen bereitzustellen, erscheint es zusammengenommen zweckgerichtet, eine eigenständige Handelbilanz II zu erstellen und damit eine *Trennung von Handelsbilanz I und II [national]* zu bewirken.

Ein multinationaler Konzern finanziert sich in der Regel auch über ausländische Kapitalmärkte. Aufgrund der dort geltenden Börsenbestimmungen ist das Konzernunternehmen verpflichtet, zusätzlich zur deutschen Bilanz einen Jahresabschluß nach internationalen Normen (Handelsbilanz II [international] zu erstellen.[748] Ein Konzern, der eine Vereinfachung seines Rechnungswesens anstrebt, muß sich fragen, ob a) eine Angleichung zwischen Handelsbilanz II [national] und der Handelsbilanz II [international] möglich bzw. sinnvoll ist und b), welche Harmonisierungsrichtung gegebenenfalls dabei gewählt werden sollte (*Anpassungsbereich 3*).

Für eine Angleichung von Handelsbilanz II [national] und Handelsbilanz II [international] spricht, daß hierdurch zum einen der Arbeitsaufwand bei der Rechnungslegung reduziert wird, zum anderen interne Reibungsverluste auf Konzernebene vermieden werden können, die durch Diskussionen über unterschiedliche Wertansätze und deren Richtigkeit entstehen.[749] Bezüglich der Anpassungsrichtung wird bei dem hier unterstellten international verflochtenen Großkonzern eine *Angleichung an internationale Bilanzierungsnormen* als sachgerecht empfunden. Dies läßt sich wie folgt begründen:

---

747 Ähnlich Küting, K./Lorson, P. (1998b), S. 2257, die dort ferner zeigen, daß ein Großteil der konzernabschlußpflichtigen Unternehmen eine eigenständige Konzernbilanzpolitik betreibt.

748 Vgl. diesbezüglich Kapitel C 2.5., S. 63.

749 Vgl. Breker, N./Naumann, K.-P./Tielmann, S. (1999), S. 146.

(1) Ein börsennotiertes Mutterunternehmen ist gemäß § 292a HGB von der Pflicht zur Aufstellung eines handelsrechtlichen Konzernabschlusses befreit, wenn es – bei Einhaltung weiterer in § 292a HGB kodifizierter Bedingungen – einen Konzernabschluß nach internationalen Bilanzierungsnormen erstellt. Eine Angleichung an die Handelsbilanz II [international] ist folglich aus Gründen der Aufwandsreduzierung bei der Bilanzerstellung zu empfehlen.

(2) Eine Angleichung an nationale Normen macht insofern keinen Sinn (mehr), als Konzerne, die einen organisierten Kapitalmarkt in Anspruch nehmen wollen, ab dem 01.01.2005 verpflichtet sind, ihren Jahresabschluß ausschließlich nach IAS bzw. künftig nach International Financial Reporting Standards (IFRS) zu erstellen.[750]

(3) Die Informationsfunktion, die auf konzerngesellschaftlicher Ebene im Mittelpunkt steht, soll bei Anwendung internationaler Bilanzierungsnormen besser erfüllt werden als bei Gebrauch handelsrechtlicher Normen.[751] Im Falle der weltweit wichtigsten Jahresabschlußnormen, den US-GAAP, hängt dies damit zusammen, daß diese Normen primär darauf abzielen, die wirtschaftliche Leistungsfähigkeit des Unternehmens aufzuzeigen („fair presentation") und aktuellen sowie künftigen Investoren die für ihre Entscheidungen notwendigen Informationen („decision usefulness") bereitzustellen.[752] Die US-amerikanische Rechnungslegung versucht diese Ziele zu erreichen, indem sie eine periodengerechte Erfolgsermittlung („accrual principle) in den Mittelpunkt der Bilanzierung stellt, dem Vorsichtsprinzip einen im Vergleich zur deutschen Jahresabschluß geringen Stellenwert beimißt und überdies bei der Erstellung einer Bilanz weniger Ansatz- und Bewertungswahlrechte gewährt.[753]

Als *Zwischenfazit* kann bei dem hier betrachteten Fall eines börsennotierten Konzernunternehmens festgehalten werden, daß erstens eine Trennung von einzelgesellschaftlichen und konzerngesellschaftlichen Jahresabschlüssen sinnvoll ist, zweitens eigenständige Handelsbilanzen I sowie Steuerbilanzen erstellt werden sollten und drittens

---

[750] Dieser Verordnungsvorschlag wurde am 13.03.2002 von der EU-Kommission verabschiedet.

[751] Ebenso Küting, K./Lorson, P. (1998a), S. 472; Haller, A. (1997), S. 271; Becker, G. M. (1998), S. 1102f.

[752] Ähnlich Bischof, S. (1998), S. 9.

[753] Eine ausführliche Beschreibung der US-GAAP findet sich z. B. Schildbach, T. (2000); Auer, K. V. (1999), S. 89-99; KPMG (1999); Förschle, G./Kroner, M./Rolf, M. (1999), S. 3-89 sowie Pellens, B. (1999), S. 76-268.

die Handelsbilanzen II [national] so weit wie möglich an die Handelsbilanzen II [international] anzugleichen sind.

Beim *Anpassungsbereich 4* ist zu untersuchen, ob und in welcher Form eine Harmonisierung von periodenorientierten Rechnungen des externen und des internen Rechnungswesens sinnvoll ist. Im Kern geht es dabei um die Frage, ob die deutsche Usance „Divergenz zwischen Kostenrechnung und Jahresabschluß“ und die damit zusammenhängende Differenzierung zwischen Kosten/Leistungen einerseits und Aufwendungen/Erträgen andererseits aufzugeben ist.

Für die grundsätzliche Möglichkeit einer Annäherung spricht, daß sowohl die Bilanz- als auch die Kostenrechnung mit einer periodisierten Datenbasis arbeiten. Überdies bestehen seit jeher Verflechtungen zwischen diesen beiden Rechnungen in der Form, als die Bilanzrechnung einerseits Informationslieferant der Kostenrechnung ist, andererseits selber Informationen von der Kostenrechnung z. B. für die Ermittlung der Herstellungskosten empfängt.[754]

Untersucht man nun die Idee der Konvergenz beider Systeme näher, so ist unzweifelhaft, daß sich die Kostenrechnung an die Bilanzrechnung annähern muß, da die Bilanzrechnung im Gegensatz zur Kostenrechnung gesetzlich normiert ist.[755] Unklar ist aber, ob die Annäherung der Kostenrechnung an das externe Rechnungswesen bedeutet, gänzlich auf eine eigenständige betriebliche Kostenrechnung verzichten zu können. Es interessiert dabei, inwieweit mit der Bilanzrechnung die (traditionellen) Zwekke der Kostenrechnung erfüllt werden können.

Das Schrifttum vertritt mehrheitlich die Auffassung, daß eine Harmonisierung nur für den Kostenrechnungszweck Steuerung bzw. Verhaltensbeeinflussung möglich ist.[756] Begründet wird dies damit, daß verhaltenssteuernde Informationen hinsichtlich ihrer Inhalte und Aussagen von den zu steuernden Personen akzeptiert werden müssen und

---

[754] Vgl. Küting, K./Lorson, P. (1998a), S. 469; Küpper, H.-U. (1997b), S. 144.

[755] Vgl. hierzu auch die Ausführungen bezüglich der Anpassungsrichtung der Konvergenz im Rechnungswesen auf Seite 189. Dort ist festgestellt worden, daß hinsichtlich der Richtung der Angleichung eine einseitig, externe Dominanz besteht.

[756] Vgl. z. B. Küting, K./Lorson, P. (1998b), S. 2251; Coenenberg, A. G. (1995a), S. 2080ff.; Pfaff, D. (1994b), S. 666; Küpper, H.-U. (1997b), S. 158.

entsprechend ausgestaltete Informationen nicht zwingend von der Kostenrechnung, sondern ebenso gut vom externen Rechnungswesen bereitgestellt werden können.[757]

Hingegen wird eine Angleichung für den Zweck Entscheidungsfundierung als unmöglich erachtet. Ursächlich für diese Einschätzung ist, daß eine entscheidungsorientierte (Kosten-)Rechnung sehr spezielle Aufgaben erledigen und dementsprechend spezifische Inhalte und Strukturen aufweisen muß, die per Gesetz keinesfalls vorbestimmt sein dürfen. So muß eine entscheidungsorientierte Kostenrechnung u. a. eine Separation entscheidungsrelevanter Ergebniswirkungen und damit zusammenhängend eine korrekte Erfassung und Bewertung von sachlichen und zeitlichen Interdependenzen gewährleisten, was voraussetzt, daß ein von pagatorischen Aufwendungen und Erträgen abweichender Wertansatz genutzt wird. Die Datenbasis des externen Rechnungswesens basiert indes auf dem in § 252 I Nr. 5 HGB kodifizierten Grundsatz der Pagatorik, so daß die entsprechenden Daten für Zwecke der Entscheidungsfundierung nicht in Frage kommen.[758] Alles in allem wird man also auf ein *eigenständiges Informationssystem Kostenrechnung* nicht verzichten können, da eine Konvergenz zwischen Kosten- und Bilanzrechnung nur für den Steuerungsaspekt möglich ist.[759]

Neben der Frage, für welche Zwecke eine Angleichung zwischen Kosten- und Bilanzrechnung gelingen kann, interessiert auch, an welches Teilsystem des externen Rechnungswesens sich die Kostenrechnung angleichen soll. Das ideale Annäherungsobjekt für die Kostenrechnung scheint ein *Konzernabschluß* zu sein, der nach *internationalen Bilanzierungsnormen* aufgestellt wird. Diese Einschätzung läßt sich wie folgt begründen:

Der *Konzernabschluß bzw. die Handelsbilanz II* ist insofern ein zweckgerichtetes Angleichungsobjekt, als mit ihm einzig und allein die Informationsfunktion verfolgt

---

[757] Zu der Begründung vgl. Seite 182f. Einige Autoren [vgl. z. B. Küting, K./Lorson, P. (1998c), S. 2306; Breker, N./Naumann, K.-P./Tielmann, S. (1999), S. 148] führen an, daß vor allem die Prüfungspflicht eines externen Jahresabschlusses eine hohe Akzeptanz der bereitgestellten Informationen bei den Adressaten verspricht. Beachtet man jedoch die in der jüngsten Vergangenheit aufgedeckten Bilanzmanipulationen (z. B. bei ENRON und WORLDCOM) und dem hierdurch ausgelösten Vertrauensverlust in das externe Rechnungswesen, ist die Haltbarkeit dieses Arguments stark anzuzweifeln.

[758] Ebenso Kammer, K./Schuler, H. (2001), S. 145 m. w. N.; Kümpel, T. (2002a), S. 905; Kümpel, T. (2002b), S. 344; Becker, G. M. (1998), S. 1104; Klein, G. A. (1999), S. 21.

[759] Vgl. Pfaff, D. (1994a), S. 1081; Breker, N./Naumann, K.-P./Tielmann, S. (1999), S. 149; Küpper, H.-U. (1997b), S. 159.

wird.[760] Diese Funktion wird erfüllt, wenn man bei der Aufstellung des Konzernabschlusses die gesetzlichen Bilanzierungsmöglichkeiten mit dem Ziel nutzt, die Vermögens-, Finanz- und Ertragslage des (Konzern-)Unternehmens aus einer betriebswirtschaftlichen Sicht darzustellen. Wird dieses Ziel zufriedenstellend erreicht, dürften die betriebswirtschaftlich orientierten Informationen weitgehend auch für interne Steuerungszwecke verwendbar sein.[761]

Internationale Bilanzierungsnormen sollen zur Anwendung kommen, da bei ihnen die betriebswirtschaftliche Perspektive erheblich ausgeprägter sein soll als in einem handelsrechtlichen Abschluß.[762] Aus diesem Grund scheint ein Jahresabschluß z. B. nach IAS oder US-GAAP eine ideale bzw. – im Vergleich zur deutschen Bilanz – bessere Datenbasis für eine Steuerungsrechnung zu sein.[763]

Beim *Anpassungsbereich 5* interessiert, inwieweit ein Angleichen von perioden- und zahlungsstromorientierten Rechnungen möglich ist. Zwei Fälle sind in diesem Zusammenhang von wesentlicher Bedeutung: Zum einen eine Annäherung von pagatorischen, periodenorientierten Rechnungen (z. B. Bilanzrechnung) und zahlungsstromorientierten Rechnungen (insbesondere Investitionsrechnung), zum anderen eine Konvergenz von kalkulatorischen Rechnungen (= kalkulatorische Kostenrechnung) und zahlungsstromorientierten Rechnungen.

Bilanzrechnung ↔ Investitionsrechnung

Aufgrund der gesetzlichen Normierung des externen Rechnungswesens sowie der fakultativen Gestaltbarkeit des internen Rechnungswesens kommt einzig und allein ein Angleichen der Investitionsrechnung an die (pagatorische) Bilanzrechnung in Frage. Folglich ist zu eruieren, inwieweit eine *Investitionsrechnung auf Basis einperiodiger Erfolgsgrößen* möglich ist.

Daß eine derart gestaltete Investitionsrechnung prinzipiell zu gleichen Ergebnissen führen kann wie eine Investitionsrechnung auf Basis mehrperiodiger Zahlungsgrößen,

---

760 Vgl. Seite 192.

761 Vgl. Coenenberg, A. G. (1995b), S. 143; Pellens, B. (1998), S. 369.

762 Ähnlich Küting, K./Lorson, P. (1998f), S. 5; Breker, N./Naumann, K.-P./Tielmann, S. (1999), S. 150. Vgl. hierzu auch Seite 193.

763 Vgl. Haller, A. (1997), S. 271 und 276; Seelinger, R./Kaatz, S. (1998), S. 128f.

beweist das Lücke-Theorem[764], dessen grundlegende Aussage die folgende ist: Der Kapitalwert einer Zahlungsreihe ist gleich der Summe der abgezinsten Periodenerfolge, wenn die Periodenerfolge der Basisinvestition um kalkulatorische Zinsen auf die Kapitalbindung zu Beginn der jeweiligen Periode vermindert werden. Dem Theorem liegen folglich zwei Annahmen zugrunde: Erstens müssen der erfolgsorientierten Rechnung pagatorische Erfolgsgrößen zugrundeliegen. Diese Annahme wird von der Bilanzrechnung zweifelsohne erfüllt und steht einer Angleichung somit nicht entgegen. Zweitens ist es gemäß Lücke-Theorem notwendig, die periodischen Größen um eine kalkulatorische Zinsrechnung zu ergänzen. Genau hier liegt jedoch der kritische Punkt. Denn obwohl eine entsprechende Zinsrechnung konzeptionell realisierbar ist, bedeutet sie stets einen Mehraufwand. Die Fragen, wie hoch dieser Aufwand ausfällt und ob er möglicherweise den Nutzen[765] einer Verzahnung von Investitionsrechnung und Bilanzrechnung übersteigt, können hier in allgemeiner Form nicht beantwortet werden.[766] Die Antworten hängen im wesentlichen davon ab, wie komplex das investitionstheoretische Kalkül in einer konkreten Entscheidungssituation ist und wie schwer es dabei fällt, die Zinsen auf das gebundene Kapital zu errechnen. Sofern man jedoch zum einen berücksichtigt, daß der Detaillierungsgrad von Jahresabschlußinformationen für Zwecke der Investitionsrechnung (ohnehin) kaum ausreichend sein dürfte, zum anderen bedenkt, daß die Investitionsrechnung in die Zukunft gerichtet ist, die traditionelle Bilanzrechnung dagegen in die Vergangenheit[767], erscheint es insgesamt unwahrscheinlich, daß eine Harmonisierung zwischen Investitions- und Bilanzrechnung sachgerecht ist bzw. sein kann.

Kostenrechnung ↔ Zahlungsstromorientierte Rechnungen

Der Fall einer Konvergenz zwischen (kalkulatorischer) Kostenrechnung einerseits und Investitionsrechnung auf der Basis von Zahlungsreihen andererseits ist bereits weiter vorne angeschnitten worden.[768] Dort wurde u. a. dargestellt, daß man für Zwecke der Entscheidungsfundierung sehr präzise Kosteninformationen benötigt. Ob jedoch die Kostenrechnung in der Lage ist, solche Informationen bereitzustellen, kann angezwei-

---

764 Vgl. Lücke, W. (1955), S. 310ff. sowie Philipp, F. (1960), S. 26ff.

765 Der Nutzen resultiert aus der Möglichkeit, ein durchgängiges, in sich geschlossenes Ergebniscontrolling zu implementieren.

766 Ähnlich Dirrigl, H. (1998), S. 545.

767 Eine Angleichung zwischen Investitionsrechnung und Bilanzrechnung dürfte daher – wenn überhaupt – nur in Frage kommen, wenn die Bilanzrechnung auf zukunftsorientierten Plangrößen basiert.

768 Vgl. Seite 183 und dort auch Fn. 721.

felt werden. Letzteres hängt insbesondere damit zusammen, daß man in der Kostenrechnung darauf verzichtet, die theoretisch exakten wertmäßigen Kosten in einer Entscheidungssituation zu erfassen und stattdessen kalkulatorische Kosten ansetzt, denen z. T. willkürliche Schätz- und Verteilungsmethoden[769] zugrundeliegen und die ferner nur eine (konzeptionell fragwürdige) Approximation der exakten wertmäßigen Kosten darstellen.

Mit dem Ziel, die Richtigkeit und Entscheidungsrelevanz von Kosteninformationen zu erhöhen, fordern einige Autoren eine *investitionstheoretisch ausgerichtete Kostenrechnung*, in der die Interdependenzen über theoretisch fundierte, zahlungsstrombasierte Konzepte erfaßt werden.[770] Eine solche Kostenrechnung soll aussagekräftiger sein, da die Kosten und Leistungen stets aus den tatsächlich angefallenen Zahlungen abgeleitet werden und die Herleitung der Kosten/Leistungen auf der Basis eines Kapitalwertkalküls erfolgt und damit konzeptionell nachvollziehbar ist.[771] Da eine investitionstheoretisch ausgerichtete Kostenrechnung zudem (modellbedingt) auf ein längerfristiges Erfolgsziel ausgerichtet ist, bestehen für die Investitionsrechnung und für die (investitionstheoretische) Kostenrechnung ähnliche Erfolgsziele, was sich im Hinblick auf ein durchgängiges Ergebniscontrolling positiv auswirken mag. Ungeachtet dieser Argumente, die für das Angleichen beider Rechensysteme sprechen, wird hier jedoch bezweifelt, daß sich diese Idee in der Praxis durchsetzen wird. Denn Bedenken erscheinen insofern geboten, als das Implementieren einer investitionstheoretischen Kostenrechnung ein radikales Umdenken in der gängigen Rechnungswesenpraxis bedeutet, was nicht nur erhebliche Lernkosten, sondern – möglicherweise – auch Widerstand der betroffenen Mitarbeiter nach sich zieht.

---

769 Zu den Handlungsspielräumen bei der Ermittlung von Kosten und deren Ursachen vgl. Küpper, H.-U. (1997b), S. 147ff.

770 Vgl. Küpper, H.-U. (1995b), S. 23 und die dort aufgeführten weiteren Nennungen.

771 Die konzeptionelle Nachvollziehbarkeit dürfte sich insbesondere bei der Ermittlung von Opportunitätskosten und -erlösen positiv bemerkbar machen, also für das Ermitteln von Kosten und Leistungen solcher Prozesse, die nicht unmittelbar mit Zahlungen verbunden sind.

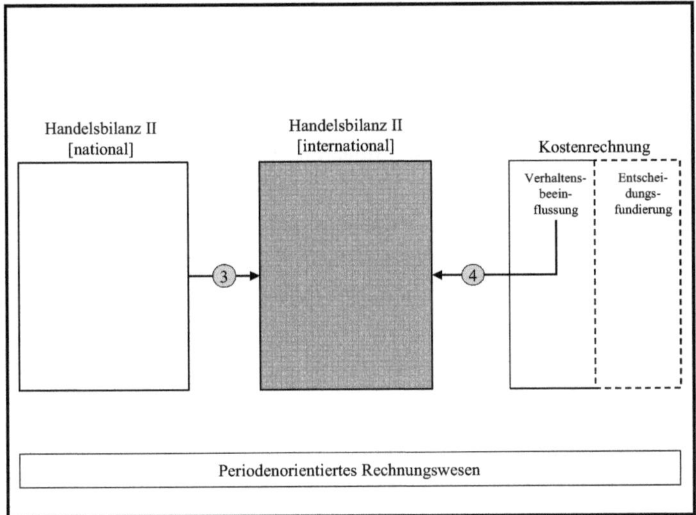

Abb. 45: Ideale Anpassungsobjekte einer Konvergenz im Rechnungswesen

Als *Gesamtfazit* ist damit festzuhalten, daß eine Konvergenz im Rechnungswesen nur für *einzelne Rechnungen* innerhalb des periodenorientierten Rechnungswesens in Frage kommt. Wie Abb. 45 zeigt, handelt es sich konkret um folgende Fälle: Zum einen sollten die Handelbilanzen II [national] weitgehend an die Handelsbilanzen II [international] angeglichen werden (Anpassungsbereich 3), zum anderen ist die Kostenrechung für Zwecke der Steuerung bzw. Verhaltensbeeinflussung an die Handelsbilanzen II [international] anzunähern (Anpassungsbereich 4). Damit ist offenkundig, daß bei dem hier betrachteten multinationalen Großkonzern internationale Rechnungslegungsnormen von zentraler Bedeutung für eine Konvergenz im Rechnungswesen sind.[772]

(ad 3): Bestimmung der Anpassungsintensität

Beim dritten und letzten Punkt der Bestimmung einer sachgerechten Konvergenzstrategie, der Auswahl der Anpassungsintensität, geht es darum, das spätere Übereinstimmungsniveau zwischen den zuvor ausgewählten Anpassungsobjekten festzulegen. Es gilt zu eruieren, ob eine hohe Anpassungsintensität, im Extremfall eine 100 %ige An-

---

772 In der Abb. 45 kommt die große Bedeutung internationaler Rechnungslegungsnormen durch die Schraffierung zum Ausdruck.

passung, erreicht werden soll, oder ob eher ein mittlerer oder ein geringer Annäherungsgrad zur Reduzierung existierender Differenzen Sinn macht.[773]

Zur Beantwortung der Frage, welche Anpassungsintensität sachgerecht ist, sollte man sich zunächst mit den beiden Extrempositionen im Kontinuum möglicher Anpassungsintensitäten – eine Angleichung mit geringer und hoher Intensität – beschäftigen. Eine *geringe Anpassungsintensität* führt zu unwesentlichen Angleichungen zwischen den Konvergenzobjekten. Bei dieser Strategie wird der historische Zustand im Rechnungswesen konserviert, zuvor bereits lokalisierte Potentiale eines (teil-)integrierten Rechnungswesens bleiben ungenutzt. Da damit diese Strategie alle vorangegangenen Überlegungen und Untersuchungsschritte negiert, ist sie abzulehnen.

Aber auch der Fall einer *Angleichung mit hoher Intensität* erscheint wenig sinnvoll.[774] Diese Strategie führt im Extremfall einer vollständigen Annäherung zu einer Identität der Konvergenzobjekte mit der Folge, daß das sich angleichende Objekt faktisch obsolet ist, weil das dominante Konvergenzobjekt sämtliche Aufgaben übernimmt. Obwohl zu Beginn der Konvergenzdiskussion die vollständige Angleichung im Mittelpunkt der Überlegungen stand[775], wird heutzutage eher eine Annäherung mit einem mittleren Anpassungsgrad präferiert. So verzichtet beispielsweise die Siemens AG – trotz z. T. gegenteiliger Behauptungen[776] – bis heute nicht auf eine eigenständige Kostenrechnung.[777] 1992 ging Siemens lediglich dazu über, Kostenrechnung und externes Rechnungswesen aneinander anzugleichen, indem man im handelsrechtlichen Jahresabschluß eine Gewinn- und Verlustrechnung (GuV) nach dem Umsatzkostenverfahren (UKV) aufstellte, und letztere in leicht modifizierter Form[778] auch intern als zentrales Informations- und Steuerungsinstrument nutzte.

---

773 Vgl. hierzu auch den unteren Teil der Abb. 43.

774 Vgl. Kümpel, T. (2002b), S. 345.

775 So auch Haller, A. (1997), S. 273.

776 Vgl. Küting, K./Lorson, P. (1998d), S. 483 und 487.

777 Vgl. Seelinger, R./Kaatz, S. (1998), S. 131.

778 Folgende Modifikationen wurden dabei am UKV vorgenommen: Zum einen wurden die Aufwendungen nach den Bereichen Herstellung, Forschung und Entwicklung, Vertrieb sowie Allgemeine Verwaltung unterteilt. Zum anderen wurde als Zwischengröße in das UKV das sogenannte „Operative Ergebnis" als ein Maßstab für den wirtschaftlichen Erfolg eingefügt. Das Operative Ergebnis unterscheidet sich vom handelsbilanziellen „Ergebnis der gewöhnlichen Geschäftstätigkeit" gemäß § 275 II Nr. 13 HGB erstens durch das Nichtberücksichtigen von Ergebniseinflüssen, die aus dem Imparitätsprinzip resultieren, zweitens durch den Abzug der Beteiligungs-, Zins- sowie übrigen Finanzergebnisse und drittens durch die Verrechnung kalkulatorischer Zinsen auf das be-

Aber nicht nur die Unternehmenspraxis, sondern auch die Theorie erachtet ein vollständiges Anpassen beider Rechnungen als unzweckmäßig. So plädieren zwar einige Autoren dafür, im Rahmen der Angleichung von Kostenrechnung und externem Rechnungswesen auf kalkulatorische Anders- und Zusatzkosten in der Kostenrechnung zu verzichten, gleichzeitig wollen sie aber die externe Datenbasis bei Bedarf modifizieren[779], da die Informationen eines externen Jahresabschlusses aufgrund der gesetzlichen Ansatz-, Bewertungs- und Ermessensspielräume für interne Aufgaben niemals vollends brauchbar sind.[780]

Da somit zusammengenommen weder eine Anpassung mit hoher noch mit geringer Intensität sachgerecht erscheint, liegt die optimale Angleichungsintensität offenkundig im „Graubereich" mittlerer Intensität. Die Frage, wie eine Anpassung mittlerer Intensität erreicht werden kann, ist nur schwer zu beantworten. Folgende Konzeption, die in Anlehnung an Männel auf drei Eckpfeilern beruht,[781] stellt eine potentielle Gestaltungsalternative dar:

In einem ersten Schritt sollten das interne und das externe periodenorientierte Rechnungswesen *inhaltlich und methodisch so weit wie möglich aneinander angeglichen werden (Eckpfeiler 1)*. Im Zuge dessen sind im externen Rechnungswesen nicht Jahresabschlüsse, sondern *Monatsabschlüsse* zu erstellen. Hierdurch erfolgt zum einen eine Angleichung an die in der Regel kürzeren Betrachtungszeiträume der Kostenrechnung, zum anderen werden den Shareholdern und anderen externen Jahresabschlußin-

---

triebsnotwendige Kapital. Letztere sind somit die einzige kalkulatorische Kostenart, die aus der Kostenrechnung übernommen wird. Vgl. Ziegler, H. (1994), S. 177ff.; Sill, H. (1995), S. 13ff.; Küpper, H.-U. (1997c), S. 20; Pfaff, D. (1994a), S. 1065-1067; Deleker, O. (1997), S. 631. Eine Beschreibung des Vorgehens bei der Angleichung von in- und externem Rechnungswesen bei der Daimler-Benz AG findet sich bei Daimler Chrysler (2002); Seelinger, R./Kaatz, S. (1998), S. 129f. Siefke, M. (1999), S. 141-143.

779 Vgl. Männel, W. (1999b), S. 17; Küpper, H.-U. (1997b), S. 157f.; Kümpel, T. (2002b), S. 345.

780 So ist beispielsweise der Ansatz kalkulatorischer Kosten – trotz der an ihnen ausgelassenen Kritik – in bestimmten Situationen unverzichtbar. Ebenso Berens, W./Schmitting, W. (2000), S. 74. Eine ausführliche Diskussion, welche der kalkulatorischen Kostenarten bei der Angleichung von Kostenrechnung und externem Rechnungswesen wegfallen und welche beibehalten werden sollten, findet sich bei Männel, W. (1999b), S. 17-21. Bezüglich der grundsätzlichen Zweckmäßigkeit verschiedener kalkulatorischer Anders- und Zusatzkosten vgl. z. B. Männel, W. (1997b), S. 5ff.; Adam, D. (1998), S. 44ff.; Czenskowsky, T./Schweizer, S./Zdrowomyslaw, N. (1997), S. 226ff.; Swoboda, P. (1998), S. 37ff.

781 Vgl. im folgenden Männel, W. (1997c), S. 25ff.; Männel, W. (1997a), S. 8ff.; Männel, W. (1999a), S. 107. Weitere sinnvolle Ansätze der Konzeption eines konvergierten, auf dem Grundsatz der Pagatorik basierenden Rechnungswesens finden sich bei Küpper, H.-U. (1995b), S. 44ff. sowie Küpper, H.-U. (1997b), S. 155ff.

teressenten zeitnahe Informationen und mehr Transparenz geboten. Ferner sollte bei der Ermittlung des internen Betriebsergebnisses auf den Ansatz *kalkulatorischer Zusatzkosten verzichtet* werden, soweit dies betriebswirtschaftlich vertretbar ist. Angesprochen sind damit z. B. die Positionen kalkulatorische Eigenkapitalzinsen und – im Falle einer Personenhandelsgesellschaft – kalkulatorische Unternehmerlöhne sowie kalkulatorische Eigenmieten. Da diese kalkulatorischen Kostenbestandteile sowohl handels- als auch steuerrechtlich Gewinnbestandteile darstellen, sind diese Kostenarten – terminologisch richtig – als *Bestandteile des kalkulatorischen Gewinns* abzugrenzen.[782] Überdies sollten Abschreibungen nicht auf Basis von Wiederbeschaffungswerten, sondern auf Basis von Anschaffungs- und Herstellungskosten gemäß § 255 HGB berechnet werden. Für die Substanzerhaltung zwingend notwendige Beträge, die zuvor über den Ansatz von Wiederbeschaffungswerten angesammelt wurden[783], sind ebenfalls ertragsteuerpflichtige Gewinnbestandteile und können deshalb als *kalkulatorische Substanzerhaltungsrücklage innerhalb der kalkulatorischen Gewinnbestandteile* ausgewiesen werden.[784] Da es jedoch mit dem ersten Schritt kaum gelingen dürfte, die Datenbasen des periodenorientierten in- und externen Rechnungswesens vollständig anzugleichen, gilt es, die bestehenden Differenzen rechentechnisch in einer Form zu erklären, so daß ein durchgängiges, integriertes Ergebniscontrolling möglich ist. Zu diesem Zweck sind eine sogenannte *Abgrenzungsrechnung (Eckpfeiler 2)* sowie eine *Überleitungsrechnung (Eckpfeiler 3)* zu gestalten.

In der monatsgenauen *Abgrenzungsrechnung* sind solche Differenzen zwischen dem periodenorientierten internen und dem periodisierten externen Rechnungswesen zu klären, die darauf beruhen, daß in der externen GuV tatsächlich angefallene Aufwendungen verbucht werden, hingegen in der internen Betriebsergebnisrechnung oft eine Verrechnung von (Plan-)Kosten auf Basis von Prognose- oder Erfahrungswerten erfolgt. Ein Beispiel, aus dem die unterschiedliche rechentechnische Erfassung deutlich wird, sind Erlösschmälerungen. Sie sind ihrem Wesen und dem Verursachungsprinzip nach umsatzabhängig. Gewisse Arten von Erlösschmälerungen wie z. B. Skonti oder Jahresboni fallen jedoch erst eine gewisse Zeit nach dem für sie ursächlichen Umsatz

---

782 Ein Zahlenbeispiel, aus dem hervor geht, wie der kalkulatorische Gewinn zu berücksichtigen ist, findet sich bei Männel, W. (1997a), S. 13f.

783 Hierbei handelt es sich um den eigenkapitalfinanzierten Anteil der Vermögensgegenstände, da der fremdfinanzierte Anteil nur nominal zurückgezahlt werden muß und für diesen Teil somit eine Bewertung der Abschreibungen zu Anschaffungs- und Herstellungskosten ausreicht. Vgl. Coenenberg, A. G. (1995a), S. 2081f. mit weiteren Argumenten gegen einen Ansatz von Wiederbeschaffungswerten als Abschreibungsausgangsbetrag.

784 Vgl. Männel, W. (1999a), S. 15.

an. Im externen Jahresabschluß werden sie zahlungsorientiert verbucht und können anschließend im Zuge der Erstellung von Monatabschlüssen auf die einzelnen Abrechnungsmonate umgerechnet werden. Im internen Rechnungswesen versucht man hingegen, Erlösschmälerungen unter Zuhilfenahme produkt- und kundenbezogener Umsatzprognosen ex ante periodengerecht zu erfassen. Da aber die prognostizierten monatlichen Standard-Erlösschmälerungen des internen Rechnungswesens meist nicht mit den tatsächlich angefallenen, monatsgenauen Schmälerungen im externen Rechnungswesen übereinstimmen, sind die Differenzen rechentechnisch abzugrenzen bzw. überzuleiten.[785]

In der *Überleitungsrechnung* werden solche Unterschiede zwischen den Wertansätzen der Kostenrechnung und denen des Jahresabschlusses offengelegt, die aus *betriebswirtschaftlichen Gründen* unvermeidbar sind und bei denen aus bilanz- und steuerpolitischen Erwägungen eine im Rahmen der bilanziellen Möglichkeiten liegende Angleichung der handelsrechtlichen an die kostenrechnerischen Wertansätze unterbleiben muß. Angesprochen sind damit z. B. die kalkulatorischen Wagnisse der Kostenrechnung und die Zuführungen zu Rückstellungen im Jahresabschluß. Obwohl auch hierbei gilt, daß die über den Ansatz von Rückstellungen berücksichtigten Risikoaufwendungen grundsätzlich unverändert als interne Wagniskosten übernommen werden sollten, ist ein vollständiges Angleichen dieser beiden Positionen undenkbar. Denn einerseits haben einige der in der Kostenrechnung erfaßten Wagnisse, wie z. B. das Lager-, das Produktions- und das Entwicklungswagnis[786], keine Entsprechung im externen Rechnungswesen. Andererseits existieren bei der Rückstellungsbilanzierung erhebliche Wahlrechte und Ermessensspielräume, die regelmäßig bilanzpolitisch genutzt werden und so einer uneingeschränkten internen Anwendung entgegenstehen[787]. Ein weiteres Exempel für die Notwendigkeit der Implementierung einer Überleitungsrechnung sind Abschreibungen. Während man im externen Jahresabschluß mit dem Ziel der Steuerminimierung häufig degressive Abschreibungen bevorzugt, wird in der Kostenrechnung aus Gründen einer im Zeitablauf gleichmäßigen Kostenverrechnung überwiegend die lineare Abschreibungsmethode präferiert.[788]

---

785 Vgl. Männel, W. (1997c), S. 31.

786 Vgl. Männel, W. (1997a), S. 16.

787 Vgl. Coenenberg, A. G. (1995a), S. 2081.

788 Vgl. Männel, W. (1997c), S. 37.

Resümierend bleibt damit folgendes festzuhalten: Aus theoretischer Sicht ist eine *Anpassungsintensität mittlerer Ausprägung* sachgerecht. Eine solche Intensität der Angleichung dürfte vorliegen, wenn die Datenbasen der Kostenrechnung und des externen Rechnungswesens weitgehend angeglichen werden. Zu diesem Zweck sollte die Genauigkeit kurzfristiger Periodenabgrenzungen erhöht, die Erfassung von Aufwendungen und Erträgen in der Finanzbuchhaltung präzisiert und – damit ein durchgängiges Ergebniscontrolling möglich ist – gegebenenfalls die externe Datenbasis geringfügig modifiziert werden.[789] Da eine Angleichung zwischen Kostenrechnung und Jahreabschluß zwar für den Zweck der Steuerung, nicht jedoch für die Entscheidungsfundierung möglich ist, wird man auf einen separaten internen Rechenkreis nicht verzichten können, da letzterer für Zwecke der Entscheidungsfindung notwendig ist. Die vom Schrifttum angepriesenen Vereinfachungspotentiale einer Konvergenz bestehen somit „nur“ in der Vereinfachung der Buchhaltung sowie des Kontenrahmens.[790] Die Frage nach der Höhe hierdurch möglicher Kosteneinsparungen ist unternehmensindividuell zu beantworten; Skepsis gegenüber zu hohen Erwartungen dürfte jedoch angebracht sein.[791]

2.2.3. Zur Kompatibilität der Ideen von Lean Management mit den Gestaltungsansätzen im Bereich „Informationspotential“

Die vorangegangenen Ausführungen beschäftigten sich mit Ansatzpunkten zur Verbesserung des Informationspotentials. Ebenso wie in Kapitel E 2.1.3. soll nun geprüft werden, inwieweit die aufgezeigten Maßnahmen mit dem LM-Ansatz kompatibel sind bzw. aus diesem abgeleitet werden können. Dabei wird erneut auf die Einteilung LM-Zielsystem (1), Meta-Kriterien (2) sowie LM-Instrumente und konstitutive Merkmale schlanker Unternehmen (3) zurückgegriffen.

(ad 1): Kritische Analyse des Zielsystems

1.a): Oberziele

„Gewinnerzielung“ und *„Existenzsicherung“* wurden in Kapitel D 3.1.1. als Oberziele der LM-Konzeption identifiziert. Untersucht man die Ausführungen zur Verbesserung des Informationspotentials nach Hinweisen einer expliziten Berücksichtigung dieser beiden Zielsetzungen, wird man nicht fündig. In Analogie zur Planung einer Informa-

---

789 Ähnlich Männel, W. (1999a), S. 14; Pfaff, D. (1994b), S. 666.

790 Ebenso Dirrigl, H. (1998), S. 544. Ähnlich auch Deleker, O. (1997), S. 636.

791 Vgl. Pfaff, D. (1994a), S. 1075f.

tionsstrategie[792] besteht nur ein impliziter Zusammenhang in der Form, als über eine sachgerechte Auswahl und Gestaltung von Informationsressourcen ein Beitrag zur Erwirtschaftung von Gewinnen geleistet werden soll. Es ist deshalb anzunehmen, daß sich diese beiden Ziele keinesfalls negativ auf die Gestaltung des (IM-)Bereichs Informationspotential auswirken. Sofern man jedoch berücksichtigt, daß „Gewinnerzielung“ und „Existenzsicherung“ sehr allgemeingültige Ziele sind, die zudem nicht nur von schlanken Unternehmen verfolgt werden, wird hier zusammengenommen davon ausgegangen, daß von beiden Zielen keinerlei Wirkung auf die Gestaltung des Informationspotentials ausgeht.

1.b): Unterziele

Die Gestaltung von Informationsressourcen sollte stets mit der Planung des objektiven Informationsbedarfs der IS-Kunden beginnen. Im Zuge dessen sind zunächst diejenigen Faktoren zu spezifizieren, die auf den objektiven Informationsbedarf einwirken[793], damit anschließend solche originären und derivativen Informationsressourcen ausgewählt werden können, aus denen sach- respektive kundengerechte Informationen hervorgehen.[794] Weitere Anzeichen, daß ein Beachten des LM-Ziels *„Optimierung des Kundennutzens“* bei der Gestaltung des Informationspotentials sinnvoll sein kann, zeigen sich, wenn man die Motive einer Konvergenz im Rechnungswesen betrachtet. So wird mit dem Zusammenlegen bzw. Annähern einzelner Rechnungsweseninstrumente und -methoden bezweckt, die Komplexität im Rechnungswesen zu verringern. Hierdurch sollen einerseits Kosten eingespart werden, andererseits eine überschaubare, kundengerechte Instrumenten- bzw. Produktvielfalt im Rechnungswesen entstehen. Letzteres soll dazu führen, daß die Rechnungsweseninstrumente einfacher anwendbar sind, was wiederum zu einer Steigerung der Anwenderakzeptanz bzw. einen Vertrauenszuwachs in die vom IS offerierten Informationen zur Folge haben soll.

Das zuvor Beschriebene impliziert, daß ein Beachten des Ziels „Optimierung des Kundennutzens“ bei der Gestaltung des Informationspotentials keinesfalls kontraproduktiv wirkt. Da es sich ferner bei den genannten Aspekten – das Anbieten einer marktgerechten Produktvielfalt und der Aufbau eines langfristigen Vertrauensverhältnisses – um Maßnahmen handelt, mit denen (auch) im LM das Ziel „Optimierung des

---

[792] Vgl. Kapitel E 2.1.3., insbesondere Seite 156f.

[793] Zu den Faktoren, die einen Einfluß auf den objektiven Informationsbedarf haben, vgl. Abb. 37.

[794] Vgl. hierzu Seite 168-172.

Kundennutzens" operationalisiert wird, ist zusammenfassend davon auszugehen, daß LM für die Gestaltung des Informationspotentials zielführend ist.

Das (LM-)Ziel *„Verbesserung der Wirtschaftlichkeit"* dürfte auch für die Gestaltung des Informationspotentials bedeutsam sein. Dies zeigt sich z. B. darin, daß das Informationspotential so zu gestalten ist, daß das IS effektive Informationen effizient, also mit minimalen Aufwand produzieren kann.[795] Entsprechend sollen die im Unternehmen genutzten Informationsressourcen nicht sämtliche Aktionen in der Unternehmensumwelt informatorisch abbilden, sondern nur diejenigen, die für die Aufgabenerfüllung tatsächlich erfolgskritisch sind.[796] Darüber hinaus zeigt sich die Bedeutung des Wirtschaftlichkeitspostulats bei näherer Betrachtung der Motive einer Konvergenz: Wie bereits dargestellt, besteht das wesentliche Ziel einer Konvergenz darin, die Strukturen und Abläufe im Rechnungswesen zu vereinfachen, so daß Kosten eingespart werden können. Daneben – und dies dürfte vor allem im internationalen Kontext gelten – soll die Angleichung der Rechnungsweseninstrumente dazu führen, daß die angebotenen Informationen eine einfache(re), für alle verständliche(re) Informationsbasis darstellt, mit deren Hilfe mögliche Verständigungsprobleme zwischen den Informationsnutzern reduziert werden können.[797]

Vergleicht man nun diese Motive einer Konvergenz mit den in Kapitel D 3.1.2. beschriebenen Ansatzpunkten der Umsetzung des Wirtschaftlichkeitspostulats im LM-Ansatz, erkennt man Gemeinsamkeiten. Die Größte ist darin zu sehen, daß LM versucht, die Wirtschaftlichkeit zu erhöhen, indem man durch einfache Strukturen und Abläufe Komplexität beherrschbar macht[798] und ferner Verschwendung („Muda") konsequent beseitigt[799]. Überträgt man nun die beiden letztgenannten Aspekte auf die Gestaltung des betrieblichen Rechnungswesens, folgt hieraus die Forderung, all diejenigen Rechnungsweseninstrumente und -methoden abzuschaffen, die aus Sicht der Informationsadressaten keinen Nutzen stiften. Als potentielles Mittel der Elimination derart „verschwenderischer" Informationsinstrumente können die Angleichungsbestrebungen im Rechnungswesen angesehen werden.

---

[795] Vgl. Seite 168.

[796] Vgl. Seite 170.

[797] Vgl. Homburg, C./Weber, J./Aust, R./Karlshaus, J. T. (1998b), S. 38 m. w. N.

[798] Diese Denkweise wird im LM mit dem Ausdruck „Bushido" umschrieben. Vgl. diesbezüglich Seite 101.

[799] Vgl. Seite 101.

Zusammenfassend läßt sich somit feststellen: Ein Berücksichtigen des (LM-)Ziels „Verbesserung der Wirtschaftlichkeit" bei der Gestaltung des Informationspotentials erscheint erfolgversprechend. Da das Wirtschaftlichkeitspostulat im LM-Ansatz zudem eine im Vergleich zu anderen Managementkonzepten exponierte Stellung einnimmt[800], dürfte sich ein konsequentes Verfolgen des LM-Ziels „Verbesserung der Wirtschaftlichkeit" positiv auf die Gestaltungsergebnisse im IM-Bereich Informationspotential auswirken.

1.c): Teilziele

Man kann davon ausgehen, daß das (LM-)Ziel *„Verbesserung der Qualität"* bei der Gestaltung des Informationspotentials nicht kontraproduktiv wirkt. Diese Einschätzung fußt darauf, daß ein wesentliches Ziel der IS-Gestaltung – die Verbesserung des vom IS ausgehenden Kundennutzens – nur dann erreichbar sein dürfte, wenn zuvor die Qualität der vom IS erbrachten Leistungen gesteigert werden kann. Weil die Informationsadressaten darüber befinden, ob die vom IS bereitgestellte Qualität bedarfsgerecht ist oder nicht, sind sie in den Mittelpunkt sämtlicher Gestaltungsüberlegungen des Informationspotentials zu stellen. Entsprechend sollte die Planung von Informationsressourcen, wie in Abb. 39 gezeigt, immer mit einer detaillierten Untersuchung der (objektiven) Informationsbedürfnisse der Adressaten beginnen.

Die Frage, ob ein Einsatz von LM besonders dafür geeignet ist, die Qualität des Informationspotentials zu steigern, wird hier bejaht. Diese Aussage beruht auf der Einschätzung, daß es sich positiv auswirken dürfte, wenn – wie im LM-Ansatz üblich – sämtliche Mitarbeiter im IS-Bereich angehalten werden, die Qualität des IS zu steigern. Weil LM darüber hinaus Qualitätssicherung als einen kontinuierlichen Prozeß versteht, bedeutet eine am LM-Konzept orientierte Gestaltung des Informationspotentials, die Qualität der Informationsressourcen respektive ihrer Informationen permanent überprüfen zu müssen. Letzteres erscheint insofern zweckgerichtet, als die in Unternehmen implementierten Informationsinstrumente und -methoden aufgrund von Veränderungen in der Unternehmensumwelt ständig der Weiterentwicklung bedürfen.[801] Zusammenfassend betrachtet scheint damit eine am LM-Konzept ausgerichtete Gestaltung des Informationspotentials positiv wirken zu können.

---

[800] Vgl. diesbezüglich Seite 101.

[801] Vgl. diesbezüglich die Ausführungen zur Weiterentwicklung der Kostenrechnung auf Seite 176ff.

Untersucht man die vorangegangenen Ausführungen zur Verbesserung des Informationspotentials nach Hinweisen auf eine Umsetzung des LM-Ziels *„Steigerung der Wertschöpfung*[802]*"*, wird man indes kaum fündig. Lediglich in der „Harmonisierungsdiskussion im Rechnungswesen" findet sich das Wertschöpfungspostulat implizit in der Form wieder, daß es durch die Angleichung einzelner Instrumente und Methoden gelingen soll, die aus Sicht der IS-Adressaten wertneutralen und wertvernichtenden Teile des Rechnungswesens zu reduzieren.[803] Bereits letzteres läßt vermuten, daß zwischen dem LM-Ziel „Steigerung der Wertschöpfung" einerseits und den Maßnahmen zur Gestaltung des Informationspotentials andererseits kein Dissens besteht. Diese Einschätzung erhält dadurch Nachdruck, daß es erstens keine Anhaltspunkte dafür gibt, daß sich dieses Ziel negativ auf die Gestaltung des Informationspotentials auswirken könnte, und zweitens eine wertschöpfungsorientierte Gestaltung von Informationsressourcen tendenziell positiv auf die Effizienz eines IS auswirken dürfte. Zusammengenommen wird hier deshalb davon ausgegangen, daß von dem Ziel „Steigerung der Wertschöpfung" im Regelfall ein positiver, im schlechtesten Fall kein Einfluß ausgeht.

„Ausschöpfen des Mitarbeiterpotentials" bedeutet im LM, das Erfahrungswissen und die Potentiale der Mitarbeiter bestmöglich bei der Erfüllung der unternehmerischen Aufgabenstellungen zu nutzen. Untersucht man die Ausführungen in Kapitel E 2.2. mit der Intention, Anhaltspunkte aufzufinden, die ein implizites Beachten des Ziels „Ausschöpfen des Mitarbeiterpotentials" anzeigen, findet man nichts dergleichen. Es besteht lediglich ein vager Zusammenhang zwischen dem LM-Ziel „Ausschöpfen des Mitarbeiterpotentials" und der Gestaltung des Informationspotentials in der Form, als der Mensch als Kunde eines IS stets im Mittelpunkt der Planung von Informationsressourcen stehen sollte. Da es jedoch hierbei weniger darum geht, die Potentiale der Mitarbeiter „auszuschöpfen", als sich vielmehr an ihren Informationsbedürfnissen zu „orientieren", wird sich das LM-Ziel „Ausschöpfen des Mitarbeiterpotentials" weder positiv noch negativ auf die Gestaltungsergebnisse im IM-Bereich Informationspotential auswirken können.

---

802 Bezüglich des LM-Ziels „Steigerung der Wertschöpfung" vgl. Seite 103f.

803 Bezüglich der dabei zu beachtenden Parameter sowie der zu analysierenden Harmonisierungsbereiche im Rechnungswesen vgl. Abb. 43 und Abb. 44.

(ad 2): Kritische Analyse der Meta-Kriterien

Mit dem Management von Informationsressourcen im IM-Bereich Informationspotential wird das Ziel verfolgt, über eine effiziente Deckung des Informationsbedarfs einen möglichst hohen Beitrag zur Erfüllung der Unternehmensziele zu leisten.[804] Zu diesem Zweck müssen all diejenigen Faktoren gewissenhaft erfaßt werden, die die Informationsbedarfe der IS-Adressaten determinieren. Hierbei dürfte ein *„proaktives und sensitives Denken"* – im LM verstanden als eine vorausschauende und zugleich Stimmungen berücksichtigende Denk- und Handlungsweise – zielführend sein. Diese Denkhaltung mag insbesondere davor schützen, daß Parameter, die für die Gestaltung von Informationsressourcen bedeutsam sind, falsch oder schlichtweg nicht berücksichtigt werden. Obgleich sich somit ein Beachten dieses LM-Kriteriums tendenziell positiv auf die Qualität der vom IS angebotenen Informationen auswirken dürfte, sei einschränkend angemerkt, daß der „konkrete" Nutzen dieses LM-Meta-Kriteriums davon abhängen wird, inwieweit die für die Auswahl und Pflege der Ressourcen verantwortlichen Personen diese Denkweise sachgerecht umsetzen (können). Aus diesem Grund besteht genau wie im Bereich Informationsstrategie auch bei der Gestaltung des Informationspotentials die Gefahr, daß das Kriterium „proaktives und sensitives Denken" zu einer inhaltslosen Worthülse mutiert.

„Potentialdenken" im LM bedeutet, alle in- und externen Potentiale eines Unternehmens zu mobilisieren und auszuschöpfen. Untersucht man die Ausführungen zur Gestaltung des Informationspotentials nach impliziten Hinweisen einer Berücksichtigung dieses LM-Kriteriums, wird man nicht fündig. Da umgekehrt aber auch keine Anzeichen dafür existieren, daß dieses Kriterium der Gestaltung des Informationspotentials entgegensteht, wird hier davon ausgegangen, daß von diesem Meta-Kriterium weder ein positiver noch ein negativer Einfluß auf die Auswahl und Pflege von Informationsressourcen ausgeht.

„Kaizen" bedeutet, Perfektion auch im Kleinen walten zu lassen sowie Fehler aufzuspüren und konsequent zu eliminieren. Man kann annehmen, daß eine an diesem Kriterium orientierte Gestaltung des Informationspotentials grundsätzlich positiv wirkt. Folgende Argumente begründen diese Einschätzung: Ein IS kann grundsätzlich nur dann qualitativ hochwertig ausfallen, wenn im Rahmen der Gestaltung des Informationspotentials der Informationsbedarf der Adressaten genau analysiert[805] und ferner die

---

[804] Vgl. Seite 168.

[805] Zur Planung des objektiven Informationsbedarfs vgl. Seite 168ff.

Unternehmensumwelt ständig beobachtet wird, um gegebenenfalls die originären und derivativen Informationsressourcen an einen Wandel sachgerecht anpassen zu können[806]. Hierbei dürfte ein an der Kaizen-Idee ausgerichtetes Denken und Handeln, das auf Permanenz und Perfektion auch im Kleinen setzt, hervorragend geeignet sein. Zudem ist es aus einer wirtschaftlichen Sicht zu begrüßen, daß Kaizen darauf abzielt, das Potential bereits vorhandener Methoden und Standards vollständig auszuschöpfen statt stets die neuesten Instrumente und Techniken im Unternehmen zu implementieren. Eine solche Sichtweise dürfte die IS-Entwickler davor schützen, Informationsinstrumente und -verfahren nur aus „Modegründen" anzuschaffen. Ob indes eine an der Kaizen-Idee orientierte Gestaltung des Informationspotentials tatsächlich positiv wirkt, wird ebenso wie bei der Planung einer Informationsstrategie[807] davon abhängen, inwieweit es die Mitarbeiter des IS-Bereichs verstehen, die Kaizen-Idee zielgerichtet umzusetzen.

„Veränderungsbereitschaft und Umsetzungsorientierung" besagt, daß die Mitarbeiter willens sein müssen, Modifikationen vorzunehmen und konsequent umzusetzen. Analysiert man die Ausführungen zur Gestaltung des Informationspotentials nach Anhaltspunkte der impliziten Umsetzung dieses Kriteriums, findet man nichts dergleichen. Lediglich der weiter vorne erwähnte Kritikpunkt eines konzeptionellen Stillstands einzelner Informationsinstrumente und -methoden[808] deutet an, daß es bisweilen wünschenswert wäre, wenn sich die IS-Entwickler diese beiden Denkhaltungen bei der Gestaltung und Pflege von Informationsressourcen (mehr) zu eigen machen würden. Das Kriterium „Veränderungsbereitschaft und Umsetzungsorientierung" steht damit einer Verbesserung des IM-Bereichs Informationspotential nicht entgegen; insgesamt ist jedoch von einer neutralen Wirkung auszugehen.

„Ganzheitlichkeit im Denken und Handeln" ist zweifelsohne ein für die Gestaltung des Informationspotentials wichtiges Postulat. So kann eine Konvergenz im Rechnungswesen nur dann fruchtbare Ergebnisse liefern, wenn im Vorfeld alle für die Konvergenz wichtigen Parameter[809], Objekte und Wechselwirkungen[810] genau untersucht werden. Sofern dies nicht mit der gebotenen Sorgfalt geschieht und – mögli-

---

[806] Vgl. diesbezüglich die Ausführungen auf Seite 176ff., dort am Beispiel der Kostenrechnung.

[807] Vgl. Seite 163.

[808] Vgl. Seite 70.

[809] Vgl. diesbezüglich Abb. 43 auf Seite 188.

[810] Vgl. insbesondere Abb. 44 auf Seite 190.

cherweise nur einzelne – Aspekte außer acht gelassen werden, kann dies negative Auswirkungen auf die Qualität der vom Rechnungswesen offerierten Informationen haben.[811] Die Notwendigkeit eines ganzheitlichen Denkens und Handelns zeigt sich überdies darin, daß bei der Planung des Informationsangebots zum einen sämtliche Faktoren zu berücksichtigen sind, welche die Informationsbedarfe der Adressaten determinieren, und zum anderen Veränderungen in der Unternehmensumwelt, soweit sie einen Einfluß auf die Qualität der originären und derivativen Informationsressourcen haben[812], untersucht werden müssen. Faßt man die vorangegangenen Argumente zusammen, wird hier davon ausgegangen, daß sich ein konsequentes Anwenden des LM-Kriteriums „Ganzheitlichkeit im Denken und Handeln“ bei der Auswahl und Pflege von Informationsressourcen positiv bemerkbar macht.

(ad 3): LM-Instrumente und konstitutive Merkmale schlanker Unternehmen

Die Ausführungen zur Gestaltung des Informationspotentials zeugen nicht davon, daß die in Kapitel D 3.3. beschriebenen LM-Instrumente anwendbar wären. Es besteht lediglich ein entfernter Zusammenhang in der Form, daß LM darauf abzielt, schlanke innerbetriebliche Geschäftsprozesse zu gestalten[813] und dieses Ziel im übertragenen Sinn auch mit der Konvergenz einzelner Rechnungswesenteilsysteme und -instrumente verfolgt wird[814]. Da jedoch ansonsten keine (weiteren) Anhaltspunkte existieren, daß die LM-Instrumente zur Verbesserung des Informationspotentials einsetzbar wären, dürften die LM-Instrumente ohne Nutzen für die Gestaltung von Informationsressourcen sein.

Die nachfolgende Abb. 46 illustriert die zuvor erzielten Einzelergebnisse.

---

811 Vgl. diesbezüglich die Ausführungen auf Seite 187.

812 Vgl. die Ausführungen auf Seite 177ff. zur Anpassung der Kostenrechnung an eine veränderte Unternehmensumwelt.

813 Vgl. Seite 120.

814 Im Rahmen der Konvergenz geht es jedoch weniger darum, Geschäftsprozesse als vielmehr Informationsprozesse zu verschlanken.

	Untersuchter LM-Aspekt	Einfluß auf den Bereich Informationspotential
1.	**LM-Zielsystem [Kapitel D 3.1.]**	
1.a)	Oberziele [Kapitel D 3.1.1.]	
	a) Gewinnerzielung	O
	b) Existenzsicherung	O
1.b)	Unterziele [Kapitel D 3.1.2.]	
	a) Optimierung des Kundennutzens	+
	b) Verbesserung der Wirtschaftlichkeit	+
1.c)	Teilziele [Kapitel D 3.1.3.]	
	a) Verbesserung der Qualität	+
	b) Steigerung der Wertschöpfung	+ oder O
	c) Ausschöpfen des Mitarbeiterpotentials	O
2.	**LM-Meta-Kriterien [Kapitel D 3.2.]**	
	a) Proaktives und sensitives Denken	+ oder O
	b) Potentialdenken	O
	c) Kaizen	+ oder O
	d) Veränderungsbereitschaft/Umsetzungsorientierung	O
	e) Ganzheitlichkeit im Denken und Handeln	+
3.	**LM-Instrumente/konstitutive Merkmale schlanker Organisationen [Kapitel D 3.3.]**	
	a) Beschaffungsseitige Schnittstelle	O
	b) Innerbetriebliche Arbeitsorganisation	O
	c) Marktseitige Schnittstelle	O

Legende:

+ +	=	Sehr positiver Einfluß
+	=	Positiver Einfluß
O	=	Neutraler bzw. kein Einfluß
-	=	Negativer Einfluß
- -	=	Sehr negativer Einfluß

Abb. 46: Zur Eignung der LM-Konzeption im Bereich Informationspotential

2.3. Maßnahmen, Methoden und Instrumente im Bereich „Informationsbereitschaft“

2.3.1. Gestaltung der Organisation eines Informationssystems

2.3.1.1. Zur Vorgehensweise bei der Gestaltung der Organisation eines Informationssystems

Maßnahmen der IS-Gestaltung innerhalb der IM-Dimension „Informationsbereitschaft“ zielen darauf ab, die Voraussetzungen für die Funktionsfähigkeit eines IS zu schaffen.[815] Es soll die grundlegende Fähigkeit einer effektiven sowie effizienten Nutzung des IS, seiner Techniken und Informationen festgelegt werden. Inhaltlich umfaßt die Dimension Informationsbereitschaft zwei unterschiedliche Aufgabenbereiche, erstens die *Gestaltung der Organisation eines IS* (Kapitel E 2.3.1.) und zweitens die *Gestaltung des IS-Personalsystems* (Kapitel E 2.3.2.).

Die Beschreibung der IS-Probleme in Kapitel C 3. hat gezeigt, daß die IS-Organisation die Leistungsfähigkeit des IS wesentlich determiniert.[816] Entsprechend ist die IS-

[815] Vgl. Kapitel B 1.4. sowie Rüttler, M. (1991), S. 132.

[816] Ähnlich Sedran, T. (1994), S. 82; Lehner, F. (2000), S. 95.

Organisation sorgfältig und zielgerichtet zu planen.[817] Welche grundlegenden Aufgaben bei ihrer Gestaltung zu erfüllen sind, illustriert Abb. 47.[818]

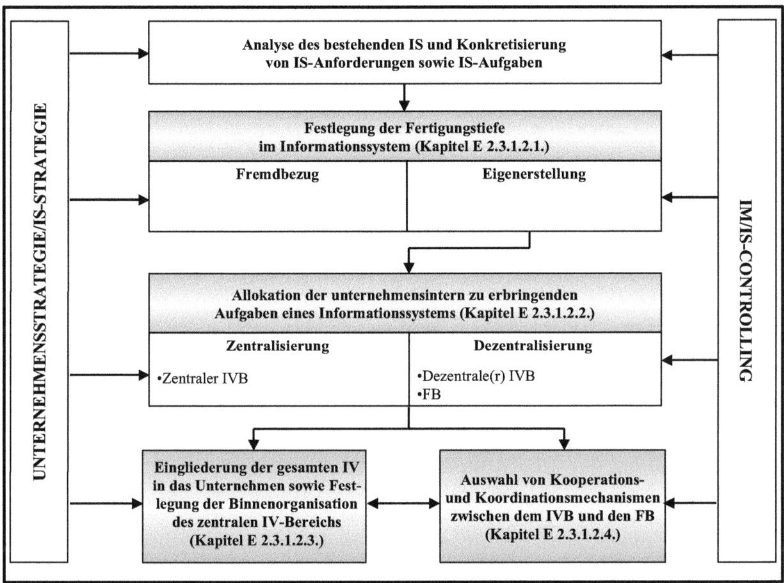

Abb. 47: Vorgehensmodell zur Gestaltung der IS-Organisation[819]

Die Abbildung zeigt, daß die Analyse der bestehenden Informationsverarbeitung den Ausgangspunkt für die Optimierung der IS-Organisation bildet. Unter Berücksichtigung der unternehmensspezifischen IS-Strategie werden hieraus IS-Anforderungen sowie IS-Aufgaben abgeleitet.[820] Hieran anknüpfend ist zu eruieren, welche Teile der vom IS zu erbringenden *Aufgaben fremd und/oder vom Unternehmen selbst zu erstellen* sind. Die Entscheidung über die Art der institutionellen Einbindung („Markt oder Hierarchie") ist dabei in Abhängigkeit von den Eigenschaften der zu erfüllenden IS-Aufgaben sowie den mit der Ausführung der IS-Aufgaben verbundenen (Transaktions-)Kosten zu treffen.

---

817 Zur definitorischen Abgrenzung des Begriffs IS-Organisation siehe Kapitel C 3.3.3., Seite 82.

818 Angemerkt sei, daß die in der Abbildung dargestellte Abfolge der einzelnen Schritte nicht zwingend ist. Aufgrund der Beziehungen zwischen den einzelnen Aspekten sind vielmehr auch modifizierte Abläufe denkbar.

819 In Anlehnung an Picot, A. (1990), S. 297.

820 Vgl. diesbezüglich die Ausführungen in Kapitel E 2.1.

Nach Bestimmung der eigen zu erstellenden IS-Aufgaben geht es um deren Allokation innerhalb des Unternehmens und damit um die Auswahl des richtigen *(De-)Zentralisationsgrads* im IS.[821] Es ist zu klären, welche Aufgaben in einem zentralen IV-Bereich zusammengefaßt werden sollen und welche Aufgaben von den dezentralen IV-Bereichen sowie den (dezentralen) Fachbereichen zu verrichten sind.

Ist die Grundsatzentscheidung zur Frage der Zentralisierung/Dezentralisierung der IS-Aufgaben getroffen und damit die Arbeitsverteilung im Unternehmen bestimmt, ist in einem weiteren Schritt die Aufbauorganisation des IS (im engeren Sinne) festzulegen. In diesem Zusammenhang sind zwei interdependente Aufgaben zu bewältigen: Zum einen sind eine geeignete *aufbauorganisatorische Form der Eingliederung der zentralen und dezentralen IV-Bereiche* in das Unternehmen zu finden sowie die *Innenorganisation des (zentralen) IV-Bereichs* festzulegen.[822] Zum anderen resultieren vor allem aus der Dezentralisierung Probleme, für die es *Koordinations- bzw. Kooperationsmechanismen* zu finden gilt. In diesem Zusammenhang ist die grundlegende Art der Zusammenarbeit von Informationsverarbeitungsbereich (IVB) und den FB festzulegen.[823] Ferner gilt es, sich mit der Möglichkeit des Aufbaus einer Center-Organisation für den IV-Bereich, insbesondere einer Profit Center Organisation, zu beschäftigen und die damit zusammenhängenden Probleme zu lösen (z. B. das Gestalten sachgerechter Verrechnungspreise für IV-Leistungen).

Abb. 47 zeigt zudem, daß die Notwendigkeit besteht, ein *IM bzw. ein IS-Controlling* im Unternehmen einzurichten. Aufgrund des begrenzten Umfangs der vorliegenden Arbeit wird jedoch darauf verzichtet, diese Themenkomplexe zu untersuchen. Vielmehr wird auf die weiterführende Literatur zu dieser Thematik verwiesen.[824]

Angesichts der situativen Abhängigkeit optimaler Organisationsformen sowie der Erkenntnis, daß Patentlösungen für die Gestaltung von IS-Organisationen nicht existieren[825], liegt der Schwerpunkt der nachfolgenden Ausführungen im Aufzeigen von Gestaltungsansätzen, in denen in Abhängigkeit von bestimmten Merkmalen der IV-Aufgaben sachgerechte Organisationsformen ermittelt werden. Einen wesentlichen

---

[821] Vgl. Picot, A. (1990), S. 301; Sedran, T. (1994), S. 101.

[822] Vgl. Krcmar, H. (1997), S. 231.

[823] Vgl. Mertens, P./Knolmayer, G. (1998), S. 85.

[824] Vgl. z. B. Kargl, H. (1996); Krcmar, H. (1997), S. 250-285 sowie Dobschütz, L. v./Kisting, J./Schmidt, E. (1994).

[825] Vgl. Beier, D./Gabriel, R. (1998), S. 64. Ähnlich auch Picot, A./Franck, E. (1993), S. 435.

Bezugsrahmen für das Ableiten solcher Gestaltungsempfehlungen bietet die Transaktionskostenanalyse. Sie liefert Ansatzpunkte sowohl für die Frage der Festlegung der Fertigungstiefe im IS als auch für die Allokation unternehmensintern zu verrichtender IS-Aufgaben.

Die Komplexität der Zusammenhänge und Faktoren, die bei der Gestaltung der IS-Organisation eine Rolle spielen, erfordern Vereinfachungen: Die nachfolgenden Ausführungen abstrahieren von der IT bzw. genauer gesagt, von dem Einfluß, den die IT auf die Aufgabenerledigung und Aufgabenverteilung im Unternehmen hat. Ein solches Vorgehen ist keineswegs realitätsfremd, da ein wesentliches Charakteristikum moderner IT ihre hohe Flexibilität in bezug auf unterschiedliche organisatorische Lösungen ist. Der organisatorische Gestalter erhält hierdurch relativ große Freiheiten, so daß die technische Realisierbarkeit des Organisationsvorschlags unterstellt und damit die Diskussion losgelöst von dem Technikaspekt geführt werden kann.[826] Ablauforganisatorische IS-Aspekte werden nicht näher betrachtet, da sie in zu hohem Maße von den unternehmensspezifisch zu unterstützenden Abläufen abhängen und somit keine allgemeingültigen Gestaltungsempfehlungen möglich sind.[827] Es sei aber angemerkt, daß das bewußte Auslassen ablauforganisatorischer Fragestellungen keine Wertung bezüglich der relativen Bedeutung von Aufbau- bzw. Ablauforganisation abgeben soll.

Abschließend sei auf eine begriffliche Konvention hingewiesen: Mit „Informationsverarbeitungsbereich" bzw. IVB wird ein organisatorisch abgegrenzter Bereich des IS beschrieben, der sich mit informationsverarbeitenden Aufgaben beschäftigt. Obwohl aufgrund der bisher in der Arbeit genutzten Terminologie eher von „IS-Bereich" gesprochen werden müßte, geschieht dies nicht, weil der Begriff IS-Bereich bereits in vorangegangenen Teilen der Schrift genutzt wurde, sich jedoch dort nicht auf den in diesem Abschnitt im Mittelpunkt stehenden organisatorischen Aspekt beschränkte.

---

826 Ebenso Beier, D./Gabriel, R. (1998), S. 64. Dies läßt sich auch aus der Theorie des „Organisatorischen Imperativs" ableiten. Vgl. diesbezüglich Seite 83.

827 Ähnlich Beier, D./Gabriel, R. (1998), S. 55. Auch das Schrifttum geht auf ablauforganisatorische IV-Probleme, wenn überhaupt, nur am Rande ein. Zur Ablauforganisation in der IV vgl. z. B. Graef, M./Greiller, R. (1982), S. 87ff. sowie Vidonyi, J. (1977), S. 48ff.; Biethahn, J./Mucksch, H./Ruf, W. (1994), S. 170-172.

2.3.1.2. Ansatzpunkte für eine Optimierung der Organisation eines Informationssystems

2.3.1.2.1. Festlegung der Fertigungstiefe im Informationssystem

Insbesondere das kontinuierliche Anwachsen der IS-Komplexität[828] sowie die Änderung und Zunahme der Anforderungen an die Träger informationswirtschaftlicher Fragestellungen bewirken, daß die Frage nach Eigenerstellung oder Fremdbezug (von Teilen) eines IS einen hohen Stellenwert besitzt.[829] Da die Festlegung der Fertigungstiefe das Aufgabenspektrum des IVB nachhaltig betrifft, sollte die Planung und Auswahl einer zielgerichteten Outsourcing-Strategie stets Anfangspunkt (aufbau-)organisatorischer Überlegungen sein und mit großer Sorgfalt erfolgen.[830]

Das Kunstwort *Outsourcing*[831] umschreibt das Übertragen von Funktionen und Aufgaben an externe Leistungsanbieter, die sowohl wirtschaftlich als auch rechtlich selbständig sind.[832] Outsourcing ist dabei grundsätzlich für alle primären und sekundären Wertschöpfungsprozesse sowie für sämtliche Sach- und Dienstleistungen möglich. IV-Outsourcing – als spezielle Facette des Outsourcing – bedeutet Auslagern der betrieblichen IV inklusive seiner Planungs-, Kontroll- und Steuerungsfunktionen.[833] Aus zeitlicher Sicht können IS-Aufgaben dauerhaft oder temporär an Externe vergeben werden.[834] Sachlich kann man zwischen partiellem und totalem Outsourcing unterscheiden. Das Spektrum der zu verlagernden IV-Leistungen reicht dabei von der Vergabe

---

828 Zur IS-Komplexität vgl. Seite 76.

829 Vgl. Beier, D./Gabriel, R. (1998), S. 71. Weitere Argumente, warum im IS der externe Bezug von Produkten und Dienstleistungen seit jeher bedeutsam ist, finden sich bei Mertens, P./Knolmayer, G. (1998), S. 18.

830 Vgl. Picot, A./Maier, M. (1992b), S. 16; Picot, A. (1990), S. 298.

831 Outsourcing setzt sich aus den Bestandteilen Outside und Resourcing zusammen. Vgl. Beier, D./Gabriel, R. (1998), S. 72; Biethahn, J./Mucksch, H./Ruf, W. (1994), S. 136. Andere Autoren vertreten die Auffassung, daß „Using" ein weiterer Bestandteil des Begriffs Outsourcing ist. Vgl. z. B. Wildemann, H. (1998), S. 3 sowie Hermes, B. (2000), S. 19.

832 Vgl. Ruthekolck, T./Kelders, C. (1993), S. 57. Neben dem „reinen" Outsourcing sind auch Zwischenformen wie z. B. das „Inhouse-Outsourcing" denkbar. Hierunter versteht man das Organisieren eines betrieblichen Funktionsbereichs als Profit Center oder als rechtlich selbständiges Tochterunternehmen, wobei die Leistungen auch Unternehmensexternen angeboten werden können. Vgl. Heilmann, H. (1990), S. 699; Lehner, F. (2000), S. 99; Mertens, P./Knolmayer, G. (1998), S. 17; Biethahn, J./Mucksch, H./Ruf, W. (1994), S. 136; Schwarze, J. (1998), S. 156; Heinzl, A. (1993), S. 135ff.

833 Vgl. Sedran, T. (1994), S. 87; Hermes, B. (2000), S. 19.

834 Vgl. Mertens, P./Knolmayer, G. (1998), S. 17. Hinsichtlich der Vorgehensweise bei der Auswahl eines geeigneten Outsourcers vgl. Nilsson, R. (1992), S. 20f.

der Mitarbeiterschulungen über das Verlagern des Rechenzentrums und seiner Leistungen bis hin zum kompletten Übertragen der Verantwortung für das gesamte IS.[835]

Mit Outsourcing sind sowohl Chancen als auch Risiken verbunden.[836] Zur Unterstützung von Outsourcing-Entscheidungen ist daher ein sachgerechtes Instrumentarium notwendig.[837] In Theorie und Praxis sind im wesentlichen drei Vorgehensweisen anzutreffen: Erstens ein Vergleich von externen Preisen mit internen Kostendaten (Kostenvergleichsrechnung), zweitens ein Anwenden von Checklisten sowie Argumentenbilanzen und drittens eine Analyse der Koordinations- bzw. Transaktionskosten unter Zuhilfenahme des Transaktionskostenansatzes (TKA).[838]

Argumentenbilanzen strukturieren und gewichten Kriterien, die mit dem Outsourcing in Verbindung stehen. Anders als bei der Nutzwertanalyse werden die verschiedenen Argumente zu den jeweiligen Kriterien in zwei Spalten (Pro und Contra) in Form einer Bilanz angeordnet. Damit ist zwar keine monetäre Bewertung bei der Outsourcing-Entscheidung möglich, dafür werden aber die Aspekte visualisiert und gegenseitig abgewägt.[839] Wesentlicher Kritikpunkt bei der Anwendung von Argumentenbilanzen ist, daß angesichts der intuitiv-heuristischen Vorgehensweise eher Bewertungskonflikte als konkrete, allgemein akzeptierte Gestaltungsempfehlungen entstehen. Negativ an Kostenvergleichsrechnungen ist, daß sie – wenn überhaupt – nur bei gut definierten oder strukturierten Aufgaben einsetzbar sind; Kostenvergleiche für innovative oder komplexe Leistungen sind sogar fast unmöglich. Neben dieser grundsätzlichen Problematik der Kostenzurechnung ist bei Kostenvergleichsrechnungen ferner problematisch, daß einige für IS-Aufgaben bedeutsame Kriterien, wie z. B. Sicherheit, Flexibilität und Qualität, nicht berücksichtigt werden.[840]

---

835 Vgl. Mertens, P./Bodendorf, F./König, W./Picot, A./Schumann, M. (2001), S. 210.

836 Bezüglich der Chancen und Risiken sowie der Vor- und Nachteile eines IV-Outsourcing vgl. z. B. Biethahn, J./Mucksch, H./Ruf, W. (1994), S. 142f.; Alpar, P./Grob, H. L./Weimann, P./Winter, R. (2000), S. 84; Krcmar, H. (1997), S. 298.

837 Ein guten Überblick verschiedener Ansätze und Methoden zur Leistungstiefenbestimmung findet man bei Weidner, S. (2000), S. 96.

838 Vgl. Picot, A. (1991), S. 340.

839 Vgl. Krcmar, H. (1997), S. 306. Bezüglich des Aufbaus von Argumentenbilanzen vergleiche auch Knolmayer, B. (1991), S. 333; Knolmayer, G. (1994), S. 5; Bongard, S. (1993), S. 180-182.

840 Vgl. Baur, C. (1990), S. 16-24 sowie Picot, A. (1991), S. 340-343.

Aufgrund dieser Schwächen der beiden erstgenannten Verfahren wird in der vorliegenden Arbeit der TKA bei Leistungstiefenentscheidungen angewendet.[841] Bevor jedoch auf Basis dieses Ansatzes Anhaltspunkte zur Optimierung der IS-Leistungstiefe aufgezeigt werden können, sind zuvor seine Grundlagen zu erörtern.

Der TKA hat seinen Ursprung in den Arbeiten von Coase[842] sowie Williamson[843] und beschäftigt sich mit den Problemen, die Transaktionen im Falle der Arbeitsteilung auslösen.[844] Mit Arbeitsteilung entstehen zusätzlich zu den Produktionskosten zu einem nicht unerheblichen Teil sogenannte Transaktionskosten.[845] Diese Kosten, die durch das Etablieren, Durchführen sowie Kontrollieren von Transaktionen entstehen, treten sowohl bei innerbetrieblicher als auch bei unternehmensübergreifender Leistungserstellung auf.[846] Inhaltlich umfassen sie alle Kosten für die Anbahnung, Verhandlung, Vereinbarung, Abwicklung, Durchsetzung, Kontrolle sowie Anpassung von Tauschvereinbarungen.[847] Die Struktur sowie die Höhe der Transaktionskosten hängt im wesentlichen von zwei Komponenten ab: Zum einen von den *Eigenschaften* der dem Tauschakt zugrundeliegenden Leistung, zum anderen von der *Form der institutionellen Einbindung* im Rahmen der arbeitsteiligen Leistungserstellung.[848] Das Ziel des TKA besteht darin, die Leistungsarten, die für das Erfüllen der unternehmerischen Gesamtaufgabe benötigt werden, institutionell so einzubinden, daß die hiermit verbundenen Kosten minimal sind.[849]

Im Rahmen des TKA werden insbesondere folgende vier Eigenschaften einer Leistung betrachtet: Spezifität, strategische Bedeutung, Unsicherheit sowie Häufigkeit (vgl. Abb. 48). Während die beiden erstgenannten Merkmale von vorrangiger Bedeutung für die Entscheidungsfindung sind, besitzen die beiden letztgenannten nur nachrangige

---

841 Es sei jedoch angemerkt, daß auch der TKA nicht kritiklos geblieben ist Vgl. exemplarisch Betz, S. (1996), S. 400-402; Knolmayer, B. (1991), S. 332; Weidner, S. (2000), S. 147-152.

842 Vgl. Coase, R. (1937), S. 386ff. zitiert nach Benkenstein, M./Henke, N. (1993), S. 78. Coase beschäftigte sich dabei insbesondere mit der Frage, aus welchem Grund Unternehmen existieren.

843 Vgl. Williamson, O. E. (1981), S. 548ff.

844 Vgl. Picot, A./Dietl, H./Franck, E. (1999), S. 66f.; Knolmayer, B. (1992) , S. 357.

845 Vgl. Picot, A./Maier, M. (1992b), S. 20; Sedran, T. (1994), S. 88f.

846 Vgl. Gerhardt, T./Nippa, M./Picot, A. (1992), S. 136; Picot, A. (1989), S. 364f.

847 Vgl. Stein, C. W. (1998), S. 35. Ähnlich auch Mertens, P./Knolmayer, G. (1998), S. 8; Albach, H. (1988), S. 1160; Benkenstein, M./Henke, N. (1993), S. 80.

848 Vgl. Picot, A./Maier, M. (1992b), S. 20; Picot, A. (1991), S. 344.

849 Vgl. Jost, P.-J. (2001), S. 18; Picot, A./Maier, M. (1993), S. 9; Benkenstein, M./Henke, N. (1993), S. 79.

Relevanz und sind daher erst dann zu berücksichtigen, wenn die Kriterien Spezifität und strategische Bedeutung bereits eine Empfehlung bezüglich der Eigen- oder Fremderstellung zulassen.[850]

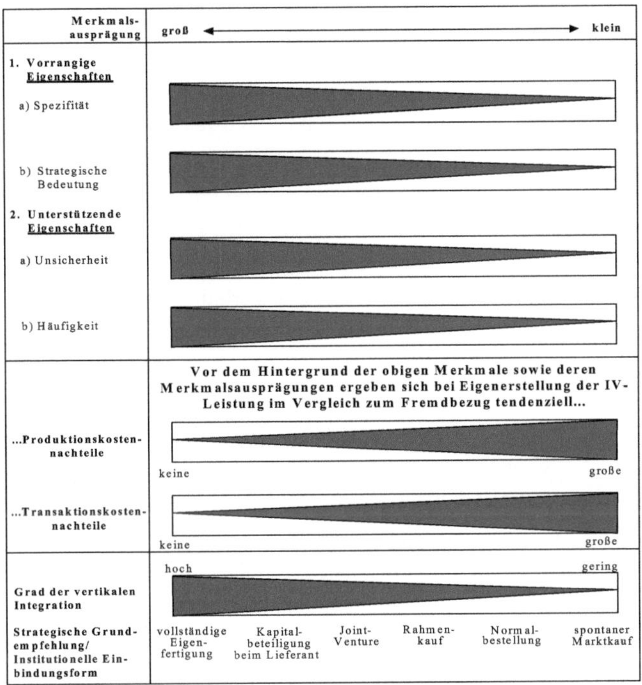

Abb. 48: Im Transaktionskostenansatz zu berücksichtigende Leistungsmerkmale sowie die hieraus abgeleitete Argumentationskette zur Auswahl der vertikalen Integrationsform[851]

Einer Leistung ist immer dann eine hohe *Spezifität* zu zusprechen, wenn sie einzig und allein in dem betrachteten Unternehmen genutzt werden kann, d. h. wenn für diese Leistung keine Alternativverwendung existiert.[852] Eine spezifische Leistung liegt z. B. vor, wenn eine Unternehmenssoftware entwickelt wird, die speziell auf die Aufgaben und Abläufe zugeschnitten ist, die in einem Unternehmen bestehen. Mangels Standar-

---

850 Vgl. Knolmayer, B. (1992), S. 358; Jost, P.-J. (2001), S. 41ff.

851 In Anlehnung an Picot, A./Maier, M. (1992b), S. 21f., Picot, A. (1991), S. 346; Gerhardt, T./Nippa, M./Picot, A. (1992), S. 137f.

852 Vgl. Picot, A./Maier, M. (1992b), S. 21.

disierbarkeit und Marktgängigkeit ist es einem externen Lieferanten bei der Produktion derartiger Leistungen nicht möglich, Größenvorteile (Economies of Scale) zu realisieren.[853] Die Eigenerstellung dieser Leistung besitzt daher im Vergleich zum Fremdbezug keine Produktionskostennachteile. Da hoch spezifische Aufgaben zudem schlecht beschreib- und bewertbar sind, ist das Formulieren und Kontrollieren eines zum Zwecke des Fremdbezugs geschlossenen Vertrags mit hohen Transaktionskosten verbunden. Vergleicht man diese Kosten mit jenen, die bei Selbsterstellung entstehen, ist die Eigenerstellung auch aus Sicht der Transaktionskosten nicht nachteilig.[854]

Zwischen der *strategischen Bedeutung* einer Leistung, als zweitem Leistungsmerkmal, und der Spezifität besteht bzw. sollte eine positive Korrelation bestehen, da eine strategische Differenzierung im Wettbewerb dauerhaft nur gelingt, wenn die entsprechenden Leistungen spezifisch sind.[855] Aufgrund der Verbundenheit der beiden Merkmale gilt das beim Kriterium Spezifität bezüglich der Produktions- und Transaktionskosten Erwähnte grundsätzlich auch beim Merkmal strategische Bedeutung.[856] Mit anderen Worten ist die Eigenfertigung strategisch bedeutsamer Leistungen verglichen mit dem Fremdbezug weder aus Produktions- noch aus Transaktionskostensicht nachteilig.

Unsicherheit als drittes Merkmal umschreibt die Vorhersehbarkeit von Veränderungen einer Aufgabe z. B. in bezug auf Qualität, Anforderungen, Termine, Mengen etc. Weil es im Falle des Fremdbezugs relativ diffizil ist, die potentiell auftretenden Anpassungsbedarfe a priori vertraglich zu bestimmen, und da zudem die Anpassungserfordernisse in internen Arbeitsverträgen flexibler und mit geringerem Koordinationsbedarf geregelt werden können, ist aus Sicht der Transaktionskosten eine Eigenerstellung

---

853 Das Schrifttum mißt die Höhe der Spezifität regelmäßig mittels sogenannter Quasi-Renten. Hierunter versteht man die Differenz zwischen dem Wertbeitrag der Leistung in ihrer beabsichtigten und ihrer nächstbesten Verwendungsmöglichkeit. Der Spezifitätsgrad ist dabei um so höher, je größer der Wert der Quasi-Rente ausfällt. Vgl. Picot, A./Dietl, H. (1990), S. 179 und Baur, C. (1990), S. 61.

854 Vgl. Picot, A. (1990), S. 299.

855 Vgl. Picot, A./Maier, M. (1992b), S. 21. Besteht keine positive Korrelation zwischen den beiden Merkmalen, so sind zwei Konstellationen zu unterscheiden: Entweder es liegt ein „Glücksfall“ vor. Dies ist der Fall, wenn die strategische Bedeutung der Leistung hoch und die Spezifität eher niedrig ist. In dieser Situation ist zu prüfen, inwiefern die geringe Eintrittsbarriere für den Wettbewerb gehalten werden kann. „Altlasten“ beschreiben den umgekehrten Fall hoher Spezifität bei gleichzeitig geringer strategischer Bedeutung. Hier ist zu analysieren, ob die entsprechenden Leistungen mittel- bis langfristig nicht an Externe vergeben werden können. Vgl. Krcmar, H. (1997), S. 304.

856 Vgl. Sedran, T. (1994), S. 91.

effizienter oder zumindest nicht nachteilig.[857] Da Unsicherheit ferner diejenigen Probleme verschärft, die aufgrund hoher Leistungsspezifität entstehen[858], ist bei hoher Unsicherheit eine Eigenerstellung auch aus Sicht der Produktionskosten nicht von Nachteil.[859]

Viertes und letztes Merkmal ist die *Häufigkeit* einer Leistung. Dieses Kriterium ist unterstützender Natur und bezieht sich auf die Anzahl der Wiederholungen einer Transaktion in einem Zeitabschnitt.[860] Die Wirkung dieses Kriteriums auf die Produktions- und Transaktionskosten ist nicht eindeutig.[861] Prinzipiell ist jedoch davon auszugehen, daß die Tendenz zur Eigenerstellung zunimmt, je häufiger spezifische und strategische Leistungen erbracht werden müssen. Dies hängt damit zusammen, daß kritische Leistungsumfänge überschritten und somit Kapitalinvestitionen ausgelastet werden. Da zudem Routinen in der Hierarchie auftreten und so Lerneffekte realisiert werden können, ist – zumindest aus Sicht der Produktionskosten – eine Eigenfertigung nicht von Nachteil.[862]

Auf Basis dieser Überlegungen sind, wie in Abb. 48 dargestellt, strategische Empfehlung bezüglich des vertikalen Integrationsgrads sowie der zu wählenden institutionellen Einbindungsform möglich. Grundsätzlich gilt, daß Leistungen mit hoher Spezifität und strategischer Bedeutung selbsterstellt werden sollen; umgekehrt sind unspezifische und strategisch irrelevante Leistungen von externen Lieferanten zu beziehen. Die Abbildung zeigt ferner, daß auch Mischformen der institutionellen Einbindung existieren.

Unter Zuhilfenahme der Erkenntnisse des TKA ist es nun möglich, die Leistungstiefe im IS festzulegen. Ein Projekt, das zur Bestimmung der Leistungstiefe ins Leben geru-

---

857 Vgl. Picot, A. (1990), S. 300.

858 Zu diesen Problemen gehören z. B. eine mangelnde Standardisierbarkeit und Marktfähigkeit der Produkte.

859 Ähnlich Stein, C. W. (1998), S. 69f.

860 Vgl. Jost, P.-J. (2001), S. 12.

861 Vgl. Mertens, P./Knolmayer, G. (1998), S. 10.

862 Ähnlich Stein, C. W. (1998), S. 104. Ungeachtet der vorangegangenen Ausführungen sollten unspezifische sowie strategisch irrelevante Leistungen selbst bei hoher Häufigkeit fremdbezogen werden. Ebenso Picot, A./Maier, M. (1992b), S. 22. Ferner kann es selbst bei einmaliger Leistungserbringung sinnvoll sein, die Transaktion in der Hierarchie und nicht am Markt abzuwickeln. Denn auf einem Markt begegnen sich die Parteien eher als Fremde; die Art und Weise der Transaktionsabwicklung ist daher im Vergleich zur internen Abwicklung genauer zu spezifizieren, was höhere Transaktionskosten nach sich zieht. Ebenso Jost, P.-J. (2001), S. 14.

fen wird, umfaßt folgende drei Phasen: In der ersten Projektphase sind die zu untersuchenden IV-Objekte/IV-Leistungen abzugrenzen und hinsichtlich der Eigenschaften Spezifität, strategische Relevanz, Unsicherheit sowie Häufigkeit zu untersuchen.[863] Es gilt zu analysieren, welche Merkmale der betrachteten IV-Leistung als spezifisch, strategisch bedeutsam etc. anzusehen sind. Bei der Spezifität beispielsweise kann dies das Fertigungsverfahren, das Design oder die Qualität der IV-Leistung sein. In der zweite Phase sind Interviews mit den Funktionsträgern im Unternehmen zu führen, um so für jede IV-Leistung die Merkmalsausprägungen der Transaktionskostenkriterien zu erheben und in einer Skala festzuhalten.[864] Die dritte und letzte Projektphase beschäftigt sich mit der Ergebnisanalyse und Ableitung von Gestaltungsempfehlungen für die IV-Leistungstiefe. In Abhängigkeit von der Neuartigkeit der betrachteten IV-Leistung sind *zwei Fälle* zu unterscheiden.

Der in Abb. 49 dargestellte *Fall 1* zeigt, daß man den TKA zum einen bei der Frage des Fremd- oder Eigenbezugs von neuen, zuvor noch nicht im Unternehmen genutzten IV-Leistungen einsetzen kann („Neuproduktplanung“).

863 Vgl. Picot, A. (1991), S. 353. Eine Beschreibung, wie in diesem Zusammenhang methodisch vorzugehen ist, findet sich bei Gerhardt, T./Nippa, M./Picot, A. (1992), S. 140.

864 Vgl. Gerhardt, T./Nippa, M./Picot, A. (1992), S. 140.

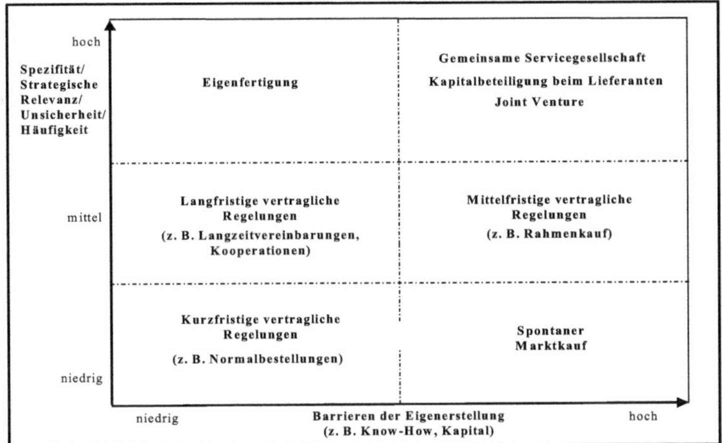

Abb. 49: Normstrategien für die institutionelle Einbindung neuartiger IV-Leistungen („Neuproduktplanung") unter Berücksichtigung von Barrieren der Eigenerstellung[865]

Um ein sachgerechtes Urteil bezüglich der institutionellen Einbindung von IV-Leistungen abgeben zu können, sollte man zusätzlich zu den ermittelten Merkmalsausprägungen der IV-Leistung[866] solche unternehmensspezifischen Rahmenbedingungen berücksichtigen, die als Barrieren bei der In- bzw. Outsourcing-Entscheidung wirken. Wesentliche Barrieren sind zum einen das im Unternehmen verfügbare Know-How, zum anderen das für eine Eigenentwicklung notwendige Kapital.[867] Obwohl es sich hierbei nicht um Aufgabenmerkmale handelt, besitzen diese Faktoren, wie in Abb. 49 dargestellt, einen erheblichen Einfluß auf die Art der institutionellen Einbindungsform der betrachteten IV-Leistung.

Existiert beispielsweise das für das Erbringen einer IV-Leistung notwendige Know-How nicht im eigenen Unternehmen, erhöhen sich die Kosten der Eigenerstellung um diejenigen Kosten, die für den Aufbau des entsprechenden Wissens anfallen. Die notwendigen Qualifizierungsmaßnahmen können dabei Dimensionen erreichen, daß selbst

865 In Anlehnung an Baur, C. (1990), S. 218 und Picot, A. (1990), S. 301.

866 Hierbei handelt es sich um die gemäß TKA relevanten Merkmale bzw. Merkmalsausprägungen.

867 Vgl. Sedran, T. (1994), S. 96. Weitere Barrieren, die als situationsspezifische Faktoren bei der Ableitung einer Normstrategie berücksichtigt werden sollten, sind z. B. das Ausmaß der Standortflexibilität, rechtliche Schranken sowie beschäftigungspolitische und logistische Besonderheiten. Vgl. Picot, A. (1991), S. 348.

bei Vorliegen hoch spezifischer Leistungen ein Anpassen der Normstrategie „Eigenfertigung“ notwendig erscheint. Problematisch ist jedoch, daß ein reines Outsourcing derartiger IV-Leistungen ebenfalls nicht sachgerecht ist, da man sich den Gefahren aussetzt, sich vom externen Anbieter abhängig zu machen und seinen Differenzierungsvorteil gegenüber der Konkurrenz zu verlieren. Tendenziell sinnvoll erscheint in einer solchen Situation eine langfristige, vertrauensvolle Kooperation mit dem Lieferanten. Eine solche Form der Zusammenarbeit kann realisiert werden, indem sich das Unternehmen an dem Lieferantenunternehmen durch eine Kapitaleinlage beteiligt oder gemeinsam mit dem Lieferanten eine Servicegesellschaft oder ein Joint Venture gründet.[868]

Eine zuvor festgelegte Leistungstiefenentscheidung ist von Zeit zu Zeit zu überprüfen. Diese Notwendigkeit, die gleichermaßen für eigen- wie für fremderstellte IV-Leistungen gilt, beruht darauf, daß vor allem der technische Fortschritt die Merkmalsausprägungen der IV-Leistungen nachhaltig beeinflußt. So können auf der einen Seite vormals hoch spezifische und strategische IV-Leistungen, die – dem TKA folgend – bis dato selbst zu erstellen waren, im Zeitablauf zum Markt- oder Branchenstandard werden, so daß nun ein Fremdbezug angebracht erscheint.[869] Auf der anderen Seite gibt es sogenannte „hausgemachte Spezifitäten“[870], also Spezifitäten, die mangels strategischer Bedeutung keine Sonderleistung darstellen und die somit auf ein Minimum zu reduzieren sind.[871]

Die Überprüfung des bestehenden IV-Leistungsportfolios *(Fall 2)* sollte wie bei der Neuproduktplanung unter expliziter Berücksichtigung von Aus- bzw. Einlagerungsbarrieren erfolgen. In Abb. 50 ist der Fall der Prüfung derzeit selbsterstellter IV-Leistungen unter Berücksichtigung von Fremdbezugsbarrieren illustriert.[872] In Abhängigkeit von der Einordnung der IV-Leistungen im zweidimensionalen Raum können vier normative Handlungsempfehlungen bezüglich der Festlegung der Leistungstiefe unterschieden werden: Eigenfertigung halten/Kompetenz ausbauen, Eigenfertigung

---

868 Vgl. Picot, A./Maier, M. (1992b), S. 23; Picot, A. (1990), S. 301.

869 Vgl. Picot, A. (1991), S. 351.

870 Gerhardt, T./Nippa, M./Picot, A. (1992), S. 140.

871 Ausführlich hierzu Gerhardt, T./Nippa, M./Picot, A. (1992), S. 140f.

872 Es sei angemerkt, daß die nachfolgenden Überlegungen für den umgekehrten Fall –Überprüfung bis dato fremdbezogener IV-Leistungen unter Beachtung von Eigenerstellungsbarrieren – analog gelten.

überprüfen, Auslagerungsbarrieren prüfen und abbauen sowie Maßnahmen für Auslagerung erarbeiten.

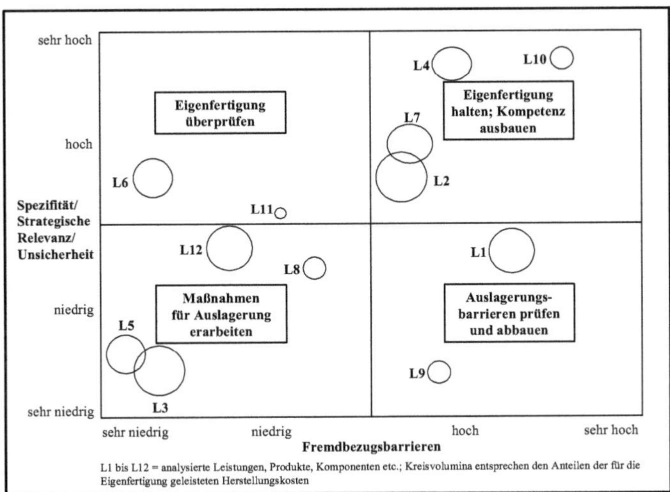

Abb. 50: Strategische Handlungsempfehlungen zur Leistungstiefenfestlegung derzeit selbsterstellter IV-Leistungen unter Berücksichtigung von Fremdbezugsbarrieren[873]

Auf Basis dieser grundlegenden Empfehlungen sind weitergehende Überlegungen anzustellen. Hierbei kann der relative Anteil der Herstellungskosten einzelner IV-Leistungen an den Gesamtkosten aller selbsterstellten IV-Leistungen – in der Abb. 50 durch Kreisflächen symbolisiert[874] – als Indikator für die richtige Untersuchungsintensität herangezogen werden. Ist der relative Herstellungskostenanteil einer IV-Leistung hoch, ist dieser Leistung viel Aufmerksamkeit zu schenken und ihre strategische Position sehr genau zu analysieren, da diese Leistung große Einsparpotentiale verspricht. Ist umgekehrt der Anteil der Herstellungskosten eher gering, sollte aus Effizienzgründen deutlich weniger Zeit und Aufwand in die Analyse dieser Leistung investiert werden. Betrachtet man beispielsweise die Leistung L3, erkennt man, daß diese Leistung aufgrund ihrer geringen Spezifität, strategischen Relevanz sowie Unsicherheit gemäß dem TKA fremdbezogen werden sollte. Da für diese IV-Leistung kaum Barrieren ei-

873 In Anlehnung an Picot, A. (1991), S. 355 und Gerhardt, T./Nippa, M./Picot, A. (1992), S. 139.

874 Dabei gilt, daß die Kreisfläche des entsprechenden Kreises umso größer ausfällt, je höher der relative Herstellungskostenanteil einer IV-Leistung ist.

nes Fremdbezugs existieren und der relative Herstellungskostenanteil dieser Leistung vergleichsweise hoch ist, sollte man intensiv nach Möglichkeiten suchen, diese bis dato selbsterstellte IV-Leistung an Externe zu vergeben.

2.3.1.2.2. Allokation der unternehmensintern zu erbringenden Aufgaben eines Informationssystems

Sofern man diejenigen Leistungen des IS identifiziert hat, die angesichts hoher Spezifität sowie strategischer Bedeutung in Eigenregie zu erstellen sind, gilt es als nächstes, die mit ihrer Erstellung verbundenen Aufgaben im Unternehmen zu verteilen. Angesprochen ist damit die Grundsatzfrage des richtigen *organisatorischen (De-)Zentralisierungsgrads*.[875] Bei der *Zentralisation* – als einer Richtung organisatorischen Handelns – werden gleichartige Aufgabenelemente aus dem Gesamtkomplex der Unternehmensaufgabe gelöst und anschließend einer zentralen Stelle oder Abteilung ungetrennt zugeordnet. Hingegen werden bei der *Dezentralisierung* gleichartige Aufgabenelemente auf verschiedene Organisationseinheiten verteilt.[876]

Zwischen den diametralen Positionen kompletter Zentralisierung und vollständiger Dezentralisierung existieren zahlreiche Zwischenlösungen, die realiter deutlich häufiger vorkommen als die Extreme.[877] Eine für den IV-Bereich allgemeingültige organisatorische Ideallösung existiert nicht, da dem situativen Ansatz der Organisationstheorie folgend[878] die Gestalt einer Unternehmensorganisation von unternehmensindividuellen Faktoren und Rahmenbedingungen abhängt.[879] Entsprechend können nachfolgend nur grundlegende Überlegungen bezüglich der (De-)Zentralisierung von IV-Aufgaben an-

---

[875] Neben dem Aspekt organisatorischer (De-)Zentralisation unterscheidet das Schrifttum auch die räumliche sowie technische Zentralisation/Dezentralisation. Während die räumliche Dimension die Orte anspricht, an denen maschinelle und personelle Ressourcen vorliegen, bezeichnet die technische (De-)Zentralisierung die Verteilung des IS-Bestandteils Technik (Hardware- und Netzebenen, verteilte Systemsoftware). Vgl. Wall, F. (1993), S. 243 m. w. N.; Heinzl, A. (1991), S. 22; Fank, M. (1996), S. 94ff.; Lehner, F./Auer-Rizzi, W. et al. (1991), S. 383. Wenn im folgenden der Begriff der (De-)Zentralisation genutzt wird, ist dabei stets der Aspekt der organisatorischen Zentralisierung/Dezentralisierung angesprochen.

[876] Vgl. Lehner, F. (2000), S. 243; Klutmann, L. (1992), S. 164 m. w. N.

[877] Vgl. Mertens, P./Knolmayer, G. (1998), S. 50 und Hermes, B. (2000), S. 12, die ihre Aussage auf eine von Hodgkinson [vgl. Hodgkinson, S. L. (1992), S. 161-175] in Großbritannien durchgeführte Studie zum (De)Zentralisationsgrad des IVB großer Unternehmen stützen.

[878] Vgl. diesbezüglich z. B. Schulte-Zurhausen, M. (1995), S. 19-23 m. w. N.

[879] Erkennbar war in der Vergangenheit lediglich ein Trend zu vermehrt dezentraler IV. Vgl. Alpar, P./Grob, H. L./Weimann, P./Winter, R. (2000), S. 81. Ähnlich auch Picot, A./Franck, E. (1993), S. 435.

gestellt werden. Im Mittelpunkt steht dabei die Frage, welche der eigen zu erstellenden IV-Aufgaben prinzipiell einer zentralen Abteilung, im folgenden auch zentraler IVB (zIVB) genannt, übertragen werden sollen, und welche Tätigkeiten eher von dezentralen Abteilungen, d. h. von dezentralen IVB (dIVB) und/oder (dezentralen) FB, zu erledigen sind.

In Kapitel E 2.3.1.2.1. war gezeigt worden, daß eine hohe Spezifität sowohl aus Produktions- als auch aus Transaktionskostensicht für eine Eigenerstellung spricht. Als Hilfsmittel bei der Entscheidung zur Zentralisierung oder Dezentralisierung von IV-Aufgaben ist das Kriterium der Spezifität jedoch zu undifferenziert. Es sollte daher in die Unterkriterien *fachliche Spezifität* und *technische Spezifität* aufgeschlüsselt werden.

Hohe fachliche Spezifität liegt vor, wenn die Eigenarten der Anwender in den Fachabteilungen die IV-Leistung determinieren und aus diesem Grund die fachlichen Besonderheiten einer IV-Leistung besonders berücksichtigt werden müssen. Hohe technische Spezifität existiert, wenn beim Bereitstellen einer IV-Leistung informationstechnische Aspekte (z. B. informationstechnische Infrastruktur, Anwendungs- und Netzwerksysteme) im Vordergrund stehen. Kombiniert man die beiden Formen der Spezifität miteinander und unterscheidet dabei zwischen den Ausprägungen „hoch“ und „niedrig“, lassen sich drei relevante IV-Aufgabentypen unterscheiden (vgl. Abb. 51).

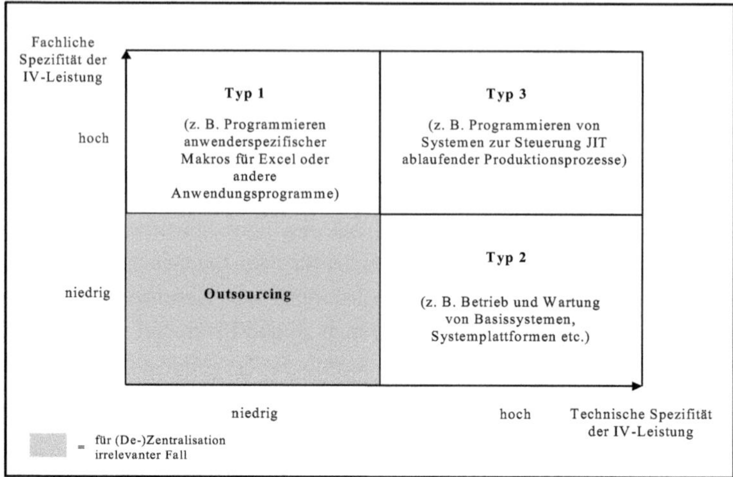

Abb. 51: Systematik von IV-Aufgabentypen in Abhängigkeit von technischer und fachlicher Spezifität[880]

Der *Aufgabentyp 1* ist geprägt durch eine hohe fachliche sowie niedrige technische Spezifität der IV-Leistung. *Aufgabentyp 2* umschreibt den spiegelbildlichen Fall des Aufgabentyps 1, nämlich die Existenz einer fachlich unspezifischen, technisch jedoch hoch spezifischen IV-Leistung. *Aufgaben des Typs 3* stellen den anspruchsvollsten IV-Leistungstyp dar. Leistungen dieser Art sind durch eine hohe technische und zugleich große fachliche Spezifität gekennzeichnet. Der vierte IV-Aufgabentyp, der eine niedrige fachliche und technische Spezifität besitzt, spielt bei der nachfolgenden (De-)Zentralisationsdiskussion keine Rolle, da derartige IV-Leistungen gemäß dem TKA prinzipiell fremd zu beziehen sind.

Damit unter Zuhilfenahme des differenzierten Spezifitätskriteriums eine Entscheidung bezüglich der (De-)Zentralisierung von IV-Leistungen getroffen werden kann, ist zu untersuchen, an welchen Stellen im Unternehmen das fachliche sowie das technische Know-How vorliegen. Der „Normalfall" der Verteilung des Know-How im Unternehmen, dessen Existenz in der nachfolgenden Abb. 52 unterstellt wird, sieht wie folgt aus: Der zIVB verfügt über ein sehr gutes technisches Wissen, während sein fachliches Know-How aufgrund der Distanz zu den (fachlichen) Problemen der dezentralen Abteilungen gering ausfällt. Anders verhält es sich bei den dIVB/FB. Sie verfügen in der

---

880 In Anlehnung an Picot, A. (1990), S. 302.

Regel über ein hervorragendes fachliches Wissen, hingegen fällt das technische Wissen, insbesondere das der FB, im Vergleich zu dem Know-How des zIVB gering aus.

Dieser Normalfall ist jedoch nicht zwingend; vielmehr existieren auch andere Konstellationen bzw. Mischformen der Verteilung des Know-How im Unternehmen. So können auch die dezentralen Bereiche über fundiertes technisches Know-How verfügen. Letzteres trifft in besonderem Maße auf die dezentralen IVB zu, in begrenztem Umfang gilt dies jedoch auch für die FB, da die Technikkenntnisse der dort tätigen Mitarbeiter in der Vergangenheit stets gestiegen sind. Des weiteren ist es denkbar, daß der zentrale IVB nicht nur bezüglich technischer, sondern auch hinsichtlich fachlicher Fragen gut informiert ist.[881]

Sofern man nun eine (De-)Zentralisierungsentscheidung bezüglich der drei in Abb. 51 unterschiedenen IV-Aufgabentypen treffen möchte, erscheinen folgende Empfehlungen zur Aufgabenverteilung sinnvoll (vgl. Abb. 52).

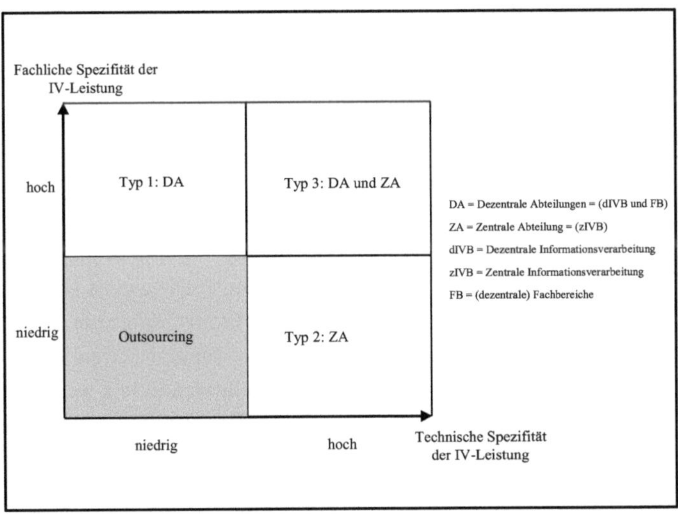

Abb. 52: De- bzw. Zentralisierungsempfehlungen für IV-Aufgaben in Abhängigkeit vom Aufgabentyp

881 Eine ausführliche Beschreibung dieser Mischformen und deren Einfluß auf die Verteilung der Aufgabentypen 1 bis 3 findet sich bei Picot, A. (1990), S. 302.

IV-Aufgaben des Typs 1 sollten von dezentralen Abteilungen (= dIVB/FB) erledigt werden, da die Mitarbeiter dieser Bereiche über das fachliche Wissen verfügen, welches für die Aufgabenerledigung notwendig ist. In Analogie zum Typ 1 sollten Aufgaben des Typs 2 von der Zentralabteilung (= zIVB) ausgeführt werden, da die dort Beschäftigten das für die Aufgabenbewältigung notwendige Technikwissen besitzen. IV-Aufgaben des Typs 3 sollten weder von dem Zentralbereich noch von den dezentralen Abteilungen in Eigenregie erledigt werden, da dieser Aufgabentyp hohes fachliches und technisches Know-How verlangt und kein Bereich allein über entsprechendes Wissen verfügt. Aus diesem Grund erscheint hier ein kooperatives Zusammenwirken von zentralem und dezentralen Bereichen geboten.

2.3.1.2.3. Eingliederung der gesamten IV in das Unternehmen sowie Festlegung der Binnenorganisation des zentralen IV-Bereichs

Den Untersuchungsgegenstand der folgenden Ausführungen bildet die Aufbauorganisation für die IV. Es gilt dabei erstens die Eingliederung der gesamten IV in das Unternehmen (1) und zweitens die Aufbauorganisation des zentralen IV-Bereichs (2) festzulegen.

(ad 1): Eingliederung der gesamten IV in das Unternehmen

Bei der Auswahl einer sachgerechten Eingliederungsform der IV in das Unternehmen sind zwei grundlegende Determinanten zu beachten: Einerseits ist festzulegen, ob der IVB *formale Anweisungsbefugnis* besitzen soll. Ist dies der Fall, ist er als Linienabteilung auszugestalten. Soll hingegen der IVB nur beratend, ohne Weisungsbefugnis tätig werden, ist er in Form einer Stabsstelle zu organisieren.[882] Die zweite Determinante ist die Art der Organisation, die das Unternehmen selbst besitzt. Folgende zwei Organisationsformen spielen dabei eine besondere Rolle: Die funktionsorientierte Unternehmensorganisation einerseits und die markt- bzw. objektorientierte Unternehmensorganisation andererseits. Unter Beachtung dieser Gestaltungsdeterminanten gilt es, diejenigen Eingliederungsform des IVB zu bestimmen, die für das Erreichen der Ziele des IVB sowie des Unternehmens effektiv und effizient ist.

Funktionale Organisationsformen waren lange Zeit in der Praxis vorherrschend und sind auch heute noch weit verbreitet. Bei funktionsorientierten Organisationen sind im wesentlichen vier Formen der Eingliederung des IVB zu unterscheiden (vgl. Abb. 53).

---

[882] Vgl. Klutmann, L. (1992), S. 156f.

Tendenziell gilt, daß je größer die strategische Bedeutung des IVB für ein Unternehmen ist, desto höher wird der IVB in der Unternehmenshierarchie anzusiedeln sein.[883]

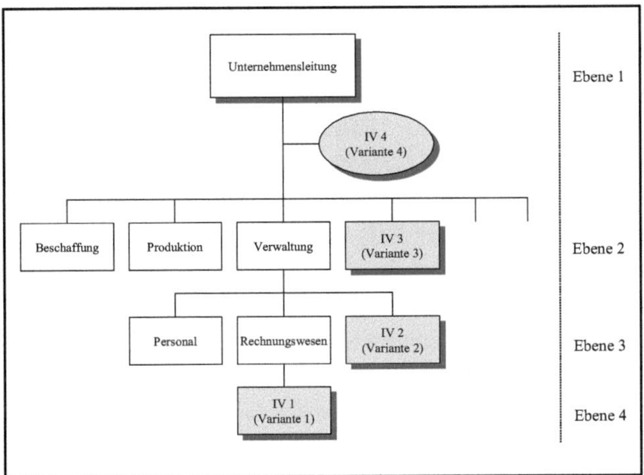

Abb. 53: Alternativen der Eingliederung eines IVB in eine funktionale Unternehmensorganisation[884]

Die Einordnung des IVB auf der vierten Ebene als Abteilung des Rechnungswesens *(Variante 1)* sowie auf der dritten Ebene als Linieninstanz der Hauptabteilung Verwaltung *(Variante 2)* stellen organisatorische Minimallösungen dar. Derart niedrige hierarchische Eingliederungen des IVB entsprechen nicht der heutigen Bedeutung der IV. Die langen Instanzenwege sowie die steile Leitungsspanne machen den IVB zudem langsam und unbeweglich. Einordnungen dieser Art sind deshalb abzulehnen.[885]

---

883 Vgl. Meyersiek, D./Jung, M. (1989), S. 162; Stahlknecht, P./Hasenkamp, U. (2002), S. 451.

884 In Anlehnung an Martiny, L./Klotz, M. (1989), S. 34-37 sowie Stahlknecht, P./Hasenkamp, U. (2002), S. 451.

885 Vgl. Mertens, P./Knolmayer, G. (1998), S. 53; Kargl, H. (1996), S. 138. Erklärbar sind die Varianten 3 und 4 jedoch im historischen Kontext. So stand zu Beginn der computergestützten Informationsverarbeitung das Automatisieren stark formalisierter betrieblicher Aufgaben mit hohem Datenanfall, wie z. B. das Erstellen von Lohn- und Gehaltsabrechnungen und das Führen der Debitoren-/Kreditorenbuchhaltung, im Mittelpunkt des Interesses. Da diese Aufgaben typische Aufgaben der Bereiche Verwaltung bzw. Rechnungswesen waren, lag es nahe, den IVB dort anzusiedeln. Diese in den Anfängen des DV-Einsatzes getroffene Zuordnung ist später oftmals in den Unternehmen beibehalten worden. Vgl. Martiny, L./Klotz, M. (1989), S. 34; Beier, D./Gabriel, R. (1998), S. 57; Lehner, F. (2000), S. 97.

Die *Variante 3* zeigt die Positionierung des IVB direkt unterhalb der Unternehmensleitung als eine eigenständige, mit anderen Funktionsbereichen gleichberechtigte Hauptabteilung. In dieser Eingliederung kommt ein hoher Stellenwert des IVB zum Ausdruck. Anzuraten ist sie daher Unternehmen, bei denen das IS die strategische Bedeutung einer Waffe hat.[886] Vergleicht man die Variante 3 mit den Varianten 1 und 2, fallen die erheblich kürzeren Informations- und Kommunikationswege positiv auf. Überdies besteht ein direkter Kontakt zur Unternehmensleitung aufgrund der im Vergleich zu Variante 1 (2) um zwei (eine) Ebene(n) verringerten Leitungsspanne. Angesichts der relativen Eigenständigkeit existieren keine Abgrenzungsprobleme zu anderen Abteilungen, und die Kompetenz des IVB wird nicht durch weitere Zwischeninstanzen verwässert. Allerdings existiert bei der Eingliederung als Hauptabteilung die Gefahr, daß Konkurrenzprobleme mit anderen gleichrangigen Abteilungen auftreten, was zu Abschottungseffekten und Abteilungsegoismen führen kann.[887] Sofern es aber gelingt, diese Probleme sachgerecht zu lösen, stellt die Einordnung des IVB als Hauptabteilung eine sinnvolle Eingliederungsform in eine funktionale Organisation dar.[888]

Die *vierte Variante* ist die der Einrichtung des IVB als Stabsstelle der Unternehmensleitung. Genau wie bei der Positionierung als Hauptabteilung ist eine hohe Eingliederung gewährleistet, so daß auch hier kurze Informationswege sowie eine nur geringe Leitungsspanne vorliegen.[889] Durch das Einrichten einer Stabsstelle wird die Querschnittsfunktion eines IS sowie der Dienstleistungscharakter des IVB betont.[890] Funktionsübergreifende Lösungen können hierbei objektiv und neutral umgesetzt sowie Synergien realisiert werden. Möglich wird all dies jedoch nur unter der Voraussetzung der Durchsetzbarkeit entsprechender Maßnahmen. Gerade hier aber liegt das Problem von Stabsstellen, die – bekanntermaßen – keine Weisungsbefugnisse innehaben und daher keine Sanktionen gegenüber funktionalen Linienbereichen verhängen können. Überdies dürfen Stabsstellen nur dann tätig werden, wenn ein Auftrag von der Linienabteilung oder der Unternehmensleitung vorliegt, niemals jedoch aus eigenem An-

---

886 Vgl. Mertens, P./Knolmayer, G. (1998), S. 53; Lehner, F. (2000), S. 97; Lehner, F./Auer-Rizzi, W. et al. (1991), S. 396. Bezüglich der verschiedenen strategischen Positionen eines IS vgl. Abb. 31 und die dort vorzufindenden Ausführungen.

887 Vgl. Beier, D./Gabriel, R. (1998), S. 58; Biethahn, J./Brockhaus, R. (1992), S. 121; Alpar, P./Grob, H. L./Weimann, P./Winter, R. (2000), S. 79.

888 Ähnlich Klutmann, L. (1992), S. 199.

889 Vgl. Klutmann, L. (1992), S. 199f.

890 Vgl. Biethahn, J./Mucksch, H./Ruf, W. (1994), S. 156; Fank, M. (1996), S. 98; Mertens, P./Bodendorf, F./König, W./Picot, A./Schumann, M. (2001), S. 212.

trieb.[891] Zusammengenommen ist damit die Reinform einer Stabsstelle als Eingliederungsalternative eines IVB unzweckmäßig; sachgerechte Modifikationen erscheinen angebracht.[892]

Im Zuge der steigenden Dezentralisation der Unternehmensaktivitäten werden funktionale Unternehmensorganisationen immer häufiger durch *objektorientierte bzw. divisionale Organisationsformen* substituiert.[893] Aus diesem Grund sind heutzutage weniger Eingliederungsalternativen des IVB in eine funktionale Organisation als vielmehr mögliche Positionierungen in eine objektorientierte Unternehmensorganisation zu eruieren. Weil eine objektorientierte Unternehmensstruktur prinzipiell erst ab einer gewissen Unternehmensgröße sinnvoll ist, beziehen sich die nachfolgenden Ausführungen auf ein großes Unternehmen mit einem (entsprechend) großem IVB. Ferner wird davon ausgegangen, daß das betrachtete Unternehmen auf der zweiten Unternehmensebene nach Strategischen Geschäftseinheiten (SGE) gegliedert sei, wobei jede SGE für die eigene Produkt/Markt-Kombination verantwortlich ist. Wie das Einrichten ausschließlich dezentraler IVB ohne zentrale Koordination – eine potentielle Eingliederungsalternative der IV in eine divisionale Unternehmensorganisation – aussehen kann, illustriert Abb. 54.

---

891 Vgl. Beier, D./Gabriel, R. (1998), S. 58; Mertens, P./Knolmayer, G. (1998), S. 54; Biethahn, J./Brockhaus, R. (1992), S. 120.

892 Ebenso Lehner, F. (2000), S. 98.

893 Vgl. Lehner, F./Auer-Rizzi, W. et al. (1991), S. 398.

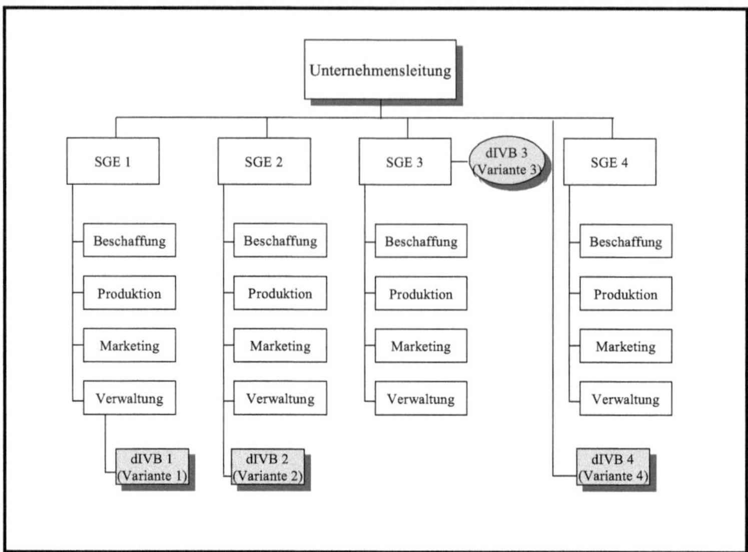

Abb. 54: Dezentrale IV ohne zentrale Koordination[894]

Die Abbildung zeigt, daß im Fall der Gestaltung einer *dezentralen IV ohne zentrale Koordination* unterschiedlichen Möglichkeiten bestehen, die dezentralen IVB in die SGE einzugliedern. Bei allen Eingliederungsalternativen ist positiv hervorzuheben, daß mit dem Verlagern der IV in die SGE ein enger Bezug zu den Anwendern geschaffen und damit ein hohes Maß an Verständnis für die fachlichen Probleme der SGE erreicht wird.[895]

Die (dezentrale) Variante 1 umschreibt den Fall der Eingliederung als Linieninstanz der Verwaltung, die Variante 2 die Möglichkeit, den dezentralen IVB als eigenständigen Funktionsbereich zu organisieren und die Variante 3 die Alternative eines dezentralen IVB als Stab der Geschäftsleitung einer SGE. Da diese drei Eingliederungsformen und ihre jeweiligen Vor- und Nachteile bereits zuvor bei der Darstellung der Eingliederungsmöglichkeiten eines IVB in eine funktionale Unternehmensorganisationen vorgestellt wurden, sei hier auf die entsprechenden Stellen verwiesen.[896]

---

894 In Anlehnung an Biethahn, J./Brockhaus, R. (1992), S. 118.

895 Vgl. Biethahn, J./Brockhaus, R. (1992), S. 122.

896 Vgl. Seite 231f.

Bei der Variante 4 wird der dezentrale IVB in Form eines eigenständigen Centers eingerichtet. Bei einem Profit Center – eine mögliche Ausprägung einer Center-Organisation – veräußert der dezentrale IVB seine Leistungen gegen Zahlung eines Entgelts und besitzt dabei weitgehend Entscheidungsautonomie und Ergebnisverantwortung.[897] Die Freiheit in der Entscheidungsfindung, die häufig mit einem vergrößerten Verantwortungsbereich gepaart ist, wirkt sich in der Regel positiv auf die Motivation der Mitarbeiter aus, die in dem Profit Center arbeiten. Unabdingbare Voraussetzung für das Funktionieren eines Profit Center ist die Existenz von Verrechnungspreisen. Sie sollen die monetäre Bewertung und Abrechnung der von dem dezentralen IVB erbrachten Leistungen gewährleisten.[898] Ohne an dieser Stelle ins Detail gehen zu wollen, sei angemerkt, daß das Gestalten sachgerechter Verrechnungspreise äußerst schwierig ist. Dies hängt im IS-Bereich vor allem damit zusammen, daß es dort nahezu unmöglich ist, die Kosten und den Nutzens von IV-Leistungen exakt zu quantifizieren.[899]

Neben der Schwierigkeit, adäquate Verrechnungspreise im Falle von Profit Centern zu gestalten, existieren noch weitere Probleme, die bei der Einrichtung dezentraler IVB ohne zentrale Koordination auftreten (können). So sind beispielsweise Redundanzen und Mehrgleisigkeiten bei der Datenhaltung nahezu unausweichlich. Darüber hinaus dürften häufig auch Kompatibilitätsprobleme entstehen, deren Ursache die fehlende Koordination zwischen den verschiedenen dezentralen IVB[900] ist. Sofern derartige Defizite auftreten und man diese abbauen möchte, bestehen hierfür grundsätzlich zwei Möglichkeiten: Zum einen können sogenannte *Koordinationsausschüsse* eingerichtet werden, die von Zeit zu Zeit mit dem Ziel zusammenkommen, die entsprechenden Probleme zu lösen.[901] Zum anderen besteht die Möglichkeit, neben den dezentralen auch einen *zentralen IVB zu schaffen, der (auch) mit Koordinationsaufgaben betraut* wird. Wie eine solche Lösung aussehen kann, zeigt Abb. 55.

---

[897] Vgl. Becker, W. (1996), S. 15f.

[898] Vgl. Hermes, B. (2000), S. 107 m. w. N.; Danert, G. (1971), S. 196.

[899] Eine ausführliche Beschreibung der Organisation der Informationsverarbeitung als Profit Center findet sich ferner bei z. B. Betz, D. O. (1993), S. 39ff. sowie Becker, W. (1996), S. 14ff. Zu den Problemen, die bei Ermittlung der Kosten und des Nutzens von Informationen auftreten, vgl. z. B. Huber, H. (1999), S. 109ff. sowie Sedran, T. (1994), S. 75f.

[900] Vgl. Lehner, F./Auer-Rizzi, W. et al. (1991), S. 397.

[901] Vgl. Biethahn, J./Brockhaus, R. (1992), S. 122.

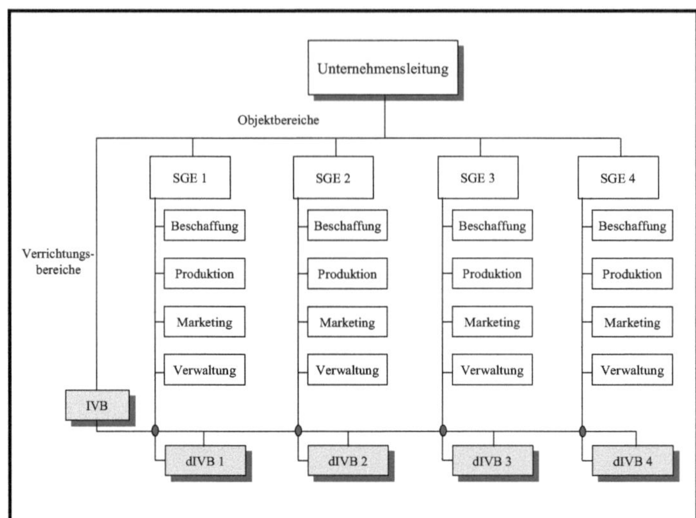

Abb. 55: IV als zusätzlicher Verrichtungsbereich einer Objekt-Verrichtungs-Matrixorganisation in einer divisionalen Unternehmensorganisation[902]

Die Abbildung illustriert den Fall der Einordnung der IV in eine *Objekt-Verrichtungs-Matrixorganisation.* Bei dieser Matrixorganisation[903], die einerseits nach den Objekten SGE, andererseits nach den Funktionen Beschaffung, Produktion, Marketing etc. organisiert ist, wird ein zusätzlicher Funktions- bzw. Verrichtungsbereich IV eingerichtet, der die Koordination der dezentralen IVB in den entsprechenden SGE entlang der eigenen Dimension übernimmt. Die Verantwortung für die strategischen Aspekte der IV trägt dabei der zentrale IVB, die operativ-dispositiven Aufgaben bewältigen hingegen die dezentralen IVB in Eigenregie. Diese Eingliederungsvariante zeichnen mehrere Aspekte aus: Erstens eine hohe Eigenständigkeit der dezentralen IVB, zweitens eine große Anwender- und Benutzernähe[904], drittens eine flache Leitungsspanne zwischen dem zentralen IVB und der Unternehmensleitung und viertens gute Koordinationsmöglichkeiten aufgrund von Weisungsbefugnissen gegenüber den dezentralen IVB.

---

902 In Anlehnung an Klutmann, L. (1992), S. 228 und Mertens, P./Knolmayer, G. (1998), S. 53.

903 Allgemein wird in der Matrixorganisation die vertikale Hierarchie (im Beispiel eine objektorientierte Gliederung nach SGE) von einer horizontalen, dynamischen Zuordnung (im Beispiel Verrichtungsbereiche) überlagert. Wesentliches Merkmal ist, daß dabei eine Gleichgewichtigkeit bzw. eine Gleichberechtigung zwischen den beiden Dimensionen existiert. Vgl. Lehner, F. (2000), S. 98; Klutmann, L. (1992), S. 216 sowie 219.

904 Aufgrund der Präsenz in den dezentralen SGE und den damit verbundenen kurzen, direkten Informationswegen.

Matrixorganisationen bieten jedoch nicht nur Chancen. Insbesondere aus der für Matrixorganisationen typischen „doppelten Unterstellung" bzw. „doppelten Weisungskompetenz" resultieren Chancen und Risiken zugleich.[905] Auf der einen Seite zwingt der Dualismus zur Kooperation und Mitwirkung aller Beteiligten, was – sofern eine entsprechende Kommunikationskultur im Unternehmen existiert – positive Effekte wie z. B. das Umsetzen innovativer Verfahren und Ideen zur Folge hat. Auf der anderen Seite können die Mehrfachunterstellungen Konflikte zwischen den Beteiligten auslösen mit entsprechend negativen Folgen wie Entscheidungsverzögerung, Verwirrung, Abschieben von Verantwortung etc.[906] Da dieses Konfliktpotential bei Matrixorganisationen systemimmanent ist, müssen bestimmte Bedingungen[907] vorliegen, damit das Einrichten eines IVB als zusätzlichen Verrichtungsbereich in Betracht zu ziehen ist. Elementar wichtig ist es, daß sich die Mitarbeiter vom herkömmlichen Autoritätsdenken lösen und auf ihre Konfliktregelungskompetenz vertrauen. Vergegenwärtigt man sich jedoch die in der Realität sehr ausgeprägten Ressentiments und Konflikte zwischen Mitarbeitern des IVB und denen der Fachbereiche, erscheinen die Voraussetzungen eher nicht gegeben und damit die Sinnhaftigkeit einer derartigen Eingliederung des IVB fraglich.

Aufgrund der zuvor dargestellten Vor- und Nachteile der in Abb. 54 und Abb. 55 illustrierten Eingliederungsalternativen der IV, wird hier die in Abb. 56 dargestellte aufbauorganisatorische Einordnungsmöglichkeit als ideal angesehen. Die Abbildung zeigt das Organigramm eines divisionalen Unternehmens mit verschiedenen dezentralen IVB sowie einer auf der Ebene der Unternehmensleitung angeordneten zentralen Stabsstelle, die in begrenztem Umfang Weisungsbefugnisse innehat[908]. Die Wahl dieser Eingliederungsform läßt sich wie folgt begründen:

---

[905] Vgl. Klutmann, L. (1992), S. 224f.; Mertens, P./Knolmayer, G. (1998), S. 54.

[906] Vgl. Lehner, F. (2000), S. 98.

[907] Z. B. das Vorhandensein von qualifiziertem Führungspersonal sowie eine hohe Informationsverarbeitungskapazität der Mitarbeiter. Vgl. diesbezüglich Klutmann, L. (1992), S. 217 mit weiteren Beispielen.

[908] Man spricht in diesem Zusammenhang in der Organisationslehre vom Prinzip der unechten Funktionalisierung. Vgl. Lehner, F. (2000), S. 98.

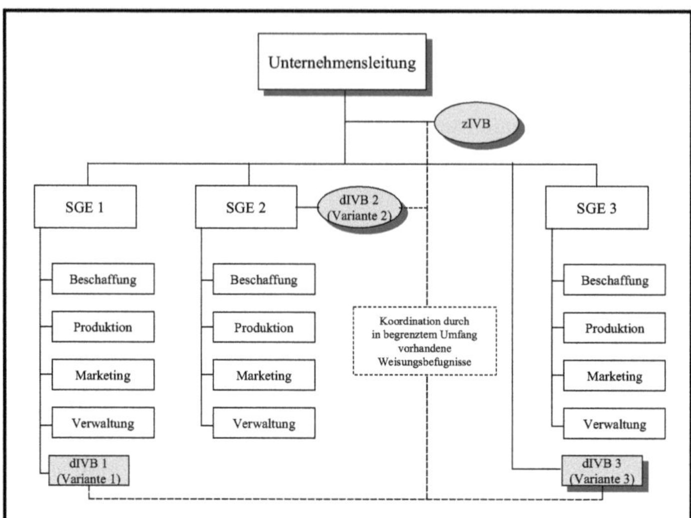

Abb. 56: Dezentrale IV mit zentraler Koordination in einer großen divisionalisierten Unternehmensorganisation[909]

Um die Aktivitäten der IV in divisionalen Unternehmensstrukturen koordinieren zu können, sollte *ein zentraler IVB* eingerichtet werden. Dem zentralen IVB kommt dabei z. B. die Aufgabe zu, die grundlegende IV-Politik zu definieren, die generelle Informationsarchitektur zu bestimmen und darüber hinaus Dienste anzubieten, die aus Effizienzgründen unbedingt zentral zu erbringen sind.[910] Schwierigkeiten wie z. B. Systeminkompatibilitäten zwischen einzelnen Teil-IS (Insellösungen) können hierdurch vermieden und so Informationen ohne große Reibungsverluste durch die Organisation geschleust werden.[911]

Den zentralen IVB in Form einer *Stabsstelle* einzurichten, betont den Dienstleistungscharakter der IV für das Unternehmen. Durch die Eingliederung des Stab *auf der Ebene der Unternehmensleitung* kommt die große Bedeutung zum Ausdruck, die die IV heutzutage in Unternehmen innehat. Überdies mag diese hohe Einordnung dazu führen, daß die zentrale Stabsabteilung regelmäßig der Unternehmensleitung berichten und dort ihr Handeln rechtfertigen muß; die IVB-typischen Abschottungstendenzen

909 In Anlehnung Beier, D./Gabriel, R. (1998), S. 60.

910 Vgl. Mertens, P./Knolmayer, G. (1998), S. 54.

911 Vgl. Lehner, F./Auer-Rizzi, W. et al. (1991), S. 399.

könnten hierdurch deutlich reduziert werden. Darüber hinaus erhält der zentrale IVB durch die Nähe zur Unternehmensleitung auch faktische Direktionsmacht, die zusätzlich zu den in begrenztem Umfang gewährten „tatsächlichen" Weisungsbefugnissen wirken kann. Das für Stabsstellen charakteristische Problem der Nichtdurchsetzbarkeit von Vorhaben dürfte damit an Bedeutung verlieren.

Durch das Einrichten von *dezentralen IVB*, die dem zentralen IVB unterstellt sind, erfolgt ein Kompromiß zwischen Wahrung der Autonomie der SGE einerseits und Einflußnahme des zentralen IVB mit dem Ziel der Koordination der dezentralen IV-Aktivitäten anderseits. Abb. 56 deutet an, daß in Abhängigkeit von der beabsichtigten Funktion des IVB in den SGE unterschiedliche Einordnungsmöglichkeiten existieren.[912]Die Variante 1, die Gestaltung eines eigenständigen Funktionsbereichs innerhalb eines SGE, betont den Stellenwert des IVB, indem er mit anderen Funktionsbereichen gleichgestellt wird. Da bei dieser Einordnungsmöglichkeit die weiter vorn beschriebenen Aussagen zur Alternative „Hauptabteilung in einer funktionalen Organisation" analog gelten, wird auf die entsprechenden Passagen verwiesen.[913]

Die Variante 2 illustriert den Fall der Einrichtung einer Stabsabteilung, die der Leitung der SGE zugeordnet ist. Ein dezentraler IVB besitzt bei dieser Eingliederungsform eine Servicefunktion für die Sparte. Die Autonomie der SGE wird dabei in keiner Weise eingeschränkt; dafür aber kommt die SGE einerseits in den Genuß der Vorteile eines dezentralen IVB, andererseits erhält sie kompetente IV-Dienstleistungen von der zentralen IV-Abteilung.[914]

Die dritte und letzte Variante in Abb. 56 ist die der Einrichtung eines eigenverantwortlichen Profit Centers. Bei diesem Konzept erwerben die SGE die benötigten IV-Dienstleistungen käuflich vom unternehmenseigenen dezentralen IVB. Das Einrichten von Profit Centern führt in der Regel dazu, daß die Wünsche der SGE explizit bei der Erstellung der IV-Leistungen berücksichtigt werden, da anderweitig die Leistungen nicht absetzbar sind. Überdies wird aufgrund des zu zahlenden Kaufpreises dem Problem der Verschwendung von IS-Ressourcen Einhalt geboten, da die SGE nur die Menge an IV-Leistungen entgeltlich beziehen, die sie tatsächlich auch benötigen. Anzumerken bleibt jedoch, daß eine Profit Center Organisation, wie bereits zuvor er-

---

912 In Anlehnung an Kargl, H. (1996), S. 138.

913 Vgl. diesbezüglich Seite 232.

914 Vgl. Klutmann, L. (1992), S. 214.

wähnt, ein gut funktionierendes internes System zur Leistungsverrechnung voraussetzt, dessen Gestaltung aber alles andere als einfach ist.[915]

(ad 2): Aufbauorganisation des zentralen IV-Bereichs

Der interne Aufbau des IVB hängt u. a. von der Art und der Menge intern zu erfüllender Aufgaben, dem Zentralisationsgrad in der IV sowie dem Stellenwert und dem Durchdringungsgrad des IS im Unternehmen ab.[916] Da die Ausprägungen dieser Faktoren bei jedem Unternehmen anders ausfallen, existiert genau wie bei der Auswahl der Eingliederung der IV in das Unternehmen auch bei der Festlegung der Binnenorganisation des zentralen IV-Bereichs keine allgemeingültige Lösung.[917]

Bei der Gestaltung der internen Aufbauorganisation des zentralen IVB sind die allgemeinen Organisationskriterien für die Bildung von Stellen und Abteilungen zu beachten: Verrichtungszentralisation, Objektzentralisation sowie Kongruenz von Aufgabe, Kompetenz und Verantwortung.[918] Nach dem Prinzip der Verrichtungszentralisation werden Aufgaben, die gleichartige Merkmale besitzen, in einer Stelle oder Abteilung zusammengefaßt; das Ergebnis ist eine funktionsorientierte Aufgabengliederung. Objektzentralisation bedeutet, unterschiedliche Aufgaben, die sich auf ein bestimmtes Objekt (z. B. Kunden, Produkt, Geschäftsprozesse) beziehen, zu Aufgabenkomplexen zusammenzufassen; das Resultat ist eine objektorientierte Aufgabengliederung.

Eine *funktionsorientierte Gliederung* des zentralen IVB ist grundsätzlich dann zweckmäßig, wenn die zu erbringenden IV-Leistungen relativ homogen sind. Für den IS-Bereich ist dies gegeben, wenn bei der Leistungserstellung ein Zentralrechnerkonzept, welches die geeignete Infrastruktur für den Betrieb und für die Erhaltung großer Administrations- und Dispositionssysteme ist, angewendet wird. Ist hingegen ein breites Spektrum an IS-Aufgaben zu erbringen, die sich zudem nach Art und Umfang verändern, erscheint eher eine *objektorientierte Gliederung* des zentralen IVB erfolgver-

---

915 Vgl. Seite 235 sowie Lehner, F./Auer-Rizzi, W. et al. (1991), S. 398.

916 Vgl. Beier, D./Gabriel, R. (1998), S. 64; Mertens, P./Knolmayer, G. (1998), S. 62f.; Biethahn, J./Brockhaus, R. (1992), S. 126f.

917 In der Praxis trifft man im IVB oftmals eine Mischung verschiedener Gruppierungskriterien mit oftmals mehreren Gliederungsebenen an. So soll es Unternehmen geben, deren zentraler IVB bis zu fünf betriebsindividuell gestaltete Hierarchiestufen besitzt. Vgl. Alpar, P./Grob, H. L./Weimann, P./Winter, R. (2000), S. 82; Mertens, P./Knolmayer, G. (1998), S. 63 mit Verweis auf Selig, J. (1986), S. 86ff.

918 Vgl. Kargl, H. (1996), S. 139.

sprechend.[919] Beachtet man nun, daß die (traditionellen) Zentralrechnerkonzepte in der Vergangenheit zunehmend durch dezentrale IS-Lösungen verdrängt wurden, scheint die *objektorientierte Gliederung des zentralen IVB* im Vergleich zur funktionsorientierten Binnenorganisation deutlich mehr Praxisrelevanz zu besitzen.

Zu dem gleichen Ergebnis gelangt man, wenn man folgende Auffassung von Alpar et al. aufgreift: Sie vertreten die Meinung, daß Unternehmen, welche die fachliche Spezifität von IV-Anwendungen kritischer einschätzen als die technische Spezifität, eine interne IV-Organisation nach betrieblichen Funktionen anwenden sollten. Umgekehrt ist bei Dominanz der technischen Spezifität eine Organisation nach objektorientierten Kriterien wie Systemplattformen, -art oder -status zu wählen.[920] Vor dem Hintergrund, daß der hier betrachtete zentrale IVB gemäß Transaktionskostenansatz im wesentlichen technisch hoch spezifische IV-Aufgaben zu erledigen hat[921], scheint es im Sinne Alpar et al. zu sein, dem zentralen IVB nach objektorientierte Kriterien zu organisieren.

Bei der Auswahl einer sachgerechten internen Organisation des zentralen IVB sind jedoch nicht nur die gegenwärtigen Bedingungen, sondern auch heute bereits absehbare Entwicklungen in der IV und in ihrem Umfeld zu berücksichtigen. So ist z. B. zu beachten, daß mit hoher Wahrscheinlichkeit künftig die Standardisierung sowie Benutzerfreundlichkeit von IS-Komponenten und Schnittstellen zunehmen und damit die technische Spezifität der IV-Leistungen sinken wird. Da zudem die Qualifikation der IS-Anwender im Umgang mit IS immer weiter ansteigt, ist anzunehmen, daß die Entwicklung und die Betreuung von IS-Anwendungen mehr und mehr aus dem zentralen IVB herausgelöst und in die dezentralen IVB und FB verlagert werden kann. Für den zentralen IVB rückt hierdurch der Aspekt „Vermeidung von Wildwuchs" und damit zusammenhängend die Koordination und kundenorientierte Steuerung der nun dezentral erfolgenden Anwendungsentwicklungen in den Mittelpunkt des Interesses.[922]

Eine mögliche organisatorische Lösung, die den zuletzt genannten Aspekten Rechnung trägt, ist eine Aufbauorganisation, die *objektorientierte sowie kunden- bzw. steue-*

---

[919] Vgl. Beier, D./Gabriel, R. (1998), S. 65; Kargl, H. (1996), S. 139.

[920] Vgl. Alpar, P./Grob, H. L./Weimann, P./Winter, R. (2000), S. 81.

[921] Vgl. diesbezüglich die Ausführungen auf Seite 230.

[922] Ähnlich vgl. Wollnik, M. (1989), S. 18.

rungsorientierte Aspekte vereinigt (vgl. Abb. 57).[923] Bei dieser Organisationsalternative bleibt die Autonomie der dezentralen Einheiten weitgehend unberührt bei gleichzeitiger Berücksichtigung von Standardisierungs- und Integrationsanforderungen.

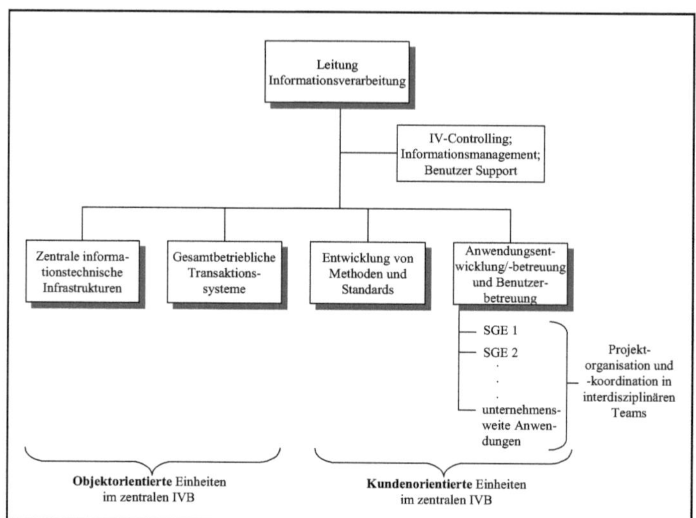

Abb. 57: Objekt- und kundenorientierte Gliederung der zentralen IV-Abteilung[924]

Die Abbildung zeigt, daß die *objektorientierten Einheiten* im zentralen IVB mit der Entwicklung und dem Betrieb von zentralen informationstechnischen Infrastrukturen, unternehmensweiten Transaktionssystemen etc. beauftragt werden. Hingegen beschäftigen sich die *kundenorientierten Einheiten* einerseits mit der Gestaltung von Rahmenbedingungen für die dezentralen IV-Abteilungen (z. B. Vorgabe von Standards und Methoden), andererseits mit der Entwicklung und Betreuung der dezentralen Anwendungen für die Hauptkundengruppen bzw. SGE. Letzteres sollte stets in enger Zusammenarbeit mit den dezentralen Stellen in Form spezieller Projekte erfolgen[925], da nur auf diese Weise sowohl das technische Wissen des zentralen IVB als auch das fachliche Wissen der dezentralen Einheiten zufriedenstellend genutzt werden können.

---

923 Vgl. im folgenden insbesondere Picot, A. (1990), S. 303f. sowie Sedran, T. (1994), S. 110f.

924 In Anlehnung an Picot, A. (1990), S. 304.

925 Dieser Aspekt wird im nachfolgenden Kapitel E 2.3.1.2.4. auf Seite 243f. noch näher erläutert.

2.3.1.2.4. Zur Koordination zwischen zentralem IV-Bereich und dezentralen Bereichen

Das Verhältnis zwischen dem IVB und den FB ist in vielen Unternehmen belastet.[926] Ursächlich hierfür sind vor allem die Unterschiedlichkeit der zu verrichtenden Aufgaben sowie das fehlende Verständnis – z. T. auch Interesse – für die Probleme des Anderen.[927] Um die Konflikte zwischen FB und IVB zu beheben oder zumindest auf ein erträgliches Maß zu reduzieren, sind spezielle Abstimmungsmechanismen zu gestalten. Dabei können Kooperationsmodelle (1) und Koordinationsmodelle (2) unterschieden werden.[928]

(ad 1): Kooperationsmodelle

Kooperationsmodelle regeln das grundsätzliche Miteinander verschiedener Interessengruppen, indem sie bestimmte (Spiel-)Regeln festlegen. In der IV bestimmen Kooperationsmechanismen die Kompetenz- und Aufgabenverteilung zwischen IVB und FB und beantworten dabei Fragen wie etwa „Wer trägt wofür in welchem Ausmaß Verantwortung?“, „Wer berichtet wem mit welcher Intensität?“ oder „Inwieweit und wie sind die Interessen des Anderen zu berücksichtigen?“. Für die Notwendigkeit der Kooperation zwischen IVB und FB existieren zahlreiche Exempel. Im folgenden werden *zwei Beispiele* näher beschrieben.

In Kapitel E 2.3.1.2.2. war die sachgerechte Allokation von IV-Aufgaben im Unternehmen unter Zuhilfenahme des differenzierten Spezifitätskriteriums erörtert worden. Danach sollte eine IV-Aufgabe bzw. ein IV-Projekt mit hoher Technikspezifität (Fachspezifität) grundsätzlich von den zIVB (dIVB/FB) in Eigenregie ausgeführt werden[929] (vgl. Feld 1 und Feld 9 in Abb. 58).

---

926 Vgl. Knolmayer, G. (1990), S. 150. Schmidt [Schmidt, G. (1990), S. 243] spricht in diesem Zusammenhang von „Sprachlosigkeit zwischen der EDV einerseits und den Fachabteilungen andererseits.“

927 Bezüglich der Kritik der FB an den IVB und umgekehrt vgl. Mertens, P./Knolmayer, G. (1998), S. 84.

928 Ähnlich Mertens, P./Knolmayer, G. (1998), S. 85 mit Verweis auf Reiß, M./Morelli, F. (1992), S. 133.

929 Vgl. Seite 230.

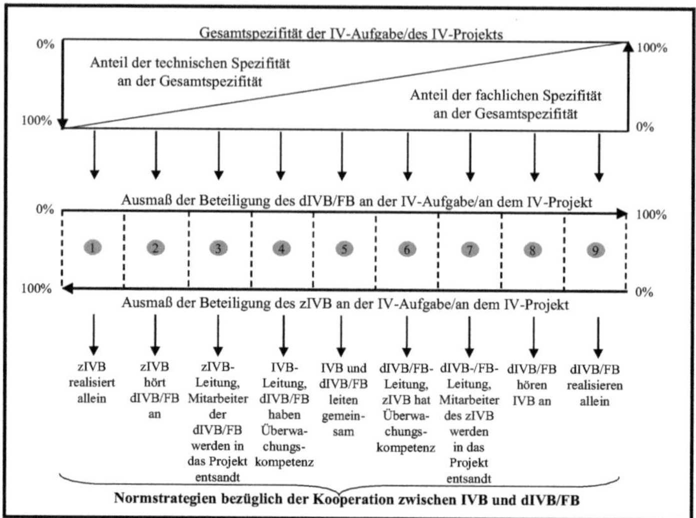

Abb. 58: Normstrategien der Kooperation zwischen IVB und FB bei der Durchführung von IV-Aufgaben[930]

Obwohl diese Aussagen von der Tendenz her richtig sind, sind sie zu pauschal, um in der Praxis verwendet werden zu können. Dies hängt vor allem damit zusammen, daß ausschließlich fachlich (technisch) spezifische IV-Aufgaben in der Realität selten sind. Vielmehr existieren – wie Abb. 58 illustriert – zahlreiche Mischformen. Doch selbst dann, wenn eine IV-Aufgabe ausschließlich fachlich (technisch) spezifisch ist, wird es mitunter nicht sinnvoll sein, daß sie von den dIVB/FB (dem zIVB) in Eigenregie erledigt wird.[931] Denn eine gänzlich fehlende Abstimmung zwischen dIVB/FB und zIVB dürfte im Regelfall dazu führen, daß die Wünsche der Anwender bei der Implementierung eines IS nicht (hinreichend) berücksichtigt werden[932] und zudem die Unterschiedlichkeit bzw. Heterogenität der Teilsysteme im IS weiter zunimmt[933].

---

930 In Anlehnung an Mertens, P./Knolmayer, G. (1998), S. 87 sowie Schmidt, G. (1990), S. 244ff.

931 Vgl. Mertens, P./Knolmayer, G. (1998), S. 87. Ähnlich auch Schmidt, der ein alleiniges Erstellen von IV-Leistungen weder durch den IVB noch durch die FB für möglich hält. Vgl. Schmidt, G. (1990), S. 249f.

932 So ist beispielsweise eine technisch elegante Lösung nicht zwangsläufig auch benutzerfreundlich. Vgl. Schmidt, G. (1990), S. 243.

933 Ähnlich Reiß/Morelli, die die Lösung des Problems zu großer Technikzentriertheit der IS-Gestaltungsansätze darin sehen, daß IS-Nutzer und IS-Entwickler enger zusammenarbeiten. Vgl. Reiß, M./Morelli, F. (1992), S. 129.

Um diese Probleme zu vermeiden, muß ein effizientes Management von IV-Projekten dafür sorgen, daß sich die Mitarbeiter der FB und des IVB ihrer Rollen bei der Aufgabenerfüllung und der damit verbundenen Verantwortungsbereiche bewußt sind. Die Anwenderseite als Auftraggeber des IV-Projekts übernimmt dabei die Rolle des Bauherrn, der die Verantwortung für fachliche Aspekte aus Bedarfssicht trägt (z. B. Systemanforderungen aus fachlicher Sicht, Bedienungsfreundlichkeit des IS etc.). Die Entwicklerseite als Auftragnehmer füllt die Rolle des Architekten aus, der für die Durchführung des Bauvorhabens und Beratung des Auftraggebers verantwortlich ist.

Ob bei der Aufgabenerfüllung die Rolle des Bauherrn oder die des Architekten dominiert, hängt – wie in Abb. 58 dargestellt – u. a. von dem relativen Anteil der technischen bzw. fachlichen Spezifität an der Gesamtspezifität der IV-Aufgabe ab. In Abhängigkeit von der Höhe der relativen Anteile können grundlegende Empfehlungen bezüglich der Kompetenzverteilung zwischen IVB und FB abgegeben werden.[934] Sind z. B. der Anteil der technischen und der fachlichen Spezifität in etwa gleich groß (vgl. Feld 5 in Abb. 58), sollten der zIVB und die dIVB/FB das IV-Projekt gemeinsam leiten. Fällt hingegen der Anteil der technischen (fachlichen) Spezifität relativ hoch (gering) aus (vgl. z. B. Feld 2 in Abb. 58), kann der zIVB das Projekt weitgehend in Eigenregie ausführen; er sollte jedoch nicht darauf verzichten, die Meinung der dIVB/FB zu fachlichen Fragen der IS-Implementierung einzuholen. Stehen die normativen Empfehlungen fest, sind sie anschließend unter expliziter Berücksichtigung weiterer situations- und unternehmensspezifischer Gegebenheiten so zu konkretisieren, daß die Zusammenarbeit zwischen FB und IVB in einem IV-Projekt eindeutig geregelt ist.[935]

Das zweite Beispiel, welches die Notwendigkeit der Festlegung von Kooperationsmechanismen in der IV aufzeigt, entstammt dem Themenbereich „Gestaltung eines Benutzer Support“. Aufgabe eines *Benutzer Support* im Unternehmen ist es, die IS-Anwender bei ihrer Nutzung der IV zu unterstützen.[936] Ursächlich für das Entstehen des Benutzer Support ist die Ausbreitung dezentraler Informationsinfrastrukturen sowie Individueller Datenverarbeitung (IDV). Durch die IDV kommt es einerseits zu einer größeren Emanzipation der IS-Nutzer vom IVB, andererseits bedeutet IDV ein Nutzen von Informationstechnik durch Mitarbeiter, die keine ausgebildeten Computer-

---

[934] Vgl. Mertens, P./Knolmayer, G. (1998), S. 87.

[935] Vgl. diesbezüglich die Ausführungen bei Heilmann, H. (1981), S. 126-130 sowie Schmidt, G. (1990), S. 245-250.

[936] Vgl. Knolmayer, G. (1994), S. 54.

experten sind.[937] Aufgrund des häufig gestörten Verhältnisses zwischen den Mitarbeitern der FB und denen der IVB versuchen die Nutzer in den FB, etwaige Probleme mit dem IS durch „Herumexperimentieren" selbst zu lösen statt die Spezialisten des IVB zu konsultieren. Da das Experimentieren erhebliche zeitliche sowie finanzielle Ressourcen bindet respektive vergeudet, erscheint es zweckmäßig, von vornherein spezielle, mit Sanktionen verbundene IV-Richtlinien aufzustellen, welche die Zusammenarbeit zwischen IVB und FB regeln und zugleich als Basis dienen (sollen), einen Benutzer Support bzw. Endbenutzerservicekonzepte *(Information Center)* einzurichten.[938]

Ein Information Center (IC) steht den Endbenutzern für deren Fragen im Zusammenhang mit der Individuellen Datenverarbeitung zur Verfügung. Die Support-Anforderungen der einzelner IS-Nutzer sind in der Regel unterschiedlich und das Spektrum der zu lösenden Aufgaben daher heterogen und weitreichend zugleich.[939] Da jedoch einerseits niemand über ein Fachwissen verfügt, das zur Befriedigung aller Fragen ausreicht, andererseits viele Anfragen so trivial sind, daß sie nicht der Beantwortung eines IS-Experten bedürfen, ist unter Effektivitäts- und Effizienzgesichtspunkten ein *mehrstufiges, verteiltes Benutzer Support Konzept* sinnvoll (vgl. Abb. 59).[940]

---

937 Vgl. Knolmayer, G. (1990), S. 251; Beier, D./Gabriel, R. (1998), S. 69f.

938 Vgl. Beier, D./Gabriel, R. (1998), S. 70; Krcmar, H. (1997), S. 236; Stahlknecht, P./Hasenkamp, U. (2002), S. 470.

939 Vgl. Biethahn, J./Mucksch, H./Ruf, W. (1994), S. 165; Mertens, P./Knolmayer, G. (1998), S. 71. Eine Aufzählung von Elementaraufgaben eines Information Center findet man bei Knolmayer, G. (1994), S. 55; Heilmann, H. (1990), S. 692; Nawatzki, J. (1994), S. 141f.

940 Vgl. Stahlknecht, P./Hasenkamp, U. (2002), S. 470; Mertens, P./Knolmayer, G. (1998), S. 71. Zu den Vor- und Nachteilen eines ausschließlich zentral organisierten bzw. eines ausschließlich dezentral organisierten Benutzer Support vgl. Biethahn, J./Mucksch, H./Ruf, W. (1994), S. 166f. sowie Knolmayer, G. (1990), S. 151f.

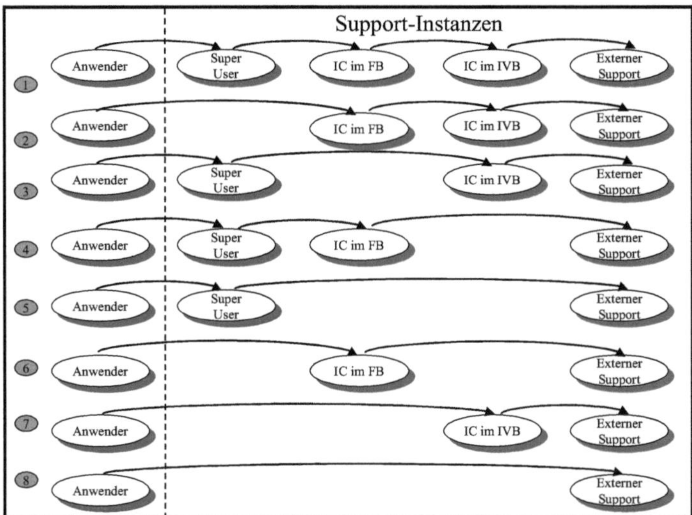

Abb. 59: Potentielle Kooperationssequenzen beim mehrstufigen, verteilten Benutzer Support Konzept[941]

Bei einem solchen Konzept wird in Abhängigkeit von der Komplexität der jeweils zu lösenden Aufgabe das Problem an fachlich kompetente Personenkreise bzw. Organisationseinheiten weitergeleitet. Bei dem in Abb. 59 dargestellten Konzept werden vier mögliche Support-Instanzen unterschieden: Super User, Information Center (IC) im FB, IC im IVB sowie Externer Support. Die Abbildung zeigt, daß eine erste, räumlich nahe Anlaufstelle eines Anwenders der sogenannte „Super User" sein kann. Bei ihm handelt es sich um einen versierten Anwender in einer Fachabteilung, der – zusätzlich zu seinen Fachaufgaben – die Probleme der ihm zugeordneten Anwendergruppen löst.[942] Da der Schwerpunkt der Hilfestellung eines Super User eher auf bedienungstechnischen Fragestellungen liegt, werden anspruchsvollere Anfragen an die nächst höheren Stufen des Benutzer Support weitergeleitet. Dies können zum einen Personen eines IC sein, welches im FB oder im IVB angesiedelt ist. Sofern die im Unternehmen ansässigen IC nicht in der Lage sind, die Probleme der Anwender zu lösen, können zum anderen auch Experten außerhalb des Unternehmens (z. B. Software- oder Hardware-Lieferanten, System-Berater, Schulungsfirmen etc.) konsultiert werden.

941 Vgl. Knolmayer, G. (1990), S. 157f.; Knolmayer, G. (1994), S. 56.

942 Vgl. Mertens, P./Knolmayer, G. (1998), S. 72; Krcmar, H. (1997), S. 238f.

Die Entscheidung darüber, welche bzw. wie viele Support-Stufen im Unternehmen einzurichten sind und damit zusammenhängend, welche der acht in Abb. 59 illustrierten Support-Sequenzen zum Tragen kommen, sollte unter Berücksichtigung von Kosten-/Nutzen-Aspekten getroffen werden. Bei der Entscheidung zu berücksichtigen sind z. B. die Einrichtungs- und Betriebskosten[943], welche die jeweilige Stufe verursacht, die Größe des Unternehmens, das Ausbildungsniveau der Anwender im Umgang mit dem IS. Dabei scheint ein mehrstufiger bzw. differenzierter Benutzer-Support vor allem für Unternehmen mit sehr heterogenen IS-Landschaften und entsprechend vielseitigen Benutzeranforderungen sinnvoll zu sein.

Neben der Anzahl der Kettenglieder sowie der Sequenz beim Support ist noch eine weitere Komponente zu bestimmen: Die vom Support abzuliefernde (Service) Leistung selbst. Festgeschrieben werden kann ihre Qualität und Quantität in sogenannten *Service Level Agreements* (SLA). Hierbei handelt es sich um Vereinbarungen, welche die vom IVB zu liefernde IV-Leistung hinsichtlich verschiedener Kriterien konkretisieren, wie z. B. die Verfügbarkeit und der Umfang des Benutzer Service, die Antwortzeiten, die maximale Zeitdauer für die Problemlösung etc. Sofern die Höhe der zu zahlenden Verrechnungspreise für innerbetriebliche IV-Leistungen an das Einhalten von Service Level Agreements gekoppelt ist und die in den SLA festgelegten Leistungen vom Support nicht wie vereinbart erbracht werden, sind Preisabschläge zugunsten der Anwender vorzunehmen.[944] Aus diesem Grund kann man davon ausgehen, daß die Arbeiter in den Support-Abteilungen bemüht sein werden, qualitativ hochwertige Leistungen abzuliefern.

(ad 2): Koordinationsmodelle

Bei arbeitsteiligen Leistungserstellungsprozessen besteht stets das Problem einer konsistenten Zielausrichtung aller an der Leistungserstellung beteiligten Aufgabenträger und Organisationseinheiten. Um eine Koordination zu gewährleisten, sind spezielle Koordinationsmechanismen zu gestalten. Sie sollten Antworten auf Fragen geben wie z. B. „Wie ist ein anderer Bereich miteinzubeziehen?“ oder etwa „Wer wirkt bei der Koordination als Vermittler, Moderator, Schiedsrichter?“.[945]

---

[943] Vgl. Krcmar, H. (1997), S. 239; Nawatzki, J. (1994), S. 144f.

[944] Vgl. Stahlknecht, P./Hasenkamp, U. (2002), S. 456 und 478; Kargl, H. (1996), S. 134f. Eine ausführliche Beschreibung von Service Level Agreements sowie Kennzahlen, anhand derer die Service Level Agreements gemessen werden können, findet sich bei Jaeger, F. K. (1999), S. 368f.

[945] Vgl. Mertens, P./Knolmayer, G. (1998), S. 86.

In der IV kommt der Koordination dann ein besonders hoher Stellenwert zu, wenn der IVB als *Profit Center* organisiert ist, d. h. wenn der IVB seine Leistungen innerbetrieblich gegen Zahlung eines Entgelts veräußert und dabei weitgehend Entscheidungsautonomie und Ergebnisverantwortung besitzt.[946] Wie bereits erläutert[947], ist eine wesentliche Voraussetzung für das Funktionieren einer Profit Center Organisation die Existenz von Verrechnungspreisen. Sie sollen die monetäre Bewertung und Abrechnung der Lieferungen und Leistungen zwischen IVB und FB ermöglichen[948] und dabei im wesentlichen zwei Funktionen erfüllen[949]: Erstens die Lenkungsfunktion, die erreicht ist, wenn die Verrechnungspreise sicherstellen, daß die Entscheidungen des wirtschaftlich selbständigen IVB im Sinne der Gesamtunternehmensziele erfolgen. Zweitens die Erfolgszuweisungsfunktion, die Voraussetzung für eine erfolgsorientierte Entlohnung der Leiter des IVB ist und gewährleisten soll, daß Gewinne dort ausgewiesen werden, wo sie erwirtschaftet werden.

Bei der Koordination des Leistungstransfers zwischen IVB und FB können unterschiedliche Verrechnungspreise eingesetzt werden.[950] Unterschieden werden können a) kostenorientierte Verrechnungspreise[951] b) marktpreisorientierte Verrechnungspreise, c) ausgehandelte Verrechnungspreise sowie d) duale Verrechnungspreise[952].

Sofern möglich, sollten stets marktpreisorientierte Verrechnungspreise zur Anwendung kommen, da sie erstens die Lenkungs- und die Erfolgszuweisungsfunktion erfüllen, zweitens die Bereichsautonomie des Profit Center gewährleisten und drittens kaum manipulierbar sind.[953] In der Realität dürften jedoch Marktpreise als nahezu idealtypische Form von Verrechnungspreisen nicht ermittelbar sein, da für die innerbe-

---

946 Vgl. Becker, W. (1996), S. 15f.

947 Vgl. Seite 235.

948 Vgl. Danert, G. (1971), S. 196; Hermes, B. (2000), S. 107; Coenenberg, A. G. (1973), S. 374.

949 Vgl. Coenenberg, A. G. (1973), S. 374ff.; Brockhaus, R./Boer, E. d. (1994), S. 109.

950 Vgl. im folgenden z. B. Betz, D. O. (1993), S. 66ff.; Hermes, B. (2000), S. 107 sowie Coenenberg, A. G. (1999), S. 434ff.

951 Hierzu gehören z. B. teilkostenorientierte Verrechnungspreise, vollkostenorientierte Verrechnungspreise sowie Kosten-Plus-Verrechnungspreise.

952 Bei dualen Verrechnungspreisen erhält der liefernde Teilbereich für seine Leistung in der Regel die Vollkosten mit Gewinnaufschlag oder den Marktpreis, während der belieferte Bereich die variablen oder die vollen Kosten zahlt. Der Differenzbetrag zwischen Verkaufserlös und verrechneten Kosten wird gemeinsam mit den Gemeinkosten des Unternehmens auf die verschiedenen Abrechnungseinheiten verteilt. Vgl. Betz, D. O. (1993), S. 68.

953 Vgl. Coenenberg, A. G. (1999), S. 535; Schmidt, G. (1990), S. 69.

trieblich zu erstellenden, hoch spezifischen IV-Leistungen in der Regel kein Markt existiert.[954] Da Marktpreise somit nicht für die Verrechnung innerbetrieblicher IV-Leistungen eingesetzt werden können,[955] sind andere Formen eines Verrechnungspreises zu nutzen.

Vor dem Hintergrund der in Kapitel E 2.3.1.2.3. beschriebenen aufbauorganisatorischen Einteilung des zentralen IVB in einen objektorientierten und einen kundenorientierten Bereich[956], erscheint ein Arbeiten mit *unterschiedlichen Verrechnungspreisen* in der IV sinnvoll.[957] Um welche Verrechnungspreise es sich dabei handeln kann, soll nachfolgend gezeigt werden.

Die von den *objektorientierten Bereichen* des IVB erbrachten IV-Leistungen, wie z. B. der Aufbau und die Pflege der zentralen Informationsinfrastruktur, sind für das Funktionieren der IV und für den reibungslosen Ablauf der Unternehmensaktivitäten von grundlegender Bedeutung. Derartige Leistungen können demnach als eine Art „Muß-Leistung" des zentralen IVB verstanden werden.

Aus der Sicht der Leistungsempfänger dürfte dagegen angenommen werden, daß derartige Leistungen eher eine Selbstverständlichkeit bzw. nichts Besonderes sind. Aus diesem Grund mag der Wert solcher Leistungen unterschätzt werden mit der Folge, daß die FB in nicht ausreichendem Maße derartige IV-Leistungen vom IVB beziehen. Damit nicht der Fall der Unterversorgung mit seinen negativen Konsequenzen für das Unternehmen eintritt, sollte die Unternehmensleitung den FB die zu beziehende Menge derartiger IV-Leistungen verbindlich vorschreiben und die FB ferner verpflichten, die entsprechenden IV-Kosten zu tragen. Eine unter diesen Umständen sachgerechte Methode, mit der die angefallenen Kosten auf die verschiedenen FB verteilt werden können, ist die sogenannte *Kostenumlage*. Hierbei werden am Ende einer Periode die Kosten, die für die Leistungserstellung im zentralen IVB angefallen sind, auf die einzelnen FB im Verhältnis ihrer Leistungsinanspruchnahme verteilt.[958] Als Instrument

---

954 Betz geht überdies davon aus, daß selbst für relativ unspezifische IV-Leistungen wie z. B. Standardanwendungen Marktpreise in Reinform nicht existieren, weil auch derartige Leistungen nur selten vollkommen vergleichbar sind. Vgl. Betz, D. O. (1993), S. 67.

955 Vgl. Coenenberg, A. G. (1999), S. 546; Scherz, E. (1998), S. 139.

956 Vgl. Seite 242.

957 Für eine differenzierte Verrechnungspreisgestaltung plädiert auch Scherz. Vgl. diesbezüglich Scherz, E. (1998), S. 161ff.

958 Vgl. Scherz, E. (1998), S. 69. Ähnlich auch Dobschütz, L. v./Prautsch, W. (1991), S. 331. Es sei erwähnt, daß es sich bei der Kostenumlage streng genommen nicht um eine Methode der Ver-

zur Berechnung der umzulegenden Kosten kann die Prozeßkostenrechnung eingesetzt werden[959] Als Verteilungsschlüssel für IV-Leistungen, die – wie in den objektorientierten Bereichen – dem Zweck der Aufrechterhaltung des IS-Betriebs dienen, eignen sich vor allem *technische Bezugsgrößen* wie z. B. CPU-Zeiten, Netzbeanspruchung, Anzahl der Transaktionen etc.[960]

Prinzipiell kann die Umlage auf Voll- oder auf Teilkostenbasis erfolgen. Weil IV-Kosten jedoch einen hohen Fixkostenanteil aufweisen[961], sollten vollkostenbasierte Verrechnungspreise eingesetzt werden[962], insbesondere solche, die an Service Level Agreements gekoppelt sind. Folgende Gründe sprechen für derartige „qualitätsorientierte Preise“[963] auf Vollkostenbasis: Der IVB kann erstens aufgrund der Umlage von Vollkosten (wenigstens) kostendeckend arbeiten, was bei teilkostenbasierten Verrechnungspreisen aufgrund der Nichtverrechnung von Fixkosten nicht möglich ist.[964] Zweitens wird der IVB aufgrund der Anbindung der Verrechnungspreise an Service Level Agreements bemüht sein, qualitativ gute IV-Leistungen abzuliefern, da anderweitig Preisabschläge drohen. Da aber bei vollkostenorientierten Umlagen für den zentralen IVB kein Anreiz besteht, mögliche Überkapazitäten abzubauen und die bei ihm anfallenden (fixen) Gemeinkosten zu reduzieren, sind von Zeit zu Zeit spezielle gemeinkostensteuernde Verfahren mit dem Ziel einzusetzen, Ineffizienzen im zentralen IVB aufzudecken bzw. zu verhindern. Methodisch eignen sich hierfür eine periodische

---

rechnungspreisgestaltung handelt. Denn Verrechnungspreise im engeren Sinn werden ex ante, d. h. auf Basis voraussichtlich anfallender Kosten berechnet. Die Berechnung von Verrechnungssätzen bei der Kostenumlage erfolgt hingegen ex post, also erst nachdem die IV-Kosten bereits angefallen sind. Vgl. Mertens, P./Knolmayer, G. (1998), S. 99f.

959 Bezüglich des Aufbaus einer Kosten- und Leistungsrechnung für die zentrale IVB vgl. Bessai, B. (1985), S. 61ff.

960 Vgl. Kargl, H. (1996), S. 122.

961 Vgl. Kargl, H. (1997), S. 6 sowie Brockhaus, R./Boer, E. d. (1994), S. 97. Vor dem Hintergrund derjenigen IV-Leistungstypen, die Jakubczik/Skubch [vgl. Jakubczik, G.-D./Skubch, N. (1994), S. 68] als typisch fixkostenintensiv erachten (z. B. Wartung, Vorhalten von Kapazitäten etc.), dürfte die obige Aussage insbesondere für diejenigen IV-Leistungen gelten, die von den objektorientierten Einheiten des zentralen IVB erbracht werden.

962 Vgl. Horváth, P. (1998), S. 722; Betz, D. O. (1993), S. 70.

963 Kargl, H. (1997), S. 6.

964 Da jedoch der IVB weder bei Verrechnungspreisen auf Voll- noch auf Teilkostenbasis Gewinne erwirtschaftet, kann es sinnvoll sein, die objektorientierten Bereiche des zentralen IVB nicht als Profit Center sondern als Cost Center zu organisieren. Voraussetzung hierfür wäre, daß die Leistungen der objektorientierten Bereiche eindeutig von den Leistungen der kundenorientierten Bereiche abgegrenzt werden können.

Budgetierung der IV-Kosten[965], ein Zero-Base-Budgeting und/oder eine Gemeinkostenwertanalyse.[966]

Die *kundenorientierten Bereiche* des zentralen IVB[967] erstellen IV-Leistungen, mit denen die individuellen Bedarfe der SGE befriedigt werden sollen. Derartige IV-Leistungen werden auf Basis freiwilliger Vereinbarungen zwischen dem zentralen IVB und den FB erbracht und stellen somit weniger „Muß-Leistungen" als vielmehr „Kann-Leistungen" dar.

Ein Vorschreiben der Art und der Menge der zu beziehenden IV-Leistungen mit einer anschließenden Umlage der entsprechenden Kosten, wie es bei den Leistungen der objektorientierten Bereiche sachgerecht ist, widerspricht dem Kann-Charakter der von den kundenorientierten Bereichen erbrachten IV-Leistungen. Auch eine marktpreisbasierte Gestaltung von Verrechnungspreisen kommt angesichts der Probleme, Marktpreise für hoch spezifische, innerbetriebliche IV-Leistungen zu finden[968], (in Reinform) nicht in Frage.

Für die Verrechnung von IV-Leistungen der kundenorientierten Bereiche können *ausgehandelte Verrechnungspreise* sachgerecht sein. Diese Einschätzung beruht darauf, daß man durch den Aushandlungsprozeß einerseits für die Probleme der jeweils Anderen sensibilisiert wird, andererseits jede Partei in der Lage ist, ihre individuellen Vorstellungen in die Verhandlungen einzubringen, was zu einem von allen Seiten als gerecht empfundenen Ergebnis führen dürfte. Problematisch ist indes, daß bei der Verhandlung der Verrechnungspreise häufig eine der Parteien eine dominante Position innehat und daher ihre Interessen durchsetzen kann. Aus diesem Grund sollte eine Kontroll- bzw. Vermittlungsinstanz eingerichtet werden, die immer dann in die Preisver-

---

965 Zu den Aufgaben, den Zielen und der Vorgehensweise bei der Budgetierung im IV-Bereich siehe Kargl, H. (1996), 117ff. Vgl. ferner auch Horváth, P./Seidenschwarz, W. (1991), S. 310-312, die die Vorgehensweise bei der Erstellung eines IS-Budgets am Beispiel Hewlett Packard erläutern.

966 Vgl. Brockhaus, R./Boer, E. d. (1994), S. 106f. Anderer Auffassung sind Dobschütz/Langenbacher, die sowohl die Gemeinkostenwertanalyse als auch das Zero-Base-Budgeting aufgrund der speziellen Charakteristika eines IS als nur bedingt dafür geeignet ansehen, Insuffizienzen im IS-Bereich aufzuspüren. Vgl. Dobschütz, L. v./Langenbacher, S. (1994), S. 134. Zu dem Ziel und der Vorgehensweise beim Zero-Base-Budgeting vgl. z. B. Weber, J. (1998), S. 117f.. Bezüglich des Ablaufs der Gemeinkostenwertanalyse vgl. z. B. Horváth, P. (1998), S. 258f.

967 Vgl. hierzu Abb. 57.

968 Vgl. Seite 249.

handlungen zwischen IVB und FB eingreift, wenn die vereinbarten Verrechnungspreise den Interessen der Gesamtunternehmung entgegenzustehen drohen.[969]

Bei der Verrechnung der IV-Leistungen der kundenorientierten Bereiche sollten aus Gründen der nutzerseitigen Akzeptanz *anwenderbezogene Schlüsselgrößen*[970] genutzt werden[971]. Derartige Bezugsgrößen können ohne großen Aufwand bereitgestellt werden, indem z. B. die anwenderindividuelle Ressourcennutzung unter Zuhilfenahme der Terminalidentifikation, des Namens der Anwendung oder der Benutzerkennung erfaßt wird.[972] Die Preise für die IV-Bezugsgrößen/IV-Leistungen sind zwar nicht vollständig aus Marktpreisen ableitbar, sollten sich aber an diesen ausrichten. Beispielsweise kann es bei Preisverhandlungen für eine Programmierstunde oder für spezielle Beratungsleistung des IVB sinnvoll sein, die Verrechnungssätze externer Anbieter zum Vergleich heranzuziehen.[973] Überdies dürfte es sich auch hier positiv auf die Qualität der Leistungserstellung auswirken, wenn die effektiv zu zahlenden Preise an das Einhalten von Service Level Agreements gekoppelt sind.

In engem Zusammenhang mit der Gestaltung von Verrechnungspreisen für IV-Leistungen, die von den kundenorientierten Bereichen erbracht werden, steht die Frage, ob bzw. inwiefern für die FB der Zwang bestehen soll, IV-Leistungen (ausschließlich) vom zentralen IVB zu beziehen.[974] Da man davon ausgehen kann, daß die Interessen der FB im Rahmen der Aushandlung der Verrechnungspreise nur dann hinreichend beachtet werden, wenn für die FB prinzipiell die Möglichkeit eines externen Bezugs von IV-Leistungen besteht[975], wird hier Becker zugestimmt, der einen Kontrahierungszwang für die Verrechnungspreisgestaltung und für ein effizientes Funktionieren einer (Profit Center) Organisation des IVB als schädlich erachtet.[976] Überdies verschafft der Zwang der Kontrahierung des FB mit dem IVB letzterem eine Art Monopolstellung, die überhöhte Preise fördert und ein Dienstleistungsdenken beim Informa-

---

969 Vgl. Betz, D. O. (1993), S. 67f.

970 Beispiele für anwenderbezogene Schlüsselgrößen sind Benutzer Support Stunden, Anlegen/Ändern von Stammdatensätzen, Programmierstunden etc.

971 Vgl. Kargl, H. (1997), S. 10.

972 Vgl. Betz, D. O. (1993), S. 71f.; Kargl, H. (1996), S. 124. Als Methode der Kostenverteilung sollte auch hier die Prozeßkostenrechnung eingesetzt werden. Ebenso Horváth, P. (1998), S. 722.

973 Vgl. Sedran, T. (1994), S. 151.

974 Vgl. Heilmann, H. (1990), S. 699.

975 Vgl. Betz, D. O. (1993), S. 68.

976 Vgl. Becker, W. (1996), S. 16.

tionsangebot konterkariert. Die Kontrahierungspflicht steht zudem einem wesentlichen Gestaltungsziel des Profit Center Konzepts entgegen, das Schaffen freier Wettbewerbsbedingungen.[977] Resümierend kann somit festgehalten werden, daß die FB – wenn überhaupt – nur kurzfristig[978] zu einem internem Bezug von IV-Leistungen verbindlich verpflichtet werden dürfen.[979] Um der Gefahr einer Unterauslastung der Kapazitäten des IVB zu entgegnen, erscheint langfristig ein Kompromiß sinnvoll aus freier Marktwirtschaft und der Verpflichtung des FB, dem IVB stets die Gelegenheit zu geben, auf das Preisangebot eines externen Anbieters eingehen zu können.[980]

2.3.2. Gestaltung des Personalsystems eines Informationssystems

2.3.2.1. Das Personal und seine Bedeutung für die Qualität der Dienstleistung Information

In Kapitel B 1.1.3. war gezeigt worden, daß Informationen eine *Dienstleistung* darstellen. Das IS als *interner Dienstleister* hat daher der Forderung der IS-Nutzer nach (mehr) Dienstleistungsorientierung Rechnung zu tragen.

Das *IS-Personal*[981], das in diesem Kapitel im Mittelpunkt des Interesses stehen wird, hat maßgeblichen Einfluß darauf, ob die vom IS erbrachte Dienstleistung qualitativ hochwertig ausfällt oder nicht. Der besondere Stellenwert des Faktors Mensch für das Erstellen von Dienstleistungsqualität wird deutlich, wenn man die *Dimensionen von Dienstleistungsqualität* und deren Zusammenspiel betrachtet (vgl. Abb. 60).

---

977 Vgl. Becker, W. (1992), S. 8; Hartmann, R. (1991), S. 6.

978 Z. B. in der Übergangsphase von einem konventionellen IVB hin zu einem IVB in der Gestalt eines Profit Center.

979 Vgl. Becker, W. (1996), S. 16.

980 Vgl. Eversmann, M. (1994), S. 348.

981 Es sei an dieser Stelle noch einmal erwähnt, daß sich das IS-Personal aus den IS-Nutzern/IS-Anwendern einerseits und den IS-Entwicklern/IS-Betreuern andererseits zusammensetzt. Vgl. diesbezüglich Kapitel C 3.3.4.

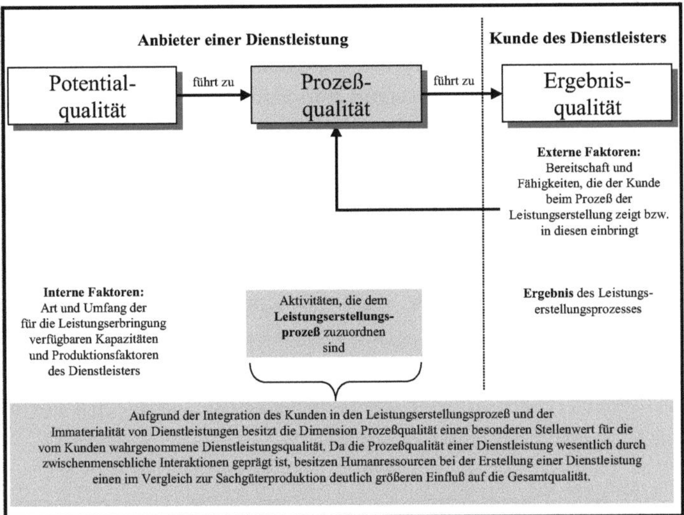

Abb. 60: Qualitätsdimensionen einer Dienstleistung[982]

In der Abbildung werden in Anlehnung an Donabedian drei unterschiedliche Dimensionen bei der Erfassung bzw. Erstellung von Dienstleistungsqualität unterschieden: Potentialqualität[983], Prozeßqualität sowie Ergebnisqualität. Die Potentialqualität beeinflußt die Prozeßqualität, letztere ist in erheblichen Maße verantwortlich für die Ergebnisqualität.[984]

Die *Potentialqualität*[985] stellt die erste Komponente der Dienstleistungsqualität dar und bezieht sich auf die Qualität der bei der Erstellung der Dienstleistung eingesetzten internen Potentialfaktoren. Letztere setzen die Rahmenbedingungen für die Qualität des Leistungserstellungsprozesses und des Endprodukts. Relevante Potentialfaktoren für

---

982 Vgl. Mosiek, T. (2001), S. 82; Tylkowski, O./Guth, S. H./Spieker, M. (2001), S. 98; Corsten, H. (2001), S. 296.

983 Diese Dimension wird bisweilen auch als Strukturqualität bezeichnet. Vgl. z. B. Adam, D. (1997), S. 90.

984 Es sei angemerkt, daß diese Grundidee in einer engen Beziehung zur modelltheoretischen Sicht des Faktorkombinationsprozesses steht, den Gutenberg in allgemeiner Form für die Leistungserstellungsprozesse in Unternehmen aufgezeigt hat und der sich in seiner Struktur Inputfaktoren – Produktionsfunktion/Prozeß – Outputfaktoren auch auf die Produktion der Dienstleistung Information übertragen läßt. Ähnlich Aust, R. (1999), S. 90.

985 Diese Dimension wird bisweilen auch als Strukturqualität bezeichnet. Vgl. z. B. Adam, D. (1997), S. 90.

die Erstellung einer qualitativ hochwertigen Dienstleistung Information sind z. B. die Anzahl und der Ausbildungsstand der IS-Mitarbeiter sowie die Qualität und die Zuverlässigkeit der im Unternehmen eingesetzten Informationstechnik.

Die Dimension *Prozeßqualität* stellt auf die Güte des Leistungserstellungsprozesses ab. Im Falle der Erstellung der Dienstleistung Information spielt die Qualität all derjenigen Faktoren eine Rolle, die den Prozeß der Informationsgenerierung und -bereitstellung beeinflussen. Hierzu zählen „weiche“ Faktoren wie z. B. das Einfühlungsvermögen, die Freundlichkeit und das Kommunikationsverhalten der IS-Betreuer[986], ein rechtzeitiges und zügiges Bereitstellen von Informationen, ein Berücksichtigen der individuellen Wünsche der IS-Kunden, ein Anpassen der Informationsprodukte an Veränderungen in der Unternehmensumwelt sowie – bei Bedarf – eine ausreichende Beratung der Informationskunden.[987]

Die *Ergebnisqualität* schließlich bezieht sich auf das Ende des Leistungserstellungsprozesses einer Dienstleistung und stellt auf die Wirkung ab, welche mit der Dienstleistung erreicht wird. Beurteilungsobjekt der Ergebnisqualität eines IS sind die Informationen, die das IS seinen Kunden offeriert. Faktoren, die Einfluß auf die Ergebnisqualität eines IS nehmen, sind die Breite und Tiefe des Informationsangebots, die sprachliche und visuelle Aufbereitung von Informationen sowie das Vorhandensein wesentlicher Informationscharakteristika wie z. B. Genauigkeit, Objektivität, Aktualität etc.[988]

Ein wesentliches Merkmal der Dienstleistungsproduktion und zugleich Differenzierungskriterium zum Herstellungsprozeß von Sachgütern ist die *Integration eines externen Faktors* in den Leistungserstellungsprozeß.[989] Letzteres hat zur Folge, daß der Kunde die Prozeßqualität beurteilen kann und sie somit ein fester Bestandteil der von ihm wahrgenommen Leistungsqualität ist.[990] Berücksichtigt man zudem, daß sich zum

---

986 Bezüglich einzelner Facetten der Sozialkompetenz und deren Bedeutung im Kundenkontakt vgl. Homburg, C./Stock, R. (2000), S. 123-125.

987 Vgl. Adam, D. (1997), S. 130; Hennig, B. (2001), S. 23f.

988 Vgl. Hennig, B. (2001), S. 24f.; Aust, R. (1999), S. 91; Sieker, A. (2000), S. 35ff. Eine ausführliche Herleitung und Beschreibung formaler Kriterien, die entscheidungsrelevante Informationen auszeichnen, findet sich bei Keller, T. (1995), S. 119ff.; Abel, B. (1977), S. 172ff.; Grotz-Martin, S. (1976), S. 33ff.; Pfestorf, J. (1974), S. 80ff.; Wild, J. (1971), S. 326ff.; Haselbauer, H. (1986), S. 131ff.

989 Vgl. hierzu auch Kapitel B 1.1.3., Seite 23f.

990 Im Sachgüterbereich hat der Erstellungsprozeß selbst keine Auswirkung auf die Qualität, die der Kunden wahrnimmt, da, wie schon dargestellt, bei der Sachgüterproduktion keine Integration des

einen die dienstleistungsbezogene Ergebnisqualität angesichts der Immaterialität von Dienstleistungen weniger gut messen läßt als die Prozeß- und Potentialqualität[991] und sich zum anderen die Potentialqualität eines Dienstleiters einer Kundenbewertung weitgehend entziehen dürfte, belegt dies, daß die *Prozeßqualität eine besondere Bedeutung für die Gesamtqualität einer Dienstleistung* hat.[992]

Betrachtet man nun die Prozeßqualität bzw. genauer gesagt, die Faktoren, die auf die Prozeßqualität einer Dienstleistung einwirken[993], zeigt sich, daß es sich dabei im wesentlichen um Faktoren handelt, die dem zwischenmenschlichen Bereich und damit (im weitesten Sinne) dem Faktor Mensch zugeordnet werden können. Da der Mensch über die Prozeßqualität auf die Gesamtqualität der Dienstleistung Information einwirkt bzw. einwirken kann, besitzt er einen besonderen Stellenwert für das Erbringen qualitativ hochwertiger Informationen.

Um die Humanressourcen im IS-Bereich systematisch und ihrer Bedeutung entsprechend zu qualifizieren, wird hier folgendes zweigeteilte Vorgehen vorgeschlagen: Im *ersten Schritt* ist der Ist-Zustand im IS-Personalsystem mit dem Ziel zu untersuchen, ein aktuelles Stärken-Schwächen-Profil der Humanressourcen im IS zu erstellen (vgl. Kapitel E 2.3.2.2.).[994] Da das IS ein interner Dienstleister ist und der Faktor Mensch einen großen Einfluß auf die Qualität der vom IS erbrachten Dienstleistung hat, empfiehlt es sich, bei der Untersuchung eine dienstleistungsorientierte Perspektive einzunehmen. Es sollte dabei die Dienstleistungsqualität gemessen werden, die das IS-Personal bei der Informationsproduktion erbringt.[995]

Aufbauend auf den im ersten Schritt erzielten Erkenntnissen sind im *zweiten Schritt* mitarbeiterorientierte Qualifizierungsmaßnahmen zu bestimmen, mit denen die lokalisierten personellen Stärken ausgebaut und die Schwächen reduziert werden können (vgl. Kapitel E 2.3.2.3.). Zu unterscheiden sind dabei Maßnahmen der Entwicklung des IS-Personals sowie Ansätze der Personalführung im IS.

---

externen Faktors erfolgt. Aus diesem Grund ist einzig und allein die Ergebnisqualität für das Qualitätsempfinden von Bedeutung. Vgl. Bruhn, M. (2000), S. 20f.

991 Vgl. Adam, D. (1997), S. 130f.

992 Ebenso Corsten, H. (1988), S. 85.

993 Vgl. Seite 256.

994 Ähnlich Rüttler, M. (1991), S. 225; Dekena, R. (1995), S. 155.

995 Ebenso Aust, R. (1999), S. 82.

2.3.2.2. Feststellung der vom IS-Personal erbrachten Dienstleistungsqualität

2.3.2.2.1. Entwicklung des Begriffs Dienstleistungsqualität

Für das Feststellen der vom IS-Personal erbrachten Dienstleistungsqualität bedarf es eines hierfür geeigneten Meßansatzes. Welches Meßverfahren genutzt werden sollte, hängt von der Art des Qualitätsbegriffs ab, welcher der Messung zugrunde liegt. Demzufolge ist zunächst ein Verständnis für den Begriff Qualität zu entwickeln.

Qualität ist kein statischer, sondern ein dynamischer Begriff.[996] Diese Dynamik mag der Hauptgrund sein, warum der Qualitätsbegriff im Schrifttum kontrovers diskutiert wird und auch heute noch verschiedene Definitionen nebeneinander existieren.[997] Ein in der Literatur weit verbreiteter Systematisierungsansatz stammt von Garvin. Er unterscheidet fünf zentrale Sichten des Begriffs Qualität[998]:

1. Dem *absoluten (transcendent)* Qualitätsbegriff liegt ein weitgehend umgangssprachliches Qualitätsverständnis zugrunde. Qualität liegt vor, wenn die betrachtete Leistung mit Superlativen wie z. B. überragend oder hervorragend umschrieben werden kann.

2. Der *produktorientierte (product-based)* Qualitätsansatz entspricht weitgehend einem objektiven Qualitätsverständnis. Differenzen in der Qualität spiegeln dabei Unterschiede im Vorhandensein bestimmter Attribute oder technischer Eigenschaften der zuvor genau definierten Leistung wider.[999]

3. Der *kundenorientierte (user-based)* Ansatz baut auf dem subjektiven Qualitätsverständnis der Nachfrager auf. Entsprechend werden Leistungen dann als qualitativ hochwertig angesehen, wenn sie die individuellen Nachfragebedürfnisse der Kunden auf einem hohen Niveau befriedigen.

---

996 Zur historischen Entwicklung der Qualitätssicht vgl. z. B. Adam, D. (1997), S. 125ff.

997 Einen guten Überblick über die Qualitätsdiskussion findet man bei Hentschel, B. (1992), S. 32-35.

998 Vgl. Garvin, D. A. (1984a), S. 25-28; Garvin, D. A. (1984b), S. 40ff. sowie ferner Haller, S. (1993), S. 20f.; Stauss, B./Hentschel, B. (1991), S. 238f.; Stauss, B./Hentschel, B. (1990), S. 3f.

999 Dem produktorientiertem Qualitätsansatz kann auch der Qualitätsbegriff nach DIN-Norm 55350 Teil 11 zugeordnet werden, da gemäß Adam der DIN-Norm eine rein technik- oder gebrauchzentrierte Sichtweise von Qualität zugrunde liegt. Vgl. Adam, D. (1997), S. 120.

4. Beim *herstellungsorientierten (manufacturing-based)* Qualitätsbegriff werden objektive und subjektive Elemente miteinander verbunden. Eine in diesem Sinne qualitativ hochwertige Leistung liegt vor, wenn die Anbieter bestimmte objektiv oder subjektiv ermittelte Sollvorgaben und Standards (z. B. ISO-Zertifizierungen) einhalten.

5. Bei einem *wertorientierten (value-based)* Qualitätsansatz erfolgt die Qualitätsbeurteilung über eine individuelle Bewertung des Preis-Leistungs-Verhältnisses. Die Leistung wird aus dem Nutzen eines Gutes und der Preis aus den monetären oder nicht-monetären Opfern ermittelt, die für den Erhalt des Gutes erbracht werden müssen. Qualität ist damit eine subjektive, relative Größe.

Eine Beurteilung, welcher dieser fünf Begriffe für die Qualitätsmessung der vom IS erbrachten Dienstleistung sachgerecht ist, sollte an den speziellen Merkmalen einer Dienstleistung und ihren Wirkungen auf die Meßbarkeit ansetzen.[1000] In Kapitel B 1.1.3.[1001] war gezeigt worden, daß vier Charakteristika eine Dienstleistung auszeichnen: Immaterialität, Integration eines externen Faktors in den Leistungserstellungsprozeß, Bereitstellung von Fähigkeits- bzw. Leistungspotentialen seitens des Dienstleisters sowie Untrennbarkeit von Produktion und Konsum.

Betrachtet man nun die von Garvin unterschiedenen Qualitätsbegriffe, zeigt sich, daß aufgrund der dienstleistungsbezogenen Spezifika letztlich nur eine Qualitätssicht für ein Erfassen der Dienstleistungsqualität im IS in Frage kommt. So ist beispielsweise der absolute Qualitätsbegriff gänzlich ungeeignet, da bei dieser Qualitätssicht letztlich nur eine binäre Einstufung der vorhandenen Qualität im Sinne von „vorhanden" bzw. „nicht vorhanden" möglich ist, was jedoch für ein Erfassen der Dienstleistungsqualität eines IS nicht ausreicht. Ebenso ist die Verwendung des produktorientierten und des herstellungsorientierten Qualitätsbegriffs mit Problemen verbunden, da es aufgrund der Immaterialität und der Integration des externen Faktors nicht gelingt, sämtliche Dienstleistungsfacetten durch objektive Qualitätsmaßstäbe vollständig abzudecken.[1002] Der wertorientierte Qualitätsbegriff dürfte insofern schwer anwendbar sein, als das Vorgehen, die Qualität eines Produkts über eine individuelle Bewertung seines Preis-Leistungs-Verhältnisses zu beurteilen, bei der Dienstleistung Information kaum möglich sein wird. Letzteres hängt damit zusammen, daß erhebliche Probleme bestehen,

---

[1000] Vgl. Meyer, A./Mattmüller, R. (1987), S. 187.

[1001] Vgl. Seite 23f.

[1002] Vgl. Haller, S. (1993), S. 21.

die Kosten und den Nutzen von Informationen genau zu bestimmen. Da dem der *kundenorientierte Qualitätsbegriff* keinerlei Einwände entgegenstehen, scheint nur dieser für die Messung der Qualität von Dienstleistungen geeignet zu sein. Diese Einschätzung erhält dadurch Nachdruck, daß bisherigen Studien zur Erfassung von Dienstleistungsqualität vor allem ein kundenorientierter Qualitätsbegriff zugrunde lag.[1003]

Zur Erfassung der kundenorientierten, subjektiven Qualitätseinschätzung einer Dienstleistung sind verschiedene Methoden entwickelt worden. Wie Abb. 61 zeigt, lassen sie sich in merkmalsorientierte, ereignisorientierte sowie problemorientierte Meßkonzepte aufteilen:

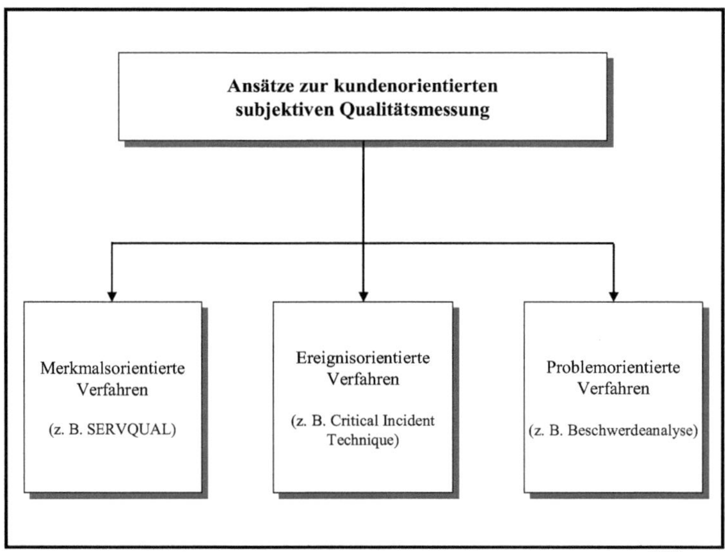

Abb. 61: Verfahren zur Messung von Dienstleistungsqualität[1004]

- *Merkmalsorientierte Meßkonzepte*, z. T. auch als multiattributive Verfahren bezeichnet[1005], basieren auf der Annahme, daß der Kunde die Qualität einer Dienstleistung anhand verschiedener Merkmale bzw. Attribute wahrnimmt. Merkmalsorientierte Verfahren eignen sich insbesondere dafür, die Routinequalität standardisiert,

---

[1003] Vgl. Aust, R. (1999), S. 88. Ähnlich auch Hentschel, nach dem der subjektive, kundenorientierte Qualitätsbegriff in der Marketingliteratur vorherrschend ist. Vgl. Hentschel, B. (1990), S. 233.

[1004] In Anlehnung an Bruhn, M. (2001), S. 87; Meffert, H./Bruhn, M. (1997), S. 206.

[1005] Vgl. Bruhn, M. (1999), S. 548.

schnell und kostengünstig zu erfassen.[1006] Ein verbreitetes merkmalsorientiertes Meßkonzept ist das sogenannte SERVQUAL-Verfahren von Parasuraman/Zeithaml/Berry[1007], das den Autoren zufolge bei der Messung der Servicequalität sämtlicher Dienstleistungsarten anwendbar ist. Anhand mehrerer empirischer Studien isolierten die Autoren fünf Bewertungsdimensionen der Servicequalität: Annehmlichkeit des tangiblen Umfelds (tangibles), Verläßlichkeit (reliability), Leistungswillen (responsiveness), Leistungskompetenz (assurance) sowie Einfühlungsvermögen (empathy). Zur Erfassung dieser fünf Dimensionen entwickelten sie einen standardisierten Erhebungsbogen mit insgesamt 22 „Items". Zu jedem Item werden zwei Aussagen in der Form „So sollte es sein" und „So ist es" formuliert, die anschließend Probanden mit der Bitte vorgelegt werden, die vorgegebenen Aussagen auf einer 7-Punkte-Skala von „stimme völlig zu" (7) bis „lehne ich entschieden ab" (1) zu bewerten. Mit den Aussagen der Art „So sollte es sein" werden die Erwartungen des Kunden hinsichtlich der qualitätsrelevanten Aspekte der Serviceleistung festgehalten, mit Statements der Art „So ist es" wird die wahrgenommene Servicequalität erfaßt.[1008]

- Bei der Messung der Qualität von Dienstleistungen mit *ereignisorientierten Verfahren* geht man davon aus, daß die Qualitätsurteile der Kunden im wesentlichen von ihren Erlebnissen bei der Leistungserbringung determiniert werden.[1009] Ein bekanntes Beispiel aus der Gruppe der ereignisorientierten Verfahren ist die Critical Incident Methode[1010]. Bei ihr werden diejenigen (kritischen) Ereignisse gemessen, die von dem Leistungsempfänger als außergewöhnlich positiv oder außergewöhnlich negativ wahrgenommen und daher im Gedächtnis behalten werden. Weil ereignisorientierte Verfahren aus Kundensicht messen, wie ein Dienstleister bei unvorhersehbaren Situationen reagiert, eignen sie sich vor allem zur Messung von Ausnahmesituationen im Dienstleistungserstellungsprozeß.[1011]

- Problemorientierte und ereignisorientierte Verfahren sind sich ähnlich. Der wesentliche Unterschied zwischen diesen beiden Konzepten ist der, daß *problemorientier-*

1006 Vgl. Eversheim, W. (2000), S. 156f.; Aust, R. (1999), S. 88; Küppers, W. (1999), S. 249.

1007 Vgl. Parasuraman, A./Zeithaml, V. A./Berry, L. L. (1988), S. 12ff.; Parasuraman, A./Zeithaml, V. A./Berry, L. L. (1985), S. 41ff.; Zeithaml, V. A./Parasuraman, A./Berry, L. L. (1992), S. 38-48.

1008 Vgl. Hentschel, B. (1990), S. 231f.; Sieker, A. (2000), S. 41f.; Homburg, C./Kebbel, P. (2001), S. 482; Küppers, W. (1999), S. 249; Hennig, B. (2001), S. 102ff.

1009 Vgl. Eversheim, W. (2000), S. 162; Bruhn, M. (2000), S. 23.

1010 Vgl. diesbezüglich Matzler, K./Stark, C. (2000), S. 1643; Küppers, W. (1999), S. 251.

1011 Vgl. Eversheim, W. (2000), S. 156f.

te Meßkonzepte ausschließlich auf die Probleme bzw. auf die besonders negativen Ereignisse abstellen, die aus Kundensicht beim Dienstleistungsangebot auftreten. Bei der aktiven Problemmessung beurteilen die Kunden, wie häufig Probleme bei der Dienstleistungserstellung vorkommen und wie schwerwiegend diese Probleme sind. Die passive Problemmessung erfolgt durch eine kritische Analyse der beim Anbieter aufgelaufenen Kundenbeschwerden (Beschwerdeanalyse), die einen Indikator für unzureichende Kundenzufriedenheit bzw. Dienstleistungsqualität darstellen.[1012]

Nachdem nun feststeht, daß der kundenorientierte Qualitätsbegriff der Messung der vom IS-Personal erbrachten Dienstleistungsqualität zugrundeliegen soll und darüber hinaus die für die Messung notwendigen Verfahren bekannt sind, kann die Messung selbst erfolgen.

2.3.2.2.2. Messung der Dienstleistungsqualität

Die Dienstleistungsqualität im IS wird hier mit der Intention gemessen, die Stärken und Schwächen des Personals bei der Informationsproduktion aufzudecken und so Anhaltspunkte für erfolgversprechende Maßnahmen eines Mitarbeitermanagement zu gewinnen. Zwei Aspekte sind dabei zu beachten:

- Die IS-Entwickler können nur auf zwei Qualitätsdimensionen der Dienstleistung Information Einfluß nehmen: Die Potentialqualität und die Prozeßqualität. Aus diesem Grund kann sich eine Messung der von den IS-Entwicklern erbrachten Dienstleistungsqualität auf diese beiden Dimensionen beschränken.

- Der externe Faktor wird mit in die Dienstleistungsproduktion einbezogen.[1013] Dies impliziert, daß nicht nur die IS-Entwickler/IS-Betreuer den Erfolg eines IS determinieren, sondern auch die Potentiale und die Motivation der IS-Nutzer. Folglich gilt es auch, den Einfluß der IS-Nutzer auf die Dienstleistungsqualität sachgerecht zu abzubilden.

Ein Projekt, welches mit dem Ziel initiiert wird, den Einfluß des IS-Personals auf die Dienstleistungsqualität im IS zu messen, umfaßt die in Abb. 62 dargestellten Phasen.

[1012] Vgl. Bruhn, M. (2000), S. 23 m. w. N.

[1013] Vgl. Abb. 60.

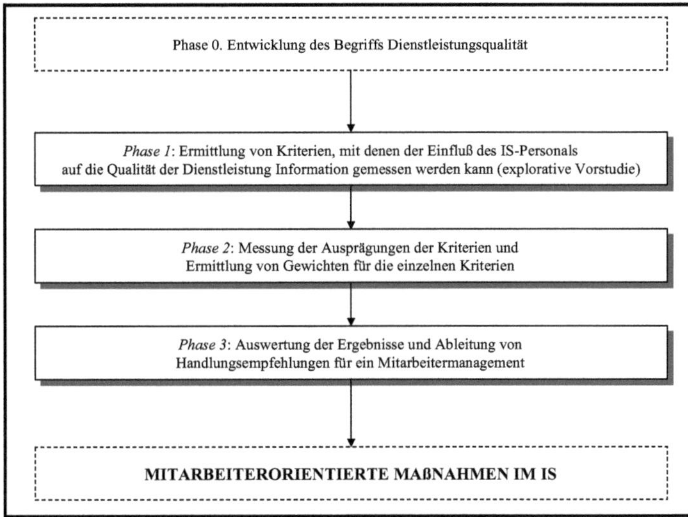

Abb. 62: Ablauf der Qualitätsmessung der vom IS-Personal erbrachten Leistung bei der Informationsproduktion[1014]

In einer *explorativen Vorstudie (Phase 1)* sind zunächst diejenigen Kriterien zu ermitteln, deren Ausprägungen in anschließenden Phasen gemessen werden sollen. Da die Auswahl entsprechender Kriterien die Qualität bzw. die Aussagefähigkeit der künftigen Untersuchungsergebnisse maßgeblich determiniert, ist bei der Ermittlung der Kriterien entsprechend sorgfältig vorzugehen.

Anhaltspunkte für zweckgerichtete Kriterien können z. B. der standardisierte Kriterienkatalog des SERVQUAL-Verfahrens, der morphologische Kasten „Dienstleistungsqualität“[1015] sowie die im IS-Bereich aufgelaufenen Kundenbeschwerden bieten. Überdies können sogenannte Fokusgruppeninterviews bei der Suche nach sachgerechten Merkmalen zur Messung der Dienstleistungsqualität eingesetzt werden. Bei dieser Methode werden Gruppen gebildet, die aus acht bis zwölf Teilnehmern bestehen und von einem Moderator geleitet werden. Bei den Interviews werden gemeinsam Probleme, Erwartungen sowie Wünsche diskutiert. Die Methodik basiert auf der Annahme, daß die Dynamik innerhalb der Gruppe dazu führt, daß Motivationen, tiefere Bewußtseins-

---

[1014] In Anlehnung an Hinterhuber, H. H./Handlbauer, G./Matzler, K. (1997), S. 63.

[1015] Vgl. hierzu Niemann, H./Hanrieder, D. (1993) sowie Niemann, H. (1995), S. 37-40.

schichten und emotionale Zusammenhänge zutage gefördert werden, die durch Einzelinterviews nicht sichtbar gemacht werden können.[1016]

Abb. 63 zeigt exemplarisch, wie das Ergebnis (am Ende) der explorativen Vorstudienphase aussehen kann.

Potentialqualität des IS-Personal aus Sicht der IS-Kunden					
Kriterium/Frage	Trifft voll zu (+ +)	(+)	(~)	(-)	Trifft gar nicht zu (- -)
1. Sind Sie der Meinung daß *genügend Mitarbeiter im IS-Bereich* arbeiten?					
2. Sind die Mitarbeiter des IS-Bereichs *fachlich kompetent*?					
3. Erachten Sie die Mitarbeiter im IS-Bereich als *sozial kompetent*?					
4. Sind Sie mit der *Motivation* der IS-Mitarbeiter zufrieden?					
Prozeßqualität des IS-Personal aus Sicht der IS-Kunden					
Kriterium/Frage	Trifft voll zu (+ +)	(+)	(~)	(-)	Trifft gar nicht zu (- -)
5. Werden die zugesagten *Termine* für Leistungen des IS in der Regel eingehalten?					
6. Sind Sie mit der *Schnelligkeit der Leistungserbringung* zufrieden?					
7. Sind Sie zufrieden, wie die IS-Mitarbeiter auf ihre *individuellen Wünsche* eingehen?					
8. Ist das IS-Personal bei der Leistungserbringung *freundlich*?					
9. *Erläutern* Ihnen die Mitarbeiter des IS-Bereichs bei Bedarf die angebotenen IS-Produkte und IS-Dienste?					

Abb. 63: Kriterien zur Potentialqualität und Prozeßqualität des IS-Personals

In dem Beispiel werden neun Kriterien zur Dienstleistungsqualität des IS-Personal abgefragt, von denen vier (fünf) auf die Dimension Potentialqualität (Prozeßqualität) abzielen. Beispielsweise möchte man durch die Frage 1, ob aus Sicht der IS-Kunden genügend Mitarbeiter im IS-Bereich arbeiten, herausfinden, ob die personellen Kapazitäten dafür ausreichen, IS-Leistungen sach- und termingerecht erstellen zu können. Hingegen wird durch die Frage 5 untersucht, ob die Termine, die vormals für das Erbringen von IS-Leistungen zugesagt worden sind, tatsächlich eingehalten werden.

Sofern die Kriterien für die Messung feststehen, sind die Ausprägungen und Gewichte der einzelne Kriterien zu ermitteln *(Phase 2)*. Für das *„Messen" der Kriterien* kommen insbesondere das persönliche und das telefonische Interview sowie die schriftli-

[1016] Vgl. Matzler, K./Bailom, F. (2002), S. 222f.

che Befragung in Betracht.[1017] Bei allen drei Formen geht es darum, die Ausprägungen der einzelnen Merkmale unter Zuhilfenahme von Rating-Skalen zu erfassen.[1018] Bei der Auswahl der zu nutzenden Skala ist darauf zu achten, daß die Anzahl der Antwortkategorien pro untersuchtem Merkmal so gewählt wird, daß die Befragten in bezug auf eine Unterscheidungsfähigkeit weder über- noch unterfordert werden. Ersteres kann z. B. dann der Fall sein, wenn zu viele Antwortkategorien existieren. Der zweite Fall liegt vor, wenn so wenige Kategorien unterschieden werden, daß bei der Datenerhebung Informationsverluste aufgrund einer zu groben Skalierung auftreten.

Weil nicht alle Kriterien gleich wichtig sind, sind die relative Wichtigkeit bzw. die *Gewichte der einzelnen Kriterien* zu ermitteln. Bei der Ermittlung stehen verschiedene Ansätze mit entsprechenden Vor- und Nachteilen zur Auswahl. Grundsätzlich einsetzbar sind *Rangordnungsskalen*, wie z. B. die Methode des Paarvergleichs, das Rangordnungsverfahren sowie die Konstant-Summen-Skala, oder *mathematisch-statische Verfahren* wie die Regressionsanalyse und die Conjoint-Analyse.[1019]

Beim *Paarvergleich* werden die befragten Kunden des IS gebeten, alle Leistungsmerkmale paarweise miteinander zu vergleichen, ohne daß dabei Gleichheitsurteile erlaubt sind. Anschließend werden die Beurteilungen in einer Prozentmatrix zusammenfaßt. Da die Matrix die relativen Anteile anzeigt, mit denen das Zeilenelement das Spaltenelement dominiert, kann sie als Indikator für die relative Wichtigkeit genutzt werden.

Beim *Rangordnungsverfahren* werden den Befragten alle Merkmale einer Leistung mit der Bitte dargeboten, sie gleichzeitig zu beurteilen und je nach Wichtigkeit in eine Rangordnung zu bringen. Durch diese Vorgehensweise können widersprüchliche Beurteilungen vermieden werden, hingegen sind die befragten IS-Kunden bei einer hohen Anzahl von Produkteigenschaften schnell überfordert.

[1017] Vgl. Matzler, K./Stark, C. (2000), S. 1645f. Ähnlich auch Bruhn, M. (1999), S. 560. Bei Beutin [vgl. Beutin, N. (2001), S. 101] sind die jeweiligen Vor- und Nachteile der verschiedenen Befragungsarten tabellarisch aufgeführt.

[1018] Ein Überblick über mögliche Skalen und Skalierungsverfahren findet sich bei Matzler, K./Bailom, F. (2002), S. 231-234; Mühlbacher, H. (1995), S. 2284ff.

[1019] Vgl. Matzler, K./Bailom, F. (2002), S. 234-236; Mühlbacher, H. (1995), S. 2287f.; Beutin, N. (2001), S. 115-117.

Bei der *Konstant-Summen-Skala* wird das Problem zu hoher Anforderungen an die Kunden umgangen. Die Kunden werden aufgefordert, eine bestimmte Anzahl Punkte (z. B. 100 Punkte) in Abhängigkeit von der empfundenen Wichtigkeit den einzelnen Kriterien zuzuordnen. Vorteilhaft an dieser Methode ist, daß nicht nur eine Reihung nach der Wichtigkeit, sondern auch die Abstände zwischen den einzelnen Einstufungen ermittelt werden können. Nachteilig ist auch hier, daß die Kunden bei zu vielen Merkmalen schnell in ihrer Beurteilungs- und Einstufungsfähigkeit überfordert sind.

Sofern die Merkmale durch Befragung erhoben sind und die relative Bedeutung der einzelnen Kriterien feststeht, ist in der *dritten Phase* das Zahlenmaterial mit dem Ziel auszuwerten, grundlegende Gestaltungsempfehlungen für ein Mitarbeitermanagement im IS abzuleiten. Bei der Aufbereitung und Auswertung der Zahlen kann z. B. das sogenannte *Kundenzufriedenheitsportfolio* herangezogen werden. Die Abb. 64 zeigt, daß bei diesem Portfolio die relative Wichtigkeit der einzelnen Kriterien in Beziehung zur Zufriedenheit mit der Erfüllung eines Kriterium gesetzt wird.

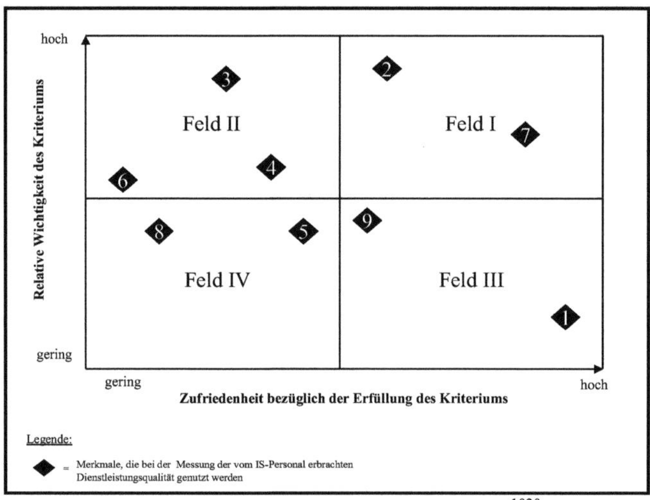

Abb. 64: Kundenzufriedenheitsportfolio[1020]

Kombiniert man die beiden Dimensionen „Zufriedenheit bezüglich der Erfüllung des Kriterium" sowie „Relative Wichtigkeit des Kriteriums" und differenziert dabei zwi-

---

[1020] In entfernter Anlehnung an Homburg, C./Weber, J./Aust, R./Karlshaus, J. T. (1998b), S. 45; Bruhn, M. (2001), S. 104.

schen den Merkmalsausprägungen „hoch“ und „gering“, lassen sich vier Felder unterscheiden. Indem die interessierenden Merkmale – in Abb. 64 handelt es sich um die Kriterien aus Abb. 63 – in den zweidimensionalen Raum eingeordnet werden, lassen sich je nachdem, in welchem Feld ein Kriterium liegt, normative Implikationen für ein Mitarbeitermanagement im IS ableiten.[1021] Diese grundlegenden Aussagen sind anschließend unter expliziter Berücksichtigung weiterer situationsspezifischer Faktoren zu konkretisieren.

Die Kriterien 2 und 7 im *Feld I* besitzen eine hohe Wichtigkeit und werden aus Sicht der IS-Kunden zufriedenstellend erfüllt. Die Handlungsimplikation für ein Mitarbeitermanagement dürfte lauten, künftig solche Qualifizierungsmaßnahmen zu initiieren, mit denen das Zufriedenheitsniveau *gehalten* oder gar *ausgebaut* werden kann.

Die Kriterien 3, 4 und 6 im *Feld II* dürften aus Sicht des Personalmanagement *höchste Priorität* besitzen, weil sie aus Sicht der IS-Kunden wichtig sind, die Zufriedenheit mit diesen Kriterien jedoch verhältnismäßig gering ausfällt. Künftige mitarbeiterorientierte Maßnahmen sollten daher darauf abzielen, die derzeitigen Qualifizierungsdefizite bei den IS-Entwicklern/IS-Betreuern zu beheben respektive zu reduzieren, so daß die Zufriedenheit der IS-Adressaten steigt. Sofern die Maßnahmen des Mitarbeitermanagement Erfolg haben, dürften sich die Positionen 3, 4 und 6 in Richtung Feld I bewegen.

Die Merkmale 1 und 9 im *Feld III* werden mit hoher Zufriedenheit erfüllt, sind jedoch aus Sicht der Kunden verhältnismäßig unbedeutsam. Das Personalmanagement muß sich deshalb fragen, ob es nicht in der Vergangenheit falsche Prioritäten gesetzt und „zuviel des Guten“ geleistet hat.[1022] Weniger qualifiziertes IS-Personal könnte gerechtfertigt sein, sofern hierdurch die Kosten für Qualifizierungsmaßnahmen (z. B. Schulungen etc.) gesenkt und die frei werdenden Ressourcen zur Verbesserung anderer Kriterien genutzt werden können. All dies zeigt, daß eine *Wertanalyse* der Kriterien im Feld III angebracht sein dürfte. So kann beispielsweise die Untersuchung des Werts des Kriteriums 1 („Anzahl der Mitarbeiter“[1023]) zum Ergebnis haben, daß ab sofort keine neuen Mitarbeiter in der Informationsverarbeitung eingestellt werden, so daß die

[1021] Vgl. Matzler, K./Stark, C. (2000), S. 1647f.; Homburg, C./Weber, J./Aust, R./Karlshaus, J. T. (1998b), S. 45.

[1022] Vgl. Homburg, C./Weber, J./Aust, R./Karlshaus, J. T. (1998b), S. 46.

[1023] Vgl. Abb. 63.

Mitarbeiterzahl in diesem Bereich aufgrund natürlicher Fluktuation künftig sinken wird und Ressourcen eingespart werden können.

Die Kriterien 5 und 8 im *Feld IV* werden aus Sicht der IS-Kunden nicht zufriedenstellend erfüllt. Da jedoch die Bedeutung dieser Kriterien eher gering eingeschätzt wird, ist das *relativ unproblematisch*. Es ist sorgfältig abzuwägen, ob Maßnahmen zur Verbesserung der Position dieser Kriterien einzuleiten sind oder ob man auf derartige Aktivitäten aus Effektivitätsgründen verzichten sollte.

2.3.2.3. Mitarbeiterorientierte Maßnahmen im Informationssystem zur Steigerung der Dienstleistungsqualität

2.3.2.3.1. Entwicklung des IS-Personals

Mitarbeiterorientierte Maßnahmen im IS stehen im Zusammenhang mit dem Begriff Personal-/Mitarbeitermanagement[1024]. In Anlehnung an Heinrich ist Mitarbeitermanagement im IS der Teil des IM, der sich mit der Führung des IS-Personals beschäftigt.[1025] Mit dem Einsatz mitarbeiterorientierter Maßnahmen werden zwei Ziele verfolgt: Erstens soll ein optimales Verhältnis von Arbeits-Input und Arbeits-Output erreicht werden, zweitens versucht man den Bedürfnissen, Erwartungen sowie Interessen des Personals (weitgehend) zu entsprechen und damit soziale Ziele zu erfüllen.[1026]

[1024] Im folgenden werden die Ausdrücke Personal- und Mitarbeitermanagement synonym verwendet.

[1025] Vgl. Heinrich, L. J. (1999), S. 212.

[1026] Vgl. Krcmar, H. (1997), S. 244.

Personal-management	Personalplanung („Können“)	Personalbestandsanalyse
		Personalbedarfsermittlung
		Personalbeschaffung
		Personaleinsatz
		Personalentwicklung
		Personalfreisetzung
	Personalführung („Wollen“)	Führungsverhalten
		Motivation
		Entlohnung

Abb. 65: Aufgabenbereiche eines Personalmanagement[1027]

Abb. 65 zeigt, daß verschiedene Aktionsfelder für ein Mitarbeitermanagement im IS existieren. Die Hauptaktionsfelder stellen die Personalplanung und die Personalführung dar, die beide wiederum andere Aufgabenbereiche umfassen. Die nachfolgenden Ausführungen können jedoch nicht alle Teilbereiche behandeln. Vielmehr werden – wie in der Abbildung durch die graue Markierung angedeutet – lediglich die Bereiche *Personalentwicklung* und *Personalführung*[1028] näher betrachtet.

Die Aufgabe der *Personalentwicklung* besteht vor allem darin, das Personal durch sachgerechte Maßnahmen der Aus-, Fort- und Weiterbildung zu qualifizieren. Darüber hinaus zählt zur Personalentwicklung die Laufbahnplanung der Mitarbeiter, bei der man versucht, die individuellen Karriereziele und die unternehmerischen Qualifikationsziele miteinander in Einklang zu bringen.[1029]

1027 Vgl. Schwarze, J. (1998), S. 235; Biethahn, J./Mucksch, H./Ruf, W. (1994), S. 173; Hentze, J./Kammel, A. (2001), S. 339.

1028 Die Abbildung zeigt, daß zur „Personalführung“ die Teilbereiche „Führungsverhalten“, „Motivation“ und „Entlohnung“ zählen.

1029 Vgl. Linseisen, A. (1995), S. 81; Brockhaus, R. (1992), S. 126.

Qualifizierungsmaßnahmen sind prinzipiell dann erfolgversprechend, wenn sie a) die Qualifizierungslücken der Mitarbeiter reduzieren[1030], b) die individuellen Entwicklungsbedürfnisse des Personals erfüllen und c) für das Unternehmen wirtschaftlich tragbar sind.[1031] Dabei stellt sich die Auswahl von Qualifizierungsmaßnahmen als ein äußerst komplexes Problem dar. Folgende Aspekte sind hierfür ursächlich:

- Bereits der *Begriff Qualifikation ist mehrdimensional.* So kann zwischen fachlicher, sozialer und organisatorischer Qualifikation unterschieden werden.[1032]

- Die Qualifizierung des IS-Personals ist ein wenigstens *zweistufiger Prozeß*. Die Erstqualifizierung zielt darauf ab, den Mitarbeitern bei Eintritt in das Unternehmen diejenigen Fähigkeiten zu vermitteln, die sie für die Aufgabenerledigung an ihrem Arbeitsplatz benötigen. In der Zeit danach sind wegen der geringen Halbwertzeit des relevanten Wissens im IS-Bereich[1033] permanent Anpassungs- und Erneuerungsqualifizierungen notwendig.[1034]

- Das IS-Personal besteht zum einen aus Anwendern, zum anderen aus Entwicklern. Da diese beiden Gruppen gänzlich verschiedenartige Fähigkeiten besitzen müssen, ist diese *Differenzierung bei der Qualifizierung des IS-Personals* zwingend zu beachten.

- Sowohl im IVB als auch in den anderen Unternehmensbereichen existieren verschiedene Hierarchiestufen. Da jede dieser Stufen spezielle Anforderungen an die Qualifikation eines Mitarbeiters stellt, bilden die Gruppe der IS-Anwender und die der IS-Entwickler aus Sicht des Personalmanagement keine Einheit. Aus diesem Grund ist das *Qualifizierungskonzept mehrschichtig* anzulegen.[1035]

Bei den *IS-Anwendern/IS-Nutzern*, im folgend kurz (IS-)Anwender genannt, hat das Personalmanagement dafür zu sorgen, daß sie solche Fähigkeiten und Kenntnisse ver-

---

1030 Drumm spricht in diesem Zusammenhang von sogenannten „Deckungslücken" und definiert diese als Differenz von gegenwärtigen/künftigen Anforderungen einerseits und gegenwärtigen/künftigen Fähigkeiten andererseits. Vgl. Drumm, H. J. (2000), S. 391. Ähnlich auch Heinrich, L. J. (1993), S. 215.

1031 Vgl. Wagner, H. (1996), S. 185.

1032 Ähnlich Schneevoigt, I./Scheuten, W. K. (1992), S. 441; Dekena, R. (1995), S. 147f. Dekena unterscheidet zudem noch eine technische Qualifikation, die hier aber als Bestandteil der fachlichen Qualifikation angesehen wird.

1033 Vgl. Drumm, H. J. (2000), S. 381.

1034 Vgl. Schwarze, J. (1998), S. 249. Ähnlich auch Knetsch, W. (1987), S. 118-120.

1035 Vgl. Schwarze, J. (1998), S. 247.

mittelt bekommen, die sie befähigen, die Vorteile computergestützter IS optimal zu nutzen.[1036] Die Lernziele der Anwender und die hieraus abgeleiteten Qualifizierungsmaßnahmen sind in Abhängigkeit von der hierarchischen Stellung der Anwender im Unternehmen, ihren Vorkenntnissen im Umgang mit dem IS sowie ihrer persönlichen Laufbahnplanung festzulegen.[1037] Inhaltlich geht es bei den Qualifizierungsmaßnahmen weniger darum, den Anwendern Expertenwissen wie z. B. eine spezielle Programmiersprache zu vermitteln, als ihnen vielmehr eine *anwendungsorientierte Ausbildung* in den existierenden IS-Programmen und IS-Instrumente zu bieten.[1038] Letzteres bedeutet indes nicht, daß man gänzlich darauf verzichten sollte, bei den Anwendern ein *theoretisches Grundverständnis* für die Funktionsweise von Hard- und Software zu legen. Denn ein solches Verständnis verbessert nicht nur den Einsatz der Programme auch bei unvorhergesehenen, unstrukturierten Problemstellungen, sondern versetzt die Anwender zudem in die Lage, einfache Probleme zeitnah in Eigenregie zu lösen.[1039]

Damit die Anwender die erwünschten Qualifikationen erlernen (können), sollten vor allem *Schulungen* durchgeführt werden. Durch sie können vornehmlich (fachliche) Probleme gelöst werden, deren Ursache fehlendes Know-How im Umgang mit dem IS ist. Überdies können Schulungen die Angst vor neuen Informationstechnologien reduzieren, was insbesondere bei älteren Mitarbeitern zum Abbau psychischer Hemmnisse führen kann. Insgesamt scheinen Schulungen damit geeignet zu sein, die Akzeptanz der Anwender gegenüber computergestützten IS zu erhöhen bzw. den Widerstand gegen IS zu reduzieren.[1040]

Schulungsmaßnahmen können zum einen am Arbeitsplatz (on the job) und zum anderen nicht am Arbeitsplatz (off the job) z. B. in Form spezieller Seminare oder Workshops durchgeführt werden.[1041] Vorteilhaft an on the job durchgeführten Maßnahmen ist ihre große Realitätsnähe und ihr Anwendungsbezug. Nachteilig ist, daß die vermittelten Lerninhalte in der Regel sehr speziell sind. Weil sich on the job durchge-

---

[1036] Vgl. Brockhaus, R. (1992), S. 142.

[1037] Lernziele geben an, welche Qualifikationen zur Bearbeitung konkreter IS-Aufgaben notwendig sind, und sind Voraussetzung für das Ableiten künftiger Lerninhalte zum Abbau von Qualifikationsdefiziten. Vgl. Brockhaus, R. (1992), S. 127.

[1038] Ähnlich Schneevoigt, I./Scheuten, W. K. (1992), S. 439f.

[1039] Ähnlich Schwarze, J. (1998), S. 251f. und Brockhaus, R. (1992), S. 144.

[1040] Vgl. Fank, M. (1996), S. 282; Brockhaus, R. (1992), S. 143; Dekena, R. (1994), S. 44.

[1041] Vgl. Angermeyer, H. C. (1990), S. 40; Dekena, R. (1994), S. 144.

führte Maßnahmen im wesentlichen auf die Tätigkeiten am derzeitigen Arbeitsplatz beziehen, besteht die Gefahr, daß das Erlernte bei einem künftigen Arbeitsplatzwechsel unbrauchbar ist. Ein weiterer Nachteil von on the job durchgeführten Qualifizierungsmaßnahmen besteht darin, daß der Lernprozeß häufig durch das „Tagesgeschäft“ am Arbeitsplatz unterbrochen wird und so Lerninhalte nur bruchstückhaft vermittelt werden können.[1042] Dieses letzte Problem tritt bei off the job durchgeführten Maßnahmen nicht auf, dafür ist aber das Übertragen des Erlernten auf den eigenen Arbeitsbereich oft problematisch.[1043]

Wie bereits erwähnt, bilden (auch) die *IS-Betreuer* keine homogene Gruppe, so daß auch für sie kein allgemeingültiges Qualifikationsprofil existiert. Weil jedoch für die Darstellung entsprechender Qualifizierungsmaßnahmen ein konkretes Bezugsobjekt notwendig ist, wird die Spezies der Informationsmanager herausgegriffen und an ihrem Beispiel aufgezeigt, welche Möglichkeiten der Qualifizierung der IS-Betreuer bestehen.

Informationsmanager sind Mitarbeiter des IS-Bereichs, die auf einer hohen IVB-Ebene Führungsaufgaben übernehmen.[1044] Grundsätzlich sollte ein Informationsmanager neben fachlichem Wissen allgemeine Führungsqualifikationen besitzen, wie sie auch von einem Manager eines anderen Funktions- oder Fachbereichs erwartet werden.[1045] Die Qualifikationen eines „modernen“ Informationsmanagers dürfen sich daher keinesfalls nur auf technische bzw. fachliche Aspekte beschränken, sondern er sollte zusätzlich über weitreichende soziale Kompetenzen wie z. B. Teamfähigkeit, Kommunikations- und Kooperationsfähigkeit sowie Flexibilität und Kreativität bei Problemlösungen verfügen.[1046]

1042 Vgl. Dekena, R. (1994), S. 151f.

1043 Vgl. Dahmen, P. (1990), S. 90.

1044 Ähnlich Mertens, P./Knolmayer, G. (1998), S. 63f. und 106; Schwarze, J. (1993), S. 647. Eine ausführliche Beschreibung der Eigenschaften und Fähigkeiten, die ein Informationsmanager besitzen sollte, findet sich bei Fischer, C.-D. (1999), S. 365-375.

1045 Vgl. Schwarze, J. (1988), S. 52.

1046 Vgl. Dekena, R. (1995), S. 182; Heinrich, L. J. (1999), S. 55; Macharzina, K. (1995), S. 709. Krcmar [Krcmar, H. (1997), S. 244] fordert daher, daß ein Informationsmanager die von ihm zu erledigenden Aufgaben als eine Art „interdisziplinäre Herausforderung zwischen Technik und Betriebswirtschaft“ verstehen sollte.

Die Notwendigkeit zur *Teamfähigkeit* der Informationsmanager resultiert daraus, daß IS häufig in interdisziplinären Teams zu entwickeln sind.[1047] Darüber hinaus erfordern arbeitsorganisatorische Veränderungen im IS, wie z. B. der Aufbau eines mehrstufigen Benutzer Supports mit verteilten Support Instanzen, ein Teamdenken. Die Voraussetzungen für eine intensive und reibungslose Zusammenarbeit in einem Team sind adäquate *Kommunikations- und Kooperationsfähigkeiten* (auch) der Informationsmanager.[1048] Aufgrund der sich immer wieder ändernden Arbeitsinhalte und -situationen wird von den Informationsmanagern ferner ein hohes Maß an *Flexibilität* und *Anpassungsfähigkeit* verlangt. *Kreativität* ist sowohl zur Bewältigung neuer, komplexer Arbeitsaufgaben als auch im Umgang mit den z. T. individuellen Wünschen der Kunden erforderlich. Insbesondere im Fall der Ausgestaltung des IVB als Profit Center sollten Informationsmanager zudem in der Lage sein, *eigenverantwortlich* und *selbständig* zu agieren. Hierfür notwendig ist zum einen ein betriebswirtschaftliches Denken, vor allem ein Kosten- und Konditionenbewußtsein, zum anderen die Fähigkeit zur kundenorientierten (Verkaufs-)Beratung. Darüber hinaus sollte ein Informationsmanager willens sein, seine eigenen Handlungen und Verhaltensweisen hinsichtlich ihrer Wirkungen auf die angestrebten Ziele[1049] kritisch zu reflektieren.

Das Erlernen solcher „weichen“ Faktoren dürfte indes in der Praxis problematisch sein.[1050] Der Grund hierfür ist darin zu sehen, daß das soziale Handeln von Personen wesentlich von ihren Charaktereigenschaften abhängt, die Letzteren indes vom Unternehmen kaum beeinflußbar sind. Der Charakter wird vielmehr durch die Erziehung und durch diejenigen Werte geprägt, die in vorangegangenen Lebensabschnitten vermittelt wurden. Um dennoch (in gewissem Maße) sozial kompetente Mitarbeiter im IS-Bereich beschäftigen zu können, sollte in der Phase „Personalbeschaffung“, die der Phase der Personalentwicklung zeitlich vorgelagert ist, das Persönlichkeitsprofil eines (potentiellen) Mitarbeiters genau analysiert werden. So können beispielsweise in einem *Assessment Center*[1051] das Vorhandensein wünschenswerter Einstellungen und

---

[1047] Vgl. Rauterberg, M./Spinas, P./Strohm, O./Ulich, E./Waeber, D. (1994), S. 64-66 sowie Sedran, T. (1994), S. 144.

[1048] Vgl. Schwarze, J. (1993), S. 649.

[1049] Z. B. Erwirtschaften eines Gewinns im Profit Center oder Verbesserung der Dienstleistungsorientierung.

[1050] Zu den personalpolitischen Möglichkeiten, den Mitarbeitern Sozialkompetenz zu vermitteln, siehe Große-Oetringhaus, W. F. (1993), S. 276ff.

[1051] Zu den Zielen, Inhalten sowie Vor- und Nachteilen eines Assessment Center siehe Scholz, C. (2000), S. 484-492 sowie Hentze, J./Kammel, A. (2001), S. 313-320.

Verhaltensweisen geprüft und überdies solche zwischenmenschliche Situationen simuliert werden, die für das künftige Tätigkeitsfeld bezeichnend sind.[1052]

Bezüglich der *fachlichen Qualifizierung* der Informationsmanager stehen prinzipiell dieselben Methoden zur Verfügung, wie sie auch beim Qualifizieren der IS-Anwender eingesetzt werden (können). Neben traditionellen Maßnahmen zur Qualifikationssteigerung wie externe Schulungen und Seminare, können auch moderne Verfahren eingesetzt werden wie z. B. spezielle informationstechnische Lernprogramme (Computer Based Training[1053]).[1054] Des weiteren kann bisweilen ein planvolles job rotation hilfreich sein, die Informationsmanager auf künftige Führungsaufgaben vorzubereiten und ihr Fachwissen zu erweitern.[1055]

Es sei abschließend noch darauf hingewiesen, daß das tatsächliches Fähigkeitsprofil der Informationsmanager immer wieder erhoben und mit dem erwünschten Anforderungsprofil verglichen werden sollte. Das Ziel besteht dabei darin, mögliche Abweichungen frühzeitig zu lokalisieren, um rechtzeitig Anpassungsmaßnahmen einleiten und letztlich so eine *kontinuierliche Personalentwicklung* der Informationsmanager gewährleisten zu können.[1056]

2.3.2.3.2. Personalführung im Informationssystem

Das Ziel der *Personalführung* besteht darin, das *Verhalten* der Mitarbeiter derart zu beeinflussen, daß ihre Handlungen zum Erreichen der Unternehmensziele beitragen. Als Verhalten ist dabei jede beobachtbare Aktivität einer Person anzusehen, die durch die Fähigkeiten und Motivation der Person bestimmt wird. Damit das Ziel der Personalführung erreicht wird, sind sachgerechte Maßnahmen durchzuführen. Solche Maßnahmen zielen vor allem auf die Motivation, also auf das „Wollen" der Mitarbeiter ab.[1057]

[1052] Vgl. Brockhaus, R. (1992), S. 141.

[1053] Vgl. hierzu Scholz, C. (2000), S. 526-530 sowie Dekena, R. (1994), S. 157-161.

[1054] Vgl. Sedran, T. (1994), S. 145; Krcmar, H. (1997), S. 245.

[1055] Vgl. Hentze, J./Kammel, A. (2001), S. 383f. Ähnlich auch Schwarze, J. (1993), S. 645 sowie Keidel, S. (1995), S. 96.

[1056] Ähnlich Brockhaus, R. (1992), S. 141.

[1057] Vgl. Brockhaus, R. (1992), S. 131f.

Das Verhalten von Individuen kann einerseits von innen, d. h. aus Interesse an der Sache selbst (intrinsisch), anderseits auf Druck und Zug von außen (extrinsisch) motiviert sein. Dementsprechend können Maßnahmen zur Personalführung zum einen intrinsische, zum anderen extrinsische Reize zur Steigerung der Motivation setzen.[1058]

Ein *intrinsisch* motivierter Mitarbeiter wird durch seine Arbeit selbst angetrieben. Dabei wird er um so motivierter sein, je interessanter er die Arbeit empfindet. Die Aufgabe der Personalführung besteht somit darin, den Arbeitsplatz und das Arbeitsumfeld im IS-Bereich so zu gestalten, daß der Mitarbeiter hieraus ein hohes Maß an Befriedigung erhält. Faktoren, die einen wesentlichen Einfluß auf die intrinsische Motivation der IS-Mitarbeiter haben, sind die technische Ausstattung des Arbeitsplatzes, die von den IS-Mitarbeitern zu verrichtenden Aufgaben sowie die Anerkennung, die den IS-Betreuern aufgrund ihrer Arbeit entgegengebracht wird.

Die Mitarbeiter des IVB sind in der Regel technikfasziniert[1059]. Wie eben festgestellt, wird ihre intrinsische Motivation wesentlich durch eine Verbesserung der *technischen Ausstattung des Arbeitsplatzes* gesteigert werden können. Das Anschaffen neuer Informationstechniken und -methoden ist jedoch in der Regel kostspielig. Überdies besteht bei einem unüberlegten Zukauf von IT die Gefahr, daß sich die angeschaffte Hard- und Software im Nachhinein als betriebswirtschaftlich wenig nützlich herausstellt. Weil das Implementieren neuer Informationstechniken somit nicht nur mit Chancen für das Unternehmen verbunden, sondern offenkundig auch mit erheblichen Risiken behaftet ist, sollte der Technikfaszination der IS-Mitarbeiter mit Vorsicht begegnet werden.

Aus Sicht des Unternehmens weniger prekär sind Maßnahmen, die auf die *Gestaltung der Arbeitsinhalte sowie des Arbeitsumfangs im IS-Bereich* abzielen. Typische Maßnahmen sind ein Erweitern des Aufgabenbereichs (job enlargement), ein Zuweisen von mehr Entscheidungskompetenzen (job enrichment) sowie ein Erlernen anderer Tätigkeiten durch einen planvollen Arbeitsplatzwechsel (job rotation).[1060] In diesem Zusammenhang sollte jedoch stets darauf geachtet werden, daß die neuen Aufgaben und Kompetenzen im Einklang mit den Fähigkeiten der Mitarbeiter stehen, da sowohl eine

---

[1058] Vgl. Scholz, C. (2000), S. 901.

[1059] Vgl. Bullinger, H.-J. (1994), S. 85.

[1060] Vgl. Junker, R. (1988), S. 11f.

Über- als auch Unterforderung im neuen Tätigkeitsbereich demotivierend auf die Mitarbeiter wirken kann.[1061]

Zur *Steigerung der Anerkennung*, die die Anwender den IS-Betreuern im Unternehmen aufgrund ihrer Leistungen entgegenbringen, bestehen verschiedene Ansatzpunkte: Grundsätzlich gilt es, solche (Rahmen-)Bedingungen zu schaffen, die für das Verrichten qualitativ hochwertiger Arbeiten des IVB notwendig sind. Sofern diese Voraussetzungen gegeben sind, können die Mitarbeiter im IVB selbst ihre Wertschätzung im Unternehmen steigern, indem sie qualitativ hochwertige Arbeiten an die IS-Kunden abliefern. Darüber hinaus sollte die Unternehmensleitung immer wieder die Wichtigkeit sachgerechter Informationen für den Unternehmenserfolg verkünden, um den IS-Adressaten diese Bedeutung bewußt zu machen. Ferner kann es zweckgerichtet sein, wenn den Mitarbeitern des IVB Möglichkeiten zur Rückkopplung und damit Einschätzung ihres eigenen Handelns geboten werden.

Das *extrinsisch* motivierte Verhalten der IS-Mitarbeiter wird insbesondere durch die Entlohnungsform bzw. das Entlohnungssystem beeinflußt. Leistungsorientiertes Denken und Handeln sowie mehr Eigeninitiative im Kundenkontakt kann im IS-Bereich gefördert werden, indem man den Mitarbeitern des IVB zusätzlich zu ihren Zeitlöhnen Prämien in Aussicht stellt, die an das Erreichen spezieller Leistungen geknüpft sind.[1062] Durch eine solch *kombinierte Entlohnungsform* werden die Vorzüge des Zeitlohns mit denen des Prämienlohns gepaart. Beim *Zeitlohn* ist der Vorteil darin zu sehen, daß die Mitarbeiter bei der Verrichtung ihrer Tätigkeiten auf die Qualität der abzuliefernden Leistung achten können, da der Zeitdruck im Vergleich zu anderen Entlohnungsformen (z. B. Akkordlohn) relativ gering ist[1063]. *Prämienzahlungen* sind insofern sinnvoll, als die Leistung, an welche die Prämie geknüpft ist, den jeweiligen Bedürfnissen im IS entsprechend flexibel gestaltbar sind. Soll z. B. ein IS-Projekt unbedingt zu einem bestimmten Termin beendet sein, kann eine *Terminprämie* für eine zeitgerechte Leistungserstellung in Aussicht gestellt werden. Ferner sind auch *Ersparnisprämien* denkbar, die in Abhängigkeit davon gezahlt werden, ob die für die Leistungserbringung im IS-Bereich anfallenden Kosten um einen zuvor festgelegten Betrag reduziert werden (können).[1064] Damit dem individualistischen Charakter der IVB-

---

[1061] Vgl. Brockhaus, R. (1992), S. 149.

[1062] Vgl. Drumm, H. J. (2000), S. 573.

[1063] Vgl. Wagner, H. (1996), S. 280. Ähnlich auch Drumm, H. J. (2000), S. 569.

[1064] Zu den verschiedenen Prämienformen vgl. Wagner, H. (1996), S. 283. Dort werden u. a. Mengenprämien, Güteprämien sowie Sorgfaltsprämien unterschieden.

Mitarbeiter entgegengewirkt und ein teamorientiertes Verhalten gefördert wird, sollten die Prämienzahlungen nicht nur an Individual-, sondern auch an Gruppenleistungen geknüpft werden. So kann man beispielsweise einem Benutzer Support Team eine *Gruppenprämie* für eine erfolgreiche Kundenbetreuung in Aussicht stellen.[1065] Zusammenfassend betrachtet können die Mitarbeiter in den IVB durch die Kombination von Zeit- und Prämienlöhnen sowohl zu einer erfolgsorientierten Einstellung und einem verstärktem Kostenbewußtsein als auch zu mehr Initiative beim Kundenkontakt angeregt werden.

Aufgrund der Besonderheiten des Produktionsfaktors Information sind indes nicht alle IV-Leistungen gleichermaßen für eine leistungsorientierte Entlohnung geeignet. So dürfte beispielsweise die Einführung einer leistungsorientierten Entlohungsform in IS-Bereichen, die ausschließlich für die Gestaltung und Pflege der allgemeinen Informationsinfrastruktur zuständig sind, deutlich schwerer fallen als in vergleichsweise kundennahen (Profit Center-)Bereichen. Auch ein Berücksichtigen von qualitativen Kriterien bei der Berechnung von Prämienzahlungen[1066] mag – obgleich zweifelsohne sinnvoll – in der Praxis scheitern, da sich qualitative Kriterien oft einer intersubjektiven Einschätzung entziehen. Weil aber weder innerhalb des IS noch zwischen dem IS und anderen Unternehmensbereichen eine „Zweiklassengesellschaft“ entstehen darf und sich überdies ein leistungsorientiertes Denken im IS-Bereich nur dauerhaft etablieren läßt, wenn (auch) für Mitarbeiter der IVB der Anreiz zu leistungsorientiertem Handeln besteht, sollte trotz der angesprochenen Problemfelder nicht darauf verzichten werden, ein (zumindest in Teilen) variables Entlohnungssystem im IS-Bereich einzurichten. Denn vor allem die leistungsbereiten Mitarbeiter des IVB dürften sich durch ein solch ausgestaltetes Entlohnungssystem gerechter entlohnt fühlen und sich insofern mehr mit dem Unternehmen identifizieren.[1067]

2.3.3. Zur Kompatibilität der Ideen von Lean Management mit den Gestaltungsansätzen im Bereich „Informationsbereitschaft“

In Kapitel E 2.3. wurden Maßnahmen zur Optimierung des Bereichs Informationsbereitschaft aufgezeigt. Wie bereits in den Kapiteln E 2.1.3. und E 2.2.3. soll nun auch hier analysiert werden, inwiefern die Ideen des LM-Ansatzes mit diesen Gestaltungsansätzen kompatibel sind.

[1065] Vgl. Gaugler, W. (1983), S. 483.

[1066] Z. B. bei der Bemessung von Sorgfaltsprämien, Güteprämien etc.

[1067] Vgl. Linseisen, A. (1995), S. 189, Fn. 816 m. w. N.

(ad 1): Kritische Analyse des Zielsystems

1.a): Oberziele

Die Ausführungen zum Bereich Informationsbereitschaft haben gezeigt, daß das IS-Personal eine Schlüsselrolle für das Funktionieren eines IS einnimmt. So sind es auf der einen Seite die IS-Entwickler, welche die grundlegenden Potentiale eines IS festlegen, auf der anderen Seite die IS-Anwender, deren Motivation und Fähigkeiten den Nutzen eines IS wesentlich determinieren. Da ein IS ohne sachgerecht qualifizierte Humanressourcen offensichtlich nicht effektiv und effizient arbeiten kann[1068] und zudem IS in der heutigen Zeit von großer Bedeutung für den Erfolg eines Unternehmens sind[1069], tragen die in Kapitel E 2.3.2. dargelegten mitarbeiterorientierten Gestaltungsmaßnahmen sicherlich implizit dazu bei, daß ein Unternehmen Gewinne generieren und so seine Existenz sichern kann. Obgleich die Ziele *„Gewinnerzielung"* und *„Existenzsicherung"* damit offensichtlich nicht kontraproduktiv bei der Gestaltung des Bereichs Informationsbereitschaft wirken, zeugen die Ausführungen in den Kapiteln E 2.3.1. und E 2.3.2. nicht davon, daß diese beiden Ziele explizit beachtet werden (müssen). Da zudem die Ziele „Gewinnerzielung" und „Existenzsicherung" zu allgemein formuliert sein dürften, als daß hieraus ein konkreter Nutzen für die Gestaltung des Bereichs Informationsbereitschaft resultieren könnte, wird hier zusammengenommen davon ausgegangen, daß von den beiden LM-Oberzielen keine Wirkung ausgeht.

1.b): Unterziele

Eine *„Optimierung des Kundennutzens"* eines IS bedingt, aus Sicht der Kunden die Qualität des IS respektive seiner Informationen zu erhöhen. In Kapitel E 2.3.2.1. ist gezeigt worden, daß die Prozeßqualität[1070] einen großen Einfluß auf die Gesamtqualität eines IS hat. Weil die Prozeßqualität wesentlich von der Güte zwischenmenschlicher Interaktionen abhängt, ist es letztlich der Mensch, der die Qualität und damit zusammenhängend den Kundennutzen eines IS in weiten Teilen bestimmt.[1071] Da somit mitarbeiterorientierte Qualifizierungsmaßnahmen, die dem Bereich Informationsbereitschaft zuzuordnen sind, helfen, die Prozeßqualität respektive den Nutzen eines IS aus Kundensicht zu verbessern, dürfte das LM-Ziel „Optimierung des Kundennutzens" der Gestaltung des Bereichs Informationsbereitschaft nicht entgegenstehen.

[1068] Ähnlich auch Hanker, J. (1990), S. 210, der Humanressourcen als wichtige „Komplementärfaktoren der Informatisierung" betrachtet.

[1069] Vgl. diesbezüglich die Ausführungen auf Seite 11ff.

[1070] Vgl. Abb. 60.

[1071] Vgl. Seite 257.

Analysiert man die Ausführungen in den Kapiteln E 2.3.1. und E 2.3.2. mit dem Ziel, weitere, zugleich konkretere Anhaltspunkte für ein Beachten des Ziels „Optimierung des Kundennutzens" zu finden, fallen folgende Aspekte auf: Erstens sind beim Aufbau einer erfolgversprechenden Binnenorganisation für den zIVB explizit auch kundenorientierte Aspekte zu beachten.[1072] Zweitens ist Kundenorientierung bei der Einrichtung eines Benutzer Service ein „Muß", da die wesentliche Aufgabe eines solchen Service letztlich darin besteht, den IS-Kunden bei ihren Problemen sachgerecht zu helfen.[1073] Zusammengenommen ist somit festzuhalten, daß ein Beachten des Ziels „Optimierung des Kundennutzens" bei der Gestaltung des Bereichs Informationsbereitschaft zielgerichtet ist. Dabei dürfte es sich im Bereich Informationsbereitschaft positiv bemerkbar machen, daß dieses Ziel aufgrund seiner hohen Stellung in der LM-Zielhierarchie mit Nachdruck verfolgt wird.

Das Ziel *„Verbesserung der Wirtschaftlichkeit"* – im LM operationalisiert durch das Streben nach Maximierung des Verhältnisses Faktorertrag zu Faktorkosten (Produktivität) – fordert dazu auf, sparsam mit den verfügbaren Ressourcen bei der Leistungserstellung umzugehen, nicht wertschöpfende Aktivitäten zu vermeiden und sich stets vom einfachsten Weg („Bushido") leiten zu lassen, um (kostspielige) Komplexität im Unternehmen zu vermeiden.[1074] Daß zwischen diesem Ziel und der Gestaltung des Bereichs Informationsbereitschaft ein Dissens besteht, wird hier ausgeschlossen, weil letztlich alle Maßnahmen der IS-Gestaltung implizit oder explizit dazu beitragen (sollen), die Wirtschaftlichkeit eines IS zu erhöhen. Untersucht man die vorangegangenen Ausführungen zum Bereich Informationsbereitschaft nach konkreten Hinweisen der Umsetzung oder Beachtung dieses (LM-)Ziels, fallen als erstes die Maßnahmen zur Bestimmung der Fertigungstiefe in der IV auf. Mit dem Ziel, die Kostensituation im Unternehmen zu verbessern und Komplexität in der IV abzubauen, ist im Rahmen der Auswahl der Fertigungstiefe zu eruieren, welche der IV-Leistungen aus Produktions- und Transaktionskostensicht besser selbst bzw. fremd zu erstellen sind. Daneben findet das Wirtschaftlichkeitspostulat bei der Gestaltung eines differenzierten, mehrstufigen Benutzer Supports insofern Beachtung, als bei der Festlegung der Anzahl einzurichtender Support-Instanzen Kosten-/Nutzen-Erwägungen bedeutsam sind.[1075] Zusammengenommen erscheint damit eine am Ziel „Verbesserung der Wirtschaftlichkeit"

[1072] Vgl. diesbezüglich Seite 241 und zudem Abb. 57 auf Seite 242.

[1073] Vgl. diesbezüglich Seite 245f.

[1074] Vgl. diesbezüglich die Ausführungen auf Seite 101f.

[1075] Zum mehrstufigen Benutzer Service Konzept vgl. Seite 246f.

orientierte Gestaltung des Bereichs Informationsbereitschaft erfolgversprechend; LM wirkt demzufolge positiv.

1.c): Teilziele

Wie bereits zuvor erörtert, setzt eine Steigerung des Kundennutzens eines IS eine Erhöhung der IS-Qualität voraus.[1076] Weiterhin ist gezeigt worden, daß das IS-Personal über ein Einwirken auf die Prozeßqualität einen großen Einfluß auf die Gesamtqualität eines IS hat. Insofern werden Qualifizierungsmaßnahmen des IS-Personals, die dem IM-Bereich Informationsbereitschaft zuzuordnen sind, (implizit) auf eine Steigerung der Qualität des IS abzielen; das LM-Ziel *„Verbesserung der Qualität“* dürfte daher der Gestaltung des Bereichs Informationsbereitschaft nicht entgegenstehen. Berücksichtigt man zudem, daß LM ein fehlerantizipierendes, kontinuierliches Qualitätsdenken fordert, was im Bereich Informationsbereitschaft zur Folge haben müßte, daß die vom IS-Personal erbrachte Dienstleistungsqualität permanent zu hinterfragen und gegebenenfalls anzupassen ist, ist zusammenfassend davon auszugehen, daß sich LM positiv auf die Gestaltung des Bereichs Informationsbereitschaft auswirkt.

Von einer *„Steigerung der Wertschöpfung“* ist im Bereich Informationsbereitschaft dann zu sprechen, wenn es mittels organisatorischer und/oder personeller Gestaltungsmaßnahmen gelingt, die Kosten der Erzeugung von Informationen bei konstanter oder besserer Informationsqualität zu senken. Da eine gestiegene Wertschöpfung zugleich zu einer höheren Wirtschaftlichkeit im IS führt und damit ein wesentliches Ziel der IS-Gestaltung gefördert wird, ist anzunehmen, daß das LM-Ziel „Steigerung der Wertschöpfung“ einer Gestaltung des Bereichs Informationsbereitschaft nicht zuwiderläuft. Da indes die vorangegangenen Ausführungen in den Kapiteln E 2.3.1. und E 2.3.2. nicht implizieren, daß dieses LM-Ziel unbedingt zu beachten ist und insofern der „konkrete“ Nutzen dieses Ziels für den Bereich Informationsbereitschaft unbestimmt bleibt, wird hier (vereinfachend) angenommen, daß das Ziel „Steigerung der Wertschöpfung“ die Gestaltung des Bereichs Informationsbereitschaft weder positiv noch negativ berührt.

Das IS-Personal soll mittels gezielter mitarbeiterorientierter Maßnahmen so qualifiziert werden, daß es einen möglichst großen Beitrag zur Produktion qualitativ hochwertiger Informationen leisten kann. Da letztlich mit Aus- und Fortbildungsmaßnahmen bezweckt wird, die Potentiale der Mitarbeiter für das Unternehmen zu erschlie-

---

[1076] Vgl. Seite 278.

ßen, dürfte das LM-Ziel *„Ausschöpfen des Mitarbeiterpotentials"* im Rahmen der Gestaltung des Bereichs Informationsbereitschaft zweckgerichtet sein. Diese Einschätzung erhält dadurch Nachdruck, daß LM ein humanzentrierter Managementansatz ist, was impliziert, daß dieser Ansatz dem Faktor Mensch die Aufmerksamkeit schenkt[1077], die gemäß der vorangegangenen Ausführungen für das Erstellen hoher Dienstleistungsqualität im IS notwendig ist. Entsprechend dürfte eine konsequente Umsetzung des LM-Ziels „Ausschöpfen des Mitarbeiterpotentials" positiv wirken.

(ad 2): Kritische Analyse der Meta-Kriterien

Mit der Gestaltung der IS-Organisation werden Strukturen und Abläufe im IS für eine lange Zeit festgeschrieben.[1078] Nachträgliche Änderungen sind nur schwer möglich und ferner mit hohen Kosten verbunden, so daß die IS-Organisation mit großer Sorgfalt geplant werden sollte. Ein *„proaktives und sensitives Denken"* dürfte hierbei insofern zweckdienlich sein, als es im Rahmen der Planungsüberlegungen (auch) darum geht, künftige Veränderungen in der in- und externen Unternehmensumwelt zu antizipieren[1079], da diese Bedingungen die Funktionalität einer Organisation wesentlich beeinflussen.[1080] Ein sensitives Denken ist zudem auch im Rahmen des Mitarbeitermanagement notwendig, da hierbei kein technisches System bzw. keine „harten" Fakten betrachtet werden, sondern vielmehr der Mensch mit seinen Emotionen, zwischenmenschlichen Facetten und sozialen Bedürfnissen im Mittelpunkt der Überlegungen steht. Obgleich damit das Kriterium „Proaktives und sensitives Denken" im Bereich Informationsbereitschaft prinzipiell positiv wirken mag, besteht dennoch auch[1081] im Bereich Informationsbereitschaft die Gefahr, daß das LM-Kriterium „Proaktives und sensitives Denken" weitgehend inhaltslos bleibt, weil sich diese Denkweise in den Köpfen der Mitarbeiter manifestiert und somit kaum institutionalisieren läßt.

Das Kriterium *„Potentialdenken"* – im LM verstanden als Mobilisieren und Ausschöpfen sämtlicher in- und externer Potentiale eines Unternehmens – dürfte für die Gestaltung des Bereichs Informationsbereitschaft weitgehend unbedeutend sein. Diese

---

1077 Vgl. Seite 104.

1078 Vgl. Seite 75.

1079 Vgl. diesbezüglich z. B. Seite 241. Dort wurde beschrieben, daß nicht nur die aktuellen Bedingungen, sondern auch die künftigen Entwicklungen in der IV und ihrem Umfeld bei der Gestaltung einer sachgerechten Binnenorganisation zu beachten sind.

1080 Ähnlich Picot, A./Franck, E. (1993), S. 437.

1081 Genau wie in den Bereichen Informationsstrategie und Informationspotential. Vgl. diesbezüglich Seite 162 und Seite 209.

Einschätzung ergibt sich zum einen daraus, daß bereits mit dem Ziel „Ausschöpfen des Mitarbeiterpotentials" der für den Bereich Informationsbereitschaft wesentliche Aspekt eines Potentialdenkens berücksichtigt worden ist. Zum anderen zeugen die in den Kapiteln E 2.3.1. und E 2.3.2. beschriebenen Gestaltungsmaßnahmen nicht davon, daß andere Facetten eines Potentialdenkens für die Gestaltung des Bereichs Informationsbereitschaft relevant sein könnten. Alles in allem ist daher die Wirkung des Kriteriums „Potentialdenken" als neutral einzustufen.

Der ständig schnellere und tiefgreifendere Wandel der technischen, wirtschaftlichen und gesellschaftlichen Rahmenbedingungen hat großen Einfluß auf die IS-Organisation und auf das Anforderungsprofil der Mitarbeiter im IS.[1082] Es ist deshalb notwendig, die IS-Organisation und die Qualifikationen der IS-Mitarbeiter zyklisch zu überprüfen und gegebenenfalls zu verändern. So sollte beispielsweise im IS-Bereich die Sachgerechtigkeit der Fertigungstiefe immer wieder kontrolliert werden, da sich die Rahmenbedingungen, die der Festlegung der Leistungstiefe einst zugrunde lagen, im Zeitablauf verändern (können).[1083] Da organisatorische und mitarbeiterorientierte Gestaltungsmaßnahmen somit eine Art „Daueraufgabe" im IS darstellen, dürfte *„Kaizen"* bzw. genauer gesagt, die Kaizen-typische Permanenz im Denken und Handeln, bei der Gestaltung des Bereichs Informationsbereitschaft positiv wirken. Es muß dennoch auch hier einschränkend darauf hingewiesen werden, daß der Nutzen, den dieses Kriterium letztlich stiftet, von der spezifischen Umsetzung durch die Mitarbeiter abhängt.

Untersucht man die Ausführungen zur Gestaltung des Bereichs Informationsbereitschaft nach Anhaltspunkten der Berücksichtigung des LM-Kriteriums *„Veränderungsbereitschaft und Umsetzungsorientierung"* findet man nichts dergleichen. Weil jedoch ebenso wenig darauf hinweist, daß dieses Kriterium einer sachgerechten IS-Gestaltung entgegensteht, ist davon auszugehen, daß von diesem Kriterium weder eine positive noch eine negative Wirkung ausgeht.

1082 Ähnlich vgl. Baik, K. (1997), S. 109.

1083 Vgl. Seite 224. Zu der Notwendigkeit, die Mitarbeiterqualifikationen in regelmäßigen Abständen zu erheben, vgl. Seite 274. Ähnlich auch Dekena, R. (1994), S. 175 m. w. N., der an der angegebenen Stelle aussagt: „Einmalige Schulungen werden jedoch zur Nutzung der Informations- und Kommunikationstechnologie nicht als ausreichend angesehen. Für die Sicherung des Langfristerfolg der Qualifizierung wird eine nachgelagerte, umfassende Betreuung benötigt,...".

„Ganzheitlichkeit im Denken und Handeln" ist unzweifelhaft bei der Gestaltung des Bereichs Informationsbereitschaft bedeutsam. So gilt es im Rahmen der Festlegung der IS-Organisation alle für die Planung relevanten Parameter und Wechselbeziehungen zu beachten, da anderweitig ineffiziente organisatorische Gestaltungsergebnisse drohen.[1084] Aus diesem Grund erscheint es angebracht, der Planung der IS-Organisation ein ganzheitliches (Stufen-)Modell zugrundezulegen.[1085] Darüber hinaus dürfte sich ganzheitliches Denken und Handeln auch im Rahmen des Mitarbeitermanagement positiv auswirken, da die Qualifizierung des IS-Personals eine äußerst vielschichtige Aufgabe ist[1086], bei deren Erledigung umfassend und weitsichtig agiert werden muß. Da zudem ganzheitliches Denken und Handeln kurzfristigen, unstrukturierten Änderungen im IS weitgehend entgegenstehen dürfte, ist zusammenfassend anzunehmen, daß sich ein Beachten dieses LM-Kriteriums bei der Gestaltung des Bereichs Informationsbereitschaft positiv auswirkt.

(ad 3): LM-Instrumente und konstitutive Merkmale schlanker Unternehmen

In Kapitel D 3.3. wurden bei der Beschreibung der LM-Instrumente und konstitutiven Merkmale schlanker Unternehmen folgende Teilbereiche unterschieden: a) Beschaffungsseitige Schnittstelle, b) Innerbetriebliche Arbeitsorganisation und c) Marktseitige Schnittstelle. Diese Systematik aufgreifend soll nun eruiert werden, ob bei der Gestaltung des Bereichs Informationsbereitschaft Instrumente und Methoden eingesetzt werden, die typischerweise auch im LM-Ansatz zur Anwendung gelangen.

Untersucht man die Ausführungen zum Bereich Informationsbereitschaft nach Anhaltspunkten einer Anwendung von Instrumenten, die dem Teilbereich *„Beschaffungsseitige Schnittstelle"* entstammen, fällt das „Outsourcing" auf. Sowohl im LM[1087] als auch im Bereich Informationsbereitschaft[1088] wird Outsourcing mit dem Ziel angewendet, die Leistungserstellung zu verschlanken und Komplexität zu vermeiden. Ob LM den TKA anwendet, der hier für die Festlegung der Leistungstiefe im IS-Bereich genutzt wurde, ist nicht bekannt; Argumente, die indes gegen ein solches Vorgehen sprechen, existieren nicht. Weil aber ansonsten die Ausführungen in den Kapiteln E 2.3.1 und E 2.3.2. nicht implizieren, daß neben dem Outsourcing auch andere LM-

---

[1084] Ähnlich Picot, A./Franck, E. (1993), S. 437.

[1085] Vgl. Abb. 47.

[1086] Vgl. diesbezüglich die Ausführungen auf Seite 270f.

[1087] Vgl. Seite 114.

[1088] Vgl. Seite 216.

Instrumente bei der Gestaltung des Bereichs Informationsbereitschaft verwendbar wären, ist der LM-Ansatz insgesamt als nur bedingt nützlich einzustufen.

Untersucht man die im Teilbereich *„Marktseitige Schnittstelle“*[1089] eingesetzten Instrumente und Methoden dahingehend, ob sie auch im Rahmen der Gestaltung des Bereichs Informationsbereitschaft einsetzbar sind, zeigt sich, daß dies kaum gelingen dürfte. Lediglich die im LM-Ansatz institutionalisierten Kundenbesuche, die von den Außendienstmitarbeitern mit der Intention durchgeführt werden, eine langfristige und zugleich vertrauensvolle Beziehung zum Kunden aufzubauen[1090], dürften auch auf den IS-Bereich übertragbar sein, da man hierdurch „vor Ort“ die Qualität der Dienstleistung Information messen kann und so wertvolle Erkenntnisse für die Verbesserung der Dienstleistungsqualität gewinnt. Weil aber ansonsten nichts darauf hinweist, daß auch andere LM-Instrumente für die Gestaltung des Bereichs Informationsbereitschaft sachgerecht sein könnten, dürften zusammenfassend betrachtet die im Teilbereich „Marktseitige Schnittstelle“ eingesetzten Instrumente keinerlei Bedeutung für die IS-Gestaltung haben.

Zu einem anderen Ergebnis gelangt man, wenn man die Instrumente des Teilbereichs *„Innerbetriebliche Arbeitsorganisation“*[1091] näher beleuchtet. Es zeigt sich dabei, daß einige der in Kapitel D 3.3. beschriebenen Instrumente bei der Gestaltung des Bereichs Informationsbereitschaft einsetzbar sind. So ist eine Dezentralisierung der Leistungserstellungsaktivitäten gleichermaßen im LM und im Rahmen der Gestaltung des IS sinnvoll.[1092] Dabei sollten zur Steuerung der dezentralen Aktivitäten sowohl im LM als auch im Bereich Informationsbereitschaft abgegrenzte, eigenständige Einheiten eingerichtet werden, die in Abhängigkeit von den jeweiligen Rahmenbedingungen sowie von der Art und dem Umfang der übertragenen Aufgaben z. B. in Form eines Profit Center oder Cost Center[1093] auszugestalten sind. Darüber hinaus sollen die Beschäftigten in schlanken Organisationen „weiche“ Faktoren wie z. B. eine gute Kommunikations- und Kooperationsfähigkeit erlernen.[1094] Letzteres ist, wie am Beispiel eines Informationsmanagers gezeigt worden ist, auch bei den Mitarbeitern des IS-Bereichs

---

1089 Vgl. diesbezüglich Seite 120ff.

1090 Vgl. Seite 121.

1091 Vgl. Seite 116ff.

1092 Vgl. hierzu Seite 117 und Seite 226.

1093 Vgl. Seite 118 für den LM-Bereich sowie Seite 239 und 249 für den Bereich Informationsbereitschaft.

1094 Vgl. Seite 119.

notwendig.[1095] Auch das Entlohnungssystem im LM, welches sowohl Individual- als auch Kollektivleistungen vergütet[1096], scheint grundsätzlich auch im IS-Bereich zielgerichtet zu sein[1097]. Zusammenfassend läßt sich damit festhalten: Da ein Großteil der Instrumente des Teilbereichs „Innerbetriebliche Organisation" offenkundig auch im Rahmen der Gestaltung des Bereichs Informationsbereitschaft eingesetzt werden kann, wirkt eine am LM-Konzept ausgerichtete Gestaltung des IS prinzipiell positiv.

Die nachfolgende Abb. 66 faßt die zuvor gewonnenen Ergebnisse tabellarisch zusammen.

Untersuchter LM-Aspekt		Einfluß auf den Bereich Informationsbereitschaft
1.	LM-Zielsystem [Kapitel D 3.1.]	
1.a)	Oberziele [Kapitel D 3.1.1.]	
	a) Gewinnerzielung	O
	b) Existenzsicherung	O
1.b)	Unterziele [Kapitel D 3.1.2.]	
	a) Optimierung des Kundennutzens	+
	b) Verbesserung der Wirtschaftlichkeit	+
1.c)	Teilziele [Kapitel D 3.1.3.]	
	a) Verbesserung der Qualität	+
	b) Steigerung der Wertschöpfung	O
	c) Ausschöpfen des Mitarbeiterpotentials	+
2.	LM-Meta-Kriterien [Kapitel D 3.2.]	
	a) Proaktives und sensitives Denken	+ oder O
	b) Potentialdenken	O
	c) Kaizen	+ oder O
	d) Veränderungsbereitschaft/Umsetzungsorientierung	O
	e) Ganzheitlichkeit im Denken und Handeln	+
3.	LM-Instrumente/konstitutive Merkmale schlanker Organisationen [Kapitel D 3.3.]	
	a) Beschaffungsseitige Schnittstelle	+ oder O
	b) Innerbetriebliche Arbeitsorganisation	+
	c) Marktseitige Schnittstelle	O

Legende:

+ +	=	Sehr positiver Einfluß
+	=	Positiver Einfluß
O	=	Neutraler bzw. kein Einfluß
-	=	Negativer Einfluß
- -	=	Sehr negativer Einfluß

Abb. 66: Zur Eignung der LM-Konzeption im Bereich Informationsbereitschaft

3. Abschließende Würdigung

In Kapitel D 4. war gezeigt worden, daß die LM-Konzeption sämtliche Kriterien umfaßt, die ein für die Gestaltung eines Informationssystems „idealtypischer" Informationsmanagementansatz erfüllen sollte; damit war die Idee, LM bei der Gestaltung von Informationssystemen einzusetzen, auf einer hohen Abstraktionsebene bestätigt.[1098] Mit dem Ziel, die konkrete Anwendbarkeit von Lean Management zu testen, wurden

---

[1095] Vgl. diesbezüglich Seite 272.

[1096] Vgl. Seite 118f.

[1097] Vgl. Seite 276.

[1098] Vgl. Seite 129.

die in Kapitel E vorgestellten Gestaltungsansätze zur Verbesserung der Bereiche „Informationsstrategie“, „Informationspotential“ und „Informationsbereitschaft“ dahingehend untersucht, inwieweit sie mit den Ideen des LM-Ansatzes übereinstimmen. Da diese Beurteilung bisher nur partiell für jeweils einen dieser drei Bereiche stattfand, soll nun die Anwendbarkeit von Lean Management aus einer ganzheitlichen Sicht gewürdigt werden. Zu diesem Zweck sind die zuvor erzielten Untersuchungsergebnisse in Abb. 67 zusammengetragen.

		Informations-strategie [Kapitel E 2.1.]	Informations-potential [Kapitel E 2.2.]	Informations-bereitschaft [Kapitel E 2.3.]	**Gesamturteil**
1.	**LM-Zielsystem [Kapitel D 3.1.]**				
1.a)	Oberziele [Kapitel D 3.1.1.]				
	a) Gewinnerzielung	O	O	O	**O**
	b) Existenzsicherung	O	O	O	
1.b)	Unterziele [Kapitel D 3.1.2.]				
	a) Optimierung des Kundennutzens	+	+	+	+
	b) Verbesserung der Wirtschaftlichkeit	+	+	+	
1.c)	Teilziele [Kapitel D 3.1.3.]				
	a) Verbesserung der Qualität	+	+	+	**eher + als O**
	b) Steigerung der Wertschöpfung	+	+ oder O	O	
	c) Ausschöpfen des Mitarbeiterpotentials	+	O	+	
2.	**LM-Meta-Kriterien [Kapitel D 3.2.]**				
	a) Proaktives und sensitives Denken	+ oder O	+ oder O	+ oder O	**eher O als +**
	b) Potentialdenken	O	O	O	
	c) Kaizen	+ oder O	+ oder O	+ oder O	
	d) Veränderungsbereitschaft/Umsetzungsorientierung	O	O	O	
	e) Ganzheitlichkeit im Denken und Handeln	++	+	+	
3.	**LM-Instrumente/konstitutive Merkmale schlanker Organisationen [Kapitel D 3.3.]**				
	a) Beschaffungsseitige Schnittstelle	O	O	+ oder O	**O**
	b) Innerbetriebliche Arbeitsorganisation	O	O	+	
	c) Marktseitige Schnittstelle	O	O	O	

Legende:

++	=	Sehr positiver Einfluß
+	=	Positiver Einfluß
O	=	Neutraler bzw. kein Einfluß
-	=	Negativer Einfluß
--	=	Sehr negativer Einfluß

Abb. 67: Abschließende Beurteilung von LM als IM-Ansatz

Es zeigt sich, daß ein Beachten der *LM-Oberziele* „Gewinnerzielung“ sowie „Existenzsicherung“ weder im Bereich Informationsstrategie noch in den Bereichen Informationspotential und Informationsbereitschaft direkt positiv wirkt. Obgleich „Gewinnerzielung“ und „Existenzsicherung“ einer Verbesserung keines dieser IM-Bereiche entgegensteht, sind die beiden Ziele jedoch zu allgemein formuliert, als daß aus ihnen ein konkreter, positiver Impuls für die Gestaltung eines Informationssystems resultieren könnte. Weil sich der LM-Ansatz darüber hinaus durch diese zwei Ziele nicht von anderen Managementkonzepten abhebt[1099], spricht die Existenz der LM-Ziele „Gewin-

---

[1099] Vgl. hierzu z. B. die Ausführungen auf den Seiten 156 und 205.

nerzielung“ und „Existenzsicherung“ zusammengenommen weder für noch gegen eine Anwendung von Lean Management.

Ein Beachten der *LM-Unterziele* „Optimierung des Kundennutzens“ und „Verbesserung der Wirtschaftlichkeit“ bei der Gestaltung eines Informationssystems wirkt durchweg positiv. Da unzureichende Kundenorientierung und mangelnde Wirtschaftlichkeit zugleich zu den wesentlichen Problembereichen eines IS zählen[1100], dürften diese Mängel durch ein konsequentes Verfolgen dieser beiden LM-Ziele weitgehend behoben werden (können). Diese Einschätzung manifestiert sich darin, daß die Ziele „Optimierung des Kundennutzens“ und „Verbesserung der Wirtschaftlichkeit“ aufgrund ihrer hohen Einordnung in der LM-Zielhierarchie mit großem Nachdruck verfolgt werden müssen; insgesamt dürfte daher eine am LM-Konzept orientierte Gestaltung von Informationssystemen positiv wirken.

Der Nutzen der einzelnen *LM-Teilziele* für die Gestaltung der Bereiche Informationsstrategie, -potential und -bereitschaft fällt sehr unterschiedlich aus. Abb. 67 zeigt, daß sich nur das LM-Ziel „Verbesserung der Qualität“ in allen drei IM-Bereichen positiv bemerkbar macht. Hingegen geht von dem Teilziel „Ausschöpfen des Mitarbeiterpotentials“ lediglich in den Bereichen Informationsstrategie und Informationsbereitschaft und von dem Ziel „Steigerung der Wertschöpfung“ sogar nur im Bereich Informationsstrategie ein uneingeschränkt positiver Einfluß aus. Aggregiert man diese Einzelergebnisse, sprechen die Teilziele tendenziell für ein Anwenden von Lean Management; die positive Wirkung, die von diesen Zielen bei der IS-Gestaltung ausgeht, dürfte dennoch begrenzt sein.

Betrachtet man den Einfluß, den die *LM-Meta-Kriterien* auf die Gestaltungsmaßnahmen in den verschiedenen IM-Bereichen haben, fällt folgendes auf: Auf die Gestaltung eines Informationssystems durchweg positiv wirkt das Meta-Kriterium „Ganzheitlichkeit im Denken und Handeln“. Eine äußerst vielversprechende Wirkung hat dieses Kriterium bei der Planung und Gestaltung des Bereichs Informationsstrategie. Denn dort führt eine ganzheitliche Gestaltungsweise gemäß dem „Fundamentalprinzip effektiver und effizienter Wertschöpfungsnetzoptimierung“ dazu, daß erhebliche Potentiale zur Steigerung der Wirtschaftlichkeit und Qualität erschlossen werden können und so die Kritik mangelnder Produktivität und minderwertiger Qualität im IS[1101] deutlich ent-

---

1100 Vgl. zum Kritikpunkt unzureichender Kundenorientierung und mangelnder Wirtschaftlichkeit Seite 79 und Seite 80ff.

1101 Zu diesen beiden Kritikpunkten vgl. die Ausführungen auf den Seiten 77-94.

kräftet werden kann. Ferner fällt auf, daß die Kriterien „Proaktives und sensitives Denken“ sowie „Kaizen“ zwar theoretisch in allen drei IM-Bereichen positiv wirken können, der praktische Nutzen dieser Kriterien für die IS-Gestaltung jedoch eher gering ausfallen dürfte, da sich diese Denkweisen nicht institutionalisieren lassen und auch Lean Management keinen „speziellen“ Weg aufzuzeigen vermag, wie eine Institutionalisierung erfolgen könnte.[1102] Ein noch negativeres Bild zeichnet sich bei den Kriterien „Potentialdenken“ sowie „Veränderungsbereitschaft und Umsetzungsorientierung“ ab; diese Kriterien haben keinerlei Bedeutung für die Verbesserung des IS-Bereichs. Im Falle des „Potentialdenkens“ liegt dies daran, daß dieses LM-Kriterium keinen „eigenständigen“ Wert für die IS-Gestaltung hat, da seine wesentliche Facette – das „Ausschöpfen des Mitarbeiterpotentials“ – durch ein eigenes LM-Teilziel abgedeckt wird. Daß das Kriterium „Veränderungsbereitschaft und Umsetzungsorientierung“ unbedeutend ist, hängt damit zusammen, daß diese Denkhaltungen bei der Gestaltung eines Informationssystems in weiten Teilen schlichtweg nutzlos ist. Faßt man das zu den einzelnen LM-Meta-Kriterien Erörterte zu einem Gesamtergebnis zusammen, ist festzuhalten, daß die Meta-Kriterien – wenn überhaupt – nur bedingt nützlich sind.

Zu einem ähnlichen, letztlich jedoch etwas pessimistischeren Ergebnis gelangt man, wenn man den potentiellen Nutzen der *LM-Instrumente* analysiert. Lediglich im IM-Bereich Informationsbereitschaft können einige der „klassischen“ LM-Instrumente genutzt werden. Da dabei aber genau genommen nur diejenigen Instrumente zum Einsatz kommen können, die im LM-Ansatz zur Gestaltung der „innerbetrieblichen Arbeitsorganisation“ hinzugezogen werden, sind zusammengenommen die LM-Instrumente für die Gestaltung eines Informationssystems nicht von Bedeutung.

Faßt man die Einzelergebnisse zu einem *Gesamtergebnis* zusammen, kann festgehalten werden, daß die Idee, Lean Management bei der Gestaltung von Informationssystemen einzusetzen, nicht vollends überzeugen kann. Diese Schlußfolgerung resultiert aus der Erkenntnis, daß Lean Management umso weniger nützlich für die IS-Gestaltung ist, je konkreter der LM-Ansatz wird.[1103] Aus diesem Grund droht die Gefahr, daß LM – trotz interessanter Ansatzpunkte für die Verbesserung von IS – in der praktischen Umsetzung scheitert. Insbesondere aufgrund der mangelnden Anwendbar-

---

[1102] Es sei angemerkt, daß sich diese Kritik letztlich nicht nur auf den IS-Bereich beschränkt.

[1103] Unterstellt wird dabei ein steigender Konkretisierungsgrad, angefangen bei dem LM-Zielsystem über die LM-Meta-Kriterien bis hin zu den LM-Instrumenten.

keit der LM-Instrumente wird es bei einer an diesem Konzept orientierten Gestaltung von IS unvermeidbar sein, auch solche Instrumente anzuwenden, die nicht zu den „klassischen" LM-Methoden gehören. Entsprechend beschränkt sich der Nutzen von Lean Management im IS-Bereich darauf, einen prinzipiell sinnvollen, zugleich aber abstrakten Gestaltungsrahmen vorzugeben, den es durch problemorientierte, situationsspezifische Methoden und Instrumente, die dem Bereich Informationswirtschaft entstammen, zu konkretisieren gilt. Lean Management stellt daher eine zielführende „Orientierungshilfe" für die IS-Gestaltung dar. Bei einer Umsetzung von Lean Management im IS-Bereich sollten daher weniger die (operativen) Details als vielmehr die grundlegenden Ideen dieser Konzeption interessieren; letztere konkretisieren sich im Zielsystem und in den Meta-Kriterien.

F Zusammenfassung

Die vorliegende Arbeit beschäftigte sich mit der problemorientierten Gestaltung von Informationssystemen unter besonderer Berücksichtigung von Lean Management als Gestaltungskonzeption. Den Anlaß für diese Arbeit bildeten im wesentlichen zwei Aspekte: Erstens die Feststellung, daß die Nutzer von Informationssystemen oftmals unzufrieden mit den ihnen angebotenen Informationen sind und aus diesem Grund sachgerechte Anpassungen fordern; zweitens die Tatsache, das der wesentliche Grund für die Unzufriedenheit der ist, daß die in der Praxis implementierten Informationssysteme oft zu komplex und zudem nicht aus einer ganzheitlicher Sicht gestaltet sind. Da mit der LM-Konzeption ein ganzheitlicher Managementansatz zur Verfügung steht, der zudem seit Beginn der 90er Jahre erfolgreich in den Unternehmen zur Bekämpfung von Komplexität eingesetzt wird, erscheint es plausibel, diesen Ansatz auch für die Gestaltung von Informationssystemen nutzen zu wollen. Die Untersuchung der Frage, ob eine Anwendung tatsächlich erfolgversprechend ist, machte sich die vorliegende Arbeit als (eine) Aufgabe zu eigen. Insgesamt wurden drei Ziele verfolgt: Erstens sollte die Unzufriedenheit der Nutzer von Informationssystemen spezifiziert werden, indem die Ursachen für und die IS-Defizite selbst dargestellt wurden; zweitens sollten Gestaltungsansätze gezeigt werden, mit denen die lokalisierten Defizite behoben werden können; drittens war zu prüfen, inwieweit Lean Management als Gestaltungskonzeption für Informationssysteme tauglich ist.

In Kapitel B wurden die Grundlagen unternehmerischer Informationssysteme erörtert. Nach der Charakterisierung und definitorischen Abgrenzung der Begriffe Information, Informationsangebot und -bedarf wurde das der Arbeit zugrundeliegende Verständnis eines Informationssystems gelegt. Dabei wurde eine weite Abgrenzung vorgenommen, nach der ein IS neben technischen Aspekten auch personelle, organisatorische sowie methodische Aspekte umfaßt. An diese weite Definition anknüpfend, wurde ein ganzheitlicher, von Zahn/Rüttler entwickelter Informationsmanagementansatz vorgestellt, der sich aus den Bereichen „Informationsstrategie", „Informationspotential", „Informationsbereitschaft" und „Informationsfähigkeit" zusammensetzt. Anschließend wurden diejenigen Determinanten und Wirkungszusammenhänge offengelegt, die den Informationsbedarf und das -angebot beeinflussen und somit bei der Gestaltung eines Informationssystems zu berücksichtigen sind.

Der Grundlegung in Kapitel B folgte in Kapitel C die Begründung, warum heutzutage viele Unternehmen die bei ihnen implementierten Informationssysteme modifizieren müssen. Ausgehend von der These, daß eine positive Korrelation zwischen dem Ausmaß des Wandels im Unternehmenskontext und der Stärke sowie Dringlichkeit von Anpassungen im IS besteht, wurden wesentliche Veränderungen im unternehmensrelevanten Kontext und die hieraus resultierenden Auswirkungen auf den Faktor Information und auf das IS illustriert. Es zeigte sich, daß die Veränderungen, die in der jüngsten Vergangenheit in der in- und externen Unternehmensumwelt stattgefunden haben, so einschneidend waren, daß sie sowohl auf die Qualität und Quantität der bereitzustellenden Informationen als auch auf die Ausgestaltung eines Informationssystems nachhaltig wirkten.[1104]

Da indes selbst bei sehr neuartigen Anforderungen an das Informationssystem nicht zwangsläufig Probleme auftreten müssen, wurde das einschlägige Schrifttum mit dem Ziel untersucht, aktuelle IS-Defizite zu lokalisieren. Dabei zeigten sich auf der einen Seite „Probleme mit dem Informationssystem". Derartige Probleme resultieren aus einer mangelhaften Abstimmung zwischen dem IS und anderen Teilsystemen des Unternehmens. Als Beispiele hierfür wurden u. a. Abstimmungsprobleme zwischen dem IS und dem Controllingsystem sowie zwischen dem IS und anderen Führungsteilsystemen beschrieben. Auf der anderen Seite wurden „Probleme im Informationssystem" unterschieden. Der Ursprung dieser Defizite liegt innerhalb des IS. In Anlehnung an die in Kapitel B beschriebenen konstitutiven Bestandteile eines Informationssystems wurden erstens technische, zweitens informatorische und modelltheoretische, drittens organisatorische sowie viertens personelle Mängel unterschieden. Insgesamt ließen die Vielzahl und Heterogenität inter- und intrasystemischer Defizite den Schluß zu, daß es zahlreichen Unternehmen in der Vergangenheit nicht gelungen ist, ihre Informationssysteme sachgerecht an Veränderungen anzupassen; entsprechend besteht ein weit verbreiteter Bedarf der IS-Gestaltung.[1105]

Damit die (künftigen) Maßnahmen zur Verbesserung der IS sachgerecht sind, wurde am Ende des Kapitels C ein Anforderungskatalog für einen „idealtypischen" IM-Ansatz aus den zuvor beschriebenen Anforderungen an ein zweckgerichtetes IS und aus den IS-Defiziten entwickelt. Danach ist ein IM-Ansatz für die Gestaltung von Informationssystemen zielgerichtet, wenn er folgenden Kriterien genügt: Qualitätsorientierung, Kundenorientierung, Wirtschaftlichkeitsorientierung, Ganzheitlichkeit im Denken und Handeln sowie Ressourcen-/Potentialorientierung.

[1104] Vgl. diesbezüglich Aussage 1 auf Seite 87.

[1105] Vgl. diesbezüglich Aussage 2 auf Seite 88.

Kapitel D beschäftigte sich mit der LM-Konzeption. Da angesichts des Facettenreichtums eine exakte definitorische Abgrenzung von Lean Management unzweckmäßig ist, wurde hierauf verzichtet; stattdessen wurde LM mittels einer ausführlichen Beschreibung seiner konstitutiven Bestandteile charakterisiert. Unterschieden wurden dabei erstens das LM-Zielsystem, zweitens die LM-Meta-Kriterien und drittens die LM-Instrumente, wobei der Konkretisierungsgrad der einzelnen Bestandteile angefangen bei dem Zielsystem über die Meta-Kriterien bis hin zu den Instrumenten steigt.

Das Kapitel D endete mit der Antwort auf die Frage, ob Lean Management grundsätzlich als Gestaltungsansatz von Informationssystemen einsetzbar sei. Zwei kumulativ zu erfüllende Aspekte wurden in diesem Zusammenhang eruiert: Erstens wurde untersucht, ob Lean Management überhaupt im Bereich Informationswirtschaft angewendet darf. Es zeigte sich hierbei, daß der Managementansatz ungeachtet seines produktionswirtschaftlichen Ursprungs im Bereich Informationswirtschaft nicht nur eingesetzt werden kann, sondern eigentlich eingesetzt werden muß. Diese Schlußfolgerung ergab sich zum einen aus der Forderung des Schrifttums, Lean Management in jeglichen Bereichen eines Unternehmens anzuwenden, und zum anderen aus dem Meta-Kriterium „Ganzheitlichkeit im Denken und Handeln", wonach LM nicht nur in den „klassischen" LM-Bereichen Beschaffung, Produktion und Absatz, sondern auch im Bereich Informationswirtschaft hinzuzuziehen ist. Zweitens war zu analysieren, ob Lean Management aufgrund seiner konzeptionellen Ausgestaltung für die Gestaltung eines Informationssystems geeignet ist. Zur Beantwortung dieser Frage wurde aus den LM-Zielen und den LM-Meta-Kriterien ein Katalog typischer Merkmale der LM-Konzeption entwickelt, um diese Zusammenstellung anschließend mit dem zuvor entwickelten Anforderungskatalog an einen „idealtypischen" IM-Ansatz zu vergleichen. Der Vergleich zeigte, daß Lean Management einerseits sämtliche Kriterien umfaßt, die ein idealer Informationsmanagementansatz besitzen sollte, und andererseits keines derjenigen Kriterien, welche das LM-Konzept zusätzlich zu den Merkmalen eines idealtypischen IM-Ansatzes aufweist, einen negativen Einfluß auf eine Anwendbarkeit dieser Konzeption bei der IS-Gestaltung hat.[1106] Zusammengenommen war damit die Idee grundlegend bestätigt, Lean Management im IS-Bereich einsetzen zu können.

Den Ausführungen in Kapitel D folgte in Kapitel E der Schwerpunkt der Arbeit – die Gestaltung eines Informationssystems unter besonderer Berücksichtigung von Lean Management. Es wurden dabei zwei Ziele verfolgt: Erstens sollten solche Gestal-

---

[1106] Vgl. Abb. 26.

tungsmaßnahmen in den IM-Bereichen „Informationsstrategie", „Informationspotential" und „Informationsbereitschaft" dargestellt werden, die den neuartigen Anforderungen an ein Informationssystem genügen und mit denen zudem die derzeitigen IS-Defizite beseitigt werden können. Zweitens war zu prüfen, ob LM bei der Gestaltung von Informationssystemen auch „konkret" tauglich ist. Zu diesem Zweck wurde zunächst partiell untersucht, inwieweit die zuvor dargestellten Gestaltungsansätze mit den Ideen der LM-Konzeption kompatibel sind, um anschließend die Anwendbarkeit von Lean Management aus einer ganzheitlichen Perspektive zu würdigen.

Es stellte sich heraus, daß die Zweckmäßigkeit von Lean Management für die Gestaltung von Informationssystemen angefangen beim LM-Zielsystem über die LM-Meta-Kriterien bis hin zu den LM-Instrumenten stetig abnimmt. Da somit der Nutzen von Lean Management im IS-Bereich reziprok zum Konkretisierungsgrad dieser drei konstitutiven Bestandteile verläuft, wird es bei einer an diesem Konzept ausgerichteten IS-Gestaltung stets notwendig sein, auch auf solche Instrumente und Methoden zurückzugreifen, die nicht dem „klassischen" LM-Ansatz angehören. Eine allein am LM-Ansatz orientierte Gestaltung von Informationssystemen ist folglich nicht möglich; der Nutzen von Lean Management erschöpft sich insofern darin, einen sinnvollen, zugleich indes abstrakten Gestaltungsrahmen für die IS-Gestaltung vorzugeben. Lean Management kann somit (nur) als eine Orientierungshilfe fungieren.

Literaturverzeichnis

Abel, B. (1977): Problemorientiertes Informationsverhalten: Individuelle und organisatorische Gestaltungsbedingungen innovativer Entscheidungssituationen, Toeche-Mittler Verlag, Darmstadt 1977.

Adam, D. (1996): Planung und Entscheidung: Modelle – Ziele – Methoden, 4., vollständig überarbeitete und wesentlich erweiterte Auflage, Gabler, Wiesbaden 1996.

Adam, D. (1997): Produktions-Management. 8., vollständig überarbeitete und erweiterte Auflage, Gabler, Wiesbaden 1997.

Adam, D. (1998): Wiederbeschaffungswertorientierte Bewertung in der Kostenrechnung, in: krp, 42. Jg., 1998, H. 1, S. 44-47.

Adam, D./Johannwille, U. (1998): Die Komplexitätsfalle, in: Komplexitätsmanagement, hrsg. v. Dietrich Adam, Schriften zur Unternehmensführung, Bd. 61, Gabler, 1998, S. 5-28.

Adenauer, S. (1992): Rahmen zur Gestaltung der Arbeitsbeziehungen, in: Lean Production: Idee – Konzept – Erfahrungen in Deutschland, hrsg. vom Institut für angewandte Arbeitswissenschaft e. V., Köln 1992, S. 84-94.

Adler, G. (1992): Informationstechnik – Informationsbremse?, in: Diebold Management Report, Nr. 12, 1992, S. 18-21.

Adrian, W. (1989): Strategische Unternehmensführung und Informationssystemgestaltung auf der Grundlage kritischer Erfolgsfaktoren: ein anwendungsorientiertes Konzept für mittelständische Unternehmen, Eul-Verlag, Bergisch Gladbach 1987; zugl.: Göttingen, Univ., Diss., 1989.

Ahlert, D./Franz, K.-P. (1992): Industrielle Kostenrechnung, 5., neubearb. und erw. Aufl., VDI-Verlag, Düsseldorf 1992.

Albach, H. (1988): Kosten, Transaktionen und externe Effekte im betrieblichen Rechnungswesen, in: ZfB, 58. Jg. 1988, S. 1143-1170.

Alpar, P./Grob, H. L./Weimann, P./Winter, R. (2000): Anwendungsorientierte Wirtschaftsinformatik. Eine Einführung in die strategische Planung, Entwicklung und Nutzung von Informations- und Kommunikationssystemen, 2., überarbeitete Auflage, Vieweg Verlagsgesellschaft, Braunschweig/Wiesbaden 2000.

Angermeyer, H. C. (1990): Qualifizierung für Informationsmanagement – ein unternehmensweiter Managementprozeß, in: Information Management, 1990, H. 4, S. 34-41.

Arrow, K. J. (1984): The Economics of Information, Collected Papers of Kenneth J. Arrow 4, Oxford, Blackwell 1984.

Arthur D. Little (Hrsg.) (1992): Management von Spitzenqualität, Gabler, Wiesbaden 1992.

Aubert, B. A./Rivard, S./Patry, M. (1996): A Transaction cost approach to outsourcing behavior: Some empirical evidence, in: Information & Management 28 (1994) 2, S. 51-64.

Auer, K. V. (1999): International harmonisierte Rechnungslegungsstandards aus Sicht der Aktionäre: Vergleich von EG-Richtlinien, US-GAAP und IAS, 2., überarb. und erw. Aufl., Gabler, Wiesbaden 1999.

Aurenz, H./Krcmar, H. (1999): Controlling verteilter Informationssysteme, in: IV-Controlling aktuell, hrsg. von Dobschütz, L. v./Baumöl, U./Jung, R., Gabler, Wiesbaden 1999, S. 175-198.

Aust, R. (1999): Kostenrechnung als unternehmensinterne Dienstleistung, Gabler, Wiesbaden 1999; zugl.: Koblenz, Wiss. Hochschule für Unternehmensführung, Diss., 1999.

Bachinger, H. (1987): Die strategische Ausrichtung der ORG/DV als Wachstumsprozeß, in: Information Management, 1987, H. 3, S. 18-23.

Baetge, J./Kirsch, H.-J./Thiele, S. (2001): Bilanzen, 5., überarb. und erw. Aufl., Düsseldorf: IDW-Verlag, 2001.

Bahlmann, A. R. (1982): Informationsbedarfsanalyse für das Beschaffungsmanagement. Betriebswirtschaftliche Schriften zur Unternehmensführung, Bd. 41: Betriebliche Logistik, Verlag Mannhold, Gelsenkirchen 1982.

Baik, K. (1997): Chancen und Risiken bei der strategischen Planung des ganzheitlichen Informations- und Kommunikationssystems in Klein- und Mittelbetrieben, Cuvillier-Verlag, Göttingen 1997.

Bamberg, G./Locarek, H. (1992): Groves-Schemata zur Lösung von Anreizproblemen bei der Budgetierung, in: Spremann, K./Zur, E. (Hrsg.): Controlling. Grundlagen – Informationssysteme – Anwendungen, Wiesbaden 1992, S. 657-670.

Bamford, J./Ernst, D. (2002): Managing an alliance portfolio, in: The McKinsey Quarterly, Autumn 2002, S. 28-39.

Bauer, A./Geyer, D. (1993): Lean Marketing, Verlag Moderne Industrie, Landsberg/Lech 1993.

Baumann, K.-H. (1986): Das Rechnungswesen als Instrument zur Steuerung und Kontrolle von US-Tochtergesellschaften deutscher Unternehmen, in: ZfbF, 38. Jg., 1986, S. 425-432.

Baur, C. (1990): Make-or-Buy-Entscheidungen in einem Unternehmen der Automobilindustrie: empirische Analyse und Gestaltung der Fertigungstiefe aus transaktionskostentheoretischer Sicht, VVF-Verlag, 1990; zugl.: München, Univ., Diss., 1990.

Becker, G. M. (1998): Das interne Rechnungswesen auf dem Prüfstand, in: WISU 10/1998, S. 1100-1104.

Becker, J./Rosemann, M. (1998): Informationsmanagement – ein Beitrag zur Beherrschung der Komplexität?, in: Komplexitätsmanagement, hrsg. v. Dietrich Adam, Schriften zur Unternehmensführung, Bd. 61, Gabler, Wiesbaden 1998, S. 111-124.

Becker, K./Eyer, E. (1992): Entgelt, in: Lean Production: Idee – Konzept – Erfahrungen in Deutschland, hrsg. vom Institut für angewandte Arbeitswissenschaft e. V., Köln 1992, S. 50-67.

Becker, W. (1992): IT-Kostenverrechnung – Preis für Klarheit (Teil 1), in: Diebold Management Report, Nr. 6, 1992, S. 8-11.

Becker, W. (1996): IT-Organisation: Profitcenter Informatik, in: Diebold Management Report, Nr. 5, 1996, S. 14-18.

Beier, D./Gabriel, R. (1998): Methoden und Organisation des Informationsmanagements, Arbeitsbericht 98-28 des Lehrstuhls für Wirtschaftsinformatik der Ruhr-Universität Bochum 1998.

Beier, D./Gabriel, R./Streubel, F. (1997): Ziele und Aufgaben des Informationsmanagements, Arbeitsbericht 97-23 des Lehrstuhls für Wirtschaftsinformatik der Ruhr-Universität Bochum 1997.

Benkenstein, M. (1993): Dienstleistungsqualität: Ansätze zur Messung und Implikationen für die Steuerung, in: ZfB, 63 Jg. (1993), S. 1095-1116.

Benkenstein, M./Henke, N. (1993): Der Grad vertikaler Integration als strategisches Entscheidungsproblem. Eine transaktionskostentheoretische Interpretation, in: DBW 53 (1993), S. 77-91.

Berens, W./Schmitting, W. (2000): Möglichkeiten der entscheidungsorientierten Kostenbewertung – beschaffungs- und absatzmarktorientierte Fundierung, in: Fischer, T. M. (Hrsg.): Kostencontrolling: Neue Methoden und Inhalte, Schäffer-Poeschel, Stuttgart 2000, S. 54-77.

Berthel, J. (1975): Betriebliche Informationssysteme, Sammlung Poeschel, Betriebswirtschaftliche Studienbücher, Stuttgart 1975.

Berthel, J. (1992): Stichwort Informationsbedarf, in: Frese, E. (Hrsg.): HWO, 3. Aufl., Stuttgart 1992, Sp. 872-886.

Bessai, B. (1985): Kosten- und Leistungsrechnung für den zentralen Bereich der Datenverarbeitung, in: Handbuch der modernen Datenverarbeitung 22 (1985), Nr. 124, S. 61-82.

Betz, D. O. (1993): Die betriebliche Datenverarbeitung als Profit Center, in: Heinzl, A./Weber, J. (Hrsg.): Alternative Organisationskonzepte der betrieblichen Datenverarbeitung, Schäffer-Poeschel, Stuttgart 1993, S. 39-95.

Betz, S. (1996): Gestaltung der Leistungstiefe als strategisches Problem, in: DBW 56 (1996), S. 399-412.

Beutin, N. (2001): Verfahren zur Messung der Kundenzufriedenheit im Überblick, in: Homburg, C. (Hrsg.): Kundenzufriedenheit: Konzepte – Methoden – Erfahrungen, 4. Aufl., Gabler, Wiesbaden 2001, S. 87-122.

Biel, A. (1997): Vital Signs, in: Controller Magazin, 22. Jg., Heft 2, 1997, S. 61-65.

Bierfelder, W. (1968): Optimales Informationsverhalten im Entscheidungsprozeß der Unternehmung, Betriebswirtschaftliche Schriften, Heft 25, Berlin 1968.

Biethahn, J./Brockhaus, R. (1992): Organisationsformen der Informationsverarbeitung, in: Huch, B./Behme, W./Schimmelpfeng, K. (Hrsg.): Controlling und EDV, Verlag FAZ, Frankfurt am Main 1992, S. 116-132.

Biethahn, J./Fischer, D. (1994): Controlling-Informationssysteme, in: Biethahn, J./Huch, B. (Hrsg.): Informationssysteme für das Controlling: Konzepte, Methoden und Instrumente zur Gestaltung von Controlling-Informationssystemen, Springer-Verlag, Berlin u. a. 1994, S. 25-68.

Biethahn, J./Mucksch, H./Ruf, W. (1994): Ganzheitliches Informationsmanagement: Bd. 1, 3., vollständig überarbeitete und erweiterte Auflage, Oldenbourg Verlag, München u. a. 1994.

Bischof, S. (1998): Anwendbarkeit der percentage of completion-Methode nach IAS und US-GAAP im internen Rechnungswesen, in: krp, 42. Jg., 1998, H. 1, S. 8-15.

Bleicher, K. (1991): Organisation: Strategien – Strukturen – Kulturen, 2. vollst. neu bearb. und erw. Aufl., Gabler, Wiesbaden 1991.

Böcking, H.-J./Benecke, B. (1998): Neue Vorschriften zur Segmentberichterstattung nach IAS und US-GAAP unter den Aspekt des Business Reporting, in: WPg, 51. Jg., 1998, S. 92-107.

Bogaschewsky, R. (1992): Lean Production – Patentrezept für westliche Unternehmen?, in: Zeitschrift für Planung, 1992, H. 4, S. 275-298.

Bogaschewsky, R./Rollberg, R. (1998): Prozeßorientiertes Management, Springer-Verlag, Berlin 1998.

Bongard, S. (1993): Outsourcing-Entscheidungen in der Informationsverarbeitung: Entwicklung eines computergestützten Portfolio-Instrumentariums, Dt. Univ.-Verl., Wiesbaden 1993; zugl.: Bamberg, Univ., Diss., 1993.

Bösenberg, D./Metzen, H. (1995): Lean Management: Vorsprung durch schlanke Konzepte, 5. Aufl., Verlag Moderne Industrie, Landsberg/Lech 1995.

Brandt, D. R. (1988): How Service Markets Can Identify Value Enhancing Service Elements, in: The Journal of Services Marketing, 2 (1988) 3, S. 35-41.

Brede, H. (1993): Entwicklungstrends in Kostenrechnung und Kostenmanagement, in: Die Unternehmung, 47 Jg., H. 4, 1993, S. 333-357.

Breker, N./Naumann, K.-P./Tielmann, S. (1999): Die Wirtschaftsprüfer als Begleiter der Internationalisierung der Rechnungslegung (Teil 1), in: WPg, 52. Jg., 1999, S. 140-154.

Brockhaus, R. (1992): Informationsmanagement als ganzheitliche, informationsorientierte Gestaltung von Unternehmen: organisatorische, personelle und technologische Aspekte, Unitext-Verlag, Göttingen 1992; zugl.: Göttingen, Univ., Diss., 1992.

Brockhaus, R./Boer, E. d. (1994): Informationssysteme als Objekt des Controlling, in: Biethahn, J./Huch, B. (Hrsg.): Informationssysteme für das Controlling: Konzepte, Methoden und Instrumente zur Gestaltung von Controlling-Informationssystemen, Springer-Verlag, Berlin u. a. 1994, S. 69-116.

Brombacher, R. (1991): Effizientes Informationsmanagement – die Herausforderung von Gegenwart und Zukunft, in: Integrierte Informationssysteme, hrsg. v. Herbert Jacob/Jörg Becker/Helmut Krcmar, Schriften zur Unternehmensführung, Bd. 44, Gabler, Wiesbaden 1991, S. 111-134.

Brönimann, C. (1970): Aufbau und Beurteilung des Kommunikationssystems von Unternehmungen. Schriftenreihe „Führung und Organisation der Unternehmung", hrsg. vom Institut für Betriebswirtschaft an der Hochschule St. Gallen, Verlag Paul Haupt, Bern u. a. 1970.

Bruhn, M. (1997): Qualitätsmanagement für Dienstleistungen: Grundlagen, Konzepte, Methoden, 2., überarbeitete und erweiterte Auflage, Springer-Verlag, Berlin u. a. 1997.

Bruhn, M. (1999): Verfahren zur Messung der Qualität interner Dienstleistungen: Ansätze für einen Methodentransfer aus dem (externen) Dienstleistungsmarketing, in: Bruhn, M. (Hrsg.): Internes Marketing: Integration der Kunden- und Mitarbeiterorientierung. Grundlagen – Implementierung – Praxisbeispiele, 2. Aufl., Gabler, Wiesbaden 1999, S. 537-575.

Bruhn, M. (2000): Qualitätscontrolling in Dienstleistungsunternehmen, in: krp-Sonderheft 1/00, S. 19-27.

Bruhn, M. (2001): Qualitätsmanagement für Dienstleistungen. Grundlagen, Konzepte, Methoden, 3., neu bearb. Aufl., Springer-Verlag, Berlin u. a. 2001.

Brunner, J./Dönni, B. (1997): Leistungsfähiges Führungsinformationssystem für das Management. Informationsverarbeitung als zentrale Herausforderung, in: Der Schweizer Treuhänder, 71. Jg. H. 4, 1997, Teil 1, S. 325-328.Brynjolfsson, E./Hitt, L. (1996): Paradox Lost? Firm-level Evidence on the Returns to Information Systems Spending, in: Management Science, Vol. 42 (April 1996), No. 4, S. 541-558.

Bühner, R. (1975): Organisationsgestaltung von Informationssystemen in der Unternehmung, Betriebswirtschaftliche Schriften, Heft 80, Duncker & Humblot, Berlin 1976.

Bullinger, H.-J. (1994): Einführung in das Technologiemanagement: Modelle, Methoden und Praxisbeispiele, Verlag B. G. Teubner, Stuttgart 1994.

Bullinger, H.-J./Wasserloos, G. (1992): Innovative Unternehmensstrukturen, in: Office Management, 1992, Heft 1-2, S. 6-14.

Busse von Colbe, W. (1996): Das Rechnungswesen im Dienste einer kapitalmarktorientierten Unternehmensführung, in: SG-DGfB e. V. (Hrsg.): Globale Finanzmärkte, Stuttgart 1996, S. 15-36.

Busse von Colbe, W. (1998): Rechnungswesen, in: Busse von Colbe, W./Pellens, B. (Hrsg.): Lexikon des Rechnungswesens, 4. Aufl., München/Wien 1998, S. 599-602.

Bußmann, J./Kreuz, W. (1991): Noch erheblicher Nachholbedarf an effizienten IT-Konzepten: Ohne Informationsstrategie läuft nichts, in: Computerwoche Extra vom 13.12.1991, S. 38-39 und S. 49.

Buzzel, R. D./Gale, B. T. (1989): Das PIMS-Programm, Strategien und Unternehmenserfolg, Wiesbaden 1989.

Clark, J. M. (1923): Studies in the Economics of Overhead Costs, Chicago 1923.

Cleveland, H. (1983): Information as a Resource, in: The McKinsey Quarterly, Summer 1983, S. 37-41.

Coase, R. (1937): The Nature of the Firm, in: Economica, New Series, 4. Jg. (1937), S. 386-405.

Coenenberg, A. G. (1966): Die Kommunikation in der Unternehmung, Wiesbaden 1966.

Coenenberg, A. G. (1973): Verrechnungspreise zur Steuerung divisionalisierter Unternehmen, in: WiSt, Heft 9, 1973, S. 372-383.

Coenenberg, A. G. (1995a): Einheitlichkeit oder Differenzierung von internem und externem Rechnungswesen: Die Anforderungen der internen Steuerung, in: DB, 48. Jg., H. 42, S. 2077-2083.

Coenenberg, A. G. (1995b): Einheitlichkeit oder Differenzierung von internem und externem Rechnungswesen: Die Anforderungen der internen Steuerung, in: SG-DGfB e. V. (Hrsg.): Globale Finanzmärkte, Stuttgart 1996, S. 137-161.

Coenenberg, A. G. (1999): Kostenrechnung und Kostenanalyse, 4., aktualisierte Auflage, Verlag Moderne Industrie, Landsberg/Lech 1999.

Copeland, T./Koller, T./Murrin, J. (1998): Unternehmenswert: Methoden und Strategien für einen wertorientierte Unternehmensführung, 2., aktualisierte und erweiterte Auflage, Campus Verlag, Frankfurt/Main u. a. 1998.

Corsten, H. (1988): Dienstleistungen in produktionstheoretischer Interpretation, in: WISU 2/1988, S. 81-87.

Corsten, H. (2001): Dienstleistungsmarketing, 4., bearb. und erw. Auflage, Oldenbourg Verlag, München u. a. 2001.

Corsten, H./Reiß, M. (1994): Betriebswirtschaftslehre, Oldenbourg Verlag, München 1994.

Czenskowsky, T./Schweizer, S./Zdrowomyslaw, N. (1997): Die Bedeutung kalkulatorischer Kosten für den Betriebsvergleich, in: krp, 41. Jg. 1997, H. 4, S. 226-233.

Dahmen, P. (1990): Qualifizierung für innovative Informationstechnologie. Konzeptionelle Ansätze zur Verringerung der Diskrepanz zwischen Theorie und Praxis, Wirtschaftsverlag Bachem, Köln 1990; zugl.: Köln, Univ., Diss., 1989.

Daimler Benz AG (1997): Geschäftsbericht 1996, Stuttgart 1997.

Daimler Chrysler (2002): Steuerungsgrößen im Konzern. Zu finden im Internet unter http://www.daimlerchrysler.de/index_g.htm, Stichwort Steuerungsgrößen, Stand 9.10.2002.

Danert, G. (1971): Die Funktion der Profit Center, in: ZfbF, 23. Jg., 1971, S. 195-236.

Daum, M./Piepel, U. (1992): Lean Production – Philosophie und Realität, in: io Management Zeitschrift, 1992, Nr. 1, S. 40-47.

Dekena, R. (1994): Qualifizierung und Technologie. Betriebswirtschaftliche Aspekte der Qualifizierung bei Einführung von Technologien zur Unterstützung von Informations- und Kommunikationsprozessen im Büro- und Verwaltungsbereich, Bergisch-Gladbach; Eul-Verlag 1994; zugl.: Köln, Univ., Diss., 1994.

Dekena, R. (1995): Qualifizierungsprobleme bei Einführung der IuK-Technologie – Eine empirische Analyse, in: Seibt, D. (Hrsg.): Kommunikation, Organisation & Management: Ergebnisse der BIFOA-Forschung, Braunschweig/Wiesbaden 1995, S. 141-188.

Deleker, O. (1997): Zur Möglichkeit einer Konzernführung auf Basis vereinheitlichter Steuerungsgrößen, in: DStR, H. 16, 1997, S. 631-636.

Dellmann, K./Franz, K.-P. (1994): Von der Kostenrechnung zum Kostenmanagement, in: Dellmann, K./Franz, K.-P. (Hrsg.): Neuere Entwicklungen im Kostenmanagement, Verlag Paul Haupt, Wien 1994, S. 15-30.

Deppe, J. (1993): Personalwirtschaftliche Implikationen eines Lean Management, Schriftenreihe der Ruhr-Universität Bochum/Fakultät Wirtschaftswissenschaften, Lehrstuhl Prof. Mag, Nr. 20, Bochum 1993.

Dernbach, W. (1993a): Komplexitätsreduzierung: Warum Sie ihre DV eine Abmagerungskur verschreiben sollten, in: Kompetenz Nr. 13, 1993, S. 30-43.

Dernbach, W. (1993b): Informatik-Restrukturierung: Abschied von alten Zöpfen, in: Diebold Management Report, Nr. 3, 1993, S. 3-10.

Deutsch, C. (1993): Lean Computing: Absurdes Verhältnis, in: Wirtschaftswoche Nr. 2 vom 8.1.1993, S. 33-34.

Deutsche Gesellschaft für Qualität e. V. (1985): Qualitätskosten. Rahmenempfehlung zu ihrer Definition, Erfassung und Beurteilung, 5. Auflage, Berlin 1985.

Dirrigl, H. (1998): Wertorientierung und Konvergenz in der Unternehmensrechnung, in: BFuP 1998, H. 5, S 540-579.

Dobschütz, L. v./Kisting, J./Schmidt, E. (1994): IV-Controlling in der Praxis. Kosten und Nutzen der Informationsverarbeitung. Gabler Verlag, Wiesbaden 1994.

Dobschütz, L. v./Langenbacher, S. (1994): Die systematische Erschließung von Einsparungspotentialen in der DV, in: Handbuch der modernen Datenverarbeitung 31 (1994), Nr. 178, S. 126-138.

Dobschütz, L. v./Prautsch, W. (1991): Innerbetriebliche Verrechnung von DV-Kosten, in: Controlling, 1991, S. 330-334.

Dörfler, P. (1986): Controlling und Information – Informationsbedarf des Controlling und Informationsangebot unter besonderer Berücksichtigung der Häufigkeiten von Bedarf und Angebot, Göttingen 1986; zugl.: Göttingen, Univ., Diss., 1989.

Dorn, B. (1994): Managementsysteme: Von der Information zur Unterstützung, in: Das informierte Management – Fakten und Signale für schnelle Entscheidungen, hrsg. von B. Dorn, Berlin 1994, S. 11-20.

Drews, H. (2001): Instrumente des Kooperationscontrollings. Anpassung bedeutender Controllinginstrumente an die Anforderungen des Managements von Unternehmenskooperationen, Dt. Univ.-Verl., Wiesbaden 2001; zugl.: Trier, Univ., Diss., 2001.

Drumm, H. J. (2000): Personalwirtschaft, 4., überarb. u. erw. Auflage, Springer-Verlag, Berlin u. a. 2000.

Ehrbar, A. (1999): Economic Value Added, Gabler, Wiesbaden 1999.

Ehrt, R. (1995): Die Vereinheitlichung der Bewertung im Konzern – Theorie und Konsolidierungswirklichkeit, in: Küting, K./Weber, C.-P. (Hrsg.): Das Rechnungswesen im Konzern: intern – extern, Schäffer-Poeschel, Stuttgart 1995, S. 153-174.

Erichsen, J. (2000): Verbesserung der Effizienz des Controllings: Zusammenführung von externem und internem Rechnungswesen, in: Bilanz & Buchhaltung, 2000, H. 2, S. 55-59.

Eversheim, W. (1995): Prozeßorientierte Unternehmensorganisation: Konzepte und Methoden zur Gestaltung „schlanker" Organisationen, Springer-Verlag, Berlin u. a. 1995.

Eversheim, W. (2000): Qualitätsmanagement für Dienstleister: Grundlagen – Selbstanalyse – Umsetzungshilfen, 2. Aufl., Springer, Berlin u. a. 2000.

Eversmann, M. (1994): Service-Center. Dienstleistungen im Wettbewerb, in: Controller Magazin, 19. Jg., Heft 6, 1994, S. 347-350.

Ewert, R./Wagenhofer, A. (1997): Interne Unternehmensrechnung, 3., überarbeitete und erweiterte Auflage, Springer-Verlag, Berlin 1997.

Fähnrich, K.-P./Weisbeckert, A./Kurz, E. (1992): Lean Management in der DV-Abteilung, in: Online, 1992, Teil 11, S. 67-72.

Faix, W. G. (1994): Der Weg zum schlanken Unternehmen, Verlag Moderne Industrie, Landsberg/Lech 1994.

Fandel, G. (1994): Produktion I: Produktions- und Kostentheorie, 4. Aufl., Springer-Verlag, Berlin 1994.

Fank, M. (1996): Einführung in das Informationsmanagement: Grundlagen – Methoden – Konzepte, Oldenbourg Verlag, München u. a. 1996.

FASB (2002): SFAS 131. Zu finden am 9.10.2002 im Internet unter der WWW-Adresse http://www.fasb.org/st/summary/stsum131.shtml, Stand 9.10.2002.

Fickert, R (1993): Management Accounting – quo vadis?, in: Die Unternehmung, 47 Jg., H. 3, 1993. S 203-224.

Fieten, R. (1995): Business Reengineering und schlankes Management – Auswirkungen auf die organisatorische Gestaltung und den Einsatz von Standardsoftware, in: Seibt, D. (Hrsg.): Kommunikation, Organisation & Management: Ergebnisse der BIFOA-Forschung, Braunschweig/Wiesbaden 1995, S. 293-313.

Fink, A. (2001): Informationssysteme, in: WISU 6/2001, S. 812-814.

Fischbacher, A. (1986): Strategisches Management der Informationsverarbeitung – Konzeption, Methodik und Instrumente, München 1986.

Fischer, C.-D. (1999): Informationsmanagement im Wandel: praxisorientierte Lösungsansätze und Managementmodelle zur Bewältigung von Veränderungen im Informationsmanagement. Europäische Hochschulschriften: Reihe 5, Volks- und Betriebswirtschaftslehre; Bd. 242, Lang Verlag, Frankfurt/Main u. a. 1999; zugl.: Stuttgart, Univ., Diss., 1998.

Förschle, G./Kroner, M./Rolf, M. (1999): Internationale Rechnungslegung: US-GAAP, HGB und IAS, 3., überarb. und aktualisierte Aufl., Economica Verlag, Bonn 1999.

Frese, E. (1998): Internes Rechnungswesen und verborgene Handlungen – Zur konzeptionellen Integration offizieller Verhaltenserwartung und individueller Verhaltenspräferenz, in: Möller, H. P./Schmidt, F. (Hrsg.): Rechnungswesen als Instrument für Führungsentscheidungen. Festschrift für Adolf G. Coenenberg zum 60. Geburtstag, Schäffer-Poeschel, Stuttgart 1998, S. 3-29.

Friedl, B. (1993): Anforderungen des Profit-Center-Konzepts an Führungssystem und Führungsinstrument, in: WISU 10/1993, S. 830-842.

Garvin, D. A. (1984a): What Does "Product Quality" Really Mean?, in: Sloan Management Review, 26 (1984) 1, S. 25-43.

Garvin, D. A. (1984b): Product Quality: An Important Strategic Weapon, in: Business Horizons Vol. 27 (1984) No. 3, S. 40-43.

Gaugler, E. (1983): Erfolgsbeteiligung, in: DBW 43 (1998), S. 483-484.

Gemünden, H. G. (1993): Information: Bedarf, Analyse und Verhalten, in: Wittmann et al. (Hrsg.): HWB, Teilband 2, 5. Aufl., Stuttgart 1993, Sp. 1725-1735.

Gerhardt, T./Nippa, M./Picot, A. (1992): Die Optimierung der Leistungstiefe, in: Harvard Manager (1992), Heft 3, S. 136-142.

Gerstein, M./Reisman, H. (1982): Creating Competitive Advantage with Computer Technology, in: The Journal of Business Strategy, 3 (1982) 1, S. 53-60.

Götze, U. (1991): Szenario-Technik in der strategischen Unternehmensplanung, Dt. Univ.-Verl., Wiesbaden 1991; zugl.: Göttingen, Univ., Diss., 1990.

Götze, U./Rudolph, F. (1994): Instrumente der strategischen Planung, in: Bloech, J./Götze, U./Huch, B./Lücke, W./Rudolph, F. (Hrsg.): Strategische Planung – Instrumente, Vorgehensweisen und Informationssysteme, Physica-Verlag, Heidelberg 1994, S. 1-56.

Graef, M./Greiller, R. (1982): Organisation und Betrieb eines Rechenzentrums, 2. Aufl., Forkel-Verlag, Wiesbaden 1982.

Grochla, E. (1975): Betriebliche Planung und Informationssysteme, Reinbek 1975.

Groß, J. (1985): Entwicklung des strategischen Informations-Managements in der Praxis, in: Strunz, H. (Hrsg.): Planung in der Datenverarbeitung. Von der DV-Planung zum Informations-Management, Informations- und Fachtagung für das DV-Management in Bonn 1984, Springer-Verlag, Berlin u. a., 1985, S. 38-66.

Große-Oetringhaus, W. F. (1993): Sozialkompetenz – ein neues Anspruchsniveau für die Personalpolitik, in: ZfbF, 45. Jg., 1993, S. 270-295.

Groth, U./Kammel, A. (1992): Lean Production – Schlagwort ohne inhaltliche Präzision, in: Fortschrittliche Betriebsführung und Industrial Engineering, H. 4, 1992, S. 148-149.

Groth, U./Kammel, A. (1993): 13 Stolpersteine vor dem schlanken Unternehmen, in: Harvard Business Manager 1993, Heft 1, S. 115-122.

Groth, U./Kammel, A. (1994): Lean-Management: Konzepte, kritische Analyse, praktische Lösungsansätze, Gabler, Wiesbaden 1994.

Grotz-Martin, S. (1976): Informations-Qualität und Informations-Akzeptanz in Entscheidungsprozessen: Theoretische Ansätze und ihre empirische Überprüfung; zugl.: Saarbrücken, Univ., Diss., 1976.

Günther, T. (1997): Unternehmenswertorientiertes Controlling, Vahlen, München 1997.

Gutenberg, E. (1952): Planung im Betrieb, in: ZfbF, 4. Jg., 1952, S. 669-684.

Gutenberg, E. (1979): Grundlagen der Betriebswirtschaftslehre. 1. Band: Die Produktion, 23., unveränderte Aufl., Heidelberg 1979.

Hachmeister, D. (1995): Der Discounted Cash Flow als Maß der Unternehmenswertsteigerung. Betriebswirtschaftliche Studien Rechnungs- und Finanzwesen, Organisation und Institution; Bd. 26, Frankfurt am Main 1995.

Hackett, G. P. (1990): Investment in Technology – The Service Sector Sinkehole?, in: Sloan Management Review, 32 (1990) 4, S. 97-103.

Hahn, D. (1995): Unternehmensziele im Wandel: Konsequenzen für das Controlling, in: Controlling, 1995, S. 328-338.

Hahn, D./Laßmann, G. (1996): Produktionswirtschaft – Controlling industrieller Produktion: Band 3, Zweiter Teilband: Informationssystem, Physica-Verlag 1996.

Haller, A. (1997): Zur Eignung der US-GAAP für Zwecke des internen Rechnungswesens, in: Controlling, 1997, S. 270-276.

Haller, S. (1993): Methoden zur Beurteilung von Dienstleistungsqualität – Überblick zum State of the Art, in: ZfbF, 45. Jg., 1993, S. 19-40.

Hanker, J. (1990): Die strategische Bedeutung der Informatik für Organisationen. Industrieökonomische Grundlage des Strategischen Informatikmanagement, Verlag B. G. Teubner, Stuttgart 1990.

Hansen, H. R./Riedl, R. (1990): Strategische langfristige Informationssystemplanung (SISP), in: Kurbel, K./Strunz, H. (Hrsg.): Handbuch Wirtschaftsinformatik, Stuttgart 1990, S. 661-682.

Harris, C. L. (1985): Information Power – How companies are using new technologies to gain a competitive edge, in: Business Week, 14.10.1985, S. 48-54.

Harris, S. E./Katz, J. L. (1988): Profitability and Information Technology Capital Intensity in the Insurance Industry, in: Proceedings of the Twenty-First Annual Hawaii International Conference on System Sciences, hrsg. von Sprague, R. H., Vol. IV, 1988, S. 124-130.

Hartmann, R. (1991): Pflicht statt Kür, in: Diebold Management Report, Nr. 9, 1991, S. 3-6.

Haselbauer, H. (1986): Das Informationssystem als Erfolgsfaktor der Unternehmung, Spardorf 1986.

Hax, A. C./Majluf, N. S. (1991): Strategisches Management. Ein integratives Konzept aus dem MIT, neu bearb. Studienausgabe, Campus-Verlag, Frankfurt/Main u. a. 1991.

Heilmann, H. (1981): Modelle und Methoden der Benutzermitwirkung in Mensch-Computer-Systemen, Forkel-Verlag, Stuttgart u. a. 1981.

Heilmann, H. (1990): Organisation und Management der Informationsverarbeitung im Unternehmen, in: Kurbel, K./Strunz, H. (Hrsg.): Handbuch Wirtschaftsinformatik, Stuttgart 1990, S. 683-701.

Heinen, E. (1966): Das Zielsystem der Unternehmung, Wiesbaden 1966.

Heinen, E. (1991): Industriebetriebslehre als entscheidungsorientierte Unternehmensführung, in: Industriebetriebslehre – Entscheidungen im Industriebetrieb, 9., vollst. neu bearb. und erw. Aufl., Wiesbaden: Gabler, 1991, S. 1-71.

Heinrich, L. J. (1993): Wirtschaftsinformatik: Einführung und Grundlegung, Oldenbourg Verlag, München u. a. 1993.

Heinrich, L. J. (1999): Informationsmanagement: Planung, Überwachung und Steuerung der Informationsinfrastruktur, 6., überarbeitete und ergänzte Aufl., Oldenbourg Verlag, München u. a. 1999.

Heinrich, L. J./Roithmayr, F. (1995): Wirtschaftsinformatik-Lexikon, 5. überarbeitete und wesentlich erweitere Auflage, Oldenbourg Verlag, München u. a. 1995.

Heinrich, W. (1994): Lean-Strategien in der Informatik, Datacom-Verlag, Bergheim 1994.

Heinzl, A. (1991): Die Ausgliederung der betrieblichen Datenverarbeitung, Schäffer-Poeschel, Stuttgart 1991.

Heinzl, A. (1993): Die Ausgliederung der betrieblichen Datenverarbeitung, in: Heinzl, A./Weber, J. (Hrsg.): Alternative Organisationskonzepte der betrieblichen Datenverarbeitung, Schäffer-Poeschel, Stuttgart 1993, S. 135-172.

Heinzl, A./Srikanth, R. (1995): Entwicklung der betrieblichen Informationsverarbeitung, in: Wirtschaftsinformatik, 37. Jg. (1995), S. 10-17.

Helbing, C. (2001): Rechnungslegung im Wandel, in: Der Schweizer Treuhänder, Schweizer Treuhänder, 75. Jg., 2001, S. 295-301.

Hennig, B. (2001): Prozeßorientiertes Qualitätsmanagement von Dienstleistungen: ein informationswirtschaftlicher Ansatz, Dt. Univ.-Verl., Wiesbaden 2001; zugl.: Karlsruhe, Univ., Diss., 2000.

Hentschel, B. (1990): Die Messung wahrgenommener Dienstleistungsqualität mit SERVQUAL: Eine kritische Auseinandersetzung, in: Marketing – Zeitschrift für Forschung und Praxis, 12. Jg., 1990, S. 230-240.

Hentschel, B. (1992): Dienstleistungsqualität aus Kundensicht: vom merkmals- zum ereignisorientierten Ansatz, Dt. Univ. Verl., Wiesbaden 1992; zugl.: Eichstätt, Kath. Univ., Diss., 1992.

Hentze, J./Kammel, A. (2001): Personalwirtschaftslehre 1: Grundlagen, Personalbedarfsermittlung, -beschaffung, -entwicklung und -einsatz, 7. Aufl., Verlag Paul Haupt, Berlin u. a. 2001.

Hermes, B. (2000): IT-Organisationen in dezentralen Unternehmen: eine Analyse idealtypischer Modelle und Empfehlungen, Dt. Univ.-Verl., Wiesbaden 2000; zugl.: Kassel, Univ., Diss., 2000.

Hettich, G. (1981): Struktur, Funktion und Effizienz betrieblicher Informationssysteme: Inaugural-Dissertation zur Erlangung des Doktorgrades der wirtschaftswissenschaftlichen Fakultät der Eberhard-Karls-Universität zu Tübingen 1981.

Hinterhuber, H. H./Handlbauer, G./Matzler, K. (1997): Kundenzufriedenheit durch Kernkompetenzen. Eigene Potentiale erkennen – entwickeln – umsetzen, Carl Hanser Verlag, München u. a. 1997.

Hirschbach, O. (1994): Lean Management – hat das europäische Management versagt?, in: Lean Management und Lean Marketing, Thexis, St. Gallen 1994, S. 106-115.

Hodgkinson, S. L. (1992): Structures for the 1990s : Organisation of IT Functions in Large Companies, in: Information & Management 22 (1992), S. 161-175.

Hoffmann, F. (1986): Kritische Erfolgsfaktoren - Erfahrungen in großen und mittelständischen Unternehmungen, in: ZfbF, 38. Jg., 1986, S. 831-843.

Hoffmann, W./Niedermar, R./Risak, J. (1996): Führungsergänzung durch Controlling, in: Eschenbach, R. (Hrsg.): Controlling, 2., überarbeitete und erweiterte Auflage, Schäffer-Poeschel, Stuttgart 1996.

Homburg, C./Kebbel, P. (2001): Komplexität als Determinante der Qualitätswahrnehmung von Dienstleistungen, in: ZfbF, 53. Jg., 2001, S. 478-499.

Homburg, C./Stock, R. (2000): Der kundenorientierte Mitarbeiter: Bewerten, Begeistern, Bewegen, Gabler Verlag, Wiesbaden, 2000.

Homburg, C./Weber, J./Aust, R./Karlshaus, J. T. (1998a): Interne Kundenorientierung der Kostenrechnung: Kostenrechner müssen umdenken, in: Gablers Magazin, H. 9, 1998, S. 18-20.

Homburg, C./Weber, J./Aust, R./Karlshaus, J. T. (1998b): Interne Kundenorientierung der Kostenrechnung. Ergebnisse der Koblenzer Studie, Band 7 der Schriftenreihe Advanced Controlling, Valendar 1998.

Horváth, P. (1998): Controlling, 7., vollst. überarb. Aufl., Vahlen, München 1998.

Horváth, P./Arnaout, A. (1997): Internationale Rechnungslegung und Einheit des Rechnungswesens – State-of-the-Art und Implementierung in der deutschen Praxis, in: Controlling, 1997, S. 254-269.

Horváth, P./Seidenschwarz, W. (1991): Strategisches Kostenmanagement der Informationsverarbeitung, in: Heinrich, L. J./Pomberger, G./Schauer, R. (Hrsg.): Die Informationswirtschaft im Unternehmen, Linz 1991, S. 297-322.

Horváth, P./Urban, G. (1990): Qualitätscontrolling, Verlag C. E. Poeschel, Stuttgart 1990.

Huber, H. (1999): Die Bewertung des Nutzens von IV-Anwendungen, in: IV-Controlling aktuell, hrsg. von Dobschütz, L. v./Baumöl, U./Jung, R., Dt. Univ.-Verl., Wiesbaden 1999, S. 109-122.

Huch, B./Schimmelpfeng, K. (1994): Controlling: Konzepte, Aufgaben und Instrumente, in: Biethahn, J./Huch, B. (Hrsg.): Informationssysteme für das Controlling: Konzepte, Methoden und Instrumente zur Gestaltung von Controlling-Informationssystemen, Springer-Verlag, Berlin u. a. 1994, S. 1-24.

Hummel, S. (1992): Die Forderung nach entscheidungsrelevanten Kosteninformationen, in: Wolfgang Männel (Hrsg.): Handbuch Kostenrechnung, Gabler, Wiesbaden 1992, S. 76-83.

Imai, M. (1992): Kaizen – Der Schlüssel zum Erfolg der Japaner im Wettbewerb, 3. Aufl., Wirtschaftsverlag Langen Müller, 1992.

Jaeger, F. K. (1999): Prozeßorientiertes Controlling der Informationsverarbeitung, in: krp, 43. Jg., 1999, H. 6, S. 365-371.

Jakobi, M. (1994): Neugestaltung des Controlling bei Ciba, in: Horváth, P. (Hrsg.): Kunden und Prozesse im Fokus – Controlling und Reengineering, Stuttgart 1994, S. 47-59.

Jakubczik, G.-D./Skubch, N. (1994): Systemcontrolling durch nutzerorientierte Verrechnung, in: Online, 1994, Teil 5, S. 64-73.

Jensen, O. (2001): Kundenorientierte Vergütungssysteme als Schlüssen zur Kundenzufriedenheit, in: Homburg, C. (Hrsg.): Kundenzufriedenheit: Konzepte – Methoden – Erfahrungen, 4. Aufl., Gabler, Wiesbaden 2001, S. 281-292.

Jost, P.-J. (2001): Der Transaktionskostenansatz in der Betriebswirtschaftslehre, Schäffer-Poeschel, Stuttgart 2001.

Junker, R. (1988): Einführung von Informations- und Kommunikationstechnologie, Springer-Verlag, Berlin u. a. 1988.

Kammer, K./Schuler, H. (2001): Konzept zur Harmonisierung des Rechnungswesens im internationalen Konzern – Implementierung der Harmonisierung in einem dynamischen und differenzierten Umfeld, in: Controller Magazin, 26. Jg., Heft 2, 2001, S. 144-151.

Kargl, H. (1996): Controlling im DV-Bereich, 3. Aufl., München u. a. 1996.

Kargl, H. (1997): Der Wandel von der DV-Abteilung zum IT-Profitcenter: Mehr als eine Umorganisation!, Arbeitspapiere WI 1/1997, Universität Mainz 1997.

Kauper, I./Hartmann, D. (1994): Lean Management: Ideen für eine zukunftsorientierte Unternehmensgestaltung, Economia Verlag, Bonn 1994.

Keidel, S. (1995): Das Lean Management Konzept: Ursprünge – Bestandteile – Auswirkungen: Eine kritische Beurteilung unter normativen Aspekten, Dissertation der Hochschule St. Gallen für Wirtschafts-, Rechts- und Sozialwissenschaften, Rosch-Buch, Hallstadt 1995.

Keller, T. (1995): Anreize zur Informationsabgabe: Entwicklung eines Anreizsystem zur Steigerung der Abgabebereitschaft von Informationen im Informationssystem der Unternehmung, Lit Verlag, Münster u. a. 1995; zugl.: Hamburg, Univ., Diss., 1994.

Kern, W. (1990): Industrielle Produktionswirtschaft, 4. neu bearbeitete und erweiterte Auflage, Stuttgart 1990.

Kieser, A./Kubicek, H. (1992): Organisation. 3., völlig neu bearb. Auflage, de Gruyter, Berlin u. a. 1992.

Kirsch, W./Klein, H. K. (1977): Management-Informationssysteme I – Wege zu Rationalisierung der Führung, Bd. 1, Kohlhammer Verlag, Stuttgart u a. 1977.

Klein, G. A. (1999): Unternehmenssteuerung auf Basis der International Accounting Standards, Vahlen, München 1999.

Kleinaltenkamp, M. (1998): Begriffsabgrenzungen und Erscheinungsformen von Dienstleistungen, in: Bruhn, M./Meffert, H. (Hrsg.): Handbuch Dienstleistungsmanagement – Von der strategischen Konzeption zur praktischen Umsetzung, Wiesbaden, Gabler 1998, S. S. 27-50.

Kloock, J. (1995): Kalkulatorische Planungsrechnung aus investitionstheoretischer Sicht, in: ZfbF Sonderheft 34/1995, S. 51-80.

Klotz, U. (1993): Ausweg aus dem Produktivitäts-Paradoxon (Teil I), in: ZFO, 1993, H. 6, S. 404-410.

Klutmann, L. (1992): Integration eines strategischen Informations- und Kommunikationsmanagements in alternative Organisationsformen, Lang Verlag, Frankfurt/Main 1992; zugl.: Hamburg, Univ., Diss., 1991.

Knetsch, W. (1987): Organisations- und Qualifizierungskonzepte bei CAD/CAM-Einführung: Voraussetzungen erfolgreicher Anwendung flexibler Automatisierungssysteme, Erich Schmidt Verlag, Berlin 1987.

Knolmayer, G. (1990): Ein Konzept für einen verteilten, mehrstufig organisierten Benutzer-Support, in: Wirtschaftsinformatik, Jg. 32 (1990), Nr. 2, S. 150-160.

Knolmayer, G. (1991): Die Auslagerung von Servicefunktionen als Strategie des IS-Managements, in: Heinrich, L. J./Pomberger, G./Schauer, R. (Hrsg.): Die Informationswirtschaft im Unternehmen, Linz 1991, S. 323-341.

Knolmayer, G. (1992): Informationsmanagement – Outsourcing von Informatik-Leistungen, in: WiSt, Heft 7, 1992, S. 356-360.

Knolmayer, G. (1994): Der Fremdbezug von Information-Center-Leistungen, in: Information Management, 1994, H. 1, S. 54-60.

Koch, I. (1994): Kostenrechnung unter Unsicherheit: theoretische Fundierung und Instrumentarium zur Einbeziehung unsicherer Erwartungen in die Kostenrechnung, Stuttgart 1994; zugl.: Diss., Universität, München, 1994.

Koreimann, D. S. (1976): Methoden der Informationsbedarfsanalyse: Walter de Gruyter, Berlin, New York 1976.

KPMG (1999): Rechnungslegung nach US-amerikanischen Grundsätzen: Grundlagen der US-GAAP und SEC-Vorschriften, 2. Aufl., IDW-Verlag, Düsseldorf 1999.

Kraege, T. (1998): Informationssysteme für die Konzernführung: Funktion und Gestaltungsempfehlungen, Gabler, Wiesbaden 1998; zugl.: Dresden, Univ., Diss., 1998.

Krafcik, J. F. (1988): Triumph of the Lean Production System, in: Sloan Management Review, 30 (1988) 1, S. 41-52.

Kramer, R. (1962): Die Betriebswirtschaftliche Bedeutung von Information und Kommunikation, insbesondere für die Struktur des Betriebs; zugl.: Mannheim, Univ., Diss., 1962.

Kramer, R. (1965): Information und Kommunikation, Duncker & Humblot, Berlin 1965.

Krauch, H. (1994): Systemanalyse in: Seiffert, H./Radnitzky, G. (Hrsg.): Handlexikon zur Wissenschaftstheorie, 2. Auflage, München 1994, S. 338-344.

Krcmar, H. (1997): Informationsmanagement, Springer-Verlag, Berlin 1997.

Kreikebaum, H. (1997): Strategische Unternehmensplanung, 6., überarb. und erw. Aufl., Kohlhammer Verlag, Stuttgart 1997.

Krickl, O. (1994): Business Redesign – Prozeßorientierte Organisationsgestaltung und Informationstechnologie, in: Krickl, O.: Geschäftsprozessmanagement: Prozessorientierte Organisationsgestaltung und Informationstechnologie. Beiträge zur Wirtschaftsinformatik, Bd. 11, Physica-Verlag, Heidelberg 1994.

Krüger, W./Pfeiffer, P. (1988a): Strategisches Management von Informationen, in: Jahrbuch der Bürokommunikation 1988, S. 160-165.

Krüger, W./Pfeiffer, P. (1988b): Strategische Ausrichtung, organisatorische Gestaltung und Auswirkungen des Informations-Managements, in: Information Management, 1988, H. 2, S. 6-15.

Krüger, W./Pfeiffer, P. (1991): Eine konzeptionelle und empirische Analyse der Informationsstrategien und der Aufgaben des Informationsmanagements, in: ZfbF, 43. Jg., 1991, S. 21-43.

Kruschwitz, L. (1999): Finanzierung und Investition, 2. Aufl., München 1999.

Kubin, K. W. (1998): Der Aktionär als Aktienkunde – Anmerkungen zum Shareholder Value, zur Wiedervereinigung der internen und externen Rechnungslegung und zur globalen Verbesserung der Berichterstattung, in: Möller, H. P./Schmidt, F. (Hrsg.): Rechnungswesen als Instrument für Führungsentscheidungen. Festschrift für Adolf G. Coenenberg zum 60. Geburtstag, Schäffer-Poeschel, Stuttgart 1998, S. 525-557.

Kümpel, T. (2002a): Integration von internem und externem Rechnungswesen bei der Bewertung erfolgversprechender langfristiger Fertigungsaufträge, in: DB, 55. Jg., H. 18, S. 905-910.

Kümpel, T. (2002b): Vereinheitlichung von internem und externem Rechnungswesen, in: WiSt, Heft 6, 2002, S. 343-345.

Küpper, H.-U. (1992): Theoretische Grundlagen der Kostenrechnung, in: Wolfgang Männel (Hrsg.): Handbuch Kostenrechnung, Gabler, Wiesbaden 1992, S. 38-53.

Küpper, H.-U. (1993): Kostenrechnung auf investitionstheoretischer Basis, in: Jürgen Weber (Hrsg.): Zur Neuausrichtung der Kostenrechnung: Entwicklungsperspektiven für die 90er Jahre, Schäffer-Poeschel, Stuttgart 1993, S. 79-135.

Küpper, H.-U. (1995a): Controlling: Konzeption, Aufgaben und Instrumente, Schäffer-Poeschel, Stuttgart 1995.

Küpper, H.-U. (1995b): Unternehmensplanung und -steuerung mit pagatorischen oder kalkulatorischen Erfolgsrechnungen, in: ZfbF Sonderheft 34/1995, S. 19-50.

Küpper, H.-U. (1997a): Controlling: Konzeption, Aufgaben und Instrumente, 2., aktualisierte und ergänzte Aufl., Schäffer-Poeschel, Stuttgart 1997.

Küpper, H.-U. (1997b): Angleichung des externen und internen Rechnungswesens, in: Börsig, C./Coenenberg, A. G. (Hrsg.): Controlling und Rechnungswesen im internationalen Wettbewerb. Kongreß-Dokumentation zum 51. Deutschen Betriebswirtschaftler Tag 1997, Stuttgart 1998, S. 143-162.

Küpper, H.-U. (1997c): Pagatorische und kalkulatorische Rechensysteme, in: krp, 41. Jg., 1997, H. 1, S. 20-26.

Küppers, W. (1999): Phänomenologie der Dienstleistungsqualität, Dt. Univ.-Verl., Wiesbaden 1999; zugl.: Witten/Herdecke, Univ., Diss., 1998.

Küting, K./Lorson, P. (1998a): Anmerkungen zum Spannungsfeld zwischen externen Zielgrößen und internen Steuerungsinstrumenten, in: BB 1998, S. 469-475.

Küting, K./Lorson, P. (1998b): Grundsätze eines Konzernsteuerungskonzepts auf „externer“ Basis (Teil I), in: BB 1998, S. 2251-2258.

Küting, K./Lorson, P. (1998c): Grundsätze eines Konzernsteuerungskonzepts auf „externer“ Basis (Teil II), in: BB 1998, S. 2303-2309.

Küting, K./Lorson, P. (1998d): Konvergenz von internem und externem Rechnungswesen: Anmerkungen zu Strategien und Konfliktfeldern, in: WPg, 51. Jg., 1998, S. 483-493.

Küting, K./Lorson, P. (1998e): Die Vereinheitlichung des Rechnungswesens (Teil 1), in: Blick durch die Wirtschaft, 10.7.1998, S. 5.

Küting, K./Lorson, P. (1998f): Das multifunktionale Einheitsrechnungswesen ist nicht in Sicht, in: Blick durch die Wirtschaft, 13.7.1998, S. 5.

Laßmann, G. (1995): Stand und Weiterentwicklung des internen Rechnungswesens, in: ZfbF, 47. Jg., 1995, S. 1044-1063.

Lauk, K. (1995), in: Meinungen zum Thema: Aktuelle Überlegungen zur Gestaltung von Kostenrechnungssystemen, in: BFuP 1995, H. 6, S 626-648.

Lehner, F. (2000): Organisation und Controlling der Informationsverarbeitung, in: WISU 1/2000, S. 95-103.

Lehner, F./Auer-Rizzi, W. et al. (1991): Organisationslehre für Wirtschaftsinformatiker, Carl Hanser Verlag, München 1991.

Linseisen, A. (1995): Lean Banking: Die Anwendbarkeit des Lean Management bei deutschen Kreditinstituten, Dt. Univ.-Verl., Wiesbaden 1995; zugl.: München, Univ., Diss., 1995.

Loeb, M./Magat, W. A. (1978): Soviet Success Indicators and the Evaluation of Divisional Management, in: Journal of Accounting Research, Vol. 16, 1978, S. 103-121.

Loehr, H. (1997): Entwicklungstendenzen der Rechnungslegung am Beispiel des Bayer-Konzerns, in: Küting, K./Weber, P. (Hrsg.): Das Rechnungswesen auf dem Prüfstand, Frankfurt/Main 1997, S. 150-167.

Lücke, W. (1955): Investitionsrechnungen auf der Basis von Ausgaben und Kosten?, in: ZfhF, 7. Jg., 1955, S. 310-324.

Luconi, F. L./Malone, T. W./Scott Morton, M. S. (1986): Expert Systems: The Next Challenge for Managers, in: Sloan Management Review, 28 (1986) 4, S. 3-14.

Lullies, V./Bolinger, H./Weltz, F. (1990): Konfliktfeld Informationstechnik: Innovation als Managementproblem, Campus Verlag, Frankfurt/Main 1990.

Macharzina, K. (1995): Unternehmensführung – Das internationale Managementwissen. Konzepte – Methoden – Praxis, 2. aktualisierte u. erw. Aufl., Gabler, Wiesbaden 1995.

Mag, W. (1977): Entscheidung und Information, Vahlen, München 1977.

Mählck, H./Panskus, G. (1995): Herausforderung Lean Production: Möglichkeiten zur wettbewerbsgerechten Erneuerung von Unternehmen, 2., überarb. Aufl., VDI-Verlag, Düsseldorf 1995.

Maltry, H. (1990): Überlegungen zur Entscheidungsrelevanz von Fixkosten im Rahmen operativer Planungsrechnungen, in: BFuP 1990, H. 4, S 294-311.

Männel, W. (1992): Anpassung der Kostenrechnung an moderne Kostenstrukturen, in: Wolfgang Männel (Hrsg.): Handbuch Kostenrechnung, Gabler, Wiesbaden 1992, S. 105-137.

Männel, W. (1994): Ausrichtung der Kostenrechnung, Kostencontrolling und Kostenmanagement auf marktorientiert segmentierte Unternehmensstrukturen, in: krp, 38. Jg., 1994, H. 6, S. 381-385.

Männel, W. (1997a): Reorganisation des führungsorientierten Rechnungswesens durch Integration der Rechenkreise, in: krp, 41. Jg., 1997, H. 1, S. 8-19.

Männel, W. (1997b): Zur Problematik des Rechnens mit kalkulatorischen Kosten, in: krp-Sonderheft 1/97, 41. Jg., S. 5-12.

Männel, W. (1997c): Integration von Betriebsergebnisrechnung und Gewinn- und Verlustrechnung für ein geschlossenes Ergebniscontrolling, in: Wolfgang Männel (Hrsg.): Entwicklungsperspektiven der Kostenrechnung: 3., erweiterte Auflage, Lauf an der Pegnitz 1997, S. 25-43.

Männel, W. (1998a): Für das Controlling relevante Entwicklungen der Unternehmensorganisation, in: krp-Sonderheft 1/98, 42. Jg., S. 3-7.

Männel, W. (1998b): Thesen zum Ergebniscontrolling, in: krp, 42. Jg., 1998, H. 4, S. 234-238.

Männel, W. (1999a): Integration des Rechnungswesens für ein durchgängiges Ergebniscontrolling, in: krp, 43. Jg., 1999, H. 1, S. 11-21.

Männel, W. (1999b): Harmonisierung des Rechnungswesens für ein integriertes Ergebniscontrolling, in: krp-Sonderheft 3/99, 43. Jg., S. 13-29.

Markus, M. L./Robey, D. (1988): Information Technology and Organizational Change: Causal Structure in Theory and Research, in: Management Science, Vol. 34 (May 1988), No. 5, S. 583-598.

Martiny, L./Klotz, M. (1989): Strategisches Informationsmanagement: Bedeutung und organisatorische Umsetzung, Verlag Oldenbourg, München 1989.

Matzler, K./Bailom, F. (2002): Messung von Kundenzufriedenheit, in: Hinterhuber, H. H./Matzler, K. (Hrsg.): Kundenorientierte Unternehmensführung. Kundenorientierung – Kundenzufriedenheit – Kundenbindung, 3. Aufl., Gabler, Wiesbaden 2002, S. 213-244.

Matzler, K./Stark, C. (2000): Die Messung der Kundenzufriedenheit bei internen EDV-Leistungen, in: WISU 10/00, S. 1639-1649.

McFarlan, F. W. (1984): Information technology changes the way you Compete, in: Harvard Business Review 1984, Heft 3, S. 98-103.

McFarlan, F. W./McKenney, J. L. (1983): Corporate Information Systems Management. The Issues Facing Senior Executives, Homewood, Illinois 1983.

McFarlan, F. W./McKenney, J. L./Pyburn, P. (1983): The Information Archipelago – Plotting a course, in: Harvard Business Review, 1983, Heft 3, S. 145-156.

McGregor, D. (1973): Der Mensch im Unternehmen, McGraw-Hill, Hamburg u. a. 1973.

McKinsey & Company (Hrsg.) (1995): Qualität gewinnt: Mit Hochleistungskultur und Kundennutzen an die Weltspitze. Mit Beiträgen von Günter Rommel et al., Schäffer-Poeschel, Stuttgart 1995.

Meffert, H. (1968): Betriebswirtschaftliche Kosteninformationen – Ein Beitrag zur Theorie der Kostenrechnung, Gabler, Wiesbaden 1968.

Meffert, H. (1975): Informationssysteme: Grundbegriffe der EDV und Systemanalyse, Werner-Verlag, Düsseldorf 1975.

Meffert, H. (2000): Marketing: Grundlagen marktorientierter Unternehmensführung: Konzepte – Instrumente – Praxisbeispiele, 9., vollst. neu bearb. und erw. Aufl., Gabler, Wiesbaden 2000.

Meffert, H./Bruhn, M. (1997): Dienstleistungsmarketing. Grundlagen – Konzepte – Methoden, 2. Aufl., Gabler Verlag, Wiesbaden 1997.

Meffert, H./Siefke, A. (1994): Lean Marketing – mehr als nur ein Schlagwort?, in: Wissenschaftliche Gesellschaft für Marketing e. V., Arbeitspapier Nr. 88, Münster 1994.

Melching, H.-G. (1997): Internationales Rechnungswesen und Ergebniskontrolle bei der Volkswagen AG, in: Controlling, 1997, S. 246-252.

Menn, B.-J. (1995): Die spartenorientierte Kapitalergebnisrechnung im Bayer-Konzern, Küting, K./Weber, C.-P. (Hrsg.): Das Rechnungswesen im Konzern: intern – extern, Schäffer-Poeschel, Stuttgart 1995, S. 217-233.

Menn, B.-J. (1996): Was bedeutet die Übernahme der IAS für deutsche Unternehmen? Warum – Wie – Wieweit- Wohin, in: SG-DGfB e. V. (Hrsg.): Globale Finanzmärkte, Stuttgart 1996, S. 121-135.

Mensch, G. (1998a): Lean Accounting – Schlanke Kosten- und Erfolgsrechnung als effizientes Instrument der Unternehmensführung (Teil 1), in: Betrieb und Wirtschaft, 1998, H. 10, S. 366-372.

Mensch, G. (1998b): Lean Accounting – Schlanke Kosten- und Erfolgsrechnung als effizientes Instrument der Unternehmensführung (Teil 2), in: Betrieb und Wirtschaft, 1998, H. 11, S. 401-405.

Mensch, G. (1999): Grundlagen der Agency-Theorie, in: WISU 5/1999, S. 686-688.

Merkel, H. (1988): Strategisches Informationsmanagement – Planung und Aufbau, in: ZFO, 1988, H. 6, S. 304-312.

Mertens, P. (2000): Integrierte Informationsverarbeitung 1: Administrations- und Dispositionssysteme in der Industrie, 12. Aufl., Gabler, Wiesbaden 2000.

Mertens, P./Bodendorf, F./König, W./Picot, A./Schumann, M. (2001): Grundzüge der Wirtschaftsinformatik, 7., neu bearb. Aufl., Springer-Verlag, Berlin u. a.. 2001.

Mertens, P./Knolmayer, G. (1998): Organisation der Informationsverarbeitung. Grundlagen – Aufbau – Arbeitsteilung, 3., überarbeitete Auflage, Gabler, Wiesbaden 1998.

Mertens, P./Plattfaut, E. (1986): Informationstechnik als strategische Waffe, in: Information Management, 1986, H. 2, S. 6-17.

Metzen, H. (1993): Die Literaten des Wandels, in: Manager Magazin 1993, Heft 2, S. 142-150.

Metzen, H. (1994): Schlankheitskur für den Staat: Lean Management in der öffentlichen Verwaltung, Campus-Verlag, Frankurt/Main 1994.

Meyer, A./Mattmüller, R. (1987): Qualität von Dienstleistungen. Entwurf eines praxisorientierten Modells, in: Marketing – Zeitschrift für Forschung und Praxis, 9. Jg., 1987, S. 187-195.

Meyer, C. (1996): Rechnungswesen im Clinch, in: Schweizer Bank 96/11, S. 43.

Meyer, P. (1992): Stellung der Kosten- und Leistungsrechnung im Rechnungswesen, in: Männel, W. (Hrsg.): Handbuch Kostenrechnung, Gabler, Wiesbaden 1992, S. 54-66.

Meyersiek, D./Jung, M. (1989): Kopplung von System- und Unternehmensstrategie als Voraussetzung für Wettbewerbsvorteile, in: Spremann, K./Zur, E. (Hrsg.): Informationstechnologie und strategische Führung, Wiesbaden 1989, S. 151-164.

Miller, J. G./Vollmann, T. E. (1985): The hidden factory, in: Harvard Business Review 1985, Heft 5, S. 142-150.

Mosiek, T. (2001): Interne Kundenorientierung des Controlling, Lang Verlag, Frankfurt/Main u. a. 2001; zugl.: Münster, Univ., Diss., 2001.

Mühlbacher, H. (1995): Skalen und Skalierungsverfahren, in: Tietz, B./Köhler, R./Zentes, J. (Hrsg.): Handwörterbuch des Marketing, 2. Aufl., Schäffer-Poeschel, Stuttgart 1995, Sp. 2284-2298.

Müller-Böling, D. (1989): Zwischen Technikeuphorie und Tastaturphobie, in: Office Management, 1989, Heft 4, S. 22-26.

Müller-Böling, D./Müller, M. (1986): Akzeptanzfaktoren der Bürokommunikation, Oldenbourg Verlag, München u. a. 1986.

Nater, P. (1977): Das Rechnungswesen als Informationssystem, difo-druck, Bamberg 1977; zugl., St. Gallen, Univ., Diss., 1977.

Nawatzki, J. (1994): Integriertes Informationsmanagement: die Koordination von Informationsverarbeitung, Organisation und Personalwirtschaft bei der Planung, Durchführung, Kontrolle und Steuerung des Einsatzes neuer Informationstechnologie in der Unternehmung, Eul-Verlag Bergisch Gladbach u. a. 1994; zugl., Münster, Univ., Diss., 1993.

Necker, T. (1991): Veränderung der Märkte und ihre Auswirkungen auf den Produktionsbetrieb, in: Vertragsband zum fertigungstechnischen Kolloquium 91, Springer-Verlag, Stuttgart 1991.

Neu, P. (1991): Strategische Informationssystem-Planung: Konzepte und Instrumente, Springer-Verlag, Berlin 1991.

Neukirchen, K. (1995), in: Meinungen zum Thema: Aktuelle Überlegungen zur Gestaltung von Kostenrechnungssystemen, in: BFuP 1995, H. 6, S 626-648.

Niemann, H./Hanrieder, D. (1993): Entwicklung von Grundlagen der Qualitätssicherung im Dienstleistungsbereich. Zwischenbericht zum Teilprojekt Morphologie der Dienstleistungsqualität, Universität Leipzig, 1993.

Niemann, H. (1995): Dienstleistungsqualität in Handelsunternehmen, in: Lungershausen, H. (Hrsg.): Waren verkaufen lehren. Das Handbuch für die Warenverkaufskunde, 2. Aufl., Verlag Europa-Lehrmittel, Wuppertal 1995, S. 32-43.

Niemeier, J. (1992): Die Rolle von IKS in schlanken Unternehmen, in: Informationsarchitekturen als strategische Herausforderung: Lean Management; Integrationsmanagement; Informationsmanagement, hrsg. v. Hans-Jörg Bullinger, Reihe IAO-Büroforum 1992, FBO-Verlag, Baden-Baden 1992.

Niemeyer, H. W. (1977): Der Informationsbedarf im Marketing-Informationssystem, Frankfurt/Main 1977.

Nilsson, R. (1992): Outsourcing und Informationswirtschaft: Entscheidungsgrundlagen und Organisation eines Outsourcing-Projekts, in: Office Management, 1992, Heft 1-2, S. 16-21.

Nolan, R. L. (1979): Managing the Crisis in Data Process, in Harvard Business Review, 1979, Heft 3, S. 115-126.

Nüttgens, M. (1995): Koordiniert-dezentrales Informationsmanagement: Rahmenkonzept – Koordinationsmodelle – Werkzeug-Shell, Gabler, Wiesbaden 1995.

O. V. (1993): Multimedia Viewer, Version 2.00, basierend auf den Textdaten des Printwerks Gabler Wirtschafts-Lexikon, 13., vollst. überarb. und erweiterte Aufl., Betriebswirtschaftlicher Verlag Dr. Th. Gabler 1993.

O. V. (2000): LexiROM, Version 4.0, Edition 2000, Microsoft Corporation und Bibliographisches Institut & F.A. Brockhaus AG 2000.

Odrich, P. (1993): Japanischer Unternehmensalltag aus europäischer Sicht. Die Realität sieht ganz anders aus, Frankfurter Allgemeine Zeitung, Verl.-Bereich Wirtschaftsbücher, Frankfurt/Main 1993.

Ohno, T. (1993): Das Toyota-Produktionssystem, Campus Verlag, Frankfurt/Main u. a. 1993.

Ortmann, G. (1992): Von Computern, Netzen und fetten Fischen, in: Information Management, 1992, H. 3, S. 58-64.

Ortmann, R. G./Richter, K. (1993): Das neue Erfolgskonzept Lean Management: Herausforderung und Erfahrungen, in: Information Management, 1993, H. 4, S. 70-79.

Parasuraman, A./Zeithaml, V. A./Berry, L. L. (1985): A Conceptual Model of Service Quality and Its Implications for Future Research, in: Journal of Marketing, Vol. 49, Fall, S. 41-50.

Parasuraman, A./Zeithaml, V. A./Berry, L. L. (1988): SERVQUAL: A Multiple-Item Scale für Measuring Consumer Perceptions of Service Quality, in: Journal of Retailing, Vol. 64, No. 1, Spring 1988, S. 12-40.

Pellens, B. (1998): Jahresabschluß (Funktionen), in: Busse von Colbe, W./Pellens, B. (Hrsg.): Lexikon des Rechnungswesens, 4. Aufl., München u. a. 1998, S. 367-370.

Pellens, B. (1999): Internationale Rechnungslegung, 3., überarb. und erw. Aufl., Schäffer-Poeschel, Stuttgart 1999.

Pellens, B./Fülbier, R. U./Gassen, J. (1998): Unternehmenspublizität unter veränderten Marktbedingungen, in: Börsig, C./Coenenberg, A. G. (Hrsg.): Controlling und Rechnungswesen im internationalen Wettbewerb. Kongreß-Dokumentation zum 51. Deutschen Betriebswirtschaftler Tag 1997, Stuttgart 1998, S. 55-70.

Perridon, L./Steiner, M. (1999): Finanzwirtschaft der Unternehmung, 10. Aufl., München 1999.

Petrovic, O. (1994): Lean Management und informationstechnologische Potentialfaktoren, in: Wirtschaftsinformatik, Jg. 36 (1994), Nr. 6, S. 580-590.

Pfaff, D. (1994a): Zur Notwendigkeit einer eigenständigen Kostenrechnung – Anmerkungen zur Neuorientierung des internen Rechnungswesens im Hause Siemens, in: ZfbF, 46. Jg., 1994, S. 1065-1084.

Pfaff, D. (1994b): Controlling auf Basis der externen Unternehmensrechnung, in: Der Schweizer Treuhänder, 68. Jg. H. 9, 1994, S. 666-668.

Pfaff, D. (1995): Kostenrechnung, Verhaltenssteuerung und Controlling, in: Die Unternehmung 9/1995, S. 437-457.

Pfaff, D. (1996): Kostenrechnung als Instrument der Entscheidungssteuerung – Chancen und Probleme, in: krp, 40. Jg., 1996, H. 3, S. 151-156.

Pfaff, D./Leuz, C. (1995): Groves-Schemata. Ein geeignetes Instrument zur Steuerung der Ressourcenallokation in Unternehmen?, in: ZfbF, 47. Jg., 1995, S. 659-690.

Pfaff, D./Weber, J. (1997): In der Kostenrechnung nichts Neues?, in: Die Unternehmung, 6/1997, S. 459-472.

Pfaff, D./Weber, J. (1998): Zweck der Kostenrechnung – Eine neue Sicht auf ein altes Problem, in: DBW 58 (1998), S. 151-165.

Pfau, W. (1997): Betriebliches Informationsmanagement: Flexibilisierung der Informationsinfrastruktur, Gabler, Wiesbaden 1997; zugl.; Freiburg, Univ., Habilitationsschrift, 1997.

Pfeiffer, P. (1990): Technologische Grundlage, Strategie und Organisation des Informationsmanagements, de Gruyter Verlag, Berlin u. a. 1990; zugl.: Gießen, Univ., Diss., 1989.

Pfeiffer, W./Weiss, E. (1993): Philosophie und Elemente des Lean Management, in: Lean Production – Schlanke Produktionsstrukturen als Erfolgsfaktor, hrsg. Corsten, H./Will, T., Kohlhammer Verlag, Köln 1993, S. 13-45.

Pfeiffer, W./Weiss, E. (1994): Lean Management: Grundlagen der Führung und Organisation lernender Unternehmen. 2., überarb. und erw. Aufl., Erich Schmidt Verlag, Berlin 1994.

Pfestorf, J. (1974): Kriterien für die Bewertung betriebswirtschaftliche Informationen; zugl.: Berlin, Univ., Diss., 1974.

Philipp, F. (1960): Unterschiedliche Rechnungselemente in der Investitionsrechnung, in: ZfB, 30. Jg. (1960), S. 26-36.

Picot, A. (1989): Zur Bedeutung allgemeiner Theorieansätze für die betriebswirtschaftliche Information und Kommunikation: Der Beitrag der Transaktionskosten- und Principal-Agent-Theorie, in: Kirsch, Werner/Picot, Arnold (Hrsg.): Die Betriebswirtschaftslehre im Spannungsfeld zwischen Generalisierung und Spezialisierung, Festschrift Edmund Heinen, Gabler 1989, S. 361-379.

Picot, A. (1990): Organisation von Informationssystemen und Controlling, in: Controlling, 1990, S. 296-302.

Picot, A. (1991). Ein neuer Ansatz für die Gestaltung der Leistungstiefe, in: ZfbF, 3/1991, S. 336-357.

Picot, A./Dietl, H. (1990): Transaktionskostentheorie, in: WiSt, Heft 4, 1990, S. 178-184.

Picot, A./Dietl, H./Franck, E. (1999): Organisation – Eine ökonomische Perspektive, 2. überarb. und erw. Aufl., Schäffer-Poeschel, Stuttgart 1999.

Picot, A./Franck, E. (1988a): Die Planung der Unternehmensressource Information (I), in: WISU 10/88, S. 544-549.

Picot, A./Franck, E. (1988b): Die Planung der Unternehmensressource Information (II), in: WISU 11/88, S. 608-614.

Picot, A./Franck, E. (1992): Stichwort Informationsmanagement, in: Frese, E. (Hrsg.): HWO, 3. Aufl., Stuttgart 1992, Sp. 886-900.

Picot, A./Franck, E. (1993): Aufgabenfelder eines Informationsmanagement (I), in: WISU 5/93, S. 433-437.

Picot, A./Maier, M. (1992a): Stichwort Informationssysteme, computergestützte, in: Frese, E. (Hrsg.): HWO, 3. Aufl., Stuttgart 1992, Sp. 923-936.

Picot, A./Maier, M. (1992b): Analyse und Gestaltungskonzepte für das Outsourcing, in: Information Management, 1992, H. 4, S. 14-27.

Picot, A./Maier, M. (1993): Interdependenzen zwischen betriebswirtschaftlichen Organisationsmodellen und Informationsmodellen, in: Information Management, 1993, H. 3, S. 6-15.

Picot, A./Maier, M. (1994): Ansätze der Informationsmodellierung und ihre betriebswirtschaftliche Bedeutung, in: ZfbF, 46. Jg., 1994, S. 107-126.

Picot, A./Reichwald, R. (1991): Informationswirtschaft, in: Heinen, E. (Hrsg.): Industriebetriebslehre, 9. Aufl., Wiesbaden 1991, S.241-393

Piepel, U. (1993): Wege zur Übertragung der Lean Production, in: io Management Zeitschrift, 1993, Nr. 2, S. 59-64.

Pinnekamp, H.-J. (1998): Kosten- und Leistungsrechnung: Einführung in die interne Erfolgsrechnung, Kostenkontrolle und Entscheidungsrechnung, 2., völlig überarb. und erw. Aufl., Oldenbourg Verlag, München 1998.

Plinke, W. (1991): Industrielle Kostenrechnung, 2. Auflage, Berlin u. a. 1991.

Porter, M. E. (1979): How Competitive Forces Shape Strategy, in: Harvard Business Review 1979, Heft 2, S. 137-145.

Porter, M. E. (1999a): Wettbewerbsstrategie – Methoden zur Analyse von Branchen und Konkurrenten, 10., durchges. und erw. Aufl., Campus Verlag, Frankfurt/Main 1999.

Porter, M. E. (1999b): Wettbewerbsvorteile – Spitzenleistungen erreichen und behaupten, 5., durchges. und erw. Aufl., Campus Verlag, Frankfurt/Main 1999.

Porter, M. E./Millar, V. E. (1985): How Information Gives You Competitive Advantage, in: Harvard Business Review 1985, Heft 4, S. 149-160.

Porter, M. E./Millar, V. E. (1986): Wettbewerbsvorteile durch Informationen, in: Harvard Manager 1986, Heft 1, S. 26-35.

Potthof, I. (1998): Kosten und Nutzen der Informationsverarbeitung; Analyse und Beurteilung von Investitionsentscheidungen, Dt. Univ.-Verl., Wiesbaden 1998; zugl.: Erlangen-Nürnberg, Univ., Diss., 1998.

Preßmar, D. B./Wall, F. (1993): Technologische Gestaltungsansätze für das betriebliche Informationsmanagement, in: Informationsmanagement, hrsg. v. Dieter B. Preßmar, Schriften zur Unternehmensführung, Bd. 49, Gabler, 1993, S. 93-121.

Rappaport, A. (1994): Shareholder Value: Wertsteigerung als Maßstab für die Unternehmensführung, übersetzt von Wolfgang Klien, Schäffer-Poeschel, Stuttgart 1994.

Raster, M. (1995): Shareholder-Value-Management. Ermittlung und Steigerung des Unternehmenswertes, Gabler, Wiesbaden 1995.

Rauterberg, M./Spinas, P./Strohm, O./Ulich, E./Waeber, D. (1994): Benutzerorientierte Software-Entwicklung. Konzepte, Methoden und Vorgehen zur Benutzerbeteiligung, Zürich u. a. 1994.

Reese, J. (1993): Ein Lean Production-Modell und seine organisatorischen Konsequenzen, in: Lean Production – Schlanke Produktionsstrukturen als Erfolgsfaktor, hrsg. Corsten, H./Will, T., Kohlhammer Verlag, Köln 1993, S. 87-106.

Rehberg, J. (1973): Wert und Kosten von Informationen, Verlag Harri Deutsch, Frankfurt/Main u. a. 1973.

Reiß, M. (1992a): Mit Blut, Schweiß und Tränen zur schlanken Organisation: in: Harvard Manager 1992, Heft 2, S. 57-62.

Reiß, M. (1992b): Schlanke Produktion: Primär Personalführung ist gefordert!, in: Personalführung 6/1992, S. 456-461.

Reiß, M. (1993a): Die Rolle der Personalführung im Lean Management: Vom Erfüllungsgehilfen zum Schrittmacher einer Management-Revolution, in: Zeitschrift für Planung, 1993, H. 2, S. 171-194.

Reiß, M. (1993b): In Prozessen denken, in: Gablers Magazin, Nr. 6-7, 1993, S. 49-54.

Reiß, M./Morelli, F. (1992): Kooperatives Informationsmanagement: Strukturen und Kulturen für die Zusammenarbeit zwischen DV-Abteilung und Fachabteilungen, Handbuch der modernen Datenverarbeitung 29 (1992) Nr. 166, S. 128-146.

Rentschler, C. (1988): Zähe Mißverständnisse, in: Management Wissen 11/1988, S. 44-47.

Rieser, I. (1992): Informationstechnologien und Organisation, in: Die Unternehmung, 46 Jg., H. 5, 1992, S. 367-375.

Rockart, J. F. (1979): Chief Executives Define Their Own Data Needs, in: Harvard Business Review, March-April 1979, S. 81-93.

Rollberg, R. (1996): Lean Management und CIM aus Sicht der strategischen Unternehmensführung, Wiesbaden, Dt. Univ.-Verl. 1996; zugl.: Münster, Univ., Diss., 1995.

Rollberg, R. (1998): Lean Management aus gesellschafts- und unternehmenskultureller Sicht, in Zeitschrift für Planung, 1998, H. 9, S. 17-36.

Rudolphi, M. (1993): Client-Server-Konzept: Am Ende aller Wege?, in: Diebold Management Report, Nr. 11, 1993, S. 3-6.

Ruthekolck, T./Kelders, C. (1993): Effizienzsteigerung durch Outsourcing oder interne Maßnahmen? Grenzen von Externalisierungsmaßnahmen und mögliche Alternativen, in: Office Management, 1993, Heft 4, S. 56-61.

Rüttler, M. (1991): Information als strategischer Erfolgsfaktor: Konzepte und Leitlinien für eine informationsorientierte Unternehmensführung, Erich Schmidt Verlag, Berlin 1991; zugl. Stuttgart, Univ., Diss., 1991.

RWE (1998): Geschäftsbericht 1997/98, Essen 1998.

Ryf, B. (1994): Überlegene Organisationsgestaltung. Erfolgsfaktoren Effizienz, Kundennähe und Motivation, in: ZFO, 1994, H. 1, S. 11-17.

Sasse, A. (2000): Systematisierung der Qualitätskosten und der Abweichungskosten für das Qualitätskostenmanagement, in: krp-Sonderheft 1/00, S. 43-55.

Schauenberg, B. (1992): Die Gefahr von Fehlentscheidungen bei ungenauen Kosteninformationssystemen, in: Spremann, K./Zur, E. (Hrsg.): Controlling. Grundlagen- Informationssysteme – Anwendungen, Wiesbaden 1992, S. 37-47.

Scheer, A. W./Bold, M./Hagemeyer, J./Kraemer, W. (1997): Organisationsstrukturen und Informationssysteme im Wandel – Konsequenzen für die Informationsmodellierung, in: Scheer, August-Wilhelm (Hrsg.): Organisationsstrukturen und Informationssysteme auf der Prüfstand, 18. Saarbrücker Arbeitstagung 1997, S. 3-30.

Schehl, M. (1993): Die Kostenrechnung der Industrieunternehmen vor dem Hintergrund unernehmensexterner und –interner Strukturwandlungen: eine theoretische und empirische Untersuchung, Duncker & Humblot, Berlin 1993, zugl.: Mannheim, Univ., Diss., 1993.

Schehl, M. (1994): Unternehmensexterne und –interne Strukturveränderungen als Einflußfaktoren der industriellen Kostenrechnung, in: krp, 38. Jg., 1994, H. 4, S. 230-238.

Scherm, E. (1994): Konsequenzen eines Lean Management für die Planung und das Controlling in der Unternehmung, in: DBW 54 (1994), S. 645-661.

Scherz, E. (1998): Verrechnungspreise für unternehmensinterne Dienstleistungen, Gabler, Wiesbaden 1998; zugl.: München, Techn. Univ., Diss., 1997.

Schierenbeck, H. (1999): Grundzüge der Betriebswirtschaftslehre, 14. Aufl., Oldenbourg Verlag, München u. a. 1994.

Schildbach, T. (1995): Entwicklungslinien in der Kosten- und internen Unternehmensrechnung, in: ZfbF Sonderheft 34/1995, S. 1-18.

Schildbach, T. (1999): Externe Rechnungslegung und Kongruenz – Ursache für die Unterlegenheit deutscher verglichen mit ausländischer Bilanzierung?, in: DB, 52. Jg., H. 36, S. 1813-1820.

Schildbach, T. (2000): US-GAAP: amerikanische Rechnungslegung und ihre Grundlagen, Vahlen, München 2000.

Schildknecht, R. (1992): Total Quality Management. Konzeption und State of the Art, Frankfurt/Main u. a. 1992.

Schinzer, H. (1996): Entscheidungsorientierte Informationssysteme: Grundlagen, Anforderungen – Konzept – Umsetzung, Vahlen, München 1996.

Schlange, T. (1992): Qualitätsinformationssysteme, 1992; zugl.: St. Gallen, Univ., Diss., 1992.

Schmidt, G. (1990): Alle Macht den Anwendern!? Aktuelle Entwicklungen und Tendenzen der Arbeitsteilung bei ORG/EDV-Projekten, in: ZFO, 1990, H. 4, S. 243-250.

Schneevoigt, I./Scheuten, W. K. (1992): Neue Informationstechnik und Personalführung, in: Kienbaum, J. (Hrsg.): Visionäres Personalmanagement, Schäffer-Poeschel, Stuttgart 1992, S. 403-461.

Schneider, D. (1994): Betriebswirtschaftslehre, Band 2: Rechnungswesen, Oldenbourg Verlag, München 1994.

Schneider, H.-J. (1991) (Hrsg.): Lexikon der Informatik und Datenverarbeitung, 3., aktualisierte und wesentlich erweiterte Auflage, Oldenbourg Verlag, München u. a. 1991.

Schneider, U. (1990): Kulturbewußtes Informationsmanagement: Ein organisationstheoretischer Gestaltungsrahmen für die Infrastruktur betrieblicher Informationsprozesse, Oldenbourg, München 1990.

Schockenhoff, J. (1998): Lean-Controlling – Theorie und Praxis, in: krp, 42. Jg., 1998, H. 4, S. 243-245.

Scholl, W. (1992): Stichwort Informationspathologien, in: Frese, E. (Hrsg.): HWO, 3. Aufl., Stuttgart 1992, Sp. 900-912.

Scholz, C. (1988): Informationsdeterminanten, in: Düffler, E. (Hrsg.): Organisationskultur, Stuttgart 1988, S. 195-205.

Scholz, C. (1994): Lean Management, in: WiSt, Heft 4, 1994, S. 180-186.

Scholz, C. (2000): Personalmanagement: Informationsorientierte und verhaltensorientierte Grundlagen, 5., neubearb. und erw. Aufl., Vahlen, München 2000.

Scholz, R. (1995): Geschäftsprozessoptimierung: Crossfunktionale Rationalisierung oder strukturelle Reorganisation, 2., durchgesehene Auflage, Eul-Verlag, Bergisch Gladbach u. a. 1995.

Schulte-Nölke, W. (2000): US-GAAP als Steuerungsgrundlage für Unternehmen: Möglichkeiten einer Konvergenz von internem und externem Rechnungswesen, Dt. Univ.-Verl., Wiesbaden 2000; zugl.: Paderborn, Univ., Diss., 2000.

Schulte-Zurhausen, M. (1995): Organisation, Vahlen, München 1995.

Schulze, J. (2000): Prozessorientierte Einführungsmethode für das Customer Relationship Management, difo-druck, Bamberg 1977; zugl.: St. Gallen, Univ., Diss., 2000

Schulze-Wischeler, B. (1995): Lean Information: computergestützte Systeme in der mittelständischen Industrie: Neue betriebswirtschaftliche Forschung Bd. 161, Gabler, Wiesbaden 1995; zugl. Göttingen, Univ., Diss., 1995.

Schumann, M. (1992): Betriebliche Nutzeffekte und Strategiebeiträge der großintegrierten Informationsverarbeitung, Springer-Verlag, Berlin u. a. 1992.

Schumann, M./Hohe, U. (1988): Nutzeffekte strategischer Informationsverarbeitung, in: Angewandte Informatik, 1988, S. 515-523.

Schwarze, J. (1988): Zum Berufsbild des Informations-Managers, in: Information Management, 1988, H. 1, S. 48-53.

Schwarze, J. (1993): Qualifizierungskonzepte für das Informationsmanagement, in: Scheer, A.-W. (Hrsg.): Handbuch Informationsmanagement. Aufgaben – Konzepte – Praxislösungen, Gabler, Wiesbaden 1993, S. 633-653.

Schwarze, J. (1998): Informationsmanagement: Planung, Steuerung, Koordination und Kontrolle der Informationsversorgung im Unternehmen: Verlag Neue Wirtschafts-Briefe, Herne u. a. 1998.

Schweitzer, M./Küpper, H.-U. (1998): Systeme der Kosten- und Erlösrechnung, 7., überarb. und erw. Auflage, Vahlen, München 1998.

Schweitzer, M./Wagener, K. (1998): Geschichte des Rechnungswesens, in: WiSt, Heft 9, 1998, S. 438-446.

Sedran, T. (1994): Lean Computing – Herausforderungen und Gestaltungsansätze für die Entwicklung einer schlanken Informationsverarbeitung in schlanken Unternehmen; zugl.: München, Univ., Diss., 1994.

Seelinger, R./Kaatz, S. (1998): Konversion und Internationalisierung des Rechnungswesens in Deutschland, in: krp, 42. Jg., 1998, H. 3, S. 125-132.

Seuring, S. (2001): Supply Chain Costing: Kostenmanagement in der Wertschöpfungskette mit Target Costing und Prozesskostenrechnung, Vahlen, München 2001; zugl.: Oldenbourg, Univ., Diss., 2001.

Siefke, M. (1999): Externes Rechnungswesen als Datenbasis der Unternehmenssteuerung: Vergleich mit Kostenrechnung und Shareholder-Value-Ansätzen, Dt. Univ.-Verlag Wiesbaden 1999; zugl.: Münster, Univ., Diss., 1998.

Sieker, A. (2000): Qualitätssicherung bei Dienstleistungen, Kovac-Verlag, Hamburg 2000; zugl.: Bielefeld, Univ., Diss., 2000.

Sill, H. (1995): Externe Rechnungslegung als Controlling-Instrument!, in: Horváth, P. (Hrsg.): Controllingprozesse optimieren, Stuttgart 1995, S. 13-31.

Sorg, S. (1982): Informationspathologien und Erkenntnisfortschritt in Organisationen: Dissertationsreihe Planungs- und Organisationswirtschaftliche Schriften, hrsg. von Werner Kirsch, München 1982.

Sprague, R. H. (1980): A Framework for the Development of DSS, in: Management Information Systems Quarterly, 4 (1980) December, S. 1-26.

Staerkle, R. (1989): Telekommunikation – organisatorische und personelle Auswirkungen einer rasanten technischen Entwicklung, in: Führungsorganisation und Technologiemanagement: Festschrift für Friedrich Hoffmann, hrsg. von Rolf Bühner, Duncker & Humblot, Berlin 1989, S. 153-171.

Staerkle, T./Jaeger, F. (1968): Information und Kommunikation, in: Degelmann, A. (Hrsg.): Organisationsleiter-Handbuch, Verlag Moderne Industrie, Landsberg/Lech 1968, S. 676-703.

Stahlknecht, P./Hasenkamp, U. (2002): Einführung in die Wirtschaftsinformatik, 10. Aufl., Springer-Verlag, Berlin u. a. 2002.

Stauss, B./Hentschel, B. (1990): Die Qualität von Dienstleistungen: Konzeption, Messung und Management, Diskussionsbeiträge der Wirtschaftswissenschaftlichen Fakultät Ingolstadt, Nr. 10, Katholische Universität Eichstätt 1990.

Stauss, B./Hentschel, B. (1991): Dienstleistungsqualität, in: WiSt, Heft 5, 1991, S. 238-244.

Stein, C. W. (1998): Transaktionskostenorientiertes Controlling der Organisation und Personalführung, Gabler, Wiesbaden 1998; zugl.: Freiberg, Univ., Diss., 1998.

Stein, H.-G. (1993): Das Rechnungswesen im Spannungsfeld externer und interner Anforderungen, in: Küting, K./Weber, C.-P. (Hrsg.): Konzernmanagement, Stuttgart 1993, S. 11-43.

Steincke, H. (1985): Kostenrechnung – wohin?, in: krp, 29. Jg., 1985, H. 1, S. 13-18.

Steinkühler, M. (1995): Lean Production – das Ende der Arbeitsteilung?, Hampp Verlag München 1995.

Stewart, G. (1991): The Quest for Value, New York 1991.

Strassmann, P.A. (1988): Justification of investments in information technology, in: 2. Internationales Managementsymposium „Erfolgsfaktor Information“ 20/21.1.1988, hrsg. v. Diebold Deutschland GmbH, Frankfurt 1988, S. 403-448.

Streubel, F. (1996): Theoretische Fundierung eines ganzheitlichen Informationsmanagements, Arbeitsbericht 96-21 des Lehrstuhls für Wirtschaftsinformatik der Ruhr-Universität Bochum 1996.

Strubl, C. (1993): Systemgestaltungsprinzipien. Entwicklung einer Prinzipienlehre und ihre Anwendung auf die Gestaltung „zeitorientierter“ Unternehmen, Verlag Vandenhoeck & Ruprecht, Göttingen 1993; zugl.: Erlangen-Nürnberg, Univ., Diss., 1993.

Stürzl, W. (1992): Lean Production in der Praxis: Spitzenleistungen durch Gruppenarbeit, Verlag Jungfermann, Paderborn 1992.

Swoboda, P. (1998): Bewertung zu Wiederbeschaffungspreisen bzw. Anschaffungspreisen, in: krp, 42. Jg., 1998, H. 1, S. 37-39.

Szyperski, N. (1980a): Stichwort Informationsbedarf, in: Grochla, E. (Hrsg.): HWO, 2. Aufl., Stuttgart 1980, Sp. 904-913.

Szyperski, N. (1980b): Stichwort Informationssystem, computergestützte, in: Grochla, E. (Hrsg.): HWO, 2. Aufl., Stuttgart 1980, Sp. 920-933.

Szyperski, N. (1980c): Strategisches Informationsmanagement im technologischen Wandel. Fragen zur Planung und Implementation von Informations- und Kommunikationssystemen, in: Angewandte Informatik, 1980, S. 141-148.

Szyperski, N. (1981): Geplante Antwort auf den informations- und kommunikationstechnischen Wandel, in: Frese, W./Schmitz, P./Szyperski, N. (Hrsg.): Organisation, Planung, Informationssysteme, Poeschel, Stuttgart 1981, S. 177-195.

Szyperski, N. (1982): Über drei Jahrzehnte neuere informationstechnische Entwicklung und was nun?, in: Angewandte Informatik, 1982, S. 134-139.

Teubner, R. A. (1999): Organisations- und Informationssystemgestaltung: theoretische Grundlagen und integrierte Methoden, Gabler, Wiesbaden 1999; zugl.: Münster, Univ., Diss. 1997.

Thome, R. (1990): Wirtschaftliche Informationsverarbeitung, Vahlen, München 1990.

Tolksdorf, G. (1994): Das schlanke Management der Gruppenarbeit, in: Lean Management: Wege aus der Krise, hrsg. von Hajo Weber, Gabler, Wiesbaden 1994, S. 83-100.

Trommsdorf, V. (1998): Konsumentenverhalten, 3., überarb. und erw. Auflage, Kohlhammer Verlag, Stuttgart 1998.

Trott zu Solz, C. v. (1992): Informationsmanagement im Rahmen eines ganzheitlichen Konzeptes der Unternehmensführung, Göttinger Wirtschaftsinformatik, Unitext-Verlag, Göttingen 1992 ; Bd. 3; zugl.: Göttingen, Univ., Diss., 1991.

Tylkowski, O./Guth, S. H./Spieker, M. (2001): Qualitätsprüfung in der KR – Notwendigkeit oder verschwendete Energie?, in: krp, 45. Jg., 2001, H. 2, S. 95-103.

Tyrell, B. (2000): Die Planbilanz als Bestandteil eines unternehmenswertorientierten Rechnungswesens, Eul-Verlag, Köln u. a. 2000; zugl.: Münster, Univ., Diss., 2000.

Ulrich, H. (1970): Die Unternehmung als produktives soziales System, 2. Aufl., Bern u. a. 1970.

Vidonyi, J. (1977): Das Organisationshandbuch der EDV, Forkel-Verlag, Wiesbaden 1977.

Wagenhofer, A. (1995): Verursachungsgerechte Kostenschlüsselung und die Steuerung dezentraler Preisentscheidungen, in: ZfbF Sonderheft 34/1995, S. 81-118.

Wagenhofer, A. (1997): Kostenrechnung und Verhaltenssteuerung, in: Freidank, C.-C./Götze, U/Huch, B./Weber, J. (Hrsg.): Kostenmanagement – Aktuelle Konzepte und Anwendungen, Berlin u. a. Springer-Verlag 1997, S. 57-78.

Wagner, H. (1996): Personalmanagement: Grundlagen der betrieblichen Personalarbeit, 3., korrigierte Auflage, Manuskript Universität Münster, Münster 1996.

Währisch, M. (1998): Organisation der Kostenrechnung als internes Dienstleistungszentrum, in: krp, 42. Jg., 1998, H. 6, S. 331-342.

Wall, F. (1993): Zentralisation/Dezentralisation der Informationsverarbeitung in mittelständischen Unternehmen, in: ZFO, 1993, H. 4, S. 242-247.

Wall, F. (1996): Organisation und betriebliche Informationssysteme: Elemente einer Konstruktionstheorie, Gabler, Wiesbaden 1996; zugl.: Hamburg, Univ., Habilitationsschrift, 1995.

Walter, W. (2000): Einführung in die moderne Kostenrechnung. 2., vollständig überarbeitete und erweiterte Aufl., Wiesbaden 2000.

Weber, H. (1994): Die Evolution von Produktionsparadigmen: Craft Production, Mass Production, Lean Production, in: Lean Management: Wege aus der Krise, hrsg. von Hajo Weber, Gabler, Wiesbaden 1994, S. 21-44.

Weber, J. (1990): Change Management für die Kostenrechnung. Zum Veränderungsbedarf der Kostenrechnung, in: Controlling, 1990, S. 120-126.

Weber, J. (1991): Kostenrechnung als Controlling-Objekt: Zur Neuausrichtung und Weiterentwicklung der Kostenrechnung, in: Kistner, K.-P./Schmidt/R. (Hrsg.): Unternehmensdynamik, Gabler, Wiesbaden 1991, S. 443-479.

Weber, J. (1992): Kostenrechnung im Mittelstand, in: DStR, H. 28, 1992, S. 958-963.

Weber, J. (1993a): Stand der Kostenrechnung in deutschen Großunternehmen – Ergebnisse einer empirischen Erhebung, in: Jürgen Weber (Hrsg.): Zur Neuausrichtung der Kostenrechnung: Entwicklungsperspektiven für die 90er Jahre, Schäffer-Poeschel, Stuttgart 1993, S. 257-278.

Weber, J. (1993b): Kostenrechnung im System der Unternehmensführung – Stand und Perspektiven der Kostenrechnung in den 90er Jahre, in: Jürgen Weber (Hrsg.): Zur Neuausrichtung der Kostenrechnung: Entwicklungsperspektiven für die 90er Jahre, Schäffer-Poeschel, Stuttgart 1993, S. 1-77.

Weber, J. (1994a): Kostenrechnung zwischen Verhaltens- und Entscheidungsorientierung, in: krp, 38. Jg., 1994, H. 2, S. 99-104.

Weber, J. (1994b): „Schlanke Controller?“ – Anmerkungen zur Neuausrichtung des Controller-Bereichs in Großunternehmen, in: DB, 47. Jg., H. 36, S. 1785-1791.

Weber, J. (1995): Kostenrechnung-(s)-Dynamik – Einflüsse hoher unternehmensex- und –interner Veränderungen auf die Gestaltung der Kostenrechnung, in: BFuP 1995, H. 6, S 565-581.

Weber, J. (1996a): Selektives Rechnungswesen, in: ZfB, 66 Jg. (1996), S. 925-946.

Weber, J. (1996b): Zur Neuausrichtung der Kostenrechnung – Vom Datenfriedhof zum selektiven Rechnungswesen, in: BBK Nr. 14 vom 19.7.1996, S. 687-692.

Weber, J. (1997): Kostenrechnung am Scheideweg, in: Freidank, C.-C./Götze, U/Huch, B./Weber, J. (Hrsg.): Kostenmanagement – Aktuelle Konzepte und Anwendungen, Springer-Verlag, Berlin u. a. 1997, S. 3-23.

Weber, J. (1998): Einführung in das Controlling, 7. vollständig überarbeitete Aufl., Schäffer-Poeschel, Stuttgart 1998.

Weber, J./Aust, R. (1998a): Reengineering der Kostenrechnung –Neue Rolle, in: Management Berater, H. 9, 1998, S. 20-22.

Weber, J./Aust, R. (1998b): Reengineering der Kostenrechnung – vom komplexen Rechensystem zur internen Dienstleistung, in: krp, 42. Jg., 1998, H. 3, S. 133-139.

Weber, J./Weißenberger, B. E. (1996): Rechnungslegungspolitik und Controlling: Zur Gestaltung der Kostenrechnung, in: WHU-Forschungspapier Nr. 39/November 1996.

Wedekind, E. E. (1988): Informationsmanagement in der Organisationsplanung, Dt. Univ.-Verl., Wiesbaden 1988.

Weidner, S. (2000): Analyse- und Gestaltungsrahmen für Outsourcing-Entscheidungen im Bereich der Informationsverarbeitung; Verlag Peter Lang, Frankfurt/Main 2000; zugl.: Leipzig, Univ., Diss., 2000.

Weilenmann, P. (1989): Dezentrale Führung: Leistungsbeurteilung und Verrechnungspreise, in: ZfB, 59 Jg. (1989), S. 932-956.

Weilenmann, P. (1990): Management Accounting und moderne Technologien, in: Controlling, 1990, S. 288-295.

Weißenberger, B. E. (1997): Informationsbeziehungen zwischen Management und Rechnungswesen: Analyse institutionaler Koordination, Gabler, Wiesbaden 1997; zugl.: Koblenz, Univ., Diss., 1996.

Weitzman, M. L. (1976): The New Soviet Incentive Model, in: Bell Journal of Economies, Vol. 7, 1976, S. 251-257.

Weltz, F./Bollinger, H. (1990): Nutzerbeteiligung oder kooperative Systementwicklung?, in: Office Management, 1990, Heft 3, S. 26-32.

Wengel, T. (2001): Der internationale Harmonisierungsprozess und seine Auswirkungen auf die deutsche Rechnungslegung, in: Buchführung, Bilanz, Kostenrechnung 9/2001, S. 429-434.

Wild, J. (1971): Zur Problematik der Nutzenbewertung von Informationen, in: ZfB, 41. Jg. 1971, S. 315-334.

Wild, J. (1982): Grundlagen der Unternehmensplanung, 4. Aufl., Westdt. Verlag, Opladen 1982.

Wildemann, H. (1993a): Lean Management: Strategien zur Erreichung wettbewerbsfähiger Unternehmen, Frankfurter Allgemeine Zeitung, Verl.-Bereich Wirtschaftsbücher, Frankfurt/Main 1993.

Wildemann, H. (1993b): Lean Management: Strategien zur Realisierung schlanker Strukturen in der Produktion, in: Erzmetall 46 (1993) Nr. 9, S. 522-532.

Wildemann, H. (1998): In/Outsourcing von IT-Leistungen. Leitfaden zur Optimierung der Leistungstiefe von Informationstechnologien, TCW Transfer-Centrum GmbH, München 1998.

Wilensky, H. L. (1967): Organizational Intelligence, New York 1967.Williamson, O. E. (1981): The Economics of Organization: The Transaction Cost Approach, in: American Journal of Sociology, Vol. 87 (1981), S. 548-577.

Wiseman, C./MacMillan, I.C. (1984): Creating competitive Weapons from information systems, in: The Journal of Business Strategy, No. 5, 1984, S. 42-49.

Wisemann, C. (1988): Strategic Information Systems, Homewood, Illinois 1988.

Witte, E. (1975): Informationsverhalten, in: HWB, hrsg. Von Grochla, E./Wittmann, W., 4. Auflage, Stuttgart 1975, Sp. 1915-1924.

Wittmann, W. (1959): Unternehmung und unvollkommene Information, Köln u. a. 1959.

Wöhe, G. (2000): Einführung in die allgemeine Betriebswirtschaftslehre, 20., neubearb. Aufl., Vahlen, München 2000.

Wollnik, M. (1989): Anpassung der Organisation der DV-Abteilung zur Nutzung neuer Technologien, in: Information Management, 1989, H. 3, S. 12-19.

Wollseiffen, B. (1999): Lean Production und Fertigungstiefenplanung, Reihe: Produktionswirtschaft und Industriebetrieb; Bd. 2, Eul-Verlag, Köln 1999; zugl.: Hagen, Univ., Diss., 1999.

Womack, J. P./Jones, D. T./Roos, D. (1990): The Machine that changed the World. Based on the Massachusetts Institute of Technology 5-Million-Dollar 5-Year Study on the Future of the Automobile. New York, Toronto u a. 1990.

Womack, J. P./Jones, D. T./Roos, D. (1994): Die zweite Revolution in der Autoindustrie: Konsequenzen aus der weltweiten Studie aus dem Massachusetts Institute of Technology. Dt. Übersetzung des Buches „The machine that changed the world", 8. durchges. Aufl., Campus-Verlag, Frankfurt/Main 1994.

Wonigeit, J. (1996): Total Quality Management. Grundzüge und Effizienzanalyse, 2. Aufl., Dt. Univ.-Verl., Wiesbaden 1996.

Zahn, E. (1990): Informationstechnologie als Wettbewerbsfaktor, in Wirtschaftsinformatik, Jg. 32 (1990), Nr. 6, S. 493-502.

Zahn, E./Rüttler, M. (1989): Informationsmanagement: Ein strategische Antwort auf kritische Herausforderungen der Unternehmensumwelt, in: Controlling, 1989, S. 34-43.

Zahn, E./Rüttler, M. (1990): Ganzheitliches Informationsmanagement: Informationsbereitschaft, Informationspotential, Informationsfähigkeit, in: Informationsmanagement Aufgabe der Unternehmensleitung, hrsg. von Heilmann, H./Gassert, H./Horváth, P., Schäffer-Poeschel, Stuttgart 1990, S. 1-27.

Zeithaml, V. A./Parasuraman, A./Berry, L. L. (1992): Qualitätsservice. Was Ihre Kunden erwarten – was sie leisten müssen, Campus-Verlag, Frankfurt am Main u. a. 1992.

Ziegler, H. (1994): Neuorientierung des internen Rechnungswesens für das Unternehmens-Controlling im Hause Siemens, in: ZfbF, 46. Jg., 1994, S. 175-188.

Zink, K. J. (1994a): Qualität als Managementaufgabe = Total Quality Management, 3. Aufl., Verlag Moderne Industrie, Landsberg/Lech 1994.

Zink, K. J. (1994b): Quality Management und neue Formen der Organisation, in: Lean Management: Wege aus der Krise, hrsg. von Hajo Weber, Gabler, Wiesbaden 1994, S. 45-60.

Zühlke, R. B. (1995): Strategische Planung von Informationssystemen auf der Grundlage marktkritischer Erfolgsfaktoren, Cuvillier-Verlag, Göttingen 1995; zugl.: Göttinger, Univ., Diss., 1995.

Zwehl, W. v. (1981): Kalkulation und Preisgestaltung, in: Handwörterbuch der Rechnungswesens, 2. Aufl., Schäffer-Poeschel, Stuttgart 1981, Sp. 875-884.

AUSGEWÄHLTE VERÖFFENTLICHUNGEN

PLANUNG, ORGANISATION UND UNTERNEHMUNGSFÜHRUNG

Herausgegeben von Prof. Dr. Dr. h. c. Norbert Szyperski, Köln, Prof. Dr. Winfried Matthes, Wuppertal, Prof. Dr. Udo Winand, Kassel, Prof. (em.) Dr. Joachim Griese, Bern, PD Dr. Harald F. O. von Kortzfleisch, Kassel, PD Dr. Ludwig Theuvsen, Göttingen, und Prof. Dr. Andreas Al-Laham, Stuttgart

Band 32
Hans-Jürgen Witschke
Die Informationsfunktion des Produktes in der Wertanalyse – Ein Ansatz zur Wertsteigerung von Produkten
Bergisch Gladbach – Köln 1990 ◆ 212 S. ◆ € 23,- (D) ◆ ISBN 3-89012-184-5

Band 54
Axel Ullrich Wielpütz
Verhaltensorientiertes Controlling
Lohmar – Köln 1996 ◆ 360 S. ◆ € 41,- (D) ◆ ISBN 3-89012-517-4

Band 55
Susanne Höfer
Strategische Allianzen und Spieltheorie – Analyse des Bildungsprozesses strategischer Allianzen und planungsunterstützender Einsatzmöglichkeiten der Theorie der strategischen Spiele
Lohmar – Köln 1997 ◆ 256 S. ◆ € 36,- (D) ◆ ISBN 3-89012-557-3

Band 56
Dirk Dreher
Logistik-Benchmarking in der Automobil-Branche – Ein Führungsinstrument zur Steigerung der Wettbewerbsfähigkeit
Lohmar – Köln 1997 ◆ 220 S. ◆ € 35,- (D) ◆ ISBN 3-89012-520-4

Band 57
Sonja Fleischer
Strategische Kooperationen – Planung - Steuerung - Kontrolle
Lohmar – Köln 1997 ◆ 404 S. ◆ € 43,- (D) ◆ ISBN 3-89012-567-0

Band 58
Anja Dürselen
Integrationspotentiale in kleinen und mittleren Unternehmen – Eine organisationstheoretische Analyse am Beispiel des deutschen Maschinenbaus
Lohmar – Köln 1998 ◆ 292 S. ◆ € 43,- (D) ◆ ISBN 3-89012-607-3

Band 59
Jens Müffelmann
Change Management im internationalen Vergleich – Komparative Intensitäts- und Erfolgsevaluierung der auf die Prozeßoptimierung ausgerichteten organisatorischen Transformationsprozesse in deutschen und US-amerikanischen Unternehmen
Lohmar – Köln 1998 ♦ 388 S. ♦ € 48,- (D) ♦ ISBN 3-89012-629-4

Band 60
Christoph Zacharias
Dynamische Unternehmensarchitektur – Ein Ansatz zur Führung flexibler Strukturen im Zeitwettbewerb
Lohmar – Köln 1998 ♦ 308 S. ♦ € 45,- (D) ♦ ISBN 3-89012-640-5

Band 61
Alfred Oetker
Stakeholderkonflikte in Familienkonzernen
Lohmar – Köln 1999 ♦ 296 S. ♦ € 44,- (D) ♦ ISBN 3-89012-673-1

Band 62
Harald Meinhövel
Defizite der Principal-Agent-Theorie
Lohmar – Köln 1999 ♦ 264 S. ♦ € 42,- (D) ♦ ISBN 3-89012-687-1

Band 63
Michael Du Mont
Change-Management – Japanische Erfolgskonzepte für turbulente Umwelten
Lohmar – Köln 1999 ♦ 320 S. ♦ € 45,- (D) ♦ ISBN 3-89012-709-6

Band 64
Martin Müser
Ressourcenorientierte Unternehmensführung – Zentrale Bestandteile und ihre Gestaltung
Lohmar – Köln 2000 ♦ 320 S. ♦ € 44,- (D) ♦ ISBN 3-89012-719-3

Band 65
Thomas Brandstätt
Prozeßmanagement in der kommunalen Verwaltung – Möglichkeiten und Grenzen für die Übertragung eines Organisationskonzeptes
Lohmar – Köln 2000 ♦ 340 S. ♦ € 45,- (D) ♦ ISBN 3-89012-748-7

Band 66
Frank Schmidt
Strategisches Benchmarking – Gestaltungskonzeptionen aus der Markt- und der Ressourcenperspektive
Lohmar – Köln 2000 ♦ 304 S. ♦ € 43,- (D) ♦ ISBN 3-89012-757-6

Band 67
Stephan Jakoby
Erfolgsfaktoren von Management Buyouts in Deutschland – Eine empirische Untersuchung
Lohmar – Köln 2000 ♦ 460 S. ♦ € 51,- (D) ♦ ISBN 3-89012-784-3

Band 68
Friedemann Baisch
Implementierung von Früherkennungssystemen in Unternehmen
Lohmar – Köln 2000 • 320 S. • € 45,- (D) • ISBN 3-89012-810-6

Band 69
Thomas Netzer
Das Partnerschaftsmodell als Erfolgsfaktor wissensintensiver Dienstleistungsunternehmungen
Lohmar – Köln 2000 • 332 S. • € 46,- (D) • ISBN 3-89012-820-3

Band 70
Jochen Kleinertz
Kennzahlenorientiertes Prozeß- und Kundenmanagement – Dargestellt am Beispiel der Konsumgüterindustrie
Lohmar – Köln 2001 • 338 S. • € 46,- (D) • ISBN 3-89012-827-0

Band 71
Jörg Stratmann
Bedarfsgerechte Informationsversorgung im Rahmen eines produktlebenszyklusorientierten Controlling
Lohmar – Köln 2001 • 310 S. • € 45,- (D) • ISBN 3-89012-846-7

Band 72
Christian Schäfer
Prozeßorientiertes Zeitmanagement – Konzeption und Anwendung am Beispiel industrieller Beschaffungsprozesse
Lohmar – Köln 2001 • 560 S. • € 56,- (D) • ISBN 3-89012-857-2

Band 73
Hajo Hippner
Wissensmanagement in der Langfristprognostik
Lohmar – Köln 2001 • 388 S. • € 49,- (D) • ISBN 3-89012-869-6

Band 74
Birgit Block
Gestaltung und Steuerung einer Hersteller-Händler-Kooperation in der Lebensmittelbranche
Lohmar – Köln 2001 • 406 S. • € 49,- (D) • ISBN 3-89012-876-9

Band 75
Markus A. Happel
Wertorientiertes Controlling in der Praxis – Eine empirische Überprüfung
Lohmar – Köln 2001 • 296 S. • € 44,- (D) • ISBN 3-89012-909-9

Band 76
Martin Kupp
Kooperationen zwischen Umweltschutzorganisationen und Unternehmen
Lohmar – Köln 2001 • 200 S. • € 38,- (D) • ISBN 3-89012-914-5

Band 77
Andreas Lasar
Dezentrale Organisation in der Kommunalverwaltung
Lohmar – Köln 2001 • 308 S. • € 45,- (D) • ISBN 3-89012-920-X

Band 78
Mathias Luhn
Flexible Prozeßrechnung für ein Geschäftsprozeßmanagement
Lohmar – Köln 2002 • 350 S. • € 48,- (D) • ISBN 3-89012-927-7

Band 79
Martin Hermesch
Die Gestaltung von Interorganisationsbeziehungen – Theoretische sowie empirische Analysen und Erklärungen
Lohmar – Köln 2002 • 322 S. • € 46,- (D) • ISBN 3-89012-928-5

Band 80
Achim Korten
Wirkung kompetenzorientierter Strategien auf den Unternehmenswert – Eine simulationsbasierte Analyse mit System Dynamics
Lohmar – Köln 2002 • 334 S. • € 47,- (D) • ISBN 3-89012-937-4

Band 81
Thorsten Peske
Eignung des Realoptionsansatzes für die Unternehmensführung
Lohmar – Köln 2002 • 278 S. • € 43,- (D) • ISBN 3-89012-941-2

Band 82
Clemens Odendahl
Cooperation Resource Planning – Planung und Steuerung dynamischer Kooperationsnetzwerke
Lohmar – Köln 2002 • 228 S. • € 41,- (D) • ISBN 3-89012-962-5

Band 83
Yven Schmidt
Verbesserungsprozeßmanagement – Entwicklung eines Werkzeuges für die koordinierte Verbesserung von Geschäftsprozessen
Lohmar – Köln 2002 • 232 S. • € 44,- (D) • ISBN 3-89012-975-7

Band 84
Gerrit Andreas Marx
Wertorientiertes Management einer Region – Regional Resident Value und Corporate Shareholder Value als Management-Missionen einer Public-Private-Partnership auf Aktien
Lohmar – Köln 2002 • 304 S. • € 48,- (D) • ISBN 3-89012-982-X

Band 85
Felix Zimmermann
Vertrauen in Virtuellen Unternehmen
Lohmar – Köln 2003 • 272 S. • € 46,- (D) • ISBN 3-89936-077-X

Band 86
Beate Degen
Responsible Care© in Investments
Lohmar – Köln 2003 • 314 S. • € 48,- (D) • ISBN 3-89936-087-7

Band 87
Harald Wüllenweber
Mehr Kundenbindung durch Organisationales Lernen – Konzept – Modellierung – empirische Befunde
Lohmar – Köln 2003 ♦ 354 S. ♦ € 52,- (D) ♦ ISBN 3-89936-106-7

Band 88
Carolina Catrin Schnitzler
Unternehmenskultur in Internet-Unternehmen – Gestaltungsmöglichkeiten durch Gründer und Führungskräfte
Lohmar – Köln 2003 ♦ 284 S. ♦ € 48,- (D) ♦ ISBN 3-89936-111-3

Band 89
Jens Kiefel
Unternehmenssteuerung im Informationszeitalter – Gestaltung zwischen systemischer Machbarkeit und ökonomischer Rationalität
Lohmar – Köln 2003 ♦ 360 S. ♦ € 53,- (D) ♦ ISBN 3-89936-134-2

Band 90
Matthias Kern
Lean Information System – Problemorientierte Gestaltung von Informationssystemen unter besonderer Berücksichtigung von Lean Management
Lohmar – Köln 2003 ♦ 372 S. ♦ € 54,- (D) ♦ ISBN 3-89936-141-5

WIRTSCHAFTSINFORMATIK

Herausgegeben von Prof. Dr. Dietrich Seibt, Köln, Prof. Dr. Hans-Georg Kemper, Stuttgart, Prof. Dr. Georg Herzwurm, Stuttgart, und Prof. Dr. Dirk Stelzer, Ilmenau

Band 42
Anja Lohse
Integration unterschiedlich strukturierter Daten
Lohmar – Köln 2003 ♦ 234 S. ♦ € 45,- (D) ♦ ISBN 3-89936-135-0

Band 43
Christian Lenz
Empfängerorientierte Unternehmenskommunikation – Einsatz der Internet-Technologie am Beispiel der Umweltberichterstattung
Lohmar – Köln 2003 ♦ 384 S. ♦ € 55,- (D) ♦ ISBN 3-89936-137-7

TELEKOMMUNIKATION @ MEDIENWIRTSCHAFT

Herausgegeben von Prof. Dr. Dr. h. c. Norbert Szyperski, Köln, Prof. Dr. Udo Winand, Kassel, Prof. Dr. Dietrich Seibt, Köln, Prof. Dr. Rainer Kuhlen, Konstanz, Dr. Rudolf Pospischil, Bonn, Prof. Dr. Claudia Löbbecke, Köln, und Prof. Dr. Christoph Zacharias, Köln

Band 13
Anette Köcher
Controlling der werbefinanzierten Medienunternehmung
Lohmar – Köln 2002 ♦ 294 S. ♦ € 44,- (D) ♦ ISBN 3-89012-948-X

Band 14
Martin Engelien/Jens Homann (Hrsg.)
Virtuelle Organisation und Neue Medien 2002 – Workshop GeNeMe2002 – Gemeinschaften in Neuen Medien – TU Dresden, 26. und 27. September 2002
Lohmar – Köln 2002 • 658 S. • € 72,- (D) • ISBN 3-89936-007-9

Band 15
Markus Geiger
Internetstrategien für Printmedienunternehmungen – Neue Geschäftsmöglichkeiten aus der Perspektive traditioneller Anbieter von Wirtschafts- und Finanzinhalten
Lohmar – Köln 2002 • 424 S. • € 56,- (D) • ISBN 3-89936-010-9

ELECTRONIC COMMERCE

Herausgegeben von Prof. Dr. Dr. h. c. Norbert Szyperski, Köln, Prof. Dr. Beat F. Schmid, St. Gallen, Prof. Dr. Dr. h. c. August-Wilhelm Scheer, Saarbrücken, Prof. Dr. Günther Pernul, Regensburg, und Prof. Dr. Stefan Klein, Münster

Band 18
Daniel Hunziker
Bricks & Clicks im E-Business
Lohmar – Köln 2003 • 228 S. • € 44,- (D) • ISBN 3-89936-054-0

Band 19
Jens Ochel
Senioren im Internet
Lohmar – Köln 2003 • 258 S. • € 46,- (D) • ISBN 3-89936-062-1

Band 20
Arne Schulke
Kooperation zwischen traditionellen Unternehmen und E-Business Startups – Eine Analyse aus Sicht des strategischen Managements
Lohmar – Köln 2003 • 286 S. • € 47,- (D) • ISBN 3-89936-075-3

Band 21
Diana Rätz
Erfolgspotenzial elektronischer B2B-Marktplätze – Theorie – Empirie – Fallstudien
Lohmar – Köln 2003 • 278 S. • € 48,- (D) • ISBN 3-89936-114-8

Band 22
Wolfgang Güttler
Die Adoption des Electronic Commerce im deutschen Einzelhandel
Lohmar – Köln 2003 • 320 S. • € 52,- (D) • ISBN 3-89936-121-0

Weitere Schriftenreihen:

UNIVERSITÄTS-SCHRIFTENREIHEN

- Reihe: Steuer, Wirtschaft und Recht
Herausgegeben von vBP StB Prof. Dr. Johannes Georg Bischoff, Wuppertal, Dr. Alfred Kellermann, Vorsitzender Richter (a. D.) am BGH, Karlsruhe, Prof. (em.) Dr. Günter Sieben, Köln, und WP StB Prof. Dr. Norbert Herzig, Köln

- Reihe: Schriften zu Kooperations- und Mediensystemen
Herausgegeben von Prof. Dr. Volker Wulf, Siegen, Prof. Dr. Jörg Haake, Hagen, Prof. Dr. Thomas Herrmann, Dortmund, Prof. Dr. Helmut Krcmar, München, Prof. Dr. Johann Schlichter, München, Prof. Dr. Gerhard Schwabe, Zürich, und Dr.-Ing. Jürgen Ziegler, Stuttgart

- Reihe: InterScience Reports
Herausgegeben von Prof. Dr. Dr. h. c. Norbert Szyperski, Köln, PD Dr. Harald F. O. von Kortzfleisch, Kassel, und Prof. Dr. Dietrich Seibt, Köln

- Reihe: E-Learning
Herausgegeben von Prof. Dr. Dietrich Seibt, Köln, Prof. Dr. Freimut Bodendorf, Nürnberg, Prof. Dr. Dieter Euler, St. Gallen, und Prof. Dr. Udo Winand, Kassel

- Reihe: FGF Entrepreneurship-Research Monographien
Herausgegeben von Prof. Dr. Heinz Klandt, Oestrich-Winkel, Prof. Dr. Dr. h. c. Norbert Szyperski, Köln, Prof. Dr. Michael Frese, Gießen, Prof. Dr. Josef Brüderl, Mannheim, Prof. Dr. Rolf Sternberg, Köln, Prof. Dr. Ulrich Braukmann, Wuppertal, und Prof. Dr. Lambert T. Koch, Wuppertal

- Reihe: Technologiemanagement, Innovation und Beratung
Herausgegeben von Prof. Dr. Dr. h. c. Norbert Szyperski, Köln, vBP StB Prof. Dr. Johannes Georg Bischoff, Wuppertal, und Prof. Dr. Heinz Klandt, Oestrich-Winkel

- Reihe: Kleine und mittlere Unternehmen
Herausgegeben von Prof. Dr. Jörn-Axel Meyer, Flensburg

- Reihe: Wissenschafts- und Hochschulmanagement
Herausgegeben von Prof. Dr. Detlef Müller-Böling, Gütersloh, und Dr. Reinhard Schulte, Dortmund

- Reihe: Personal und Organisation
Herausgegeben von Prof. Dr. Fred G. Becker, Bielefeld, und Prof. Dr. Jürgen Berthel, Siegen

- Reihe: Finanzierung, Kapitalmarkt und Banken
Herausgegeben von Prof. Dr. Hermann Locarek-Junge, Dresden, Prof. Dr. Klaus Röder, Münster, und Prof. Dr. Mark Wahrenburg, Frankfurt

- Reihe: Marketing
Herausgegeben von Prof. Dr. Heribert Gierl, Augsburg, und Prof. Dr. Roland Helm, Jena

- Reihe: Marketing, Handel und Management
Herausgegeben von Prof. Dr. Rainer Olbrich, Hagen

- Reihe: Produktionswirtschaft und Industriebetriebslehre
Herausgegeben von Prof. Dr. Jörg Schlüchtermann, Bayreuth

- Reihe: Katallaktik – Quantitative Modellierung menschlicher Interaktionen auf Märkten
Herausgegeben von Prof. Dr. Otto Loistl, Wien, und Prof. Dr. Markus Rudolf, Koblenz

- Reihe: Europäische Wirtschaft
Herausgegeben von Prof. Dr. Winfried Matthes, Wuppertal

- Reihe: Quantitative Ökonomie
Herausgegeben von Prof. Dr. Eckart Bomsdorf, Köln, Prof. Dr. Wim Kösters, Bochum, und Prof. Dr. Winfried Matthes, Wuppertal

- Reihe: Internationale Wirtschaft
Herausgegeben von Prof. Dr. Manfred Borchert, Münster, Prof. Dr. Gustav Dieckheuer, Münster, und Prof. Dr. Paul J. J. Welfens, Potsdam

- Reihe: Studien zur Dynamik der Wirtschaftsstruktur
Herausgegeben von Prof. Dr. Heinz Grossekettler, Münster

- Reihe: Versicherungswirtschaft
Herausgegeben von Prof. (em.) Dr. Dieter Farny, Köln, und Prof. Dr. Heinrich R. Schradin, Köln

- Reihe: Wirtschaftsgeographie und Wirtschaftsgeschichte
Herausgegeben von Prof. Dr. Ewald Gläßer, Köln, Prof. Dr. Josef Nipper, Köln, Dr. Martin W. Schmied, Köln, und Prof. Dr. Günther Schulz, Bonn

- Reihe: Wirtschafts- und Sozialordnung: FRANZ-BÖHM-KOLLEG – Vorträge und Essays
Herausgegeben von Prof. Dr. Bodo B. Gemper, Siegen

- Reihe: WISO-Studientexte
Herausgegeben von Prof. Dr. Eckart Bomsdorf, Köln, und Prof. (em.) Dr. Dr. h. c. Dr. h. c. Josef Kloock, Köln

- Reihe: Kunstgeschichte
Herausgegeben von Prof. Dr. Norbert Werner, Gießen

FACHHOCHSCHUL-SCHRIFTENREIHEN

- Reihe: Institut für betriebliche Datenverarbeitung (IBD) e. V. im Forschungsschwerpunkt Informationsmanagement für KMU
Herausgegeben von Prof. Dr. Felicitas Albers, Düsseldorf

- Reihe: FH-Schriften zu Marketing und IT
Herausgegeben von Prof. Dr. Doris Kortus-Schultes, Mönchengladbach, und Prof. Dr. Frank Victor, Gummersbach

- Reihe: FuturE-Business
Herausgegeben von Prof. Dr. Michael Müßig, Würzburg-Schweinfurt

- Reihe: Controlling Forum – Wege zum Erfolg
Herausgegeben von Prof. Dr. Jochem Müller, Ansbach

- Reihe: Unternehmensführung und Controlling in der Praxis
Herausgegeben von Prof. Dr. Thomas Rautenstrauch, Bielefeld

- Reihe: Economy and Labour
Herausgegeben von EUR ING Prof. Dr.-Ing. Hans-Georg Nollau MBCS, Regensburg

- Reihe: Institut für Regionale Innovationsforschung (IRI)
Herausgegeben von Prof. Dr. Rainer Voß, Wildau

- Reihe: Interkulturelles Medienmanagement
Herausgegeben von Prof. Dr. Edda Pulst, Gelsenkirchen

PRAKTIKER-SCHRIFTENREIHEN

- Reihe: Transparenz im Versicherungsmarkt
Herausgegeben von *ASSEKURATA* GmbH, Köln

- Reihe: Betriebliche Praxis
Herausgegeben von vBP StB Prof. Dr. Johannes Georg Bischoff, Wuppertal

- Reihe: Regulierungsrecht und Regulierungsökonomie
Herausgegeben von Piepenbrock ♦ Schuster, Düsseldorf

EINZELSCHRIFTEN